JN162293

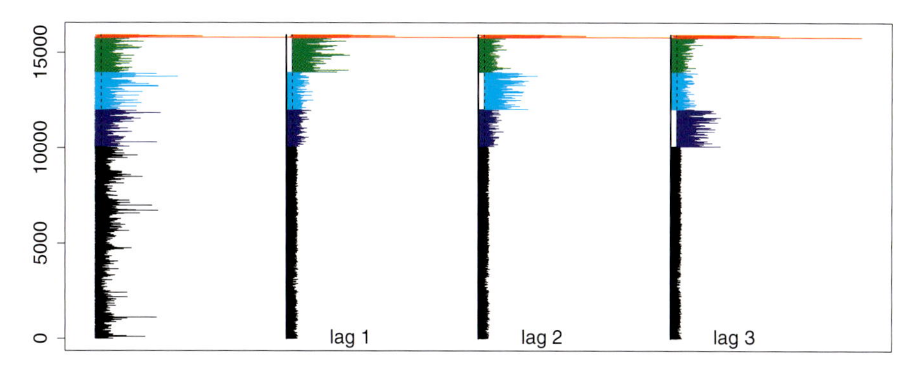

口絵 1　グラフ行列　一番左の列は目的変数である．S&P 500 リターンの絶対値である．次の 3 つの列は，3 つの説明変数，つまり，S&P 500 リターンの絶対値の 3 つの以前値である．色は 5 つのクラスターを表している．k 平均法アルゴリズムによって 3 つの説明変数のデータより計算した．(p.343，図 6.8 を参照)

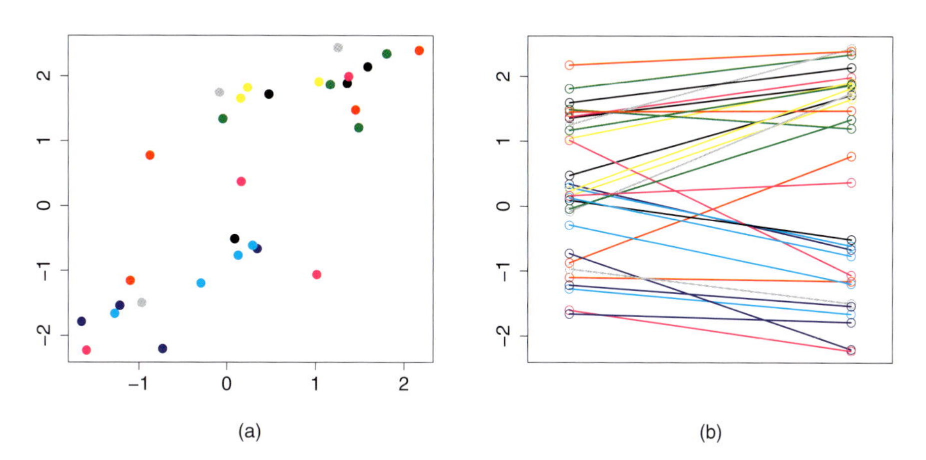

口絵 2　平行座標プロット：例　(a) 散布図．(b) 平行座標プロット（(a) の散布図に相当する）．(p.344，図 6.9 を参照)

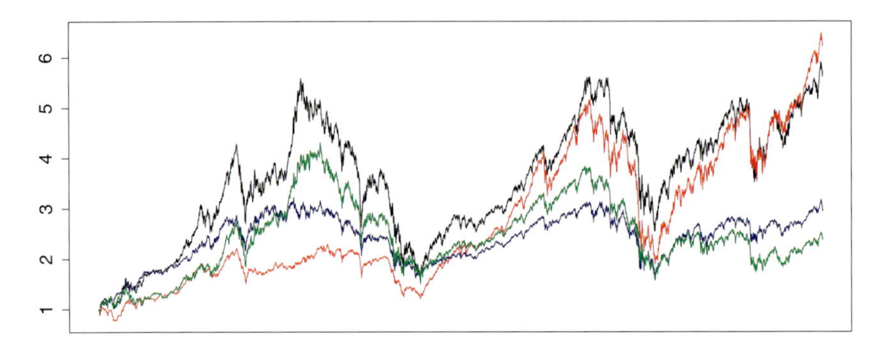

口絵 3　株価の平行座標プロット　1990-11-26 から 2013-06-07 までの 4 つの株価インデックスの価格；DAX 30（黒），MDAX 50（赤），FTST 100（青）そして CAC 40（緑）．（p.345，図 6.10 を参照）

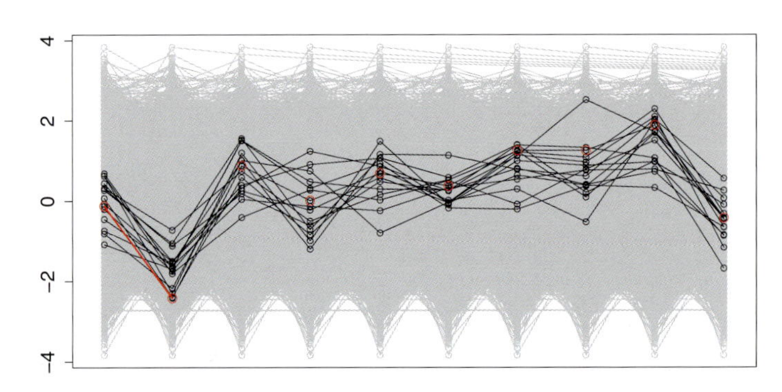

口絵 4　最近傍法の平行座標プロット　15 点における最近傍点の平行座標プロット．中央の点は赤で塗られている．（p.346，図 6.11 を参照）

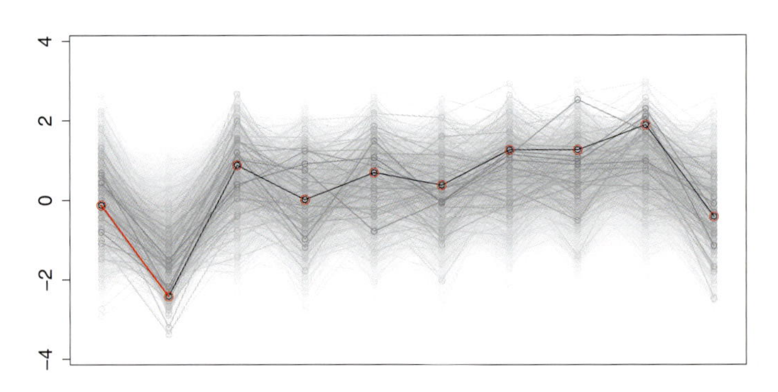

口絵 5　カーネル近傍法の平行座標プロット　平行座標プロット．ここで観測値の重みが大きいほど色が濃い．中央の点は赤く塗られている．（p.347，図 6.12 を参照）

多変量ノンパラメトリック回帰と視覚化

Rの利用とファイナンスへの応用

Multivariate Nonparametric Regression and Visualization

Jussi Klemelä 著

竹澤邦夫／西田喜平次／小林凌雅 訳

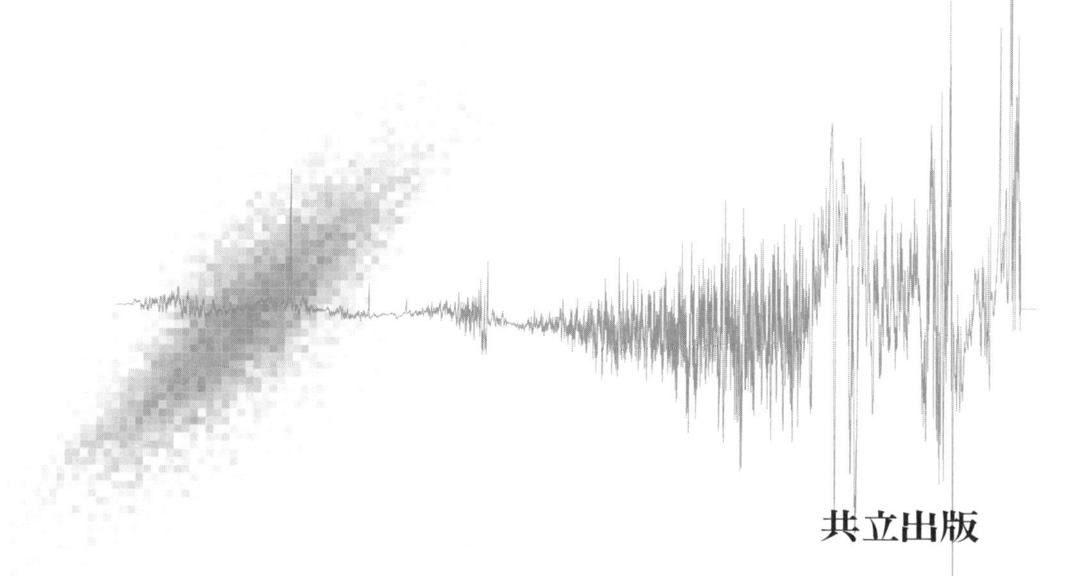

共立出版

Multivariate Nonparametric Regression and Visualization: With R and Applications to Finance

by Jussi Klemelä

Japanese language edition published by KYORITSU SHUPPAN CO., LTD.

訳者まえがき

市場では，効率的市場仮説が厳密に成り立っているとは限らない．ファンダメンタルズ分析の不確実性，合理性に欠ける投資行動，市場に関する情報の不完全性，投資家集団や機関投資家による市場操作，政府による市場介入などがその原因であろう．それらの点を踏まえ，少ないリスクで着実な利益を得るための投資活動を行うためには，市場の歪みを的確に捉える数理的手法が不可欠である．そうした手法が目指す目的は，理論体系の構築や因果関係の解明ではなく，先入観にとらわれることなく現象を高い精度で把握し，得られた知見を具体的な予測の形で表現し，適切な対処法を提示することである．

すると，ノンパラメトリック回帰が最良の手段として浮かび上がってくる．ノンパラメトリック回帰はデータが自らを雄弁に，しかも過不足なく語ることを可能にするため，その結果を思い込みや固定的な観念を排除して受け止めれば，データを生み出した現象が持つ，大まかな傾向から微細な挙動までを的確に捉えることができるからである．そのことは，ノンパラメトリック回帰に関するこれまでの様々な理論的な考察と実施例が明瞭に裏付ける．したがって，ノンパラメトリック回帰の適切な利用について知ることは，市場に賢明に対処するための有効な手段の１つであることは疑う余地がない．

本書は，ノンパラメトリック回帰に関する基礎的な概念から発展的な手法までを精緻に解説し，それらを市場データに応用することによって，投資行動を最適化するための手段としてノンパラメトリック回帰がいかに有力であるかを示している．併せて，得られた結果を視覚化するための手法とＲプログラムを提示することによって，データの振る舞いや数理的な内容を視覚的に把握することが促進され，現象の本質を新たな側面から把握できるようになる．

読者は，市場データに限らず，その他の多様なデータから有益な情報を引き出すための手段として，ノンパラメトリック回帰とデータ視覚化手法が有益であることを，理論的にも感覚的にも明瞭に理解できるであろう．本書を梃子として，様々な場面でノンパラメトリック回帰の応用とデータの視覚化に取り組んでいただくことを期待したい．

本書の原書はカラー印刷であるけれども，日本語版は口絵を除いて白黒印刷であるため，原著者のクレメラ博士の許可を得て，画像の修正とそれに伴う本文の最小限度の改変を行った．本書に所収されているRプログラムは，R 3.3.1 GUI 1.68 Mavericks build (7238)，Rのパッケージ「denpro 0.9.2 Date:2015-05-12」で動作を確認している．

2017年2月
訳者

まえがき

本書は，ノンパラメトリック回帰とセミパラメトリック回帰の方法の応用を学び，これらの推定手法に関連する視覚化手法を利用しようと考える学生と研究者を対象にしている．特に，定量ファイナンスの学生や研究者で統計手法を応用しようとする人や，統計学の学生や研究者で定量ファイナンスにおける統計的手法の応用について学ぼうとする人に向いている．この本は，Klemelä (2009) の続編でもある．Klemelä (2009) では密度推定について検討した．本書は，回帰関数推定に重点的に取り組んでいる．

本書は，オウル大学数理科学学部において執筆した．オウル大学と数理科学学部による支援に感謝したい．

この本のための Web ページは `http://jussiklemela.com/regstruct/` である．

JUSSI KLEMELÄ
2013 年 10 月，フィンランド・オウルにて

序論

本書は，回帰分析と分類について検討する．加えて，条件付き分散，条件付き分位点，条件付き確率密度，条件付き分布関数の推定も扱う．この本の中心はノンパラメトリック回帰手法である．ノンパラメトリック回帰手法は柔軟なので，様々な種類のデータに適応できる．しかし，次元の呪いと説明力の欠如に見舞われる恐れがある．セミパラメトリック回帰手法は，かなり高次元のデータに対処できることが多い．しかも，その結果は説明しやすいことが多い．しかし，比較的，柔軟性が低いので，それを利用することでモデル化誤差が生じるかもしれない．ノンパラメトリック推定量 (nonparametric estimator) とセミパラメトリック推定量 (semiparametric estimator) に加えて，構造化推定量 (structured estimator) という用語を使うことがある．構造化推定量とは，例えば，加法モデルを作成する際に現れる推定量を表す．これらの推定量は，構造制約に従う．それに対して，セミパラメトリック推定量という用語は，パラメトリックな成分とノンパラメトリックな成分の両方を持つ推定量を表すために用いる．

ノンパラメトリック回帰手法，セミパラメトリック回帰手法，構造化手法は，いずれも十分に確立した方法であり，幅広く応用されている．しかし，さらなる研究が役立つ分野もある．その種の分野の内，以下の３つを本書で扱う．

1. 条件付き分布に関するいくつかの汎関数の推定．条件付き期待値の推定に加えて，条件付き分散と条件付き分位数の推定
2. ノンパラメトリック回帰手法とセミパラメトリック回帰手法の応用分野の１つとしての定量ファイナンス
3. 統計的学習における視覚化手法

0.1 条件付き分布に関するいくつかの汎関数の推定

本書の主な内容の１つにカーネル法がある．カーネル法は実装しやすく，数値計算がしやすい．しかも，その定義は直感で理解できる．例えば，カーネル回帰

推定量は目的変数の値の局所平均である．局所平均は一般性のある回帰手法である．局所平均の例として，カーネル推定量に加えて，最近接推定量，リグレッソグラム，直交級数推定量がある．

この本は，線形回帰モデルと一般化線形回帰モデルも扱う．これらのモデルは，多くのセミパラメトリック回帰モデルと構造化回帰モデルの出発点と見なせる．例えば，単一指標モデル，加法モデル，変動係数線形回帰モデルは，線形回帰モデル，あるいは，一般化線型モデルを一般化したものと見なせる．

経験的リスク最小化は統計的推定のための一般的方法である．経験的リスク最小化の方法は，回帰関数推定，分類，分位点回帰，条件付き分布における他の汎関数の推定において利用できる．局所経験的リスク最小化の方法は，カーネル回帰を一般化したものの1つと見なせる方法である．

普通のリグレッソグラムは局所平均の特別な場合である．しかし，区切りの経験的選択は多彩な推定量を生み出す．区切りの選択は経験的リスク最小化を用いて行う．1次元と2次元の場合のリグレッソグラムは，カーネル法より効率が低くなることが多い．しかし，高次元の場合，リグレッソグラムが役立つ可能性がある．例えば，リグレッソグラムの区切りを選ぶ方法を，変数選択の一種と見なすことができる．選択された区切りが，変数の一部分だけを用いて定義される場合である．経験的リスクの最小化のように，最適化問題の解として定義される推定量は，数値的な方法によって計算するのが普通である．段階的アルゴリズムも推定量の定義になり得る．その場合，解くべき明確な最小化問題は与えられないこともある．

回帰関数の定義は，目的変数の分布の条件付き期待値である．条件付き期待値は，因果関係を見つけるためだけではなく，予測を行うためにも利用できる．本書は，条件付き分散と条件付き分位数も扱う．それらは，条件付き分布のより完全な表現のために必要である．また，条件付き分散と条件付き分位数はリスク管理においても必要になる．リスク管理は，定量ファイナンスにおいて重要な分野である．条件付き分散は，確率変数の2乗の条件付き期待値を推定することによって推定できる．一方，条件付き中央値は，条件付き分位数の特別な場合である．時系列設定のとき，条件付き分散の推定のための標準的な方法は，ARCHモデルとGARCHモデルである．しかし，本書では，ノンパラメトリックな選択肢のいくつかについて論じる．GARCH推定量は移動平均に近い．一方，ARCH推定量は線形状態空間モデリングと関連がある．

分類においては，分布の汎関数を推定したいわけではない．目的は，分類ルールの作成である．しかし，大抵の回帰関数推定法には対応する分類手法がある．

0.2　定量ファイナンス

リスク管理，ポートフォリオ選択，オプション価格付けは，定量ファイナンスにおける3つの重要な分野と言える．パラメトリックな統計手法が，定量ファイナンスにおける統計学的な研究の中で重視されてきた．リスク管理における確率分布は，パレート分布あるいは極値理論から導かれた分布を使ってモデル化していた．ポートフォリオ選択においては，多変量正規分布をポートフォリオ選択におけるマーコウィッツ理論を伴う形で利用していた．オプション価格付けにおいては，株価におけるブラック・ショールズ・モデルが広く利用されてきた．ブラック・ショールズ・モデルは，株価の推移を表す，より一般性の高いパラメトリックモデルに拡張されてきた．

リスク管理において，損失分布の p-分位点の直接的な解釈は，「損失がある閾値を超える確率が p より小さいとき，その閾値を p-分位点と呼ぶ」，というものである．したがって，条件付き分位点の推定は，リスク管理に直接的に繋がる．条件なし分位推定量は，利用できるすべての情報を考慮してはいない．したがって，リスク管理において，条件付き分位点を推定することは有益である．条件付き分散の推定は，条件付き分位点の推定に応用できる．位置−スケール族においては，分散が決まれば分位点が決まるからである．条件付き分散の推定は，条件付き共分散の推定と，条件付き相関の推定に発展させることができる．

本書は，ポートフォリオ選択においてノンパラメトリック回帰関数推定を応用する．ポートフォリオは，条件付き期待効用の最大化あるいはマーコウィッツ基準の最大化を使って選択する．考え得るポートフォリオ重みのすべての可能性が有限集合のとき，分類をポートフォリオ選択に利用することもできる．そのとき，2乗リターンはリターンそのものより遙かに予測しやすい．したがって，定量ファイナンスにおいては，ボラティリティの予測が関心の中心になってきた．しかし，リターンは予測し難いけれども，ポートフォリオ選択が統計的予測から利益を得ることがあることを示すことができる．

オプション価格付けは，確率制御の問題として定式化できる．本書は，オプション価格付けに関する統計学の詳細には立ち入らない．しかし，オプション価格付け問題をノンパラメトリック回帰の方法で解くための基本的な枠組みを提示する．

0.3 視覚化

統計学における視覚化というと，生データの視覚化を考えることが多い．生データの視覚化は，探索的データ解析の一部分になり得る．モデル構築の第一歩にもなり得る．データ生成メカニズムに関する仮説を生み出す手段にもなり得る．しかし，ここでは，視覚化に対してこれらとは異なった扱い方をすることに重点を置く．この扱い方においては，視覚化手段を統計学的な推定量や推定方法に関連付ける．例えば，まず，回帰関数を推定する．そして，その回帰関数による推定値の性質を視覚化し記述する．ノンパラメトリック回帰による関数推定を用いる場合は，生データの視覚化と推定量の視覚化の違いは明瞭ではない．つまり，ノンパラメトリック回帰による関数推定は探索的データ解析の一環と見なせるのである．

SiZer は，視覚化と推定を結びつける道具の一例である．Chaudhuri & Marron (1999) を参照せよ．この方法論は，極大点の存在を調べる正式な検定と SiZer 写像を結びつけ，それにより，回帰関数推定値における密度推定値の極大点の存在の有無を決定する．

セミパラメトリック関数推定値は，ノンパラメトリック回帰による関数推定値に比べて視覚化が容易であることが多い．例えば，単一指標モデルにおける回帰関数推定値は，線形関数と 1 変量関数を合成したものである．そのため，単一指標モデルでは，線形関数の回帰係数と 1 次元関数を視覚化するだけでいい．視覚化が容易であることが，セミパラメトリック回帰手法を研究する誘因になる．

CART は，Breiman, Friedman, Olshen & Stone (1984) が提案したもので，推定手法の一例である．この手法が評判がいいのは，その統計的な性質のためだけではなく，この方法が 2 進木の形で定義され，その 2 進木が推定量を直接的に視覚化するからである．CART より優れた統計的性質を持つ推定量を見出すことができる場合でも，視覚化ができることが CART を使う動機になる．

カーネル推定値のような，ノンパラメトリック回帰による関数推定値の視覚化は，困難だがやりがいがある．完全にノンパラメトリックな推定値の視覚化のために，レベル集合ツリーに基づく方法を使うことができる．Klemelä (2009) が提案したものである．レベル集合ツリーに基づく方法は，位相データ解析や科学的な視覚化にも影響を及ぼしてきた．これらの方法は，リーブグラフの考え方に源を発する．リーブグラフは，Reeb (1946) が最初に定義した．

密度推定においては，密度の極大値構造に関心を惹かれることが多い．極大値構造の定義は，局所的な極値の数，局所的な極値の大きさ，局所的な極値の位置である．密度関数の局所的な極値は，確率質量が集中している領域との関連が深い．回帰関数推定においても，極大値構造に関心を惹かれる．回帰関数の局所的な最大値は，説明変数が構成する空間において，目的変数が最大値をとる領域と関連している．極小値構造について記述することも同じくらい重要である．極小値構造とは，局所的な最小値の数，局所的な最小値の大きさ，局所的な最小値の位置を意味する．回帰関数の局所的な最小値は，説明変数が構成する空間において目的変数が最小値をとる領域と関連している．

回帰関数の極大値構造は，回帰関数の性質に関する完全な情報を提供するわけではない．回帰分析においては，説明変数が目的変数に及ぼす影響と，説明変数の間の相互作用も重要である．予測変数が及ぼす影響は，限界効果という概念で定式化できる．説明変数の限界効果とは，それぞれの予測変数による，回帰関数の偏微分値である．限界効果がほぼ一定であれば，回帰関数は線形関数に近い．線形関数の偏微分値は定数だからである．限界効果の局所的な最大点は，説明変数が構成する空間において，説明変数の値の増大による目的変数の期待値の増大が最大になる領域に対応する．レベル集合の樹形モデルを使って，限界効果の極大値構造と極小値構造を視覚化できる．それにより，説明変数の影響と相互作用が視覚化される．

0.4 参考文献

この本を執筆する準備のために用いてきたいくつかの本について述べる．Härdle (1990) は，カーネル回帰に重点を置いてノンパラメトリック回帰を扱っている．平滑化パラメータ選択について論じ，信頼帯について説明し，計量経済学に関係する多彩な例を挙げている．Hastie, Tibshirani & Friedman (2001) は，高次元の線形と非線型の分類手法と回帰手法について記述している．計量生物と機械学習からの多くの例を示している．Györfi, Kohler, Krzyzak & Walk (2002) は，カーネル回帰，再近接回帰，経験的リスク最小化，直交級数法に関する漸近理論を扱っている．時系列予測の扱いも含んでいる．Ruppert, Wand & Carroll (2003) は，ノンパラメトリック回帰をパラメトリック回帰の拡張として捉え，それらを総合的に扱っている．Härdle, Müller, Sperlich & Werwatz (2004) は，単一指標モデル，一般化部分線型モデル，加法モデル，いくつかのノンパラメトリック回帰関数推定量について説明している．計量経済学に関する例も含んでいる．Wooldridge (2005) は，線形回帰の漸近理論について書かれている．操作変数とパネルデータも扱っている．Fan & Yao (2005) は，非線形時系列について検討している．時系列予測とその説明に，ノンパラメトリック回帰による関数推定を用いている．Wasserman (2005) は，ノンパラメトリック回帰と密度推定に関する情報を提供している．信頼区間やブートストラップ信頼区間についても書かれている．Horowitz (2009) は，セミパラメトリックモデルを扱っている．識別可能性と漸近分布についても論じている．Spokoiny (2010) は，ノンパラメトリック回帰による推定に局所パラメトリック回帰手法を導入している．

Bouchaud & Potters (2003) は，財務分析のためのノンパラメトリック回帰の技術を開発した．Franke, Härdle & Hafner (2004) は，パラメトリック回帰手法に重点を置いて金融市場の統計分析を論じている．Ruppert (2004) は，定量ファイナンスに興味を持つ統計学の学生に相応しい教科書である．この本は，古典的な金融モデルに関連した統計的手法について論じている．Malevergne & Sornette (2005) は，ノンパラメトリック回帰手法を使って財務データを分析した．Li & Racine (2007) は，多彩なノンパラメトリック回帰モデルとセミパラメトリック回帰モデルについて検討し，漸近理論と平滑化パラメータ選択理論を提示している．計量経済への応用を目指したものである．

目次

第I部

回帰手法と分類手法のいろいろ

第1章

回帰と分類の概観

1.1 回帰

回帰分析においては，予測や因果関係推定が興味の対象である．したがって，説明変数の値を与えて目的変数の値を予測しようとする．あるいは，説明変数が目的変数に与える因果的な影響を推測しようとする．目的変数の最適な値を得るために説明変数の値を変化させたいとき，因果関係の推定が重要になる．例えば，最高の教育を選択することが目的のとき，教育が勤労者の雇用形態に及ぼす影響を知る必要がある．一方，目的変数の値を変えられない，あるいは，変えたくないときに予測を行うこともある．例えば，ボラティリティ予測において，予測の意味での関連性を持つどのような変数も利用することが合理的である．それらの変数がボラティリティに対して因果関係がまったくなくても構わない．

予測と因果関係推定のいずれにおいても，以下に示す条件付き期待値を推定することが有益である．

$$E(Y \mid X = x)$$

これは，説明変数 $X \in \mathbf{R}^d$ を与えたときの目的変数 $Y \in \mathbf{R}$ の期待値である．説明変数の選択と，推定のための手法は，研究の目的に依存することがある．予測においては，予測の意味での関連性を持つどのような変数も説明変数になり得る．他方，因果関係の推定においては，因果関係に関する科学的な理論によって説明変数が決まる．因果推定が目的のとき，与えられた1つの説明変数が目的変数に及ぼす限界効果を見出す，という目的のために役立つ推定手法を選択するのが合理的である．限界効果は 1.1.3 項で定義する．

線形回帰においては，回帰関数推定値は線形関数を使って以下のように表現する．

$$\hat{f}(x) = \hat{\alpha} + \hat{\beta}_1 x_1 + \cdots + \hat{\beta}_d x_d \tag{1.1}$$

推定量が以下のように書ける場合，別の意味での線形性が現れる．

$$\hat{f}(x) = \sum_{i=1}^{n} l_i(x)\, Y_i \tag{1.2}$$

ここで，$l_1(x), \ldots, l_n(x)$ は，重みの数列である．要するに，線形回帰推定値においては，(1.1) と (1.2) が成り立つ．(2.11) を参照．リグレッソグラム，カーネル推定量，最近傍推定量のような局所平均推定量の場合は，$\hat{f}(x) = \sum_{i=1}^{n} p_i(x)\, Y_i$ という表記を用いる．局所平均推定量では，$p_i(x)$ という重みが，X_i が x から遠いとき $p_i(x)$ が 0 に近く，X_i が x に近いとき $p_i(x)$ が大きい，という条件を満たす．局所平均については第 3 章で論じる．(1.2) のようには書けない回帰関数推定値もある．例えば，ハード閾値法を伴う直交級数推定量である．それについては (2.72) を参照せよ．

説明変数を与えたときの，目的変数の条件付き期待値の推定に加えて，説明変数を与えたときの，目的変数の条件付き中央値の推定も考えられる．あるいは，説明変数を与えたときの，目的変数の条件付き分位数（中央値とは異なるもの）の推定も考えられる．これを，分位点回帰と呼ぶ．さらに，条件付き分散の推定についても検討する．それは，説明変数を与えたときの，条件付き密度の推定と，目的変数の条件付き分布関数の推定に連なる．

回帰分析において，目的変数はあらゆる実数をとり得る．あるいは，与えられた範囲のあらゆる実数をとり得る．しかし，分類についても考える．分類では，目的変数は有限個の離散値だけをとり得る．そして，目的変数の値の予測が興味の対象である．

1.1.1　確率変数設定と固定設定

確率変数設定回帰

確率変数設定回帰においては，データは n 対の数列である．

$$(x_1, y_1), \ldots, (x_n, y_n) \tag{1.3}$$

ここで，$x_i \in \mathbf{R}^d$，$y_i \in \mathbf{R}$ $(i = 1, \ldots, n)$ である．データを，以下のような，n 組の確率変数ベクトルの列の実現値としてモデル化する．

$$(X_1, Y_1), \ldots, (X_n, Y_n) \tag{1.4}$$

しかし，確率変数とその実現値の表記を区別しないことが時々ある．つまり，確率変数ベクトルの実現値であって確率変数ベクトルそのものではないものを表現するために，(1.3) の表記に代えて (1.4) の表記も使う．

回帰分析においては，以下の条件付き期待値を推定しようとするのが普通である．

$$f(x) = E(Y \mid X = x)$$

次に，数列 $(X_1, Y_1), \ldots, (X_n, Y_n)$ が同一の分布を持つ確率変数を構成していると仮定する．また，(X, Y) は，(X_i, Y_i)，$i = 1, \ldots, n$ と同一の分布を持つと仮定する．条件付き期待値に加えて，条件付き最頻値，条件付き分散，条件付き分位数などの推定もやろうと思えば可能である．分布の条件付きの中心について 1.1.2 項で論じる．条件付きリスク尺度 (分散や分位数) の推定について，1.1.4 項と 1.1.6 項で論じる．

固定設定回帰

固定設定回帰において，データは以下の数列である．

$$y_1, \ldots, y_n$$

ここで，$y_i \in \mathbf{R}$ $(i = 1, \ldots, n)$ である．それぞれの観測値 y_i が固定設定点 $x_i \in \mathbf{R}^d$ に関連していると仮定する．

さて，設定点は不規則メカニズムが選んだものではなく，実験を行う人が選んだものである．典型的な例を挙げるとすれば，時系列データと空間データである．時系列データでは，x_i が，y_i という観測値を記録する時刻である．空間データでは，x_i が，y_i という観測値を得る場所である．時系列データについて 1.1.9 項で論じる．

データを以下のような確率変数の数列でモデル化する．

$$Y_1, \ldots, Y_n$$

固定設定回帰では，これらのデータが同一の分布に従っているとは仮定しないのが普通である．例えば，以下のように仮定することがある．

$$Y_i = f(x_i) + \epsilon_i, \qquad i = 1, \ldots, n$$

ここで，$x_i = i/n$，$f : [0, 1] \to \mathbf{R}$ が推定したい関数である．そして，$E\epsilon_i = 0$ である．すると，データ $Y_1, \ldots, Y_n$ は同一の分布に従っていない．Y_i という観測値のそれぞれは異なる期待値を持つからである．

1.1.2　平均回帰

回帰関数は条件付き期待値として定義するのが普通である．期待値と条件付き期待値に加えて，中央値と条件付き中央値を，分布の中心を特徴付けるために利用できる．したがって，予測変数を用いた予測や説明を行うために用いることができる．分布の中心を表す3番目の特徴量として最頻値（密度関数の最大値）を挙げることができる．しかし，回帰分析において最頻値を用いることは少ない．

期待値と条件付き期待値

以下のデータが，

$$(X_1, Y_1), \ldots, (X_n, Y_n)$$

同一の分布に従う確率変数の数列のとき，このデータを使って回帰関数を推定できる．回帰関数の定義は，X を与えたときの Y の条件付き期待値である．つまり，以下のように書ける．

$$f(x) = E(Y \mid X = x), \qquad x \in \mathbf{R}^d \tag{1.5}$$

ここで，(X, Y) は，(X_i, Y_i)（$i = 1, \ldots, n$）と同一の分布を持つ．$X \in \mathbf{R}^d$，$Y \in \mathbf{R}$ である．確率変数 Y を目的変数と呼ぶ．確率変数ベクトル X の要素を説明変数と呼ぶ．

連続的な分布を伴う確率変数 $Y \in \mathbf{R}$ の平均を以下のように定義できる．

$$EY = \int_{-\infty}^{\infty} y f_Y(y)\, dy \tag{1.6}$$

ここで，$f_Y : \mathbf{R} \to \mathbf{R}$ は Y の密度関数である．ここまでの回帰関数は Y の条件付き平均として (1.5) で定義されてきた．条件付き期待値は，条件付き密度を使って以下のように定義できる．

$$E(Y \mid X = x) = \int_{-\infty}^{\infty} y\, f_{Y \mid X=x}(y)\, dy$$

ここで，条件付き密度を以下のように定義できる．

$$f_{Y \mid X=x}(y) = \frac{f_{X,Y}(x, y)}{f_X(x)}, \qquad y \in \mathbf{R} \tag{1.7}$$

ここで，$f_X(x) > 0$ である．そうでないとき（つまり，$f_X(x) = 0$ のとき），$f_{Y \mid X=x}(y) = 0$ とする．$f_{X,Y} : \mathbf{R}^{d+1} \to \mathbf{R}$ は (X, Y) の同時密度である．

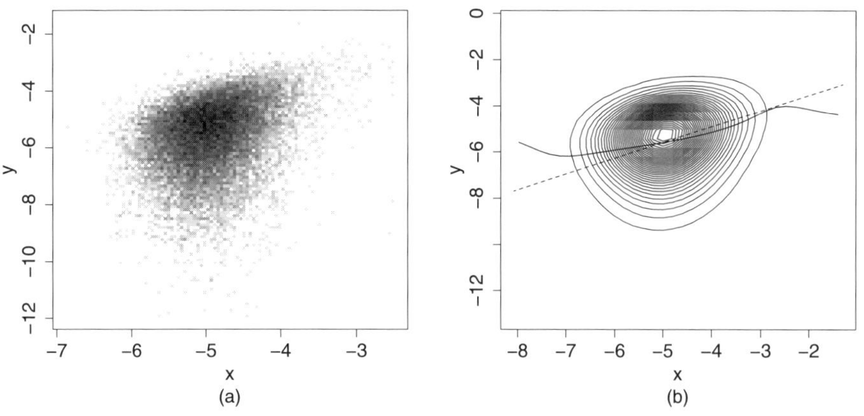

図 1.1 平均回帰 (a) 回帰データの散布図．(b) 説明変数と目的変数の同時密度を推定したものの等高線．線形回帰による推定値を破線で示している．カーネル回帰による推定値を実線で示している．

$f_X : \mathbf{R}^d \to \mathbf{R}$ は，X の密度である．以下のように書ける．

$$f_X(x) = \int_{\mathbf{R}} f_{X,Y}(x, y)\, dy, \qquad x \in \mathbf{R}^d$$

図 1.1 は，平均回帰を図示している．このデータは，毎日の S&P 500 リターンからなっていて，$R_t = (S_t - S_{t-1})/S_{t-1}$ である．この S_t は，この指数の価格である．約 16000 個の観測値がある．この S&P 500 指数データについて 1.6.1 項でより詳しく説明する．説明変数と目的変数を以下のように定義する．

$$X_t = \log_e \sqrt{\frac{1}{k}\sum_{i=1}^{k} R_{t-i}^2}, \qquad Y_t = \log_e |R_t|$$

(a) は (X_t, Y_t) の散布図である． (b) は (X_t, Y_t) の密度を推定したものである．推定した回帰関数も描かれている．破線は線形回帰関数推定値を表している．実線はカーネル回帰推定値（平滑化パラメータが $h = 0.4$）である．この密度はカーネル密度推定（平滑化パラメータが $h = 0.6$）を使って推定した．線形回帰について 2.1 項で論じる．カーネル法について 3.2 節で論じる．散布図を作成するために区切りが 100^2 個のヒストグラム平滑化を用いている．ヒストグラム平滑化については 6.1.1 項で説明する．この例は，日々のリターンは相互に依存する確率変数ではあるけれども，相関はほとんど見られないことを示している．

中央値と条件付き中央値

確率変数 $Y \in \mathbf{R}$ が連続的な分布関数に従うとき，中央値が定義できる．中央値 $\mathrm{median}(Y) \in \mathbf{R}$ は以下の式を満たす．

$$P(Y \le \mathrm{median}(Y)) = 0.5$$

離散的な分布も対象にすることを考慮すると，中央値を，分布関数の一般化逆関数として以下のように一意的に定義できる．

$$\mathrm{median}(Y) = \inf\{y : P(Y \le y) \ge 0.5\} \tag{1.8}$$

条件付き中央値は，X を与えたときの Y の条件付き分布を使って，以下のように定義する．

$$\mathrm{median}(Y \mid X = x) = \inf\{y : P(Y \le y \mid X = x) \ge 0.5\}, \qquad x \in \mathbf{R}^d \tag{1.9}$$

観測値 $Y_1, \ldots, Y_n \in \mathbf{R}$ の標本中央値は，経験分布の中央値として定義できる．経験分布は，確率質量関数 $P(\{Y_i\}) = 1/n$ $(i = 1, \ldots, n)$ がもたらす離散分布である．したがって，以下が得られる．

$$\mathrm{median}(Y_1, \ldots, Y_n) = Y_{[n/2]+1} \tag{1.10}$$

ここで，$Y_{(1)} \le \cdots \le Y_{(n)}$ は順序標本である．$[x]$ は，x より小さいか等しい値の中の，最大の整数である．

最頻値と条件付き最頻値

最頻値の定義は，確率変数の密度関数を最大にする引数である．以下のように書ける．

$$\mathrm{mode}(Y) = \mathrm{argmax}_{y \in \mathbf{R}} f_Y(y) \tag{1.11}$$

ここで，$f_Y : \mathbf{R} \to \mathbf{R}$ は Y の密度関数である．密度 f_Y はいくつかの局所最大値を持つ可能性がある．最頻値の利用は，密度関数が単峰型（つまり，局所最大値が1つ）のときに限って興味を引きそうである．条件付き最頻値の定義は，条件付き密度を最大にする引数である．以下のように書ける．

$$\mathrm{mode}(Y \mid X = x) = \mathrm{argmax}_{y \in \mathbf{R}} f_{Y \mid X = x}(y)$$

1.1.3 限界効果と微分値推定

平均回帰を考えよう．つまり，条件付き期待値 $E(Y \mid X = x)$ を推定する．ここで，$X = (X_1, \ldots, X_d)$ は説明変数ベクトルである．$x = (x_1, \ldots, x_d)$ と表す．変数 X_1 の限界効果の定義は，以下の偏微分値である．

$$p(x_1; x_2, \ldots, x_d) = \frac{\partial}{\partial x_1} E(Y \mid X = x)$$

限界効果は，X_1 を変化させたとき，Y の条件付き期待値がどのように変化するかを表す．その他の変数の値は固定している．一般的には，限界効果は x_1 の関数である．限界効用の値は $x_2, \ldots, x_d$ の値によっても異なる．しかし，線形モデル $E(Y \mid X = x) = \alpha + \beta' x$ においては以下の式が得られる．

$$p(x_1; x_2, \ldots, x_d) = \beta_1$$

つまり，限界効果は定数である．つまり，$x_2, \ldots, x_d$ がどんな値でも同じ値になる．線形モデルについて 2.1 節で検討する．加法モデル $E(Y \mid X = x) = f_1(x_1) + \cdots + f_d(x_d)$ において以下の式が得られる．

$$p(x_1; x_2, \ldots, x_d) = f'(x_1)$$

つまり，限界効果が x_1 の関数である．しかし，$x_2, \ldots, x_d$ がどんな値でも，同じ値になる．したがって，加法モデルは解釈しやすい限界効用をもたらす．加法モデルについて，4.2 節で検討する．単一指標モデル $E(Y \mid X = x) = g(\beta' x)$ においては以下の式が得られる．

$$p(x_1; x_2, \ldots, x_d) = g'(\beta' x)\, \beta_1$$

したがって，限界効果は x_1 の関数で，$x_2, \ldots, x_d$ の値によっても異なる．単一指標モデルについて 4.1 節で検討する．

X_1 の偏弾力性の定義は以下である．

$$\begin{aligned} e(x_1; x_2, \ldots, x_d) &= \frac{\partial}{\partial \log x_1} \log E(Y \mid X = x) \\ &= \frac{\partial}{\partial x_1} E(Y \mid X = x) \cdot \frac{x_1}{E(Y \mid X = x)} \end{aligned}$$

これは，$x_1 > 0$ で $E(Y \mid X = x) > 0$ のときである．偏弾力性とは，X_1 を 1 パーセント変化させたときの，Y の条件付き期待値が変化するパーセンテージの近似値である．その他の変数の値は固定している[1]．X_1 の限界準弾力性の定義は以下である．

$$
\begin{aligned}
s(x_1; x_2, \ldots, x_d) &= \frac{\partial}{\partial x_1} \log E(Y \mid X = x) \\
&= \frac{\partial}{\partial x_1} E(Y \mid X = x) \cdot \frac{1}{E(Y \mid X = x)}
\end{aligned}
$$

これは，$E(Y \mid X = x) > 0$ のときである．偏弾力性とは，X_1 を1単位変化させたとき，Yの条件付き期待値が変化するパーセンテージの近似値である．その他の変数の値は固定している．

限界効果の視覚化を道具として利用して回帰関数を視覚化できる．7.4節では，レベル集合ツリーを用いると関数の極大値構造が視覚化できることを示す．関数の極大値構造とは，関数の局所的な最大値の，数，大きさ，場所を意味する．同様に，レベル集合ツリーを用いると関数の極小値構造の視覚化もできる．そのとき，関数の極小値構造とは，関数の局所的な最小値の，数，大きさ，場所を意味する．局所的な極大値と極小値は，回帰関数の重要な性質である．しかし，回帰関数については，極大値構造と極小値構造だけではなく，より多くのことを知る必要がある．限界効果は，回帰関数に関するさらなる重要な情報を伝えるための有益な道具である．限界効果がそれぞれの変数において変化が少ないのであれば，回帰関数が線形関数に近いことが分かる．X_1 という変数の限界効果の極大値構造を視覚化すれば，X_1 という変数によって目的変数の期待値がいくつかの場所で増大しているかどうか（ひいては，限界効果の局所的な最大値の数）に関する情報が得られる．また，X_1 という変数の値の増大が，Y という目的変数の期待値をどのくらい増大させるか（ひいては，限界効果の局所的な最大値の大きさ）が分かる．さらに，X_1 という説明変数の影響が最大になる位置（ひいては，限界効果が局所的な最大値をとる位置）も分かる．同様の結論が，限界効果の極小値構造の視覚化によって得られる．

本書では，限界効果の推定についての2つの方法を示す．第1の方法はカーネル回帰関数推定量の偏微分値を使う．この方法について3.2.9項で述べる．第2の方法は局所1次式推定量を使う．この方法について5.2.1項で述べる．

---

[1] この解釈の由来は，以下の近似である．

$$
\log f(x+h) - \log f(x) \approx [f(x+h) - f(x)]/f(x)
$$

この式は，$x \approx 1$ のとき，$\log(x) \approx x - 1$ という近似ができることによる．

1.1.4 分散回帰

平均回帰は，条件付き分布の中心についての情報を与える．分散回帰は，条件付き分布の，ばらつきと裾の重さについて情報を与える．分散は，ばらつきを表す古典的な尺度である．それは，例えば，ポートフォリオ選択におけるマーコウィッツ理論において用いるリスクである．部分積率は，分散を一般化したリスク尺度である．

分散と条件付き分散

確率変数 Y の分散を以下のように定義する．

$$\mathrm{Var}(Y) = E(Y - EY)^2 = EY^2 - (EY)^2 \tag{1.12}$$

Y の標準偏差は Y の分散の平方根である．確率変数 Y の条件付き分散は以下のものに等しい．

$$\mathrm{Var}(Y \mid X = x) = E\left\{[Y - E(Y \mid X = x)]^2 \mid X = x\right\} \tag{1.13}$$

$$= E(Y^2 \mid X = x) - [E(Y \mid X = x)]^2 \tag{1.14}$$

Y の条件付き標準偏差は条件付き分散の平方根である．標本分散の定義は以下である．

$$\widehat{\mathrm{Var}}(Y) = \frac{1}{n}\sum_{i=1}^{n}(Y_i - \bar{Y})^2 = \frac{1}{n}\sum_{i=1}^{n} Y_i^2 - \bar{Y}^2$$

ここで，$Y_1, \ldots, Y_n$ は Y と同一の分布を持つ確率変数からの標本である．

条件付き分散の推定

条件付き分散 $\mathrm{Var}(Y \mid X = x)$ は x に依存しない定数になることがある．以下の式を考えよう．

$$Y = f(X) + \epsilon$$

ここで，$f(x) = E(Y \mid X = x)$ で，$\epsilon = Y - f(X)$ である．したがって，$E(\epsilon \mid X = x) = 0$ になる．$\mathrm{Var}(Y \mid X = x) = E(\epsilon^2)$ が x に依存しない定数であれば，誤差は均一分散と言える．それ以外の場合，誤差は不均一分散である．誤差が不均一分散であれば，以下の条件付き分散を推定することに意味がある．

$$\mathrm{Var}(Y \mid X = x) = E(\epsilon^2 \mid X = x)$$

条件付き分散の推定は，(1.13) を使った条件付き期待値の推定に帰着できる．まず，条件付き期待値 $f(x) = E(Y \mid X = x)$ を推定して $\hat{f}(x)$ とする．次に，以下の残差を算出する．

$$\hat{\epsilon}_i = Y_i - \hat{f}(X_i)$$

そして，データ $(X_1, \hat{\epsilon}_1^2), \ldots, (X_n, \hat{\epsilon}_n^2)$ を使って，条件付き分散を推定する．

条件付き分散の推定は，(1.14) による条件付き期待値の推定に帰着できる．まず，回帰データ $(X_1, Y_1^2), \ldots, (X_n, Y_n^2)$ を使って条件付き期待値 $E(Y^2 \mid X = x)$ を推定する．次に，データ $(X_1, Y_1), \ldots, (X_n, Y_n)$ を使って条件付き期待値 $f(x) = E(Y \mid X = x)$ を推定する．

分散推定の理論は固定設定の場合のものが多い．しかし，その結果は，設計変数に条件を付けることによって確率設定回帰に拡張できる．以下のような，不均一分散の固定設定回帰モデルを考えよう．

$$Y_i = f(x_i) + \sigma(x_i)\,\epsilon_i, \qquad i = 1, \ldots, n \tag{1.15}$$

ここで，$x_i \in \mathbf{R}^d$，$f : \mathbf{R}^d \to \mathbf{R}$ は平均関数である．$\sigma : \mathbf{R}^d \to \mathbf{R}$ は標準偏差関数である．ϵ_i は，$E\epsilon_i = 0$ を満たす同一の分布に従う．ここでは，関数 f と関数 σ の両方を推定したい．Wasserman (2005)[Section 5.6] は以下のような変換を行うことを提案している．$Z_i = \log(Y_i - f(x_i))^2$ と置く．すると，以下が得られる．

$$Z_i = \log(\sigma^2(x_i)) + \log \epsilon_i^2$$

$\hat{f}$ を，f の推定値としよう．そして，$\hat{Z}_i = \log(Y_i - \hat{f}(x_i))^2$ と定義する．$\hat{g}(x)$ を $\log \sigma^2(x)$ の推定値としよう．この関数は，回帰データ $(x_1, \hat{Z}_1), \ldots, (x_n, \hat{Z}_n)$ を使って求める．また，$\hat{\sigma}^2(x) = \exp\{\hat{g}(x)\}$ と定義する．

差分に基づいて条件付き分散推定を行うための方法が提案されている．$x_1 < \cdots < x_n$ を，1変数の固定設定点とする．そこで，$\sigma^2(x)$ を，$2^{-1}\hat{g}(x)$ を使って推定する．$\hat{g}$ は，回帰データ $(x_i, (Y_i - Y_{i-1})^2)$ $(i = 2, \ldots, n)$ を使って得られる回帰関数推定値である．この方法は Wang, Brown, Cai & Levine (2008) が用いている．

均一分散誤差における分散推定

以下の固定設定回帰モデルを考える．

$$Y_i = f(x_i) + \epsilon_i, \qquad i = 1, \ldots, n$$

ここで，$x_i \in \mathbf{R}^d$，$f : \mathbf{R}^d \to \mathbf{R}$ は平均関数である．また，$E\epsilon_i = 0$ である．均一分散誤差の場合，以下を推定する必要がある．

$$\sigma^2 \stackrel{def}{=} E(\epsilon^2)$$

Spokoiny (2002) は，2 階微分可能な回帰関数 f において，σ^2 の推定における最適な収束率は，$d \leq 8$ のとき $n^{-1/2}$ になることを示した．$d \leq 8$ でないときは，$n^{-4/d}$ である．まず，平均関数 f を推定できるので，その結果を $\hat{f}$ とする．すると，以下を用いることができる．

$$\widehat{\sigma^2} = \frac{1}{n}\sum_{i=1}^{n}\left(Y_i - \hat{f}(x_i)\right)^2$$

この種の推定量について Müller & Stadtmüller (1987), Hall & Carroll (1989), Hall & Marron (1990), Neumann (1994) が研究した．局所多項式推定量について，Ruppert, Wand, Holst & Hössjer (1997), Fan & Yao (1998) が研究した．差分に基づく推定量について，von Neumann (1941) が研究した．そこでは，以下の推定量を用いた．

$$\widehat{\sigma^2} = \frac{1}{2(n-1)}\sum_{i=2}^{n}(Y_i - Y_{i-1})^2$$

ここで，$x_1, \ldots, x_n \in \mathbf{R}$ と $x_1 < \cdots < x_n$ を仮定している．この推定量について，Rice (1984), Gasser, Sroka & Jennen-Steinmetz (1986), Hall, Kay & Titterington (1990), Hall, Kay & Titterington (1991), Thompson, Kay & Titterington (1991), Munk, Bissantz, Wagner & Freitag (2005) が研究し，いろいろな方法で修正している．

時系列設定における条件付き分散

時系列設定において，Y_t $(t = 1, 2, \ldots)$ を観測したとき，**条件付き不均一分散**の仮定とは以下である．

$$Y_t = \sigma_t \epsilon_t, \qquad t = 0, \pm 1, \pm 2, \ldots \tag{1.16}$$

ここで，ϵ_t は，独立同分布の数列である．また，$E\epsilon_t = 0$，$E\epsilon_t^2 = 1$ である．σ_t はボラティリティ過程である．このボラティリティ過程は，予測可能な確率過程である．すなわち，σ_t は，変数 $Y_{t-1}, Y_{t-2}, \ldots$ が生成するシグマ集合体に関して可測である．ϵ_t が $Y_{t-1}, Y_{t-2}, \ldots$ と独立のとき，つまり，条件付き不均一分散モデルの仮定が成り立つとき，以下が得られる．

$$\mathrm{Var}(Y_t \mid \mathcal{F}_{t-1}) = \mathrm{Var}(\sigma_t \epsilon_t \mid \mathcal{F}_{t-1}) = \sigma_t^2 \mathrm{Var}(\epsilon_t \mid \mathcal{F}_{t-1}) = \sigma_t^2 \mathrm{Var}(\epsilon_t) = \sigma_t^2 \quad (1.17)$$

ここで，$\mathcal{F}_{t-1}$ は，$Y_{t-1}, Y_{t-2}, \ldots$ が生成するシグマ代数である．条件付き不均一分散モデルにおける主な関心事は，確率変数 σ_t^2 の値を予測することである．それは，条件付き分散の推定に関係する．統計学的な問題は，過去の有限個の観測値 $Y_1, \ldots, Y_{t-1}$ を使って σ_t^2 を予測することである．条件付き不均一分散モデルの特別な場合に，2.5.2 項で論じる ARCH モデルと，3.9.2 項で論じる GARCH モデルがある．

部分モーメント

確率変数 $Y \in \mathbf{R}$ の分散の定義を，$\mathrm{Var}(Y) = E(Y - EY)^2$ とする．この分散は，以下のような，その他の中心化モーメントに一般化できる．

$$E|Y - EY|^k$$

ここで，$k = 1, 2, \ldots$ である．中心化モーメントは，分布の左と右の裾の両方からの寄与を受ける．左の裾（損失），あるいは，右の裾（利得）だけに注目するときは，下方部分モーメントあるいは上方部分モーメントを使うことができる．上方部分モーメントの定義は以下である．

$$\mathrm{UPM}_{\tau,k}(Y) = E\left[(Y - \tau)^k I_{[\tau,\infty)}(Y)\right]$$

下方部分モーメントの定義は以下である．

$$\mathrm{LPM}_{\tau,k}(Y) = E\left[(\tau - Y)^k I_{(-\infty,\tau]}(Y)\right]$$

ここで，$k = 0, 1, 2, \ldots$，$\tau \in \mathbf{R}$ である．リスク管理においては，τ は目標レートである．Y が密度 f_Y を持つとき，以下のように書ける．

$$\mathrm{UPM}_{\tau,k}(Y) = \int_\tau^\infty (y - \tau)^k f_Y(y)\, dy, \qquad \mathrm{LPM}_{\tau,k}(Y) = \int_{-\infty}^\tau (\tau - y)^k f_Y(y)\, dy$$

例えば，$k = 0$ のとき以下が得られる．

$$\mathrm{UPM}_{\tau,0}(Y) = P(Y \geq \tau), \qquad \mathrm{LPM}_{\tau,0}(Y) = P(Y \leq \tau)$$

したがって，このときの上方部分モーメントは，Y が τ と等しいかそれを超える値になる確率に等しい．下方部分モーメントは，Y が τ と等しいかそれより小さい値になる確率に等しい．$k=2$，$\tau = EY$ のとき，部分モーメントは，Y の上方準分散，あるいは下方準分散と呼ぶ．下方準分散の定義は以下である．

$$E\left[(Y-EY)^2 I_{(-\infty,EY]}(Y)\right] \tag{1.18}$$

シャープ比の定義やマーコウィッツ基準において，下方準分散の平方根を標準偏差の代わりとして用いることがある．部分モーメントの条件付きのものは，期待値を条件付き期待値に替えれば定義できる．

1.1.5 共分散回帰と相関回帰

確率変数 Y と確率変数 Z の共分散の定義は以下である．

$$\mathrm{Cov}(Y,Z) = E[(Y-EY)(Z-EZ)] = E(YZ) - EYEZ$$

標本共分散の定義は以下である．

$$\widehat{\mathrm{Cov}}(Y,Z) = \frac{1}{n}\sum_{i=1}^{n}(Y_i-\bar{Y})(Z_i-\bar{Z}) = \frac{1}{n}\sum_{i=1}^{n} Y_i Z_i - \bar{Y}\bar{Z}$$

ここで，$Y_1,\ldots,Y_n$ と $Z_1,\ldots,Z_n$ は，それぞれ，Y，Z と同一の分布を持つ確率変数の標本である．また，$\bar{Y} = n^{-1}\sum_{i=1}^{n} Y_i$，$\bar{Z} = n^{-1}\sum_{i=1}^{n} Z_i$ である．条件付き共分散は，期待値を条件付き期待値に替えると得られる．

条件付き共分散を推定するための方法が 2 つある．(1.13) と (1.14) のいずれの式に基づくかで，条件付き分散推定の方法が 2 つあるのと同様である．1 番目の方法は，$\mathrm{Cov}(Y,Z) = E[(Y-EY)(Z-EZ)]$ を使う．2 番目の方法は，$\mathrm{Cov}(Y,Z) = E(YZ) - EYEZ$ を使う．

相関の定義は以下である．

$$\mathrm{Cor}(Y,Z) = \frac{\mathrm{Cov}(Y,Z)}{\mathrm{sd}(Y)\,\mathrm{sd}(Z)}$$

ここで，$\mathrm{sd}(Y)$ と $\mathrm{sd}(Z)$ は，それぞれ，Y と Z の標準偏差である．条件付き相関の定義は以下である．

$$\mathrm{Cor}(Y,Z \mid X=x) = \frac{\mathrm{Cov}(Y,Z \mid X=x)}{\mathrm{sd}(Y \mid X=x)\,\mathrm{sd}(Z \mid X=x)} \tag{1.19}$$

ここで，以下を用いている．

$$\mathrm{sd}(Y\,|\,X=x)=\sqrt{\mathrm{Var}(Y\,|\,X=x)},\qquad \mathrm{sd}(Z\,|\,X=x)=\sqrt{\mathrm{Var}(Z\,|\,X=x)}$$

以下のように書ける．

$$\mathrm{Cor}(Y,Z\,|\,X=x)=\mathrm{Cov}(\tilde{Y},\tilde{Z}\,|\,X=x) \tag{1.20}$$

ここで，以下の式を用いている．

$$\tilde{Y}=\frac{Y}{\mathrm{sd}(Y\,|\,X=x)},\qquad \tilde{Z}=\frac{Z}{\mathrm{sd}(Z\,|\,X=x)}$$

したがって，条件付き相関の推定には2つの方法がある．

1. (1.19) を使うことができる．まず，条件付き共分散と条件付き標準偏差を推定する．次に，(1.19) を用いて，条件付き相関の推定量を求める．
2. (1.20) を使うことができる．まず，条件付き標準偏差を推定して，$\widehat{\mathrm{sd}}_Y(x)$, $\widehat{\mathrm{sd}}_Z(x)$ とする．そして，標準化された観測値を計算して，$\tilde{Y}_i=Y_i/\widehat{\mathrm{sd}}_Y(X_i)$, $\tilde{Z}_i=Z_i/\widehat{\mathrm{sd}}_Z(X_i)$ とする．次に，$(X_i,\tilde{Y}_i,\tilde{Z}_i)$ $(i=1,\ldots,n)$ を用いて条件付き相関を推定する．

すべての $t,h\in\mathbf{Z}$ において，$EY_t=EY_{t+h}$ と EY_tY_{t+h} が h だけに依存するとき，時系列 $(Y_t)_{t\in\mathbf{Z}}$ が弱定常，と言う．弱定常の時系列 $(Y_t)_{t\in\mathbf{Z}}$ において，自己共分散関数の定義は以下である．

$$\gamma(h)=\mathrm{Cov}(Y_t,Y_{t+h})$$

そして，自己共分散の定義は以下である．

$$\rho(h)=\gamma(h)/\gamma(0)$$

ここで，$h=0,\pm1,\ldots$ である．

すべての $t,h\in\mathbf{Z}$ において，$EX_t=EX_{t+h}$ と $EX_tX'_{t+h}$ が h だけに依存するとき，ベクトル時系列 $(X_t)_{t\in\mathbf{Z}}$（$X_t\in\mathbf{R}^d$ とする）は弱定常，と言う．弱定常のベクトル時系列 $(X_t)_{t\in\mathbf{Z}}$ において，自己共分散関数の定義は以下である．

$$\Gamma(h)=\mathrm{Cov}(X_t,X_{t+h})=E[(X_t-\mu)(X_{t+h}-\mu)'] \tag{1.21}$$

ここで，$h=0,\pm1,\ldots$ である．$\mu=EX_t=EX_{t+h}$ を用いている．行列 $\Gamma(h)$ は，$d\times d$ のサイズの行列で対称行列ではない．しかし，以下の式が成り立つ．

$$\Gamma(h)=\Gamma(-h)' \tag{1.22}$$

1.1.6 分位点回帰

分位点は，中央値を一般化したものである．分位点回帰においては，条件付き分位点を推定する．分位点を使うと想定最大損出額 (VaR) が推定できる．期待ショートフォールは，ばらつきとリスクの尺度に関連する．

分位点と条件付き分位点

p 番目の分位点の定義は以下である．

$$Q_p(Y) = \inf\{y : P(Y \le y) \ge p\}, \qquad x \in \mathbf{R}^d \tag{1.23}$$

ここで，$0 < p < 1$ である．$p = 1/2$ のとき，$Q_p(Y)$ は中央値 $\mathrm{med}(Y)$（定義が (1.8)）に等しい．連続分布関数のとき，以下の式になる．

$$P\,(Y \le Q_p(Y)) = p$$

したがって，以下の式が成り立つ．

$$Q_p(Y) = F_Y^{-1}(p)$$

ここで，$F_Y(y) = P(Y \le y)$ は Y の分布関数で，F_Y^{-1} は F_Y の逆関数である．p 番目の条件付き分位点の定義は，Y の分布を，X を与えたときの Y の条件付き分布に置き換えたものである．つまり，以下である．

$$Q_p(Y \,|\, X = x) = \inf\{y : P(Y \le y \,|\, X = x) \ge p\}, \qquad x \in \mathbf{R}^d \tag{1.24}$$

ここで，$0 < p < 1$ である．条件付き分位点推定について，Koenker (2005) と Koenker & Bassett (1978) が検討した．

分位点と条件付き分位点の推定

分位点の推定は，分布関数の推定と密接に関連している．分布関数あるいは条件付き分布関数を推定する方法があれば，分位点あるいは条件付き分位点の推定のための方法を導くことができることが多い．

経験分位点

データ $Y_1, \ldots, Y_n$ に基づいて経験分布関数を以下のように定義する．

$$\hat{F}(y) = \frac{1}{n}\sum_{i=1}^{n} I_{(-\infty,y]}(Y_i), \qquad y \in \mathbf{R} \tag{1.25}$$

すると，分位点の推定値を以下のように定義できる．

$$\hat{Q}_p = \inf\{x : \hat{F}(x) \geq p\} \tag{1.26}$$

ここで，$0 < p < 1$ である．そのとき，以下が成り立つ．

$$\hat{Q}_p = \begin{cases} Y_{(1)}, & 0 < p \leq 1/n \\ Y_{(2)}, & 1/n < p \leq 2/n \\ \vdots & \\ Y_{(n-1)}, & 1 - 2/n < p \leq 1 - 1/n \\ Y_{(n)}, & 1 - 1/n < p < 1 \end{cases} \tag{1.27}$$

ここで，順序標本を，$Y_{(1)} \leq Y_{(2)} \leq \cdots \leq Y_{(n)}$ とする．分位点の経験推定量の表現の3番目のものは，以下の手順で与えられる．

1. 標本を小さい観測値から大きい観測値の順に並べる．つまり，$Y_{(1)} \leq \cdots \leq Y_{(n)}$ とする．
2. $m = \lceil pn \rceil$ とする．ここで，$\lceil y \rceil$ は，$\geq y$ を満たす最小の整数である．
3. $\hat{Q}_p = Y_{(m)}$ とする．

標準偏差に基づく分位点推定量

標準誤差の推定値を使って，分位点の推定値を導くこともできる．つまり，以下のような位置−スケール・モデルを考える．

$$Y = \mu + \sigma\,\epsilon$$

ここで，$\mu \in \mathbf{R}$，$\sigma > 0$ である．ϵ は，連続分布を持つ確率変数である．すると以下が得られる．

$$P(Y \leq y) = P\left(\epsilon \leq \frac{y - \mu}{\sigma}\right) = F_\epsilon\left(\frac{y - \mu}{\sigma}\right)$$

ここで，F_ϵ は，ϵ の分布関数である．ϵ が連続分布にしたがっているとき，F_ϵ は単調に増加する．また，逆関数 F_ϵ^{-1} が存在する．Y の p 番目の分位点 $Q_p(Y)$ は，$P\left(Y \leq Q_p(Y)\right) = p$, を満たす．また，この方程式を解くと以下の式が得られる．

$$Q_p(Y) = \mu + \sigma\, F_\epsilon^{-1}(p)$$

したがって，F_ϵ が既知であれば，μ の推定値である $\hat{\mu}$ と，σ の推定値である $\hat{\sigma}$ を使って，以下の推定値が得られる．

$$\hat{Q}_p(Y) = \hat{\mu} + \hat{\sigma}\, F_\epsilon^{-1}(p) \tag{1.28}$$

標準偏差に基づく条件付き分位点推定量

不均一分散の固定設定モデル (1.15) における条件付き分位点の推定値を得るために，以下の式を用いることができる．

$$\hat{Q}_p(Y \,|\, X = x) = \hat{f}(x) + \hat{\sigma}(x)\, F_\epsilon^{-1}(p) \tag{1.29}$$

同様に，条件付き不均一分散モデル (1.16) において以下の式を用いる．

$$\hat{Q}_p(Y_t \,|\, \mathcal{F}_{t-1}) = \hat{\sigma}_t\, F_{\epsilon_t}^{-1}(p) \tag{1.30}$$

2.5.1 項と 3.11.3 項において 3 つの分位点推定量を利用する．それらは，以下のように標準偏差推定値に基づいている．

1. 1 番目の推定量は標準正規分布を使う．それにより，以下の分位点推定量が得られる．

$$\hat{Q}_p(Y_t \,|\, \mathcal{F}_{t-1}) = \hat{\sigma}_t\, \Phi^{-1}(p) \tag{1.31}$$

ここで，Φ は，標準正規分布の分布関数である．

2. 2 番目の推定量は t 分布を使う．それにより，以下の分位点推定量が得られる．

$$\hat{Q}_p(Y_t \,|\, \mathcal{F}_{t-1}) = \sqrt{\frac{\nu - 2}{\nu}}\; \hat{\sigma}_t\, t_\nu^{-1}(p) \tag{1.32}$$

ここで，t_ν は自由度が ν の t 分布の分布関数である．もし，$X \sim t_\nu$ であれば，$\mathrm{Var}(X) = \nu/(\nu - 2)$ である．そのとき，$\sqrt{(\nu - 2)/\nu}\; t_\nu^{-1}(p)$ は，標準化された t 分布の p 分位点になる．標準化された t 分布の分散は 1 である．

3. 3 番目の推定量は残差の経験分位点を使う．以下の式である．

$$\hat{Q}_p(Y_t \,|\, \mathcal{F}_{t-1}) = \hat{\sigma}_t\, \hat{Q}^{res}(p) \tag{1.33}$$

ここで，$\hat{Q}^{res}(p)$ は，残差 $Y_t/\hat{\sigma}_t$ の経験分位点である．経験分位点は (1.26) で定義した．この推定量は Fan & Gu (2003) が提案した．

期待ショートフォール

期待ショートフォールはリスクの尺度である．右の裾（あるいは，左の裾）のすべての分位点についての情報を集約している．右の裾における期待ショートフォールの定義は以下である．

$$\mathrm{ES}_p(Y) = \frac{1}{1-p}\int_p^1 Q_u(Y)\,du, \qquad 0 < p < 1$$

Y が連続分布関数に従うとき，以下の式になる．

$$\mathrm{ES}_p(Y) = E\left(Y \mid Y \geq Q_p(Y)\right) = \frac{1}{1-p}E\left(YI_{[Q_p(Y),\infty)}(Y)\right) \tag{1.34}$$

McNeil, Frey & Embrechts (2005, lemma 2.16) を参照せよ．(1.86) において，損失を，ポートフォリオの値の変化に -1 を掛けたものと定義している．したがって，リスク管理を行うためには，損失分布の右の裾を制御する必要がある．しかし，左の裾のための期待ショートフォールを以下のように定義できる．

$$\mathrm{ES}_p(Y) = \frac{1}{p}\int_0^p Q_u(Y)\,du, \qquad 0 < p < 1 \tag{1.35}$$

Y が連続分布関数に従うとき，以下の式が得られる．

$$\mathrm{ES}_p(Y) = E(Y \mid Y \leq Q_p(Y)) = \frac{1}{p}E\Big(YI_{(-\infty,Q_p(Y)]}(Y)\Big)$$

この式は，連続分布関数の場合，$p\mathrm{ES}_p(Y)$ が左の裾の値だけを考慮した期待値に等しいことを示している．それは，左の裾を，この分布の分位点の左側に位置する領域と定義した場合である[2)]．

期待ショートフォールは，データ $Y_1,\ldots,Y_n$ を用い，以下の式を使って定義できる．それは，(1.34) が期待ショートフォールを与える場合である．

$$\hat{\mathrm{ES}}_p = \frac{1}{m}\sum_{i=m}^{n} Y_{(i)}$$

ここで，$Y_{(1)} \leq \cdots \leq Y_{(n)}$ で，$m = \lceil (1-p)n \rceil$ である．(1.35) が期待ショートフォールを与えるときは，次の式を定義とする．

[2)] 左の裾における期待ショートフォールは $Q_p(Y) - E[YI_{(-\infty,Q_p(Y)]}(Y)]$ と定義することがある．絶対期待ショートフォールは，$-E[YI_{(-\infty,Q_p(Y)]}(Y)]$ と定義する．

$$\hat{\mathrm{ES}}_p = \frac{1}{m}\sum_{i=1}^{m} Y_{(i)}$$

ここで，$m = \lceil pn \rceil$ である．

以下の位置−スケール・モデルを考える．

$$Y = \mu + \sigma\epsilon$$

ここで，$\mu \in \mathbf{R}$，$\sigma > 0$ である．ϵ は連続的な分布を持つ確率変数である．よって，以下の式になる．

$$\mathrm{ES}_p(Y) = \mu + \sigma \mathrm{ES}_p(\epsilon)$$

したがって，期待ショートフォールの推定値は以下の式によって得られる．

$$\hat{\mathrm{ES}}_p(Y) = \hat{\mu} + \hat{\sigma}\mathrm{ES}_p(\epsilon)$$

ここで，$\hat{\mu}$ は，μ の推定値で，$\hat{\sigma}$ は，σ の推定値である．

$\epsilon \sim N(0,1)$ で，期待ショートフォールを (1.34) のように右の裾において定義するとき，以下の式になる．

$$\mathrm{ES}_p(\epsilon) = \frac{\phi(\Phi^{-1}(p))}{1-p}$$

ここで，ϕ は，標準正規分布の密度関数である．Φ は，標準正規分布の分布関数である．$\epsilon \sim t_\nu$（t_ν が，自由度が ν の t 分布に従う）であり，期待ショートフォールを (1.34) のように右の裾で定義するとき，以下の式になる．

$$\mathrm{ES}_p(\epsilon) = \frac{g_\nu(t_\nu^{-1}(p))}{1-p}\,\frac{\nu + (t_\nu^{-1}(p))^2}{v-1}$$

ここで，g_ν は，自由度が ν の t 分布の密度関数である．t_ν が，自由度が ν の t 分布の分布関数である．

期待ショートフォールが分位点より好まれることがある．期待ショートフォールは劣加法性の公理を満たすからである．リスク尺度 ϱ は，$\varrho(X+Y) \le \varrho(X) + \varrho(Y)$ が成り立つとき，劣加法であると言う．この X と Y は，ポートフォリオ損失と解釈できる確率変数である．分位点は，期待ショートフォールとは異なり，劣加法性を満たさない．コヒーレントリスク尺度に関するその他の公理には，(1) 単調性（$Y \ge X$ であれば，$\varrho(Y) \ge \varrho(X)$），(2) 正の同次性（$\lambda \ge 0$ のとき，$\varrho(\lambda Y) = \lambda\varrho(Y)$)，(3) 並進不変性（$a \in \mathbf{R}$ に対して，$\varrho(Y+a) = \varrho(Y)+a$）がある．コヒーレントリスク尺度に関する詳細は，McNeil et al. (2005, Section 6.1) を参照せよ．

1.1.7　目的変数の近似

(1.5) において，回帰関数の定義を，目的変数の条件付き期待値とした．条件付き期待値は，目的変数 $Y \in \mathbf{R}$ を，確率変数である説明変数 $X_1, \ldots, X_d \in \mathbf{R}$ を用いて近似したものと見なせる．この近似は，確率変数 $f(X_1, \ldots, X_d) \in \mathbf{R}$ の近似である．ここで，$f : \mathbf{R}^d \to \mathbf{R}$ は，固定された関数である．この視点は一般化できる．目的変数に対する最良の近似は，いろいろな損失関数 $\rho : \mathbf{R} \to \mathbf{R}$ を使って定義できる．最良の近似を $f(X_1, \ldots, X_d)$ とする．f の定義は以下である．

$$f = \mathrm{argmin}_{g \in \mathcal{G}} E\rho(Y - g(X)), \qquad X = (X_1, \ldots, X_d) \tag{1.36}$$

ここで，$\mathcal{G}$ は，関数 $g : \mathbf{R}^d \to \mathbf{R}$ の内の適切なものの集合である．f の定義において未知の分布 (X, Y) を用いているので，(X, Y) の分布から得られた統計的なデータを使って f を推定する必要がある．

損失関数の例

ρ と $\mathcal{G}$ として異なる選択をしたときの例を示す．

1. $\rho(t) = t^2$ で，$\mathcal{G}$ が，$\mathbf{R}^d \to \mathbf{R}$ というすべての可測関数の集合とする．そのとき，(1.36) が定義する f は，以下の条件付き期待値に等しい．

$$f(x) = E(Y \mid X = x) = \mathrm{argmin}_{g \in \mathcal{G}} E(Y - g(X))^2$$

そのとき，以下が成り立つ．

$$E(g(X) - Y)^2 = E(g(X) - E(Y \mid X))^2 + E(E(Y \mid X) - Y)^2 \tag{1.37}$$

$E[(g(X) - E(Y \mid X))(E(Y \mid X) - Y)] = 0$ だからである．したがって，$E(g(X) - Y)^2$ は，$g(x) = E(Y \mid X = x)$ を選択することによって，$g : \mathbf{R}^d \to \mathbf{R}$ に関して最小化される[3]．また，期待値 EY は，Y を定数で近似し

---

[3] $f(x) = E(Y \mid X = x)$ で定義される条件付き期待値は，x の実数値関数であるけれども，$E(X \mid Y)$ は，$E(X \mid Y) = f(X)$ で定義される実変数確率変数であることに注意する必要がある．

たときの最良の近似値であることにも注意する必要がある．すなわち，$\mathcal{G}$ を定数関数の集合としたとき，以下のように書ける．

$$\mathcal{G} = \left\{ g : \mathbf{R}^d \to \mathbf{R} \mid g(x) = \mu \text{ for all } x \in \mathbf{R}, \mu \in \mathbf{R} \right\}$$

したがって，以下の式が得られる．

$$EY = \mathrm{argmin}_{g \in \mathcal{G}} E(Y - g(X))^2 = \mathrm{argmin}_{\mu \in \mathbf{R}} E(Y - \mu)^2 \tag{1.38}$$

よって，以下が成り立つ．

$$E(Y - \mu)^2 = E(Y - EY)^2 + (EY - \mu)^2$$

すると，$\mu = EY$ とすると，$\mu \in \mathbf{R}$ に関して最小化される．

2. $\rho(t) = |t|$ で，$\mathcal{G}$ が，可測関数 $\mathbf{R}^d \to \mathbf{R}$ の全体の集合とする．そのとき，(1.36) で定義される f は，以下のような条件付き中央値である．

$$\mathrm{med}(Y \mid X = x) = \mathrm{argmin}_{g \in \mathcal{G}} E|Y - g(X)| \tag{1.39}$$

ここで，条件付き中央値の定義は (1.9) である．(1.39) は次の項目で証明する．

3. 以下を，ρ の定義とする．

$$\rho_p(t) = t\left[p - I_{(-\infty,0)}(t))\right] = \begin{cases} t(p-1), & t < 0 \text{ のとき} \\ tp, & t \geq 0 \text{ のとき} \end{cases} \tag{1.40}$$

ここで，$0 < p < 1$ であり，$\mathcal{G}$ は，可測関数の全体の集合とする．そのとき，最良の近似は条件付き分位数である．図 1.2 は，(1.40) において，$p = 0.5$(実線) あるいは $p = 0.1$ (破線) に設定したときの損失関数を示している．分布関数 F_Y が狭義単調であるとき以下が成り立つことを示す．

$$Q_p(Y) = \mathrm{argmin}_{\theta \in \mathbf{R}} E\rho_p(Y - \theta) \tag{1.41}$$

(1.41) を示すために以下の式に注目する．

$$E\rho_p(Y - \theta) = (p-1)\int_{-\infty}^{\theta} (y - \theta)\, dF_Y(y) + p\int_{\theta}^{\infty} (y - \theta)\, dF_Y(y)$$

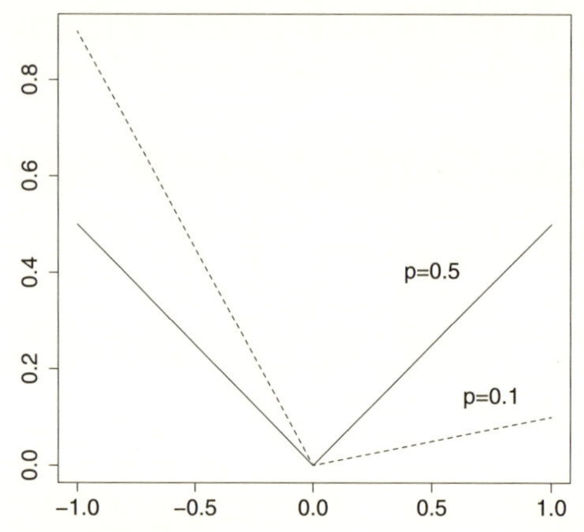

図 1.2　分位点推定における損失関数　(1.40) において，$p = 0.5$（実線），あるいは，$p = 0.1$（破線）に設定したときの損失関数．

したがって，以下の式が得られる．

$$\frac{\partial}{\partial\theta} E\rho_p(Y - \theta) = (1 - p)\int_{-\infty}^{\theta} dF_Y(y) - p\int_{\theta}^{\infty} dF_Y(y) = F_Y(\theta) - p$$

$\partial E\rho_p(Y - \theta)/\partial\theta = 0$ と設定すると (1.41) が得られる．F_Y が狭義単調の場合である．以下に示す，条件付き分位点の場合についても同様の証明ができる．

$$Q_p(Y \mid X = x) = \mathrm{argmin}_{g\in\mathcal{G}} E\rho_p(Y - g(X))$$

ここで，$\mathcal{G}$ は，可測関数 $\mathbf{R}^d \to \mathbf{R}$ の集合である．$p = 1/2$ のとき，以下の式が成り立つ．

$$\rho_p(t) = \frac{1}{2}\,|t|$$

よって，(1.39) という結果が証明できた．

損失関数を使った推定

回帰関数が損失関数を最小にするものとして特徴付けられる場合，その損失関数を使った経験的リスク最小化を用いて，回帰関数を導くための推定量を定義できる．経験的リスク関数については，第 5 章で論じる．

例えば，条件付き期待値 $f(x) = E(Y \mid X = x)$ は，以下の誤差 2 乗和を最小にすることによって推定できる．

$$\hat{f} = \mathrm{argmin}_{f \in \mathcal{F}} \sum_{i=1}^{n} (Y_i - f(X_i))^2$$

ここで，$\mathcal{F}$ は，関数 $f : \mathbf{R}^d \to \mathbf{R}$ の集合である．例えば，$\mathcal{F}$ は線形関数の集合かもしれない．

分位点と条件付き分位点の推定は，経験的リスク最小化を使って行うこともできる．p 番目の分位点の推定量は以下である．

$$\hat{Q}_p(Y) = \mathrm{argmin}_{\theta \in \mathbf{R}} \sum_{i=1}^{n} \rho_p(Y_i - \theta)$$

そして，p 番目の条件付き分位点 $f(x) = Q_p(Y \mid X = x)$ の推定量は以下である．

$$\hat{f} = \mathrm{argmin}_{f \in \mathcal{F}} \sum_{i=1}^{n} \rho_p(Y_i - f(X_i))$$

ここで，$\mathcal{F}$ は，関数 $f : \mathbf{R}^d \to \mathbf{R}$ の集合である．これよりさらに進んだ考え方について 5.2 節で論じる．それは，以下のように，局所経験的リスクを用いて条件付き分位点を推定するための推定量を定義するものである．

$$\hat{f}(x) = \mathrm{argmin}_{\theta \in \mathbf{R}} \sum_{i=1}^{n} p_i(x)\, \rho_p(Y_i - \theta)$$

ここで，$p_i(x) \geq 0$，$\sum_{i=1}^{n} p_i(x) = 1$ である．これらの重みは，X_i が x に近いとき $p_i(x)$ が大きく，X_i が x から遠いとき $p_i(x)$ が小さい，という性質を持っているべきである．

1.1.8 条件付き分布と条件付き密度

条件付き期待値，条件付き分散，条件付き分位点だけを推定するのではなく，完全な条件付き分布を推定することを試みることができる．そのために，条件付き分布関数，あるいは，条件付き密度関数を推定する．

条件付き分布関数

確率変数 $Y \in \mathbf{R}$ の分布関数の定義は以下である[4]．

$$F_Y(y) = P(Y \leq y), \qquad y \in \mathbf{R}$$

4) この定義は，多変量の場合 ($Y = (Y_1, \ldots, Y_d)$) に拡張できる．その際，以下の式を用いる．

条件付き分布関数の定義は以下である．

$$F_{Y \mid X=x}(y) = P(Y \le y \mid X = x), \qquad y \in \mathbf{R},\ x \in \mathbf{R}^d$$

ここで，$Y \in \mathbf{R}$ は，スカラーの確率変数である．$X \in \mathbf{R}^d$ は確率変数ベクトルである．すると，以下が得られる．

$$F_{Y \mid X=x}(y) = E\left[I_{(-\infty,y]}(Y) \mid X = x\right] \tag{1.42}$$

よって，条件付き分布関数の推定は回帰問題であると考えることができる．この推定においては，確率変数 $I_{(-\infty,y]}(Y)$ の条件付き期待値を推定する．確率変数 $I_{(-\infty,y]}(Y)$ は0か1しかとらない．条件がない分布関数は，経験分布関数を使って推定できる．その経験分布関数は，データ $Y_1,\ldots,Y_n$ を用いて，以下のように定義する．

$$\hat{F}_Y(y) = \frac{1}{n}\sum_{i=1}^{n} I_{(-\infty,y]}(Y_i) = n^{-1}\#\{i : Y_i \le y, i = 1,\ldots,n\} \tag{1.43}$$

ここで，$\#A$ は集合 A の濃度である．条件付き分布関数推定について3.7節で検討する．そこで，局所平均推定量を定義する．

条件付き密度

条件付き密度関数の定義は以下である．

$$f_{Y \mid X=x}(y) = \begin{cases} \frac{f_{X,Y}(x,y)}{f_X(x)}, & f_X(x) > 0 \text{のとき} \\ 0, & \text{その他のとき} \end{cases}$$

ここで，$y \in \mathbf{R}$ であり，$f_{X,Y} : \mathbf{R}^{d+1} \to \mathbf{R}$ は (X,Y) の同時密度である．$f_X : \mathbf{R}^d \to \mathbf{R}$ は，X の密度である．条件付き密度を推定するための3つの方法について述べる

第1の方法は，(X,Y) の密度と X の密度を，それぞれ，$\hat{f}_{X,Y}$ と $\hat{f}_X$ の推定量で置き換えることができる場合である．そのとき，以下の式を定義する．

$$\hat{f}_{Y \mid X=x}(y) = \frac{\hat{f}_{X,Y}(x,y)}{\hat{f}_X(x)}$$

$$F_Y(y) = P(Y_1 \le y_1,\ldots,Y_d \le y_d), \qquad y = (y_1,\ldots,y_d) \in \mathbf{R}^d$$

ここで，$\hat{f}_X(x) > 0$ である．この方法は，3.6 節で用いる方法に近い．そこでは，条件付き密度の局所平均推定量を定義する．

第 2 の方法は，経験的リスク最小化を，条件付き密度の推定において利用できる場合である．5.1.3 項で説明する．

第 3 の方法は，条件付き密度が以下の形であるという仮定が妥当な場合である．

$$f_{Y \mid X=x}(y) = f_{g(x)}(y) \tag{1.44}$$

ここで，f_θ, $\theta \in A \subset \mathbf{R}^k$ は密度関数の分布族である．また，$g : \mathbf{R}^d \to A$ $(k \geq 1)$ である．すると，条件付き密度の推定が，「回帰関数 g」の推定に帰着する．平均回帰は，この方法の特別な場合である．つまり，誤差分布が既知の場合である．そのとき，以下の式を仮定する．

$$Y = f(X) + \epsilon$$

ここで，ϵ は X とは独立である．また，$E\epsilon = 0$ である．ϵ の密度を f_ϵ と表現する．すると，以下の式になる．

$$f_{Y \mid X=x}(y) = f_\epsilon(y - f(x))$$

これは，(1.44) の特殊な場合である．それは，$f_\theta(y) = f_\epsilon(y - \theta)$，$g(x) = f(x)$ と置いたときである．不均一分散の場合がもう 1 つの例になる．そのときは，以下の式を仮定する．

$$Y = f(X) + \sigma(X)\,\epsilon$$

ここで，ϵ は X とは独立である．また，$E\epsilon = 0$ である．そして，ϵ の密度を f_ϵ と表す．すると，以下の式になる．

$$f_{Y \mid X=x}(y) = \sigma(x)^{-1} f_\epsilon((y - f(x))/\sigma(x))$$

これも，(1.44) の特殊な場合である．それは，$\theta = (\theta_1, \theta_2)$，$f_\theta(y) = \theta_2^{-1} f_\epsilon((y - \theta_1)/\theta_2)$，$g(x) = (f(x), \sigma(x))$ とした場合である．この方法は，パラメトリック族回帰において利用する．これについては 1.3.1 項で説明する．

1.1.9 時系列データ

回帰データを，数列 $(X_1, Y_1), \ldots, (X_n, Y_n)$ とする．この数列は，(X, Y) と同一の分布を持つ確率変数を複製したものである．ここで，$X \in \mathbf{R}^d$ が，説明変数で，$Y \in \mathbf{R}$ が目的変数である．(1.4) の通りである．しかし，以下のような時系列データに対して回帰手法を使うこともある．

$$Z_1, \ldots, Z_T \in \mathbf{R}$$

ここで，観測値 Z_t は，t $(t = 1, \ldots, T)$ における値である．回帰手法を応用するために目的変数と説明変数を特定する．説明変数を選択するための2つの方法が考えられる．1番目の方法では，時系列が構成する状態空間を説明変数の空間として使う．2番目の方法では，時間空間を説明変数の空間として使う．

状態空間の予測

状態空間の予測において，自己回帰パラメータ $k \geq 1$ の値を選択する．そして，次のように表す．

$$Y_i = Z_{i+1}, \qquad X_i = (Z_i, \ldots, Z_{i-k+1}) \tag{1.45}$$

ここで，$i = k, \ldots, T-1$ である．時系列 $Z_1, \ldots, Z_T$ が定常であれば，数列 (X_i, Y_i) $(i = k, \ldots, T-1)$ は同一の分布に従う確率変数からなる．したがって，(X_i, Y_i) と同一の分布を持つ確率変数ベクトルを，(X, Y) と表すことができる．

これまでと同様に，回帰関数の定義を以下の式とする．

$$f(x) = E(Y \mid X = x), \qquad x \in \mathbf{R}^k \tag{1.46}$$

この回帰関数を，データ (X_i, Y_i) $(i = k, \ldots, T-1)$ を使って推定できる．回帰関数 $f : \mathbf{R}^k \to \mathbf{R}$ の推定量を用いれば，k 個の過去の観測値を使って，時系列における次の結果を予測したり説明したりできる．例えば，$\hat{f}_T$ が T における推定量であるとする．それは，データ (X_i, Y_i) $(i = k, \ldots, T-1)$ を使って作成する．次の結果の予測値は $\hat{f}_T(X_T)$ である．ここで，$X_T = (Z_T, \ldots, Z_{T-k+1})$ である．

次に，以下のように仮定する．

$$Z_1, \ldots, Z_T \in \mathbf{R}^d$$

は，それぞれが d 次元ベクトルの時系列である．(1.45) の定義をベクトル時系列の設定に一般化する．以下のように定義する．

$$Y_i = g(Z_{i+1}), \qquad X_i = (Z_i, \ldots, Z_{i-k+1}) \tag{1.47}$$

ここで，$i = k, \ldots, T-1$ である．また，$g : \mathbf{R}^d \to \mathbf{R}$ は実数をもたらす関数である．この回帰関数を，これまでと同様に，以下のように定義する．

$$f(x) = E(Y_i \mid X_i = x), \qquad x \in \mathbf{R}^{dk}$$

この回帰関数は，kd という高次元の空間で定義する．

自己回帰パラメータ k を使わずに，予測や説明を行うことができる．すなわち，k 番目までの過去の観測値だけではなく，それまでの観測値のすべてを考慮する方法である．しかし，この方法は，標準的な回帰の方法にはそぐわない．この方法では，$Z_1, \ldots, Z_T \in \mathbf{R}$ をスカラーの時系列とし，以下のように定義する．

$$Y_i = Z_{i+1}, \qquad X_i = (Z_i, \ldots, Z_1)$$

ここで，$i = 1, \ldots, T-1$ である．観測値の数列 $(Y_1, X_1), \ldots, (Y_{T-1}, X_{T-1})$ は，同一の分布を持つ確率変数ベクトルの数列ではない．例えば，回帰関数 $f_i(x) = E(Y_i \mid X_i = x)$，$x \in \mathbf{R}^{id}$ は，i ごとに異なる空間で定義する．

時空間予測

時空間予測において，時刻パラメータが説明変数になる．(1.45) で，時系列の以前の観測値が説明変数であるのとは異なる．この場合，以下のように表す．

$$Y_i = Z_i, \qquad X_i = i, \qquad i = 1, \ldots, T \tag{1.48}$$

得られる回帰モデルは，固定設定回帰モデル（ 1.1.1 項で述べたもの）である．

時空間予測は，時系列が，非定常の時系列信号に加法的な誤差が加わったものとして，以下のようにモデル化できるときに利用できる．

$$Y_i = \mu_i + \sigma_i \epsilon_i, \qquad i = 1, \ldots, T \tag{1.49}$$

ここで，$\mu_i \in \mathbf{R}$ は決定論的な信号である．$\sigma_i > 0$ は非確率的な値である．誤差 ϵ_i は，定常で，平均が 0，分散が 1 である．統計的な推定と漸近的な解析においては，以下のような，やや異なるモデルを使うことがある．

$$Y_{i,T} = \mu(t_{i,T}) + \sigma(t_{i,T})\,\epsilon_{i,T}, \qquad i = 1, \ldots, T \tag{1.50}$$

ここで，$t_{i,T} = i/T$，$\mu : [0,1] \to \mathbf{R}$，$\sigma : [0,1] \to (0, \infty)$ である．また，$\epsilon_{i,T}$ は，定常で，平均が 0，分散が 1 である．さらに，観測値は連続的な時間過程 $Y(t)$，$t \in [0,1]$ から得られ，離散的な時間過程は，$Y_{i,T} = Y(i/T)$，$(i = 1, \ldots, T)$ という形で抽出される，と考える．$Y(t)$，$t \in [0,1]$ としたときの漸近解析を充填漸近解析と呼ぶ．$T \to \infty$ において点 $t_{i,T}$ が $[0,1]$ の区間を充填するからである．

1.1.10　確率制御

確率制御の問題における2つの型を考える．確率制御の問題における第1の型は，オプション価格付けとオプション・ヘッジングにおいて現れる．第2の型は，ポートフォリオ選択において現れる．これらの確率制御における問題と，ポートフォリオ選択との関連について，1.5.3項で説明する．オプション価格付け，オプション・ヘッジングとの関連については，1.5.4項で説明する．

オプション価格付け型の確率制御

以下の時系列を考える．

$$X_{t_0}, X_{t_0+1}, \ldots, X_{T-1} \in \mathbf{R}$$

確率変数 $Y_T \in \mathbf{R}$ も考える．時刻 $t(t = t_0, \ldots, T-1)$ における回帰係数 $\beta_t \in \mathbf{R}$ と，時刻 t_0 における定数項 $\alpha_{t_0} \in \mathbf{R}$ を求めることができる．これらの回帰係数を以下の平均2乗誤差が最小になるようにして求める．

$$\mathrm{MSE}\left(\alpha_{t_0}, \beta_{t_0}, \ldots, \beta_{T-1}\right) = E\left(\alpha_{t_0} + \beta_{t_0} X_{t_0} + \cdots + \beta_{T-1} X_{T-1} - Y_T\right)^2$$

時刻 t_0 における最適な回帰係数の定義は以下である．

$$\left(\alpha_{t_0}^o, \beta_{t_0}^o\right) = \mathrm{argmin}_{\alpha_{t_0}, \beta_{t_0}} \min_{\beta_{t_0+1}, \ldots, \beta_{T-1}} \mathrm{MSE}\left(\alpha_{t_0}, \beta_{t_0}, \ldots, \beta_{T-1}\right) \tag{1.51}$$

ここで，最小化は，時刻 t における β_t に対してと，時刻 t_0 における α_{t_0} に対して行われる．

t_0 における回帰係数 $\beta_{t_0+1}, \ldots, \beta_{T-1}$ は，局外係数であることに注意する必要がある．それらの値は，後の時刻において求めるものであり，時刻 t_0 においては，$\alpha_{t_0}^o$ と $\beta_{t_0}^o$ の最適値を計算するためだけにそれらの値を使うからである．したがって，時刻 $t_0 + 1$ においては，α_{t_0+1} と β_{t_0+1} を求めるので，$\beta_{t_0+2}, \ldots, \beta_{T-1}$ は，時刻 $t_0 + 1$ における局外係数である．

この問題と通常の最小2乗問題との違いに注意する必要がある．つまり，通常の最小2乗問題では，時刻 $T-1$ において以下の問題を解く．

$$\min_{\alpha_{t_0}, \beta_{t_0}, \ldots, \beta_{T-1}} \mathrm{MSE}\left(\alpha_{t_0}, \beta_{t_0}, \ldots, \beta_{T-1}\right)$$

すなわち，すべての回帰係数は，$T-1$ という同一の時刻において求める．その時刻において，$X_{t_0}, \ldots X_{T-1}$ のすべての値が既知である．この問題は，例えば，線形自己回帰において現れる．その場合，時刻$T-1$における以下の期待2乗誤差を最小にする．

$$E\left(\alpha_{t_0}+\beta_{t_0}X_{t_0}+\cdots+\beta_{T-1}X_{T-1}-X_T\right)^2$$

1段階問題では，確率制御と通常の最小2乗誤差問題は同一である．1段階問題おいては，時刻$t_0=T-1$において以下の値を最小にするからである．

$$E\left(\alpha_{t_0}+\beta_{t_0}X_{t_0}-Y_{t_0+1}\right)^2=E\left(\alpha_{T-1}+\beta_{T-1}X_{T-1}-Y_T\right)^2$$

n個の実現値$(X_1^i,\ldots,X_{T-t_0}^i,Y_{T-t_0+1}^i)$ $(i=1,\ldots,n)$ があり，それらは，$(X_{t_0},\ldots,X_{T-1},Y_T)$と同一の分布を持つとする．そのとき，データに基づく回帰係数を以下のように求めることができる．

$$(\alpha_{t_0}^o,\beta_{t_0}^o)=\mathrm{argmin}_{\alpha_{t_0},\beta_{t_0}}\min_{b_{t_0+1},\ldots,b_{T-1}}\mathrm{MSE}_n\left(\alpha_{t_0},\beta_{t_0},\ldots,\beta_{T-1}\right)$$

ここで，以下を用いている．

$$\begin{aligned}&\mathrm{MSE}_n\left(\alpha_{t_0},\beta_{t_0},\ldots,\beta_{T-1}\right)\\&=\sum_{i=1}^n\left(\alpha_{t_0}+\beta_{t_0}X_1^i+\cdots+\beta_{T-1}X_{T-t_0}^i-Y_{T-t_0+1}^i\right)^2\end{aligned}$$

この型の確率制御問題とオプション価格付けの関連は1.5.4項で説明する．

ポートフォリオ選択型の確率制御

以下の時系列を考える．

$$X_{t_0+1},X_{t_0+1},\ldots,X_T\in\mathbf{R}^d$$

時刻$t(t=t_0,\ldots,T-1)$における$\beta_t\in\mathbf{R}^d$を求めることができる．これらの回帰係数を，以下の値を最大にする方法で求めたい．

$$\mathrm{W}\left(\beta_{t_0},\ldots,\beta_{T-1}\right)=Eu\left(\prod_{t=t_0}^{T-1}\beta_t'X_{t+1}\right)$$

ここで，$u:\mathbf{R}\to\mathbf{R}$である．時刻$t_0$における最適な回帰係数の定義は以下である．

$$\beta_{t_0}^o=\mathrm{argmax}_{\beta_{t_0}}\max_{\beta_{t_0+1},\ldots,\beta_{T-1}}\mathrm{W}\left(\beta_{t_0},\ldots,\beta_{T-1}\right)\tag{1.52}$$

ここで，最大化は，時刻 t における β_t に対して行う．この型の確率制御問題とポートフォリオ選択の関連について 1.5.3 項で説明する．(1.97) を参照せよ．

1.1.11　操作変数

操作変数による方法は，制御実験が実行できないときに因果関係を推定するために用いる．制御変数が必要になる標準的な例が 3 つある．(1) 関連性はあるけれども観測されていない説明変数（除外変数）がある．(2) 説明変数に測定誤差が含まれている．(3) 目的変数が説明変数の 1 つに因果的影響を与える（逆因果関係）．

操作変数による方法は，構造関数 $g : \mathbf{R}^d \to \mathbf{R}$ を以下のモデルの形で推定したいときに用いることができる．

$$Y = g(X) + U \tag{1.53}$$

ここで，$Y \in \mathbf{R}$，$X \in \mathbf{R}^d$ である．そして，以下を仮定する．

$$E(U \mid X) \neq 0$$

ここでは，$g(x)$ は，条件付き期待値 $E[Y \mid X = x]$ ではない．(X_i, Y_i, Z_i) $(i = 1, \ldots, n)$ という観測値があり，(X_i, Y_i) が (X, Y) と同じ分布を持ち，Z_i が構造変数 $Z \in \mathbf{R}^d$ の分布からの観測値であるとき，g の推定が可能になる．その構造変数は以下の式を満たす．

$$E(U \mid Z) = 0 \tag{1.54}$$

(1.53) の形のモデルの例を 2 つ示す．最初の例では，除外変数を使って (1.53) を導くことができることを明らかにする．2 番目の例では，説明変数に含まれる誤差を使って (1.53) を導くことができることを明らかにする．

除外変数

モデル (1.53) が現れる場合の例として，以下のように，X が患者が受ける治療の種類を表す変数である場合を考える．

$$X = \begin{cases} 0, & \text{患者が A の治療を受けるとき} \\ 1, & \text{患者が B の治療を受けるとき} \end{cases}$$

Y が，治療を受けた後の患者の健康状態を測定した結果を表す変数である．この例を，McClellan, McNeil & Newhouse (1994) に倣ってモデル化する．X の Y

への因果的影響を推定することが目的である．W が，患者が治療を受けるときの健康状態を測定した結果を表す確率変数である．W も Y に影響する．この例では，W は X にも影響する．患者が受ける治療の種類の選択は，患者の健康状態に幾分は基づくからである（患者が衰弱していれば，生理学的に厳しい治療は受けないであろう）．通常の回帰手法と X と Y の観測値を使うと，X が Y に及ぼす因果的影響についての偏りを伴う推定値が得られる（衰弱した状態の患者がAの治療を受けることが多いとすると，推定値はAの治療の効果に対して悲観的なものになるだろう）．

X が Y に及ぼす因果的影響を推定するためには，3つの方法がある．(1) 無作為化を使う方法がある．つまり，X 値をコイントスで決める．すると，W が X に及ぼす影響はなくなる．しかし，この例では，倫理的な理由で実行できない．(2) 条件付き期待値 $E(Y \mid X = x,\ W = z)$ を推定することが考えられる．しかし，この例では，W を観測していないので，この条件付き期待値は推定できない．(3) 操作変数を使う方法がある．この例では，操作変数 Z として，患者の家とAの治療を行う病院までの最短距離と，患者の家とBの治療を行う病院までの最短距離の差を使うことができる．変数 Z は，X に影響を及ぼす．患者は，自分が受ける治療の選択に影響を与え，また，最寄りの病院で施されている治療を選択する傾向があるからである．Z は，患者の健康状態には影響しない．したがって，Z は X にのみ影響し，他の点では外部変数である．そのため，妥当なランダム化ができないときでも，Z を使えば疑似無作為化ができる．

以下の加法モデルを想定する．

$$Y = \alpha + f_1(X) + f_2(W) + \epsilon$$

ここで，$E(\epsilon \mid X = x,\ W = w) = 0$，$Ef_1(X) = 0$，$Ef_2(W) = 0$ である．観測値 (Y_i, X_i, Z_i) $(i = 1, \ldots, n)$ がある．しかし，W の観測値はない．これらの観測値を使って f_1 を推定する．f_2 は推定しない．X が Y に及ぼす因果的影響についての情報を得るには，f_1 を推定すれば十分である．

$g(X) = \alpha + f_1(X)$，$U = f_2(W) + \epsilon$ と表すと以下の式が得られる．

$$Y = g(X) + U$$

ここで，$E(U \mid X) \neq 0$ である．$\mathrm{Cov}(X, W) \neq 0$ であることによる．これは，Z は系の外部にあり，X にのみ影響するからである．これによって，モデル (1.53) の設定になる．

線形モデルの変数の誤差

モデル (1.53) の例として，以下の線形モデルが成り立つ場合を考える．

$$Y = \alpha + \beta X^* + U^*$$

しかし，説明変数 X^* は直接的には観測されず，(Y_i, X_i) $(i = 1, \ldots, n)$ という対の値だけが測定される．ここで，以下が成り立つ．

$$X_i = X_i^* + \epsilon_i, \qquad i = 1, \ldots, n$$

したがって，観測された値 X_i は，加法的な誤差によって汚染されている．次に，以下を仮定する．

$$\mathrm{Cov}(X^*, U^*) = 0, \qquad \mathrm{Cov}(U^*, \epsilon) = 0 \tag{1.55}$$

以下の式も仮定する．

$$\mathrm{Cov}(X^*, \epsilon) = 0 \tag{1.56}$$

すると，観測された目的変数が以下のように書ける．

$$Y = \alpha + \beta X + U^* - \beta\epsilon$$

そして，新たな誤差項が以下の式で表現できる．

$$U = U^* - \beta\epsilon$$

それによって，以下の新たな線形モデルが得られる．

$$Y = \alpha + \beta X + U \tag{1.57}$$

この新たな線形モデルにおいて，$E(U \mid X) \neq 0$ である．つまり，(1.53) において，$g(X) = \alpha + \beta X$ と置いたときと同じものになる．

$E(U \mid X) \neq 0$ という事実は，$\mathrm{Cov}(X, U) \neq 0$ から得られる．すると，以下の式が得られる．

$$\begin{aligned}
\mathrm{Cov}(X, U) &= \mathrm{Cov}(X, U^*) - \beta\mathrm{Cov}(X, \epsilon) \\
&= -\beta\left[\mathrm{Cov}(X^*, \epsilon) + \mathrm{Cov}(\epsilon, \epsilon)\right] \\
&= -\beta\mathrm{Var}(\epsilon) \\
&\neq 0
\end{aligned}$$

この式は以下の式から得られる．

$$\mathrm{Cov}(X, U^*) = \mathrm{Cov}(X^*, U^*) + \mathrm{Cov}(\epsilon, U^*) = 0$$

これは，(1.55) と，$\mathrm{Cov}(X^*, \epsilon) = 0$ （(1.56) の仮定による）から得られる．

構造関数の推定

(2.24) における線形操作変数推定量を示す．この推定量を使って (1.57) における α と β を推定できる．このときの線形操作変数推定量は以下である．

$$\hat{\beta} = \frac{\sum_{i=1}^n (X_i - \bar{X})(Z_i - \bar{Z})}{\sum_{i=1}^n (X_i - \bar{X})^2}, \qquad \hat{\alpha} = \bar{Y} - \hat{\beta}\bar{X}$$

ここで，以下の式を用いた．

$$\bar{X} = \frac{1}{n}\sum_{i=1}^n X_i, \qquad \bar{Y} = \frac{1}{n}\sum_{i=1}^n Y_i, \qquad \bar{Z} = \frac{1}{n}\sum_{i=1}^n Z_i$$

Hall & Horowitz (2005) は，モデル (1.53) における g に対する演算子方程式を導くことによる $g(x)$ の推定に取り組んでいる．(1.54) から以下の式が得られる．

$$E(Y \mid Z) = E(g(X) \mid Z) + E(U \mid Z) = (Kg)(Z)$$

ここで，演算子 K の定義は以下である．

$$(Kg)(z) = E(g(X) \mid Z = z) = \int f_{X \mid Z=z}(x) g(x)\, dx$$

演算子 K は，積分演算子で $L_X^2 = \{g : \mathbf{R}^d \to \mathbf{R} \mid E(g^2(X)) < \infty\}$ を $L_Z^2 = \{h : \mathbf{R}^d \to \mathbf{R} \mid E(h^2(Z)) < \infty\}$ に写像する．K と $E(Y \mid Z)$ を推定することによって，g に対する推定量が得られる．

1.2 離散目的変数

第 1 に，二値反応モデルを導入する．目的変数がベルヌーイ確率変数である．第 2 に，離散選択モデルを導入する．目的変数がカテゴリー型確率変数である．第 3 に，計数データモデルを導入する．目的変数がポアソン確率変数である．1.3 節では，より一般性の高い指数型分布族モデルを導入する．それは，二値反応モデル，離散選択モデル，ポアソン計数モデルを特別な場合として含んでいる．

1.2.1　二値反応モデル

二値反応モデルにおいて，目的変数Yはベルヌーイ分布に従う確率変数である．したがって，目的変数は0あるいは1しかとらない．$Y \sim \mathrm{Bernoulli}(p)$ $(0 \le p \le 1)$ のとき，Yの確率質量関数は以下の式で書ける．

$$f_Y(y) = p^y(1-p)^{1-y}, \qquad y \in \{0,1\} \tag{1.58}$$

すると，Xを与えたときのYの条件付き分布に対するモデルを，以下のように作成できる．

$$f_{Y \mid X=x}(y) = p(x)^y(1-p(x))^{1-y}, \qquad y \in \{0,1\},\ x \in \mathbf{R}^d \tag{1.59}$$

ここで，$p : \mathbf{R}^d \to [0,1]$ が関数である．ベルヌーイモデルにおいて$EY = p$が成り立ち，条件付きベルヌーイモデル(1.59)において，Xを与えたときのYの条件付き期待値が以下の式になることに注意する必要がある．

$$E[Y \mid X = x] = P(Y = 1 \mid X = x) = p(x)$$

pという関数が条件付き期待値を与えるので，pを推定するために何らかの回帰手法を使うことができる．しかし，回帰関数の推定値は，$[0,1]$ の範囲の外の値をとることがある．例えば，線形回帰関数の推定値は，説明変数の値が十分に大きいか小さいとき，$[0,1]$ の範囲の外の値をとる．すると，関数pの自然な推定量には，以下のような，いくつかのものがある．

1. 一般化線形モデルにおいて以下の式を仮定する．

   $$p(x) = G(\alpha + \beta' x)$$

   ここで，$G : \mathbf{R}^d \to [0,1]$ は既知のリンク関数である．二値反応モデルにおける一般化線形モデルについて，2.3.2項で考察する．
2. 単一指標モデルにおいて，以下の式を仮定する．

   $$p(x) = g(\alpha + \beta' x)$$

   ここで，$g : \mathbf{R}^d \to [0,1]$ は，未知のリンク関数である．単一リンク推定量について4.1節で検討する．
3. ベクトルXが連続分布に従う場合，密度関数推定量を利用してpを推定できる．ベクトルXが連続分布のとき以下のように書ける．

   $$P(Y = 1 \mid X = x) = \frac{P(Y = 1) f_{X \mid Y=1}(x)}{f_X(x)}$$

ここで，$f_{X\,|\,Y=1}$ は，$X\,|\,Y=1$ の密度である．f_X は X の密度である．事前確率 $P(Y=1)$ は，以下の式を使って推定できる．

$$\hat{p}_1 = \frac{1}{n}\#\{i=1,\ldots,n : Y_i = 1\}$$

密度 $f_{X\,|\,Y=1}$ と密度 f_X は何らかの密度推定法を使って推定する．例えば，カーネル密度推定において以下のようにする．

$$\hat{f}_X(x) = \frac{1}{n}\sum_{i=1}^{n} K_h(x - X_i), \qquad \hat{f}_{X\,|\,Y=1}(x) = \frac{1}{n}\sum_{i=1}^{n} K_h(x - X_i) I_{\{1\}}(Y_i)$$

ここで，$K_h(x) = K(x/h)/h^d$，$K : \mathbf{R}^d \to \mathbf{R}$ は，カーネル関数である．$h > 0$ は平滑化パラメータである．カーネル密度推定量の定義については (3.39) を参照せよ．最後に，$p : \mathbf{R}^d \to [0,1]$ という関数の推定量を以下のように定義する．

$$\hat{p}(x) = \frac{\hat{p}_1 \hat{f}_{X\,|\,Y=1}(x)}{\hat{f}_X(x)} \tag{1.60}$$

4. $p : \mathbf{R}^d \to [0,1]$ という関数を，局所平均を使って以下のように推定できる．

$$\hat{p}(x) = \sum_{i=1}^{n} p_i(x)\, Y_i \tag{1.61}$$

ここで，重み $p_i(x)$ は，$p_i(x) \ge 0$ と $\sum_{i=1}^{n} p_i(x) = 1$ を満たす．局所平均の例は第 3 章で示す．そこでは，リグレッソグラム重み，カーネル重み，最近傍重みを定義する．カーネル回帰とカーネル密度推定において，(1.60) と (1.61) は等価である．(3.37) を参照せよ．

1.2.2 離散選択モデル

離散選択モデルにおいては，目的変数は離散的な確率変数なので，有限個の値しかとらない．これを，目的変数の値が順序付けられない場合と，順序付けられる場合に分類できる．確率変数の値が順序付けられないとき，その確率変数を，名義確率変数あるいはカテゴリー型確率変数と呼ぶ．確率変数の値が順序付けられるとき，その確率変数を順序確率変数と呼ぶ．

カテゴリー型目的変数を持つ離散選択モデルを考える．カテゴリー型目的変数 Y がカテゴリー型の分布を持ち，K 個の離散的な値，例えば，$0, 1, \ldots, K-1$ をとるとする．カテゴリー型の分布族はベルヌーイ分布族（変数が0と1しかとらない）を一般化したものである．$Y \sim \mathrm{Categorical}(p_0, \ldots, p_{K-1})$ とし，$0 \le p_k \le 1$, $\sum_{k=0}^{K-1} p_k = 1$ のとき，Y の確率質量関数は以下の式になる．

$$f_Y(y) = \sum_{k=0}^{K-1} p_i I_{\{k\}}(y), \qquad y \in \{0, \ldots, K-1\} \tag{1.62}$$

すると，X を与えたときの Y の条件付き分布のモデルを，以下のように作成できる．

$$f_{Y \mid X=x}(y) = \sum_{k=0}^{K-1} p_k(x) I_{\{k\}}(y), \qquad y \in \{0, \ldots, K-1\},\ x \in \mathbf{R}^d \tag{1.63}$$

ここで，$p_k : \mathbf{R}^d \to [0,1]$ は，$x \in \mathbf{R}^d$ のそれぞれにおいて，$\sum_{k=0}^{K-1} p_k(x) = 1$ を満たす関数である．ここで，X を与えたときの Y の条件付き確率は以下の式で書ける．

$$P(Y = k \mid X = x) = p_k(x), \qquad k = 0, \ldots, K-1$$

$p_k(x)$ の妥当な推定量には，以下のようないくつかがある．

1. 以下のパラメトリックな式を使うことができる．

$$p_k(x) = \frac{e^{\beta_k' x}}{1 + \sum_{i=1}^{K-1} e^{\beta_i' x}}$$

ここで，$k = 1, \ldots, K-1$，$p_0(x) = 1 - \sum_{i=1}^{K-1} p_i(x)$ である．より制限の強い式は以下である．

$$p_k(x) = \frac{e^{\beta' x}}{\sum_{i=0}^{K-1} e^{\beta' x}} \tag{1.64}$$

この式における条件付き確率は，すべてのクラスで同一である．この式は以下の2つの式によって得られる．

$$U_i = \beta' X + \epsilon_i$$

$$Y = \mathrm{argmax}_{i=0,\ldots,K-1} U_i$$

ϵ_i のそれぞれが，独立で同一のワイブル分布に従うことを仮定する．ワイブル分布の分布関数は $F_{\epsilon_i}(x) = \exp\{-e^{-x}\}$ である．すると，$p_k(x) = P(Y =$

$k \mid X = x)$ が (1.64) から得られる．この推定は，最尤法あるいは最小 2 乗法を使って行うことができる．

2. p を密度関数推定量を使って推定できる．ベクトル X が連続分布に従うとすると，以下のように書ける．

$$P(Y = k \mid X = x) = \frac{P(Y = k) f_{X \mid Y=k}(x)}{f_X(x)}$$

ここで，$k = 0, \ldots, K - 1$ である．$f_{X \mid Y=1}$ は $X \mid Y = 1$ の密度，f_X は X の密度である．事前確率 $P(Y = k)$ は以下の式を使って推定できる．

$$\hat{p}_k = \frac{1}{n} \#\{i = 1, \ldots, n : Y_i = k\}$$

ここで，$\#A$ は集合 A の濃度を表す．密度 $f_{X \mid Y=k}$ と密度 f_X は何らかの密度推定法を使って推定できる．カーネル密度推定量の定義については (3.39) を参照せよ．最後に，p の推定量の定義が以下である．

$$\hat{p}(x) = \frac{\hat{p}_k \hat{f}_{X \mid Y=k}(x)}{\hat{f}_X(x)} \tag{1.65}$$

3. K 個のベルヌーイ確率変数 $Y^{(0)}, \ldots, Y^{(K-1)}$ を，$Y = k$ のときに限って $Y^{(k)} = 1$ になる，と定義する．次に，以下を与える．

$$p_k(x) = E(Y^{(k)} \mid X = x)$$

例えば，回帰データ $(X_1, Y_1^{(k)}), \ldots, (X_n, Y_n^{(k)})(k = 0, \ldots, K - 1)$ を使ってカーネル回帰による $p_k(x)$ を推定できる．

1.2.3　計数データ

計数データは，目的変数 Y が事象が起こる件数を与えるときに生じる．例えば，Y は 1 年間の銀行倒産件数かもしれない．計数データでは，Y は $\{0, 1, 2, \ldots\}$ の値をとる．計数データは，ポアソン分布を使ってモデル化できる．$Y \sim \mathrm{Poisson}(\nu)$ であれば，以下の式が成り立つ．

$$P(Y = y) = e^{-\nu} \frac{\nu^y}{y!}, \qquad y = 0, 1, 2, \ldots$$

ここで，$\nu > 0$は，未知の強度パラメータである．そのとき，$EY = \nu$, $\mathrm{Var}(Y) = \nu$である．ポアソン回帰において，回帰関数は以下の式である．

$$\nu(x) = E(Y \mid X = x)$$

ここで，$X \in \mathbf{R}^d$は説明変数のベクトルである．ポアソン回帰は不均一分散を伴う回帰モデルである．パラメトリックなポアソン回帰モデルは以下の式を想定して得られる．

$$\nu(x) = \exp\{x'\beta\}$$

ここで，$\beta \in \mathbf{R}^d$は未知のパラメータである．この式を選択することによって，$\nu(x) > 0$が保証される．Besbeas, de Feis & Sapatinas (2004)が，ポアソン計数におけるウェーブレット収縮推定量に関する比較シミュレーション研究を行っている．

1.3　パラメトリック族回帰

1.2節で導入した，二値反応モデル，離散選択モデル，ポアソン計数モデルは，1.3.1項で導入するパラメトリック族回帰の特殊な場合として得られる．実際，これらのモデルをもたらす回帰は，1.3.2項で導入する指数型分布族回帰の特別な場合である．1.3.3項で導入するコピュラモデル化によって，別の種類のパラメトリック族回帰が得られる．

1.3.1　一般パラメトリック族

確率測度の分布族$(P_\theta, \theta \in \Theta)$を考える．ここで$\Theta \subset \mathbf{R}^p$である．$Y \in \mathbf{R}$を目的変数とする．$X \in \mathbf{R}^d$が，以下を満たす説明変数ベクトルとする．

$$Y \sim P_{f(X)}$$

ここで，$f : \mathbf{R}^d \to \Theta$は，推定すべき未知の関数である．関数$f$は，$(X, Y)$から得られる，同一の分布に従う観測値$(X_1, Y_1), \ldots, (X_n, Y_n)$を使って推定する．関数$f$を推定した後，$Y \mid X = x$という条件付き分布の推定量を得る．以下の式が成り立つからである．

$$Y \mid X = x \sim P_{f(x)} \tag{1.66}$$

以下が，このモデルの例である．

1. $P_\theta = N(\theta, \sigma^2)$ のときのガウス型平均回帰モデルを求める．ここで，$\theta \in \Theta = \mathbf{R}$ である．そこで，以下のように置く．

$$Y \mid X = x \sim N\left(f(x), \sigma^2\right)$$

この式は，以下の式から得られる．

$$Y = f(X) + \epsilon$$

ここで，$\epsilon \sim N(0, \sigma^2)$ である．

2. $P_\theta = N(0, \theta)$ のときのガウス型ボラティリティ・モデルを作成する．ここで，$\theta \in \Theta = (0, \infty)$ である．そこで，以下のように置く．

$$Y \mid X = x \sim N(0, f(x))$$

この式は，以下の式から得られる．

$$Y = f(X)^{1/2}\,\epsilon$$

ここで，$\epsilon \sim N(0, 1)$ である．

3. $P_\theta = N(\theta_1, \theta_2)$ のときの，ガウス型不均一分散平均回帰モデルを求める．ここで，$\theta = (\theta_1, \theta_2)$，$\Theta = \mathbf{R} \times (0, \infty)$ である．以下のように置く．

$$Y \mid X = x \sim N(f_1(x), f_2(x))$$

この式は，以下の式から得られる．

$$Y = f_1(X) + f_2(X)^{1/2}\epsilon$$

ここで，$\epsilon \sim N(0, 1)$ である．また，$f = (f_1, f_2)$ と表す．

4. $P_\theta = \mathrm{Bernoulli}(\theta)$ のときの二値選択モデルを求める．ここで，$\theta \in \Theta = [0, 1]$ である．したがって，$P(Y = 1) = f(X)$，$P(Y = 0) = 1 - f(X)$ になる．

確率測度 P_θ が σ-有限測度を持つと仮定しよう．P_θ の密度関数を $p(y, \theta)$ と表す．Y が離散分布を持つとき，$p(y, \theta)$ は確率質量関数にもなり得る．しかし，その場合も，密度関数という用語を使う．1.3.2 項では，$(P_\theta, \theta \in \Theta)$ が指数型分布族であることを仮定する．

$(X_1, Y_1), \ldots, (X_n Y_n)$ が独立同分布で，標本の対数尤度が以下の式で書けると仮定する．

$$\sum_{i=1}^{n} \log p(Y_i, f(X_i))$$

対数尤度は，$\mathcal{F}$ という関数集合において最適化できる．そこで，$\mathcal{F} = (f_\beta, \beta \in \mathcal{B})$ と表す．すると，大まかに2通りの扱い方がある．

1. 最初の可能性は，以下の定義を用いることである．

$$\hat{f} = \mathrm{argmax}_{\beta \in \mathcal{B}} \sum_{i=1}^{n} \log p(Y_i, f_\beta(X_i))$$

   ここで，$(f_\beta, \beta \in \mathcal{B})$ は，線形関数 $(f_\beta(x) = \beta_0 + \beta_1 x_1 + \cdots + \beta_d x_d)$ の集合のような大きな関数集合である．

2. 第2の可能性は，局所対数尤度を最大にすることである．そのとき，以下の定義を使う．

$$\hat{f}(x) = \mathrm{argmax}_{f \in \mathcal{F}} \sum_{i=1}^{n} \log p(Y_i, f(X_i))\, p_i(x) \tag{1.67}$$

   ここで，$p_i(x)$ は重みである．例えば，$p_i(x) = K_h(x - X_i)$ とする．ここで，$K_h(x) = K(x/h)/h^d$，$K : \mathbf{R}^d \to \mathbf{R}$，$h > 0$ である．ここで，f_β を定数関数にできる．つまり，$f_\beta(x) = \beta$（$\beta \in \mathbf{R}$）である．局所尤度の方法は Spokoiny (2010) が取り上げている．

1.3.2　指数型分布族回帰

指数型分布族とは確率測度の集合 $\mathcal{P} = (P_\theta, \theta \in \Theta)$ である．$\mathcal{P}$ における確率測度は σ-有限測度を持つ．パラメータが1つの指数型分布族においては，密度関数が以下の形を持つ．

$$p(y, \theta) = p(y) \exp\{yc(\theta) - b(\theta)\}$$

ここで，$\theta \in \Theta \subset \mathbf{R}$，$y \in \mathcal{Y} \subset \mathbf{R}$ である．関数 c と関数 b は，Θ における非減少関数で，関数 $p : \mathcal{Y} \to \mathbf{R}$ は非負である．自然パラメータ化した指数型分布族においては，密度関数は以下の式で書ける．

$$p(y, v) = p(y) \exp\{yv - d(v)\} \tag{1.68}$$

自然パラメータ化は，$v = c(\theta)$，$d(v) = b(\theta)$ と置くことによって実現する．指数型分布族の例は，ガウス分布，ベルヌーイ分布，ポアソン分布，ガンマ分布の分布族である．Brown (1986) に指数型分布族についての説明が書かれている．

(1.66) のモデル化手法を使いる．また，$X = x$ としたときの Y の条件付き分布が指数型分布族に属し，以下の条件付き分布のパラメータが $v = f(x)$ であることを仮定する．

$$Y \mid X = x \sim p(y, f(x)) \tag{1.69}$$

ここで，関数 $f : \mathbf{R}^d \to \mathcal{V}$ を用いている．ここで，(1.68) の自然パラメータ化を用いている．$\mathcal{V}$ は，自然パラメータのパラメータ空間である．

パラメータ化が自然パラメータ化で，d が連続微分可能であれば，以下の式が得られる．

$$E_v Y = d'(v) \tag{1.70}$$

ここで，$Y \sim f(y, v)$ である．また，以下の式が成り立つ．

$$\frac{\partial}{\partial v} \log p(y, v) = y - d'(v)$$

一方，正則性の仮定の下で，以下の式も成り立つ[5]．

$$E_v \frac{\partial}{\partial v} \log p(Y, v) = 0$$

したがって，(1.70) が成り立つ．(1.69) を仮定すると，以下の式が得られる．

$$E(Y \mid X = x) = d'(f(x))$$

パラメータ化が自然パラメータ化で，d が 2 階微分可能であれば，以下の式が得られる．

$$\mathrm{Var}_v(Y) = d''(v) \tag{1.71}$$

確かに以下のようになる．

$$\begin{aligned} \mathrm{Var}_v(Y) &= E\left(Y - d'(v)\right)^2 = E\left[\frac{\partial}{\partial v} \log p(Y, v)\right]^2 = -E\,\frac{\partial^2}{\partial v^2} \log p(Y, v) \\ &= d''(v) \end{aligned}$$

(1.69) を仮定すると，以下の式が得られる．

$$\mathrm{Var}(Y \mid X = x) = d''(f(x))$$

---

[5] 微分と積分の順序が交換可能であれば，$E_v \frac{\partial}{\partial v} \log p(Y, v) = E_v \frac{\partial p(Y,v)/\partial v}{p(Y,v)} = \int \frac{\partial}{\partial v} p(y, v)\, dy = \frac{\partial}{\partial v} \int p(y, v)\, dy = \frac{\partial}{\partial v} 1 = 0$ が成り立つ．

Brown, Cai & Zhou (2010) が，ある種の還元法を提案した．その方法によって，区切り化や分散安定化変換を用いて，指数型分布族回帰をガウス型回帰に変換できる．

1.3.3　コピュラ・モデル化

(Y_1, Y_2) を，以下のような連続分布関数を伴う確率変数ベクトルとしよう．

$$F(y_1, y_2) = P(Y_1 \le y_1, Y_2 \le y_2)$$

ここで，$y_1, y_2 \in \mathbf{R}$ である．この分布関数を，以下のように一義的に書くことができる．

$$F(y_1, y_2) = C(F_1(y_1), F_2(y_2)) \tag{1.72}$$

ここで，$F_1(y_1) = P(Y_1 \le y_1)$ と $F_2(y_2) = P(Y_2 \le y_2)$ は，それぞれ，Y_1 と Y_2 の分布関数である．関数 $C : [0,1]^2 \to \mathbf{R}$ は，(Y_1, Y_2) の分布のコピュラである．関数 C は分布関数で，その周辺分布が，$[0,1]$ における一様分布になる．コピュラの定義は以下である．

$$C(u_1, u_2) = F\left(F_1^{-1}(u_1), F_2^{-1}(u_2)\right)$$

ここで，$u_1, u_2 \in [0,1]^2$ である．これらのことは Sklar (1959) が証明した．Nelsen (1999) も参照せよ．

例えば，ガウス型の2次元コピュラは正規分布であり，その周辺標準偏差が1になる．ガウス型の2次元コピュラ C_θ の分布族はパラメータ $\theta \in (-1, 1)$ を持つ．θ は，Y_1 と Y_2 の相関係数である．

(1.72) のように，分布をコピュラを使って表現することは，モデルを作成し，モデルの中の未知パラメータの推定するための便利な方法になる．$(c_\theta, \theta \in \Theta)$ が，コピュラ密度の分布族とする．ここで，$\Theta \subset \mathbf{R}^p$ である．これにより，以下の密度を持つセミパラメトリックモデルが得られる．

$$f(y_1, y_2; \theta, f_1, f_2) = c_\theta\left(F_1(y_1), F_2(y_2)\right) f_1(y_1) f_2(y_2)$$

ここで，$\theta \in \Theta$，$f_1, f_2 \in \mathcal{F}$ である．ここで，$\mathcal{F}$ は，ノンパラメトリックな一変量密度関数の集合である．θ，f_1，f_2 の推定は2段階法で行う．第1段階では，f_1 と f_2 の周辺分布をノンパラメトリックに推定する．第2段階では，コピュラ・パラメータ θ を推定する．

$X \in \mathbf{R}^d$ が，説明変数のベクトルであることを仮定する．そこで，条件付き分布 $(Y_1, Y_2) \,|\, X = x$ を推定する．その際に，条件付き分布関数が以下の式で書けることを仮定する．

$$\begin{aligned} F_{Y_1,Y_2|X=x}(y_1, y_2) &= P(Y_1 \le y_1, Y_2 \le y_2 \,|\, X = x) \\ &= C_{\theta(x)}\left(F_{Y_1|X=x}(y_1), F_{Y_2|X=x}(y_2)\right) \end{aligned}$$

ここで，$\theta : \mathbf{R}^d \to \mathbf{R}$ である．すると，条件付き密度は以下の式で書ける．

$$f_{Y_1,Y_2|X=x}(y_1, y_2) = c_{\theta(x)}\left(F_{Y_1|X=x}(y_1), F_{Y_2|X=x}(y_2)\right) f_{Y_1|X=x}(y_1)\, f_{Y_2|X=x}(y_2)$$

第1段階では，条件付き分布関数をノンパラメトリックに推定する．そして，推定値 $\hat{F}_{Y_1|X=x}(y_1)$ と推定値 $\hat{F}_{Y_2|X=x}(y_2)$ を求める．第2段階では，関数 $\theta(x)$ を推定する．これは，(1.67) と同様の方法で行うことができる．そして，以下のように，局所定数尤度推定量を求める．

$$\hat{\theta}(x) = \mathrm{argmin}_{\theta\in\Theta} \sum_{i=1}^{n} p_i(x) \log c_\theta\left(\hat{F}_{Y_1|X=x}(y_1), \hat{F}_{Y_2|X=x}(y_2)\right)$$

この方法は Abegaz, Gijbels & Veraverbeke (2012) が研究した．

(1.72) において，標準的なコピュラ分解を定義した．この分解は不便になることがある．コピュラ密度 c は $[0,1]^2$ の内側に台を持つので，境界効果によって推定が複雑になることが多いためである．その代案としては，コピュラ分解を以下のようなものにすることが考えられる．

$$F(x_1, x_2) = C\left(\Phi^{-1}(F_1(x_1)), \Phi^{-1}(F_2(x_2))\right)$$

ここで，$\Phi : \mathbf{R} \to \mathbf{R}$ は標準ガウス分布の分布関数である．この場合は，C は周辺分布が標準ガウス分布になる分布関数である．そのときの C の定義は，以下である．

$$C(u, v) = F\left(F_1^{-1}(\Phi(u)), F_2^{-1}(\Phi(v))\right), \qquad u, v \in \mathbf{R}$$

1.4　分類

数列 $(X_1, Y_1), \ldots, (X_n, Y_n)$ が，同一の分布に従う確率変数ベクトルによって構成されているとする．(X, Y) は，(X_i, Y_i) $(i = 1, \ldots, n)$ と同じ分布を持つとする．Y の値は，$\{0, \ldots, K-1\}$ のいずれかとしよう．そこで，分類関数 $g : \mathbf{R}^d \to \{0, \ldots, K-1\}$ を求めたい．この分類関数は，新たな確率変数 X_{n+1} が得られ，それが X と同じ分布を持つとき，$g(X_{n+1})$ を使って X_{n+1} のクラス・ラベルを推定する，という機能を持つ関数と解釈できる．つまり，X_{n+1} は，$g(X_{n+1}) = k$ のときの $X \mid Y = k$ の分布から得られたものと考える．

分類においては，Y は有限個（クラスの数と同数）の値しかとらない．目的変数 Y の値はクラス・ラベルを示すからである．回帰分析の場合，目的変数 Y は，あらゆる実数をとり得ることが多い．しかし，1.2.1 項において，二値反応モデルについて検討した．その場合は，目的変数は 2 つの値しかとらない．また，1.2.2 項において，離散選択モデルについて検討した．その場合，目的変数が有限個の値をとる．しかし，二値反応モデルと離散選択モデルにおいては，条件付き期待値 $f(x) = E(Y \mid X = x)$，$f : \mathbf{R}^d \to \mathbf{R}$ の推定が目的である．一方，分類においては，分類関数 $g : \mathbf{R}^d \to \{0, \ldots, K-1\}$ を推定したい．その分類関数が，将来の観測値のクラス・ラベルを予測する．例えば，$K = 2$，つまり，2 つのクラスがある場合を考える．そのとき，Y はベルヌーイ分布を伴う確率変数である．そのときの回帰関数は以下である．

$$f(x) = E(Y \mid X = x) = P(Y = 1 \mid X = x) \tag{1.73}$$

したがって，$f(X_{n+1}) \in [0, 1]$ である．しかし，$g(X_{n+1}) \in \{0, 1\}$ になる分類関数 g を見つける必要がある．

ここまでにおいては，それぞれのクラスに該当する観測値の数が確率変数になる分類について説明してきた．ただ，それぞれのクラスに該当する観測値の数を実験計画者が決めることもある．そのときは，$n_0, \ldots, n_{K-1}$ の値が固定され，観測値 $X_{k1}, \ldots, X_{kn_k} \in \mathbf{R}^d$ が k 番目 $(k = 0, \ldots, K-1)$ の分布から得られたものになる．しかし，この後の議論でも，クラス頻度が確率変数の場合だけを検討する．

1.4.1　ベイズリスク

確率変数設定回帰において条件付き期待値 $f(x) = E(Y \mid X = x)$ の推定を行いたくなる．条件付き期待値は，2 乗誤差 $f = \mathrm{argmin}_g E(Y - g(X))^2$ を最小にするからである．1.1.7 項を参照せよ．同様に，分類の場合は，自然な基準を最小にする統計量を見つけることができる．その種の基準に誤判別確率がある．ベイズリスクとも呼ぶ．以下が定義である．

$$R(g) = P(g(X) \neq Y) \tag{1.74}$$

また，以下のように定義する．

$$g^* = \mathrm{argmin}_g R(g)$$

ここで，最小化はすべての分類関数 $g : \mathbf{R}^d \to \{0, \ldots, K-1\}$ に対して行う．誤判別率を最小にする分類関数 g^* をベイズルールと呼ぶ．以下の式が証明できる．

$$g^*(x) = \mathrm{argmax}_{k=0,\ldots,K-1} P(Y = k \mid X = x) \tag{1.75}$$

$K = 2$ のときの (1.75) の証明が，Györfi et al. (2002, Lemma 1.1, p.6) に書かれている．また，以下の式が成り立つ．

$$g^*(x) = \mathrm{argmax}_{k=0,\ldots,K-1} P(Y = k)\, f_{X \mid Y=k}(x) \tag{1.76}$$

ここで，$f_{X \mid Y=k} : \mathbf{R}^d \to \mathbf{R}$ は，$X \mid Y = k$ の密度関数である．

1.4.2　分類の方法

分類関数を作成する際の 4 つの方針について述べる．その方針とは以下である．

(1) 回帰関数推定値による分類
(2) 密度推定値による分類
(3) 経験的リスク最小化による分類
(4) 最近傍データによる分類

回帰関数推定による分類

分類関数は，回帰関数推定値を使って作成できる．2 クラスの場合，データ $(X_1, Y_1), \ldots, (X_n, Y_n)$ を，二値反応モデルに由来するものであるかのように扱える．多クラスの場合，データを，カテゴリー型目的変数を伴う離散選択モデルに由来するものであるかのように扱える．1.2.1 項において，二値反応モデルを導入した．1.2.2 項においては離散選択モデルを導入した．

離散選択モデルにおいて以下のクラス事後確率を推定する．

$$p_k(x) = P(Y = k \mid X = x), \qquad k = 0, \ldots, K-1$$

そのとき，自然な分類関数は以下である．

$$g^*(x) = \mathrm{argmax}_{k=0,\ldots,K-1} p_k(x) \tag{1.77}$$

実際，(1.75) から，分類関数 g^* には，最適な分類関数という一面があることが分かる．そこで，クラス事後確率の推定量を $\hat{p}_k(x)$ と表し，分類関数の推定量を以下の式で表す．

$$\hat{g}(x) = \mathrm{argmax}_{k=0,\ldots,K-1}\, \hat{p}_k(x) \tag{1.78}$$

推定量 $\hat{p}_k(x)$ を，以下の方法で求めることができる．まず，K 個の目的変数を定義する．それらは，以下に示すように，クラス・ラベルの指標である．

$$Y_i^{(k)} = I_{\{k\}}(Y_i), \qquad i = 1, \ldots, n,\ \ k = 0, \ldots, K-1 \tag{1.79}$$

$\hat{p}_k(x)$ を，以下に示す事後確率の，回帰関数推定量とする．

$$p_k(x) = E(Y^{(k)} \,|\, X = x) = P(Y = k \,|\, X = x) \tag{1.80}$$

推定量 $\hat{p}_k(x)$（$k = 0, \ldots, K-1$）は，回帰データ $(X_1, Y_1^{(k)}), \ldots, (X_n, Y_n^{(k)})$ を用いて作成する．

2 クラスのとき，つまり，$Y \in \{0, 1\}$ の場合，(1.79) を使う必要がない．Y が，既にクラス指標だからである．2 クラスの場合，経験決定ルールを単純化された形で書ける．$\hat{f} : \mathbf{R}^d \to \mathbf{R}$ を，回帰データ $(X_1, Y_1), \ldots, (X_n, Y_n)$ を用いて作成した回帰関数推定量とする．そして，以下のように定義する．

$$\hat{g}(x) = \begin{cases} 1, & \hat{f}(x) \geq 1/2 \text{ のとき} \\ 0, & \text{その他のとき} \end{cases} \tag{1.81}$$

この関数は，以下の自然な分類関数の値を推定する．

$$g(x) = \begin{cases} 1, & P(Y = 1 \,|\, X = x) \geq P(Y = 0 \,|\, X = x) \text{ のとき} \\ 0, & \text{その他のとき} \end{cases} \tag{1.82}$$

密度推定による分類

分類関数を，クラス密度の密度推定値を使って作成できる．X が，連続分布を伴う確率変数ベクトルであると仮定する．分類ルール $g^*(x) = \mathrm{argmax}_{k=0,\ldots,K-1} p_k(x)$ を考えよう（定義が (1.77)）．すると，以下のように書ける．

$$p_k(x) = P(Y = k \,|\, X = x) = \frac{P(Y = k) f_{X|Y=k}(x)}{f_X(x)}$$

ここで，$k=0,\ldots,K-1$，$x \in \mathbf{R}^d$ である．したがって，以下の式が成り立つ．

$$\mathrm{argmax}_{k=0,\ldots,K-1} p_k(x) = \mathrm{argmax}_{k=0,\ldots,K-1} P(Y=k) f_{X|Y=k}(x)$$

データ $(X_1,Y_1),\ldots,(X_n,Y_n)$ に基づく，分類関数の推定量は，以下のように得られる．

$$\hat{g}(x) = \mathrm{argmax}_{k=0,\ldots,K-1} \hat{p}_k \hat{f}_{X|Y=k}(x) \tag{1.83}$$

ここで，$\hat{f}_{X|Y=k}$ は，クラス密度関数 $f_{X|Y=k}$ の密度推定量である．$\hat{p}_k$ は，クラス事前確率 $P(Y=k)$ の推定量である．以下のように定義できる．

$$\hat{p}_k = \frac{1}{n} \#\{i=1,\ldots,n : Y_i = k\}$$

経験的リスク最小化による分類

分類関数は，経験的リスク最小化を用いて作成することもできる．(1.78) において，分類は，回帰関数推定に還元される（二値反応モデルでも，離散選択モデルでも）．(1.83) において，分類は密度推定に還元される．しかし，バプニックの原理により，必要以上の推定を行おうとするべきではない．したがって，問題を回帰関数推定や密度推定に還元することなく，分類関数を直接的に作成することも検討するべきである．

以下の分類器を定義する．

$$\hat{g} = \mathrm{argmin}_{g \in \mathcal{G}} \gamma_n(g) \tag{1.84}$$

ここで，$\mathcal{G}$ は，関数 $g : \mathbf{R}^d \to \{0,\ldots,K-1\}$ の集合であり，$\gamma_n(g)$ は，分類器 g の経験的誤分類数である．経験的誤分類数 $\gamma_n(g)$ の選択と，集合 $\mathcal{G}$ の選択によって，異なる分類器が得られる．

以下の式を，分類器 g の経験的誤分類数の定義にできる．

$$\gamma_n(g) = \#\{i=1,\ldots,n : g(X_i) \neq Y_i\} \tag{1.85}$$

$\gamma_n(g)$ という量は，学習標本の中の誤分類の数に等しい．それぞれのクラス・ラベルに対する誤分類の数に分解することもできる．その場合，以下の式を定義する．

$$\gamma_n^{(k)}(g) = \#\{i=1,\ldots,n : g(X_i) \neq k,\ Y_i = k\}$$

ここで，$k = 0, \ldots, K-1$ である．したがって，分類器の経験的誤分類数を，それぞれのクラスの誤分類数の重み付きの和として定義できる．

$$\gamma_n(g) = \sum_{k=0}^{K-1} w_k \gamma_n^{(k)}(g)$$

$w_k \equiv 1$ とすると，全体の誤分類数 (1.85) が得られる．

2クラスの場合，クラス・ラベル $Y \in \{-1, 1\}$ を使うことが提案されてきた．$\{0, 1\}$ ではない．分類器 $h : \mathbf{R}^d \to \mathbf{R}$ を考え，分類関数 $g(x) = \mathrm{sign}(h(x))$ を定義する．経験的リスクの定義は以下である．

$$\gamma_n(g) = \sum_{i=1}^{n} \phi(Y_i h(X_i))$$

ここで，$\phi : \mathbf{R} \to (0, \infty)$ は非減少の凸関数である．$u \in \mathbf{R}$ であり，$\phi(u) \geq I_{(-\infty,0]}(u)$ である．ヒンジ損失 $\phi(u) = \max\{0, 1-u\}$, 指数損失 $\phi(u) = \exp\{-u\}$, ロジット損失 $\phi(u) = \log_2(1 + e^{-u})$ を使うこともできる．5.3節で述べるサポート・ベクトル・マシーンは，ヒンジ損失とペナルティ付き経験的リスクを使う．

集合 $\mathcal{G}$ を選択した例が (2.84) である．この例では，集合 $\mathcal{G}$ を，分類関数が線形になるように選んでいる．

最近傍データによる分類

最近傍法は，k 近傍データの中に最も多く現れるクラス・ラベルを，クラス推定値と定義する方法である．すなわち，整数 $k \in \{1, 2, \ldots\}$ が与えられたとき，観測値 $(X_1, Y_1), \ldots, (X_n, Y_n)$ に基づいて，以下の集合を，k 最近傍データの定義とする．

$$\mathcal{Y}(x) = \{Y_i : \|X_i - x\| \leq r_k(x)\}$$

ここで，以下の式を用いた．

$$r_k(x) = \min\{r > 0 : \#\{X_i \in B_r(x)\} = k\}$$

ここで，$B_r(x) = \{z \in \mathbf{R}^d : \|z - x\| \leq r\}$ である．すると，以下の分類器が定義できる[6)]．

$$\hat{g}(x) = \mathrm{argmax}_{y=0,\ldots,K-1} \#\{Y_i \in \mathcal{Y}(x) : Y_i = y\}$$

---

6) ここでは，クラス・ラベルを，$y = 0, \ldots, K-1$ と定義した．k という文字を最近傍データの数を表すために使っているからである．

Hastie et al. (2001, Section 13) では，あるクラスの観測値が新しい観測値に最も近いとき，新しい観測値をそのクラスに分類する，という分類器を表すために，「プロトタイプ法 (prototype method)」という用語を使っている．

1.5 定量ファイナンスへの応用

ポートフォリオ選択，リスク管理，オプション価格付けが，定量ファイナンスの主要な諸分野に属する．条件付き分散と条件付き分位点の推定を，リスク管理に応用できる．条件付き期待値の推定を，ポートフォリオ選択に応用できる．オプション価格付けは最適制御に関連する．

その他の応用については以降の節で述べる．2.1.7 項では，線形回帰が，資産のベータ値，ポートフォリオのベータ値，ポートフォリオのアルファ値，ヘッジファンドのアルファ値の，それぞれの推定にどのように応用できるかを説明する．2.2.2 項では，変動係数回帰がヘッジファンド複製と性能測定にどのように応用できるかを説明する．1.6 節ではデータセットについて記述する．

1.5.1 リスク管理

ポートフォリオ選択の過程においてリスクとリターンの釣り合いの問題を扱うことを企てる．しかし，ポートフォリオのリスクを 1 日ごとに評価するための，個別のリスク管理も有益である．

ここでの経済資本の意味は，最悪のシナリオにおいても企業が生き残ることを保証するために必要なお金の量である，と大まかに定義できる．経済資本の定義は，想定最大損出額という概念を使うと正確になる．経済資本は，リターン分布を計算するためのポートフォリオ選択のために用いることができる．規制資本とは，金融機関が保持することを監視機関が要請する資本である．規制資本は，想定最大損出額を使って定義することが多い．

分散取引は投機において利用できる．しかし，分散スワップは，リスク管理において，ポートフォリオにおける全体的なボラティリティ・エクスポージャー（変動の危険にさらす財産）を調整するために使うこともできる．

想定最大損出額

分位数を，ポートフォリオのリスクを測るために利用できる．ポートフォリオの値の変化の分布を損得分布と呼ぶ．つまり，時刻 t におけるポートフォリオの

値を V_t と表し，それ以降の時刻におけるポートフォリオの値を V_u と表すとき，$V_u - V_t$ の分布を，t から u の期間における損得分布と呼ぶ．ポートフォリオの値の変化に -1 を掛けたもの（以下の式）が損失の定義である．

$$L_u = -(V_u - V_t) \tag{1.86}$$

損失分布の上側分位を VaR（つまり，想定最大損出額）と呼ぶ．つまり，以下の式である．

$$\mathrm{VaR}_p = Q_p(L_u) \tag{1.87}$$

ここで，p を，例えば，0.99 あるいは 0.999 にする．VaR_p の値が大きいことはポートフォリオが大胆であることを意味する．VaR_p は，損失が VaR_p より大きくなる確率が $1-p$ より小さいか同じである，ということを示す閾値だからである．以下のように書ける．

$$L_u = -V_t R_u$$

ここで，R_u はポートフォリオ・リターンであり，以下が定義である．

$$R_u = \frac{V_u - V_t}{V_t}$$

したがって，リターン分布の分位数 $Q_p(R_u)$ が得られているとき，VaR_p が以下の式を使って得られる．

$$\mathrm{VaR}_p = -V_t\, Q_p(R_u)$$

リスク尺度を表す分位数は VaR 閾値からの超過しているものの数に留意する．しかし，その値は，超過の大きさを考慮に入れていない．他方，期待ショートフォールは超過の大きさも考慮に入れる．

ポートフォリオ選択における経済資本

銀行がいくつかの投資提案の中からの選択を行いたい場合を考えよう．そのとき，リターン分布が最高になる投資を選ぶだろう．問題は，リターン分布の計算である．多くの投資は初期投資を必要としないので，初期投資で割ることによってリターンを計算することができないからである．

そこで，まず，それぞれの投資提案に対する損得分布を作成する必要がある．それらの損得分布の推定は非常に難しいかもしれない．将来に起こり得るいろいろな状況と，それらが起こる確率を考慮しなければならないからである．それぞれの状況が起こる確率を推定するためには，銀行が現在行っている投資のすべてを考慮に入れなければならない．そして，新たな投資と現在の投資の相互関係について検討する必要がある．例えば，コール・オプションを売るとき，最大損失が無限大になるのが通例である．しかし，既に原株を持っているときは，損失が有限になる．

特定の確率で起こり得る有害事象を埋め合わせるための充分な資本を確保したい．AA に格付けされた会社が 1 年間の間にデフォルトする頻度は，およそ 3 千分の 1 とされてきた．すると，損得分布の 0.0003 分位点 ($1/3000 \approx 0.0003 = 0.03\%$) を選ぶことがある．そのときに起こることは，例えば，百万ユーロの損失かもしれない．すると，その損失を埋め合わせるための充分な資本を確保することがあり得る．このための資本を経済資本と呼ぶ．投資に対するリターンは，経済資本で割ることによって得られる．すなわち，損得分布からリターン分布を得るとき，経済資本で割るのである．Rebonato (2007, Chapter 9) を参照せよ．

最後に，期待効用の最大化，すなわち，分散ペナルティ付き期待リターンの最大化によって，最高のリターン分布を選ぶ．

リスク尺度としての分散

ポートフォリオのシャープ比の定義は以下である．

$$\frac{E(R-r)}{\mathrm{sd}(R-r)} \tag{1.88}$$

ここで，R は，特定の期間のポートフォリオ・リターンである．r は，同じ期間の無リスク利子率である．$\mathrm{sd}(R-r)$ は標準偏差である．シャープ比は以下の形を持つ性能尺度の中の一種である．

$$\frac{\text{期待リターン}}{\text{リスク}}$$

その基本的な考え方は，ポートフォリオの質を定量化するためには，リターンだけではなく，リスクも考慮に入れる必要がある，ということである．シャープ比の定義において，期待リターンと，リターンの標準偏差は，「超過リターン」を使って定義する．超過リターンとは，ポートフォリオのリターンから無リスク・リターンを引いたものである．

ポートフォリオ選択において以下のマーコウィッツ基準を使うと，リスク回避度を考慮に入れることができる．

$$E(R-r) - \frac{\lambda}{2} \cdot \mathrm{sd}(R-r) \tag{1.89}$$

ここで，$\lambda \geq 0$ はリスク回避パラメータである．マーコウィッツ基準は，リスク・ペナルティ付き期待リターンに多く見られる形式を持つ．

$$\text{期待リターン} - \frac{\lambda}{2} \cdot \text{リスク}$$

シャープ比とマーコウィッツ基準は，リスク尺度として，超過リターンの標準偏差を用いる．標準偏差は，非対称分布の可能性を考慮していない．しかし，リターン分布が正の歪度を持つとき損失が生じる．したがって，シャープ比とマーコウィッツ基準の定義において，標準偏差を，部分分散の平方根に置き換えることを検討することがある．部分分散の定義は (1.18) である．

1.5.2 分散取引

分散推定は分位点推定に応用できる．標準偏差の推定値を，分位点推定値の導出に利用できるからである．(1.28) から (1.30) を参照せよ．分散推定は，ポートフォリオ性能測定とポートフォリオ選択に応用できる．(1.88) と (1.89) を参照せよ．分散推定の3番目の応用は，ボラティリティ取引に由来している．

ボラティリティは，バリアンス・スワップとボラティリティ・スワップの形で取引されることがある．バリアンス・スワップは先物契約の一種で，以下の金額を満期日 T に支払う．

$$V_T - K$$

ここで，K が引渡価格である．V_T が実際の分散（バリアンス）である．その定義が以下である．

$$V_T = \sum_{t=t_0+1}^{T} [\log(S_t/S_{t-1})]^2$$

ここで，t_0 が契約が始まる日である．S_t が金融資産の価格である．ボラティリティ・スワップにおいては，満期日に以下の金額を支払う．

$$\sqrt{V_T} - L$$

ここで，L が引渡価格である．

バリアンス・スワップとボラティリティ・スワップは証券会社の店頭で取引している (traded over the counter (OTC))．しかし，シカゴ・オプション取引所 (Chicago Board Options Exchange (CBOE)) でも，S&P 500 指数の分散に関するいろいろなバリアンス先物（S&P 500 指数の日々のリターンから計算する）を販売している．

何らかの指数のバリアンス・スワップと，その指数の構成要素のバリアンス・スワップを扱うことができれば，そのバリアンス・スワップを利用することで，共分散を使う取引ができる．以下のリターンを持つ指数を考える．

$$R_t = pR_t^{(1)} + qR_t^{(2)}$$

ここで，$R_t^{(i)}$ は，指数構成要素のリターンの対数である．p と q は，それぞれの指数要素の重みである．共分散の実現値の定義は以下である．

$$C_T = \sum_{t=t_0+1}^{T} R_t^{(1)} R_t^{(2)}$$

したがって，以下が成り立つ．

$$C_T = \frac{1}{2pq}\left(V_T - p^2 V_T^{(1)} - q^2 V_T^{(2)}\right)$$

ここで，V_T は，指数の分散の実現値である．$V_T^{(i)} = \sum_{t=t_0}^{T}(R_t^{(i)})^2$ は，指数構成要素の分散の実現値である．

1.5.3　ポートフォリオ選択

ポートフォリオ選択の基本概念

N 種類の資産のそれぞれの価格を表す時系列ベクトルを以下のように置く．

$$S_t = (S_t^1, \ldots, S_t^N), \qquad t = 0, 1, 2, \ldots, T$$

資産価格は，$0 < S_t^i < \infty$（$i = 1, \ldots, N$）を満たす．ポートフォリオ・ベクトル $b_t = (b_t^1, \ldots, b_t^N) \in \mathbf{R}^N$ が，資産が時刻 t においてどのように配分されているかを決める．ポートフォリオ・ベクトル b_t は以下の式を満たす．

$$\sum_{i=1}^{N} b_t^i = 1 \tag{1.90}$$

$i = 1, \ldots, N$ のすべてにおいて $0 \leq b_t^i \leq 1$ が成り立つとき，ロングオンリー・ポートフォリオ（買いのみを行う投資方法）と呼ぶ．そのとき，b_t^i は，時刻 t に

おいて資産 S_t^i に投資している資産の割合に等しい．負の値をとる b_t^i は空売りと解釈する[7]．資産の中の1つは銀行口座かも知れない．銀行口座を空売りすることは借金を意味する．例えば，$N=2$，$b_t^1=-1$，$b_t^2=2$ のとき，時刻 t において，全資産と同じ金額の資産1単位を空売りし，同時に，全資産を使うだけではなく，資産1単位を空売りする手続きを行うことによって，資産2単位を買うことを意味する．

全リターン（相対価格）を表す新たな時系列ベクトルを以下のように定義する．

$$R_t = \frac{S_t}{S_{t-1}} = \left(\frac{S_t^1}{S_{t-1}^1}, \ldots, \frac{S_t^N}{S_{t-1}^N}\right), \qquad t = 1, 2, \ldots, T \tag{1.91}$$

時系列 $R_1, \ldots, R_T$ はおよそ定常的と仮定するのが妥当である．統計的ポートフォリオ選択において，資産に対する過去のリターン R_t だけではなく，その他の情報 Z_t も利用できる．ベクトル Z_t の変数は，マクロ経済の変数である．例えば，期間プレミアム，デフォルト・プレミアム，配当利回りである[8]．すると，ポートフォリオ選択の問題は，(R_t, Z_t)，$t=1,\ldots,T$ というデータを使って，時刻 T におけるポートフォリオベクトル b_T を選択する問題として記述できる．

一期ポートフォリオ選択

$W_T > 0$ を T において利用できる資産とする．ポートフォリオ・ベクトルを b_T とすると，T から $T+1$ の期間のポートフォリオ・総リターンを以下の式で定義する．

$$\frac{W_{T+1}}{W_T} = \sum_{i=1}^{N} b_T^i \, \frac{S_{T+1}^i}{S_T^i} = b_T' R_{T+1} \tag{1.92}$$

一期ポートフォリオ選択において，最適なポートフォリオ・ベクトルは以下の式で定義できる．

$$b_T^o = \mathrm{argmax}_{b_T \in B_N} E_T u\left(b_T' R_{T+1}\right) \tag{1.93}$$

[7] 資産の空売りとは，資産を借りて，それを売ることを意味する．つまり，所有していない資産を売るのである．裸の空売りとは，資産を借りる前に売ること，あるいは，資産を借りられることを確認する前に売ることを意味する．

[8] 期間プレミアムとは，長期金利と短期金利の差である．例えば，10年満期のアメリカ政府債のポートフォリオによる1年間の配当と，90日満期の短期国債の金利の差である．デフォルト・プレミアムは，低格付け債と高格付け債の金利差である．例えば，ムーディーズによる格付けがBaaの債券とAaaの債券の1年間の配当の差などである．時価総額が，株価に株数を掛けたものであるとき，配当利回りは，会社が支払う配当を，その会社の時価総額で割ったものになる．

ここで，$u:(0,\infty)\to\mathbf{R}$ は効用関数である．そして，以下の B_N を考える．

$$B_N=\left\{(b^1,\ldots,b^N):\sum_{i=1}^{N}b^i=1\right\} \tag{1.94}$$

$0<b'_T R_{T+1}<\infty$ が成り立つことに注意するべきである．E_T という記号は，時刻 T において時刻 T に利用できる情報を利用して期待値を算出することを意味する．もし，利用できる情報が，過去のリターン R_t や変数 Z_t の過去の値に含まれているのであれば，期待値 E_T を，以下の式のように，条件付き期待値と考えることができる．そのときの条件とは，以前のリターンや，Z_t の以前の値である．

$$E_T u\left(b'_T R_{T+1}\right)=E\left[u\left(b'_T R_{T+1}\right)\mid R_1,Z_1,\ldots,R_T,Z_T\right]$$

最大化問題 (1.93) において，効用関数 u を一期総リターン (1.92) に適用する．

効用関数 $u:(0,\infty)\to\mathbf{R}$ は増加関数（つまり，微分値が正）であり，凹関数（2 階微分値が負）である．べき型効用関数の定義は以下である．

$$u_\gamma(t)=\begin{cases}\frac{t^{1-\gamma}}{1-\gamma}, & \gamma>1\text{ のとき}\\ \log_e t, & \gamma=1\text{ のとき}\end{cases} \tag{1.95}$$

ここで，$t>0$ である．べき型効用関数を，相対的危険回避度一定の効用関数（CRRA 効用関数，CRRA とは，Constant Relative Risk Aversion）とも呼ぶ．効用関数を，純リターンの代わりに用いる．効用関数は，リスクを考慮に入れていて，純リターンを最適にするものではないからである[9]．パラメータ $\gamma\geq 1$ は危険回避パラメータである．γ の値が大きいとき危険回避を重視する．総リターンが 0 になることは破産を意味するかもしれない．したがって，総リターンが 0 のときの効用は，マイナス無限大に等しくなるべきである．そのため，リターンがゼロに近いとき，効用関数に対するペナルティが厳しくなる．また，正のリターンに対する効用は，線形に増加するわけではなく，リターンの凹関数になる．

[9] 資産から効用を得るか，総リターンから効用を得るかは問題ではない．なぜなら，$\gamma>0$ のとき以下の式が成り立つからである．

$$u\left(W_T b'_T U_{T+1}\right)=W_T^{1-\gamma}\cdot u(b'_T U_{T+1})$$

$\gamma=0$ のときは，以下の式が成り立つ．

$$u\left(W_T b'_T U_{T+1}\right)=u(W_T)+u(b'_T U_{T+1})$$

したがって，最適なポートフォリオ・ベクトルは，初期資産 W_T にかかわらず同一である．

多期ポートフォリオ選択

時刻Tにおいて，資産W_Tで始めたとする．そのときのポートフォリオ配分を，$b_T,\ldots,b_{T_1-1}$とする．すると，時刻T_1における資産が以下の式で書ける．

$$W_T \prod_{t=T}^{T_1-1} b_t' R_{t+1}$$

TからT_1の期間におけるポートフォリオの総リターンは以下である．

$$\prod_{t=T}^{T_1-1} b_t' R_{t+1} \tag{1.96}$$

多期ポートフォリオ選択において，投資期間が，TからT_1（将来の時刻）であると仮定する．そして，$T,\ldots,T_1-1$のすべての時刻においてポートフォリオ配分を変更できるものとする．すると，時刻Tにおける最適なポートフォリオ配分の定義が以下になる．

$$b_T^o = \mathrm{argmax}_{b_T} \max_{b_{T+1},\ldots,b_{T_1-1}} E_T u\left(\prod_{t=T}^{T_1-1} b_t' R_{t+1}\right) \tag{1.97}$$

最適化問題(1.97)において，(1.96)を用い，効用関数uを多期総リターンに適用する．一期の場合の結果は，$T_1 = T+1$になるという特別の場合として得られる．(1.97)の最適化問題は，(1.52)における確率制御の最適化問題と同一の形をしている．

ポートフォリオ選択と回帰関数推定

回帰関数推定をポートフォリオ選択においてどのように利用するかを説明する．一期ポートフォリオ選択について考える．時刻Tにおけるポートフォリオ・ベクトル$b_T = (b_T^1,\ldots,b_T^N) \in \mathbf{R}^N$を，時刻$T+1$における資産に対する期待効用が最大になるように選択したい．最適化問題(1.93)と同様である．固定したポートフォリオベクトル$b \in \mathbf{R}^N$（$\sum_{i=1}^N b^i = 1$を仮定している）に対して，目的変数と説明変数を以下のように定義できる．

$$Y_{b,t} = u\left(b' R_{t+1}\right), \qquad X_t \in \mathbf{R}^d$$

ここで，$t = 1,\ldots,T-1$である．$(Y_{b,t}, X_t)$（$t = 1,\ldots,T-1$）が同一の分布に従うことを仮定する．そして，$(Y_{b,t}, X_t)$と同じ分布を持つ確率変数ベクトルを，

(Y_b, X) と表す．データを用いて以下の回帰関数を推定できる．

$$f_b(x) = E(Y_b \mid X = x), \qquad x \in \mathbf{R}^d$$

ここで，b が，固定したポートフォリオ・ベクトルである．この回帰関数は，ポートフォリオにおける総リターンの効用関数の予測を行う．予測は正確ではないかもしれない．しかし，ポートフォリオ・ベクトル b のすべての値に対する予測を集めたものは，最適なポートフォリオ・ベクトルを選択するための方法を提供する．つまり，時刻 T において，以下のデータを用いて回帰関数を推定する．

$$(Y_{b,t}, X_t), \qquad t = 1, \ldots, T-1$$

この推定値を以下のように表す．

$$\hat{f}_{b,T} : \mathbf{R}^d \to \mathbf{R}$$

時刻 T における最適なポートフォリオ・ベクトル $\hat{b}_T$ を以下のように求める．

$$\hat{b}_T = \mathrm{argmax}_{b \in B} \hat{f}_{b,T}(X_T), \tag{1.98}$$

ここで $B \subset B_N$, である．また，B_N は $\mathbf{R}^N$ の中の領域（定義は，(1.94)）である．したがって，ポートフォリオがもたらすリターンの効用の予測値が最高になるようにポートフォリオ・ベクトルを選択する．T が現在の時刻なので，$\hat{b}_t (t = 1, \ldots, T-1)$ を現在の資産を配分するために用いる．そして，ポートフォリオ・ベクトル $\hat{b}_t$，$t = 1, \ldots, T-1$ を使って，ポートフォリオ選択手法の統計的な性質を解析できる．

関数 $b : \mathbf{R}^d \to B$ を以下のように定義することによって，この手順を記述することもできる．

$$b(x) = \mathrm{argmax}_{b \in B} f_b(x)$$

この関数は，時刻 T において以下のように推定する．

$$\hat{b}_T(x) = \mathrm{argmax}_{b \in B} \hat{f}_{b,T}(x)$$

時刻 T において，ポートフォリオ・ベクトル $\hat{b}_T(X_T)$ をこのように選択する．

(1.47) の考え方を用いて，時系列 (1.91) を回帰データに変換できる．そのとき，説明変数を以下のように定義する．

$$X_t = (R_t, \ldots, R_{t-k+1}) \in \mathbf{R}^{Nk} \tag{1.99}$$

ここで，$t = k, \ldots, T-1$ である．説明変数 X_t の定義は，過去の総リターンのベクトル（長さが k）である．過去のリターンが，将来のリターンを予測するために利用できる関連情報のすべてを含んでいるのであれば，この選択は正当かも知れない．過去のリターンに何らかの変換を施せば予測の質が向上する可能性があることが明らかだからである．考えられる変換について 1.7 節で議論する．時系列 $R_1, \ldots, R_T$ が定常的であるとき，$(Y_{b,t}, X_t)$ $(t = k, \ldots, T-1)$ は，同じ分布に従っている．

ポートフォリオ選択における回帰関数推定の応用は，Brandt (1999), Aït-Sahalia & Brandt (2001), Györfi, Lugosi & Udina (2006) が行っている．Györfi & Schäfer (2003), Györfi, Urbán & Vajda (2007), Györfi, Udina & Walk (2008), Györfi, Ottucsác & Walk (2012) も参照せよ．

ポートフォリオ選択と分類

データ (R_t, X_t) $(t = 1, \ldots, T)$ があると仮定する．ここで，$R_t \in \mathbf{R}^N$ は，(1.91) で定義した総リターン・ベクトルである．$X_t \in \mathbf{R}^d$ は，時刻 t に観測された説明変数ベクトルである．

$B = \{b_0, \ldots, b_{K-1}\} \subset \mathbf{R}^N$ を，ポートフォリオ・ベクトルの有限族とする．クラス・ラベル Y_t を以下の式で定義する．

$$Y_t = k \Leftrightarrow b_k = \mathrm{argmax}_{b \in B} b' R_{t+1} \tag{1.100}$$

ここで，$k = 0, \ldots, K-1$ である．ここでは，$b_k \in B$ は，時刻 t において，時刻 $t+1$ において最高のリターンを与えるように，B の中のポートフォリオ・ベクトル全部の中から選択した，ポートフォリオ・ベクトルである．

先に，分類データ (X_t, Y_t) $(t = 1, \ldots, T-1)$ を定義した．それを，時刻 T において分類関数を推定するために用いる．推定した分類関数 $\hat{g}$ は，B の中のポートフォリオ・ベクトルの中から 1 つを選ぶ．したがって，時刻 T において選んだポートフォリオ・ベクトルを以下のように定義する．

$$\hat{b}_T = \hat{g}(X_T)$$

分類による方法では，回帰による方法とは異なり，リスク回避パラメータを導入することができない．回帰による方法では，効用に変換したリターンを予測するからである．分類によって得られるポートフォリオは，リスク回避パラメータとして $\gamma = 1$ を使うことに相当する．

Andriyashin, Härdle & Timofeev (2008) は，ポートフォリオ選択において，分類に基づく方法を用いている．この文献では，DAX 30 のそれぞれの株に対して，買い，売り，ニュートラルのいずれかの決定を下している．最終的なポートフォリオにおいては，ポートフォリオの重み付けを等しくして，各々の株に対する個別の決定を行う．

平均分散性向

平均分散性向を用いるポートフォリオ選択は，Markowitz (1952)，Markowitz (1959) が提案した．この方法は，期待効用の最大化に代わる方法をもたらす．平均分散の意味で最適なポートフォリオ・ベクトルは，以下のペナルティ付き期待リターンを最大にする．

$$E\left(b'R_{T+1}\right) - \frac{\gamma}{2}\operatorname{Var}\left(b'R_{T+1}\right) \tag{1.101}$$

ここで，$\gamma \geq 0$ がリスク回避係数である．

$$R_{T+1} = \left(S^1_{T+1}/S^1_T, \ldots, S^N_{T+1}/S^N_T\right)$$

このベクトルは，N 個のポートフォリオ成分の総リターンである．(1.91) と (1.92) を参照せよ．最小化は，ポートフォリオ・ベクトル $B \subset B_N$ の空間において行う．B_N は，$\mathbf{R}^N$ の領域である．その定義は (1.94) である．すると，以下の式が得られる．

$$E\left(b'R_{T+1}\right) = b'ER_{T+1}, \qquad \operatorname{Var}\left(b'R_{T+1}\right) = b'\operatorname{Var}(R_{T+1})b$$

ここで，$\operatorname{Var}(R_{T+1})$ は，R_{T+1} の共分散行列（サイズが，$N \times N$）である．すると，期待リターンのベクトル ER_{T+1} と共分散行列 $\operatorname{Var}(R_{T+1})$ を推定する必要がある．

3.12.3 項において，2 つの危険資産に対するポートフォリオ選択の例について考察する．そのときの最適なポートフォリオ・ベクトルを導出しよう．ポートフォリオ・ベクトルを $b = (b^1, b^2) = (1-w, w)$ とする．$w \in \mathbf{R}$ である．すなわち，第 1 の資産を $1-w$ の割合にし，第 2 の資産を w の割合にする．すると，以下の式が得られる．

$$b'R_{T+1} = (1-w)R^1_{T+1} + wR^2_{T+1}$$

これらの株の期待リターンを，それぞれ，$ER^1_{T+1} = \mu_1$，$ER^2_{T+1} = \mu_2$ とする．それぞれのリターンの分散を，$\mathrm{Var}(R^1_{T+1}) = \sigma_1^2$，$\mathrm{Var}(R^2_{T+1}) = \sigma_2^2$ とする．リターンの共分散を，$\mathrm{Cov}(R^1_{T+1}, R^2_{T+1}) = \sigma_{12}$ と表す．すると，以下が式が得られる．

$$
\begin{aligned}
&E(b' R_{T+1}) - \frac{\gamma}{2}\mathrm{Var}(b' R_{T+1}) \\
&= \mu_1 + w(\mu_2 - \mu_1) - \frac{\gamma}{2}\left[(1-w)^2\sigma_1^2 + w^2\sigma_2^2 + 2(1-w)w\sigma_{12}\right] \\
&= \mu_1 - \frac{\gamma}{2}\sigma_1^2 + w\left[\mu_2 - \mu_1 - \gamma(\sigma_{12} - \sigma_1^2)\right] - w^2\frac{\gamma}{2}(\sigma_1^2 + \sigma_2^2 - 2\sigma_{12})
\end{aligned}
$$

w についての微分値を 0 と置き，w について解くと，以下の式になる．

$$
w = \frac{1}{\gamma}\frac{\mu_2 - \mu_1 - \gamma(\sigma_{12} - \sigma_1^2)}{\sigma_1^2 + \sigma_2^2 - 2\sigma_{12}} \tag{1.102}
$$

ここで，$\gamma > 0$ である．$\gamma = 0$ のときは，期待リターン μ_i がより大きい資産に最大限の投資をする．

1.5.4 オプション価格付けとオプション・ヘッジング

時刻 t_0（本日）に販売されたヨーロピアン・オプション（満期日のみに権利行使できるオプション）を考える．その満期日は，将来の時刻 T である．このオプションは，満期日に H_T の価値を持つ．この価値は，株価 S_T の関数である．例えば，コール・オプションの場合，$H_T = \max\{0, S_T - K\}$ になる．ここで，K は権利行使価格である．このとき，時刻 t_0（本日）におけるオプションに対する，妥当な価格 H_{t_0} を決める必要がある．

妥当な価格を，そのオプションによるヘッジングを行うために必要な初期資産，とすることができる．ヘッジングは，株（株価 S_t）と債券（債券価格 B_t）を使った自己金融取引によって行う．すべての時刻 t において $B_t = 1$ にするために，利率を 0 にする．また，離散時間モデルを考える．つまり，$t_0, t_0+1, \ldots, T-1$ の時刻に取引を行う．W_t を，時刻 t において株と債権を買うために用いる資産とする．ξ_t を，時刻 $t-1$ に買い，時刻 t まで維持する株の数とする．時刻 t に，リバランス（投資配分の比率調整）を行う．a_t を，時刻 $t-1$ に買い，時刻 t まで維持する債券の数とする．このポートフォリオは自己金融なので，ξ_t と a_t の数は以下の式を満たす必要がある．

$$
W_{t-1} = a_t + \xi_t S_{t-1}
$$

すると，時刻 t における資産は以下の式で書ける．

$$W_t = a_t + \xi_t S_t$$

時刻 $t+1$ で債権の数 (a_{t+1}) と株の数 (ξ_{t+1}) の値を選んだときも，同様の値が同じ分布を構成する．上の式から次の式が得られる．

$$\begin{aligned} W_t &= a_t + \xi_t S_t \\ &= (a_t + \xi_t S_{t-1}) + \xi_t (S_t - S_{t-1}) \\ &= W_{t-1} + \xi_t (S_t - S_{t-1}) \end{aligned} \tag{1.103}$$

帰納的に以下の式が得られる[10)]．

$$W_T = W_{t_0} + \sum_{t=t_0}^{T-1} \xi_{t+1}(S_{t+1} - S_t)$$

適正価格を定義するために，やや異なる 2 つの経験則を使うことができる．

1. 適正価格を，最終資産とオプション代金の差を最小化する初期資産 W_{t_0} と考える．すなわち，以下の値を最小にする．

$$E(W_T - H_T)^2$$

この最小化を，初期資産 W_0 のすべてとヘッジング戦略のすべてに対して行う．

2. オプションの販売者は，時刻 t_0 においてプレミアム H_{t_0} を受け取る．それによって，初期資産 $W_{t_0} = 0$ のときの，時刻 $t = t_0, \ldots, T-1$ におけるポジションのリスクを回避する．そして，満期日に，オプションの所有者に H_T を支払う．したがって，満期日 T におけるオプション販売者の資産は以下の値に等しい．

$$\tilde{W}_T = H_{t_0} + \sum_{t=t_0}^{T-1} \xi_{t+1}(S_{t+1} - S_t) - H_T$$

---

10) 一期の利率が $r > 0$ のとき，$B_{t+1} = (1+r)B_t$ になる．したがって，以下の式が得られる．

$$W_T = (1+r)^{T-t_0} \left(W_{t_0} + \sum_{t=t_0}^{T-1} \xi_{t+1}(Z_{t+1} - Z_t) \right)$$

ここで，$Z_t = (1+r)^{t_0 - t} S_t$ である．

このとき，$\tilde{W}_T$ ができるだけ 0 に近く，それに対応する H_{t_0} の値がそのオプションの適正価格であると考えられるような，H_{t_0} と $\xi_{t_0+1},\ldots,\xi_T$ を求める必要がある．つまり，以下の値を最小にしたい．

$$E\tilde{W}_T^2$$

つまり，平均 2 乗誤差測度を 0 に近付けたいのである．

上の 2 つの経験則によって，以下に示す，適正価格と最適ヘッジ係数の定義が得られる．まず，以下のように表す．

$$Y = H_T, \qquad (X_1,\ldots,X_d) = (S_{t_0+1} - S_{t_0},\ldots,S_T - S_{T-1})$$

ここで，$d = T - t_0$ である．時刻 t_0 における，適正価格と最適ヘッジ係数を以下の式で定義する．

$$(H_{t_0},\xi_{t_0+1}) = \mathrm{argmin}_{a\geq 0, b_1\in\mathbf{R}} \min_{b_2,\ldots,b_d\in\mathbf{R}} E\rho(a+b_1X_1+\cdots+b_dX_d-Y) \quad (1.104)$$

ここで，$\rho(t) = t^2$ である．あるいは，ρ は，(1.36) の中にあるような，他の何らかの損失関数である．すると，(1.51) と同様の確率制御の問題になる．

1.6　実データによる例

回帰の方法と分類の方法を例示するための主な例として，2 つのデータセットを用いる．第 1 のデータは，S&P 500 リターンの時系列である．1.6.1 項で示す．第 2 のデータは，S&P 500 とナスダック 100 リターンの，ベクトル形式の時系列である．1.6.2 項で示す．

例として他のデータも用いる．2.1.7 項において，DAX 30 リターンとダイムラー・リターンのベクトル形式の時系列を用い，線形回帰を応用して資産のベータ値を計算する例を示す．2.2.2 項においては，ヘッジファンド・インデックス・リターンの時系列を用いて，ヘッジファンド複製において変動係数回帰を応用する例を示す．6.2 節においては，月ごとの S&P 500 データとアメリカ 10 年国債のデータを用いて密度推定の例を示す．6.3.2 項においては，DAX 30 リターンの時系列を用いて多次元尺度構成法の例を示す．

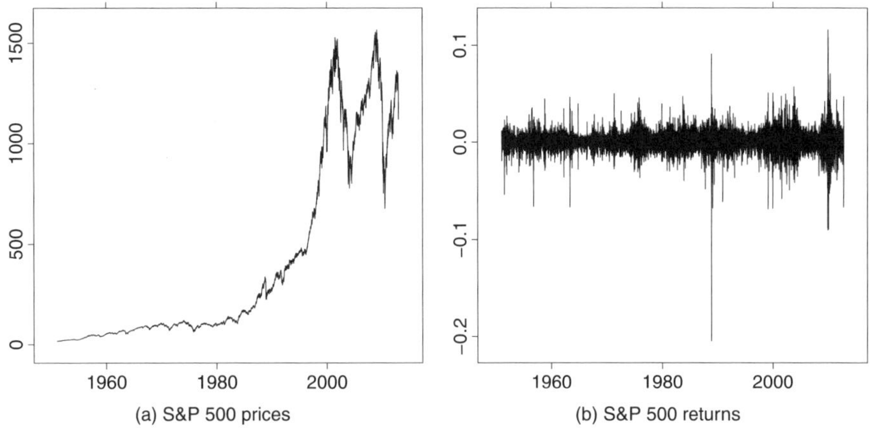

図 1.3　S&P 500 指数　(a) S&P 500 の価格．(b) S&P 500 の純リターン．

1.6.1　S&P 500 リターンの時系列

S&P 500 指数のデータは，1950 年 1 月 3 日から 2013 年 4 月 25 日までの期間の，S&P 500 指数の日ごとの終値によって構成されている．それは，15930 個の観測値である．このデータは，Yahoo が提供している．その指標記号は，^GSPC である．

図 1.3 は，S&P 500 指数の価格と純リターンを示している．純リターンの定義は以下である．

$$Y_t = \frac{P_t - P_{t-1}}{P_{t-1}}$$

ここで，P_t は，t 日の終わりにおける指数価格である．

1.6.2　S&P 500 リターンとナスダック 100 リターンの，ベクトル形式の時系列

S&P 500 指数とナスダック 100 指数のデータは，1985 年 10 月 1 日から 2013 年 3 月 19 日までの，S&P 500 指数とナスダック 100 指数の日ごとの終値によって構成されている．6925 個の観測値である．そのデータは Yahoo が提供している．その指標記号は，それぞれ，^GSPC と ^NDX である．

図 1.4 は，この観測期間における，S&P 500 指数とナスダック 100 指数の値を示している．(a) は，正規化した指数値の時系列である．いずれの指数値も，1985 年 10 月 1 日の値が 1 になるように正規化されている．(b) は，この 2 つの指数における純リターンの散布図である．

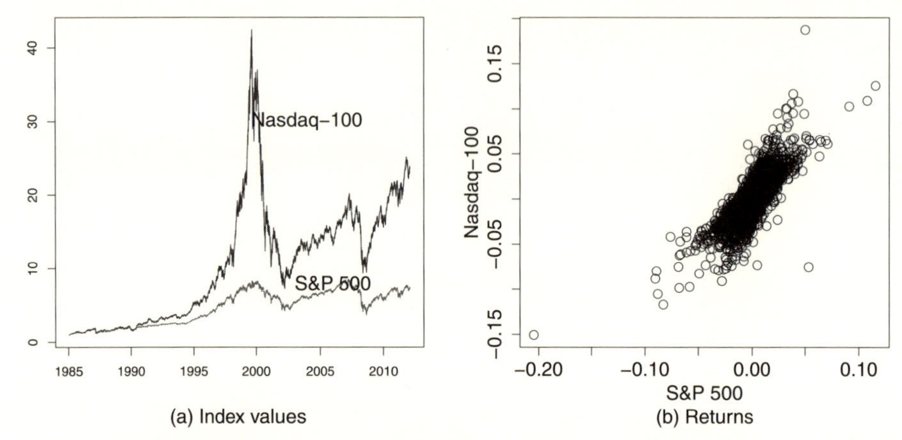

図1.4　S&P 500 指数とナスダック 100 指数　(a) S&P 500 指数とナスダック 100 指数のそれぞれを正規化した値．(b) 純リターンの散布図．

1.7　データ変換

回帰関数推定において，回帰関数を推定する前に変数を変換すると便利になることが多い．回帰関数を局所平均（第 3 章で定義する）を用いて推定するとき，説明変数の変換が重要である．球対称のカーネル関数を使ったカーネル推定においてすべての変数に対する平滑化パラメータが同一である場合のように，局所平均推定量における局所近傍が球対称であれば，それぞれの説明変数の範囲を同程度にするべきである．例えば，1 つの変数が $[0,1]$ の範囲にあり，他の変数が $[0,100]$ の範囲にあるとする．そのとき球対称の近傍を使うと，範囲が狭い変数は実質的には無効になってしまうかもしれない．

第 1 に，データ球状化を定義する．それは，説明変数の分散を同一にし，説明変数の共分散行列を対角行列にするための変換である．第 2 に，コピュラ変換を定義する．それは，説明変数の周辺分布を，ほぼ標準ガウス分布，あるいは，$[0,1]$ の範囲の一様分布にする．しかし，説明変数のコピュラは変化させない．第 3 に，目的変数の変換を定義する．

1.7.1　データ球状化

観測値を正規化することで変数の標本分散を 1 にすれば，変数の範囲を同じくらいにすることができる．$X_i = (X_{i1}, \ldots, X_{id})$ $(i = 1, \ldots, n)$ を得られた観測値とする．変換された観測値は以下である．

$$Z_i = \left(\frac{X_{i1}}{s_1}, \ldots, \frac{X_{id}}{s_d}\right), \qquad i = 1, \ldots, n$$

ここで，標本分散は以下である．

$$s_k^2 = \frac{1}{n}\sum_{i=1}^{n}\left(X_{ik} - \bar{X}_k\right)^2, \qquad k = 1, \ldots, d$$

ここで，$\bar{X}_k = n^{-1}\sum_{i=1}^{n} X_{ik}$ が相加平均である．変換された観測値を以下のように $Z_i = (Z_{i1}, \ldots, Z_{id})$ $(i = 1, \ldots, n)$ と定義することによって，変数の範囲を同一にできる．

$$Z_{ik} = \frac{X_{ik} - \min_{i=1,\ldots,n} X_{ik}}{\max_{i=1,\ldots,n} X_{ik} - \min_{i=1,\ldots,n} X_{ik}}, \qquad k = 1, \ldots, d$$

データ球状化は，標本分散を 1 に標準化するだけの変換に比べて本格的な変換である．データにその種の線形変換を施せば，共分散行列が単位行列になる．データ球状化は，主成分変換とほとんど同じである．主成分変換において，共分散行列は対角化される．しかし，単位行列にはならない．

1. 確率変数ベクトル $X \in \mathbf{R}^d$ の球状化とは，X を線形変換することによって，新たな確率変数の期待値が 0，共分散行列が単位行列になるようにすることを意味する．共分散行列を以下のように置く．

$$\Sigma = E\left[(X - EX)(X - EX)'\right]$$

Σ をスペクトル表現の形式にすると以下の式になる．

$$\Sigma = A\Lambda A'$$

ここで，A は直交行列で，Λ は対角行列である．

$$Z = \Lambda^{-1/2}A'(X - EX)$$

したがって，上のベクトルは，球状化された確率変数ベクトルであり，以下の性質を持つ[11]．

$$\mathrm{Cov}(Z) = I_d$$

[11] A が直交行列であるとは，$A'A = AA' = I_d$ になることを意味する．したがって，$A'\Sigma A = \Lambda$，$\mathrm{Cov}(Z) = \Lambda^{-1/2}A'\mathrm{Cov}(X)A\Lambda^{-1/2} = \Lambda^{-1/2}A'\Sigma A\Lambda^{-1/2} = I_d$ が成り立つ．

2. データ球状化とは，観測値の相加平均が0で，経験共分散行列が単位行列になるように，データを変換することを意味する．Σ_n を経験共分散行列とすると，以下である．

$$\Sigma_n = \frac{1}{n}\sum_{i=1}^{n}(X_i - \bar{X})(X_i - \bar{X})'$$

ここで，$\bar{X} = n^{-1}\sum_{i=1}^{n} X_i$ は，相加平均の値からなる列ベクトル（サイズが，$d \times 1$）である．Σ_n のスペクトル表現は以下のように書ける．

$$\Sigma_n = A_n \Lambda_n A_n'$$

ここで，A_n は直交行列で，Λ_n は対角行列である．以下の式が，変換された観測値の定義である．

$$Z_i = \Lambda_n^{-1/2} A_n'(X_i - \bar{X}), \qquad i = 1, \ldots, n$$

球状化データ行列は，$n \times d$ のサイズの行列 $\mathbb{Z}_n$ である．以下が定義である．

$$\mathbb{Z}_n' = \Lambda_n^{-1/2} A_n' \left(\mathbb{X}_n' - \bar{X}_n 1_{1\times n}\right)$$

ここで，$\mathbb{X}_n = (X_1, \ldots, X_n)'$ は，元々の，$n \times d$ のサイズのデータ行列である．$1_{1\times n}$ が，サイズが $1 \times n$ で，要素がすべて1の，行ベクトルである．

1.7.2　コピュラ変換

コピュラ・モデル化について1.3.3項で説明した．コピュラ・モデル化は便利なデータ変換ももたらす．コピュラ変換は周辺分布を変化させる．しかし，コピュラ（つまり，同時密度）は変化させない．

1. 確率変数ベクトル $X = (X_1, \ldots, X_d)$ のコピュラ変換は，X が連続分布を持つとき，確率変数 $Z = (Z_1, \ldots, Z_d)$ を与える．$Z = (Z_1, \ldots, Z_d)$ の周辺分布は，$[0,1]$ の範囲の一様分布，あるいは，他の然るべき分布である．$F_{X_k}(t) = P(X_k \le t)$ $(k = 1, \ldots, d)$ を，X の成分の分布関数とする．以下のように置く．

$$Z = (F_{X_1}(X_1), \ldots, F_{X_d}(X_d))$$

このZは，周辺分布が $[0,1]$ の範囲の一様分布になる，確率変数ベクトルである[12)]．この確率変数ベクトルの分布関数は，$X = (X_1, \ldots X_d)$ の分布のコ

12) 確率変数 $F_{X_k}(X_k)$ は，$[0,1]$ の範囲の一様分布を持つ．以下の式が成り立つからである．
$P(F_{X_k}(X_k) \le t) = P(X_k \le F_{X_k}^{-1}(t)) = F_{X_k}(F_{X_k}^{-1}(t)) = t$

ピュラと呼ばれている．周辺分布が一様分布のコピュラには境界効果があるため，不便であることが多い．そこで，統計学的により扱いやすい分布を得るために，以下の定義を用いることがある．

$$Z = \left(\Phi^{-1}(F_{X_1}(X^1)), \ldots, \Phi^{-1}(F_{X_d}(X_d))\right)$$

ここで，Φ は，標準ガウス分布の分布関数である．Z の成分は標準ガウス分布を持つ[13)]．

2. データ $X_1, \ldots, X_n$ のコピュラ変換とは，データを，周辺分布が，一様分布，あるいは，他の然るべき分布にほぼ一致するように変換することを意味する．観測値 X_{ik}（$i = 1, \ldots, n$，$k = 1, \ldots, d$）の順位（ランク）を以下の式が与えるとする．

$$\mathrm{rank}(X_{ik}) = \#\left\{X_{jk} : X_{jk} \le X_{ik}, j = 1, \ldots, n\right\}$$

観測値が $[0, 1]$ の一様分布にほぼ一致するように，以下のようにランクを正規化する．

$$Z_i = \left(\frac{\mathrm{rank}(X_{i1})}{n+1}, \ldots, \frac{\mathrm{rank}(X_{id})}{n+1}\right)$$

ここで，$i = 1, \ldots, n$ である．標準ガウス分布の方が便利なことが多いので，以下のように定義する．

$$Z_i = \left(\Phi^{-1}\left(\frac{\mathrm{rank}(X_{i1})}{n+1}\right), \ldots, \Phi^{-1}\left(\frac{\mathrm{rank}(X_{id})}{n+1}\right)\right) \tag{1.105}$$

ここで，$i = 1, \ldots, n$ である．

図 1.5 は，S&P 500 とナスダック 100 の純リターンをコピュラ変換したものを示している．このデータについて 1.6.2 項で説明している．(a) は，周辺分布を，標準ガウス分布に近い分布に変換した状況を示している．(b) は，周辺分布を，$[0, 1]$ の範囲の一様分布に近い分布に変換した状況を示している．ここで，70^2 の区切りを使った散布図ヒストグラム平滑化を使っている．この方法については 6.1.1 項で説明する．周辺分布が一様分布のとき，データが左下と右上に集中する．すると，境界効果によって推定が難しくなることがある．周辺分布がガウス型であれば，データの分布が，裾が滑らかに 0 に減少するものになる．

---

13) U が，$[0, 1]$ の範囲の一様分布を持つとき，確率変数 $\Phi^{-1}(U)$ は標準正規分布に従う．以下の式が成り立つからである．$P(\Phi^{-1}(U) \le t) = P(U \le \Phi(t)) = \Phi(t)$．

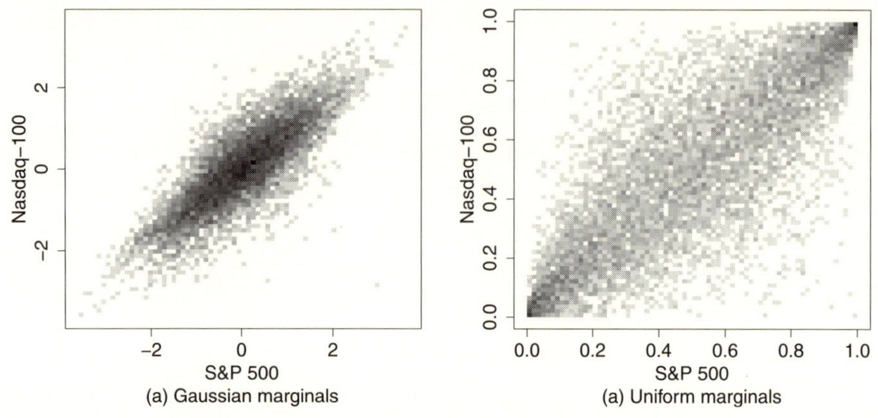

図 1.5　コピュラ変換　S&P 500 とナスダック 100 のリターンを示している．(a) 周辺分布がガウス分布．(b) 周辺分布が一様分布．

1.7.3　目的変数の変換

目的変数の変換は，分散を安定させることによって，より標準ガウス分布に近い分布にしたり，不均一さを除いたりするために用いる．Efron (1982) を参照せよ．

べき変換を Box-Cox 変換と呼ぶ．$\lambda \in \mathbf{R}$ とするとき，以下が定義である．

$$Z_i^{(\lambda)} = \begin{cases} \frac{Y_i^{\lambda}-1}{\lambda}, & \lambda \neq 0 \\ \log Y_i, & \lambda = 0 \end{cases}$$

ここで，$Y_i \geq 0$ を仮定している．Box-Cox 変換は，Box & Cox (1962) が定義した．Tukey (1957) は，べき変換 Y_i^{λ} （$\lambda \neq 0$）について検討した．

自然指数型分布族は (1.68) で定義した．自然指数型分布族においては，以下の式が成り立つ．

$$E_v(Y) = \mu(v) = d'(v), \qquad \mathrm{Var}_v(Y) = V(v) = d''(v)$$

自然指数型分布族の部分集合に，分散が 2 次式になる分布族がある．そこでは，以下の式になる．

$$\mathrm{Var}_v(Y) = V(v) = a_0 + a_1\mu(v) + a_2\mu(v)^2$$

ここで，$\mu(v) = d'(v)$ である．その例は，正規分布，ガンマ分布，NEF-GHS（一般化双曲線正割分布が生成する自然指数型分布族，Natural Exponential Family generated by the Generalized Hyperbolic Secant distribution)，2項分布，負の2項分布，ポアソン分布である．$\mathrm{Var}_v(Y) = V(\mu(v))$ と表す．また，$G : \mathbf{R} \to \mathbf{R}$ という関数を以下のように定義する．

$$G'(\mu) = V^{-1/2}(\mu)$$

中心極限定理によって以下の結果が得られる．

$$n^{1/2}\left(\bar{Y} - \mu(v)\right) \xrightarrow{d} N(0, V(\mu(v)))$$

$n \to \infty$ の場合である．ここで，$\bar{Y} = n^{-1}\sum_{i=1}^{n} Y_i$ である．また，$Y_1, \ldots, Y_n$ は，独立同分布であることを仮定する．デルタ法によって以下が得られる．

$$n^{1/2}\left(G(\bar{Y}) - G(\mu(v))\right) \xrightarrow{d} N(0, 1)$$

$n \to \infty$ の場合である．したがって，変換 G を分散安定化変換と呼ぶ．

1.8　中心極限定理

中心極限定理は，2つの予測法の違いを検定するために必要になる．1.9.1項を参照せよ．中心極限定理は推定量の漸近分布を導くためにも必要になる．2.1.4項を参照せよ．

1.8.1　独立した観測値

$Y_1, Y_2, \ldots$ を，実数の独立同分布の確率変数の数列とする．$\mathrm{Var}(Y_i) = \sigma^2$ とする．ここで，$0 < \sigma^2 < \infty$ である．中心極限定理によって以下が得られる．

$$n^{-1/2}\sum_{i=1}^{n}(Y_i - EY_i) \xrightarrow{d} N\left(0, \sigma^2\right)$$

$n \to \infty$ の場合である．$X_1, X_2, \ldots$ を，独立同分布の確率変数ベクトルの数列とする．$\mathrm{Cov}(X_i) = \Sigma$ とする．ここで，Σ の対角要素は，有限の正の値である．中心極限定理によって以下が得られる．

$$n^{-1/2}\sum_{i=1}^{n}(X_i - EX_i) \xrightarrow{d} N(0, \Sigma)$$

$n \to \infty$ の場合である．

1.8.2 独立でない観測値

独立でない観測値にも中心極限定理が必要になる．$(Y_t)_{t \in \mathbf{Z}}$ が，厳密に定常的な時系列とする．α-混合係数に関する条件の意味での弱い依存性を定義する．$\mathcal{F}_i^j$ が，確率変数 $Y_i, \ldots, Y_j$ が生成するシグマ代数を表す．α-混合係数の定義は以下である．

$$\alpha_n = \sup_{A \in \mathcal{F}_{-\infty}^0, B \in \mathcal{F}_n^\infty} |P(A \cap B) - P(A)P(B)|$$

ここで，$n = 1, 2, \ldots$ である．そこで，中心極限定理について述べる．何らかの定数 $\delta > 2$ に対して，$E|Y_t|^\delta < \infty$，$\sum_{j=1}^\infty \alpha_j^{1-2/\delta} < \infty$ が成り立つとする．そのとき，以下が得られる．

$$n^{-1/2} \sum_{i=1}^n (Y_i - EY_i) \xrightarrow{d} N(0, \sigma^2) \tag{1.106}$$

ここで，以下を用いている．

$$\sigma^2 = \sum_{j=-\infty}^\infty \gamma(j) = \gamma(0) + 2 \sum_{j=1}^\infty \gamma(j)$$

$\gamma(j) = \mathrm{Cov}(X_t, X_{t+j})$ である．また，$\sigma^2 > 0$ を仮定している．

Ibragimov & Linnik (1971, Theorem 18.4.1) は，α-混合条件の下で中心極限定理が成り立つための必要十分条件を与えた．(1.106) において中心極限定理に関して述べたことの証明は Peligrad (1986) に書かれている．Fan & Yao (2005, Theorem 2.21) と Billingsley (2005, Theorem 27.4) も参照せよ．

ベクトル形式の時系列 $((X_t)_{t \in \mathbf{Z}})$ に対する中心極限定理について説明する．$X_t \in \mathbf{R}^d$ である．時系列 $(a'X_t)_{t \in \mathbf{Z}}$ が，すべての $a \in \mathbf{R}^d$ に対して一変量中心極限定理の条件を満たすとき，以下が成り立つ[14]．

$$n^{-1/2} \sum_{i=1}^n (X_i - EX_i) \xrightarrow{d} N(0, \Sigma) \tag{1.107}$$

---

[14] クラーメル・ウォルドの定理により，すべての $a \in \mathbf{R}^d$ に対して，$n \to \infty$ のとき，$a'Y_n \xrightarrow{d} a'Y$ が成り立つことの必要十分条件は，$Y_n \xrightarrow{d} Y$ である．ここで，Y_n と Y は確率変数ベクトルである．

ここで，以下の式を用いている．

$$\Sigma = \sum_{j=-\infty}^{\infty} \Gamma(j) = \Gamma(0) + \sum_{j=1}^{\infty} \left(\Gamma(j) + \Gamma(j)'\right)$$

そして，自己相関行列 $\Gamma(j)$ は，(1.21) で定義されているように，以下のものである．

$$\Gamma(j) = \mathrm{Cov}(X_t, X_{t+j})$$

ここで，(1.22) の性質，つまり，$\Gamma(j) = \Gamma(-j)'$ を使っていることに注意する必要がある．

次に，一変量中心極限定理 (1.106) を使って漸近分散 σ^2 がどのように表現できるかを説明する．$EY_i = 0$ を仮定する．和を正規化したものの分散は以下の式で書ける．

$$\mathrm{Var}\left(n^{-1/2}\sum_{i=1}^{n} Y_i\right) = n^{-1}\sum_{i=1}^{n} \mathrm{Var}(Y_i) + n^{-1}\sum_{i \neq j} \mathrm{Cov}(Y_i, Y_j)$$

したがって，独立同分布の時系列に対して以下の式が成り立つ．

$$\mathrm{Var}\left(n^{-1/2}\sum_{i=1}^{n} Y_i\right) = \mathrm{Var}(Y_1) = \gamma(0)$$

弱定常の時系列において以下の式が得られる．

$$\begin{aligned}
\mathrm{Var}\left(n^{-1/2}\sum_{i=1}^{n} Y_i\right) &= n^{-1}\sum_{i=1}^{n} \mathrm{Var}(Y_i) + 2n^{-1}\sum_{i=1}^{n-1}\sum_{j=i+1}^{n} \mathrm{Cov}(Y_i, Y_j) \\
&= \gamma(0) + 2n^{-1}\sum_{i=1}^{n-1} (n-i)\gamma(i) \\
&= \sum_{i=-(n-1)}^{n-1} \left(1 - \frac{|i|}{n}\right)\gamma(i)
\end{aligned}$$

したがって，$\mathrm{Var}\left(n^{-1/2}\sum_{i=1}^{n} Y_i\right) \to c$（$c$ は有限の正の定数）が成り立つためには，$n \to \infty$ のとき，$\gamma(n) \to 0$ が十分に早く収束する必要がある．そのための十分条件の 1 つは，$\sum_{j=1}^{\infty} |\gamma(j)| < \infty$ である．

1.8.3 漸近分散の推定

応用においては，漸近分散と漸近共分散行列を推定する必要がある．その推定のために，独立同分布のデータに対しては，標本分散と標本共分散行列を使うことができる．独立でないデータに対しては，推定はより複雑になる．観測値 $Y_1,\ldots,Y_n$ を使った分散 (σ^2) (1.106) の推定と，観測値 $X_1,\ldots,X_n$ を使った共分散行列 Σ(1.107) の推定について議論しよう．

σ^2(1.106) の推定から始める．標本共分散の応用によって，以下の推定量が得られることがある．

$$\tilde{\sigma}^2 = \hat{\gamma}(0) + 2\sum_{j=1}^{n-1}\hat{\gamma}(j)$$

ここで，以下の式を用いている．

$$\hat{\gamma}(j) = \frac{1}{n}\sum_{i=1}^{n-j}(Y_i - \bar{Y})(Y_{i+j} - \bar{Y})$$

$j = 0,\ldots,n-1$ である．j が大きい値のとき，推定量 $\hat{\gamma}(j)$ において僅かな数の観測値しか利用しないことに注目していただきたい．例えば，$j = n-1$ のとき，この推定量は，1つの項しかない推定量になる．つまり，$\hat{\gamma}(n-1) = Y_1Y_n/n$ である．これは，精度が低い統計量である．重みを使うことによって，精度が低い統計量を避けることができる．そのとき，以下の定義を用いる．

$$\hat{\sigma}^2 = \hat{\gamma}(0) + 2\sum_{j=1}^{n-1}w(j)\hat{\gamma}(j), \tag{1.108}$$

ここで，以下の式を使う．

$$w(j) = \left(1 - \frac{j}{h}\right)_+$$

ここで，$1 \le h \le n-1$ は，選択された平滑化パラメータである．この推定量を一般化して，他の重みを使うものにできる．つまり，以下の定義を使う．

$$w(j) = K(j/h) \tag{1.109}$$

ここで，$K : \mathbf{R} \to \mathbf{R}$ は，カーネル関数である．すべての x に対して，$K(x) = K(-x)$，$K(0) = 1$，$|K(x)| \le 1$ を満たす．また，$|x| > 1$ のとき，$K(x) = 0$ である．

Σ(1.107) を推定するために，以下の式を使う．

$$\hat{\Sigma} = \hat{\Gamma}(0) + \sum_{j=1}^{n-1} w(j)\left(\hat{\Gamma}(j) + \hat{\Gamma}(j)'\right) \tag{1.110}$$

ここで，以下の式を用いている．

$$\hat{\Gamma}(j) = \frac{1}{n}\sum_{i=1}^{n-j}\left(X_i - \bar{X}\right)\left(X_{i+j} - \bar{X}\right)'$$

$j = 0, \ldots, n-1$ である．漸近共分散行列の推定量 (2.44) においても，重みを利用できる．

ここまでで用いてきた重みは，スペクトル密度の推定における平滑化と関連している．弱定常の時系列の，正規化されていないスペクトル密度関数の定義は，自己相関係数を $\gamma(k)$（$\sum_{j=-\infty}^{\infty}|\gamma(j)| < \infty$）とすると，以下の式になる．

$$g(\omega) = \frac{1}{2\pi}\sum_{j=-\infty}^{\infty}\gamma(j)\,e^{-ij\omega}$$

ここで，$\omega \in [-\pi, \pi]$ である．Brockwell & Davis (1991, Section 4.3) を参照せよ．データ $Y_1, \ldots, Y_n$ に基づく，ラグ窓スペクトル密度推定量の定義は以下である．

$$\hat{g}(\omega) = \frac{1}{2\pi}\sum_{|j|\le h} K(j/h)\,\hat{\gamma}(j)\,e^{-ij\omega}$$

ここで，$\hat{\gamma}(j)$ は標本自己相関係数である．$h = 1, 2, \ldots, n-1$ で，K は，(1.109) の K と似ている．Brockwell & Davis (1991, Section 10.4) を参照せよ．すると，以下の式が得られる．

$$\hat{g}(0) = \frac{1}{2\pi}\sum_{|j|\le h} K(j/h)\,\hat{\gamma}(j) = \frac{1}{2\pi}\hat{\sigma}^2$$

ここで，$\hat{\sigma}^2$ の定義は，(1.109) で定義した重みを使ったときの (1.108) である．

1.9　推定量の性能を測定

回帰関数推定量，条件付き分散推定量，共分散推定量，分位点推定量，期待ショートフォール推定量，分類推定量の性能の測定について論じる．

1.9.1 回帰関数推定量の性能

$\hat{f}(x)$ が，条件付き期待値 $f(x) = E(Y \mid X = x)$ の推定量を表す．まず，理論的性能尺度を定義する．それを使い，理論的な仮定を与えた上で，f の推定量を比較する．その後，経験的性能尺度を定義する．それは，手元のデータを用いて得られた推定値 $\hat{f}$ の性能の推定を試みるためである．

理論的性能尺度

理論的性能尺度は，平均積分2乗誤差のような包括的リスク関数と，平均2乗誤差のような点別リスク関数に分けられる．

包括的な誤差

平均積分2乗誤差 (MISE, Mean Integrated Squared Error)，あるいは，平均−平均2乗誤差 (MASE, Mean Averaged Squared Error) を，回帰関数推定量 $\hat{f}$ の妥当性を包括的に測るために利用できる．それは，特定の点 $x \in \mathbf{R}^d$ での値の復元ではなく，曲線全体の復元を目指す場合である．

回帰関数 f の予測誤差は，以下の式を使って測定できる．

$$E(f(X) - Y)^2$$

この予測尺度は自然である．(1.37) で示したように，$f(x) = E(Y \mid X = x)$，つまり，条件付き期待値を使えば平均2乗誤差が最小になるからである．f の推定量の $\hat{f}$ が得られたとき，以下の式を使って推定量の予測誤差を測定できる．

$$E\left(\hat{f}(X) - Y\right)^2$$

ここで，期待値は以下の分布に関するものである．

$$(X, Y), (X_1, Y_1), \ldots, (X_n, Y_n)$$

$\hat{f}$ は，標本 $(X_1, Y_1), \ldots, (X_n, Y_n)$ に依存する確率関数である．したがって，以下の式が得られる．

$$\begin{aligned} &E\left[\left(\hat{f}(X) - Y\right)^2 \,\middle|\, (Y_1, X_1), \ldots, (Y_n, X_n)\right] \\ &= \int_{\mathbf{R}^d} \left(\hat{f}(x) - f(x)\right)^2 f_X(x)\, dx + E(f(X) - Y)^2 \qquad (1.111) \end{aligned}$$

ここで，f_X は，X の密度関数である．(1.111) が表現する値の，$\hat{f}$ に関する最小化は，以下の式の値の最小化と等価である．

$$\int_{\mathbf{R}^d} \left(\hat{f}(x) - f(x)\right)^2 f_X(x)\, dx$$

この計算を使えば，平均積分 2 乗誤差 (1.112) の正当性を明らかにできる．

平均積分 2 乗誤差

平均積分 2 乗誤差の定義は以下である．

$$\begin{aligned} \mathrm{MISE}(\hat{f}, f) &= E\left(\hat{f}(X) - f(X)\right)^2 \\ &= EE\left[\left(\hat{f}(X) - f(X)\right)^2 \,\middle|\, (Y_1, X_1), \ldots, (Y_n, X_n)\right] \\ &= E\int_{\mathbf{R}^d} \left(\hat{f}(x) - f(x)\right)^2 f_X(x)\, dx \end{aligned} \tag{1.112}$$

ここで，X は，$(Y_1, Y_1), \ldots, (Y_n, X_n)$ とは独立である．f_X は，X の密度関数である．簡略な表記を使うと，平均積分 2 乗誤差は以下のように書ける．

$$\mathrm{MISE}(\hat{f}, f) = E\left\|\hat{f} - f\right\|_{2,X}^2 \tag{1.113}$$

ここで，$\|f\|_{2,X}^2 = \int_{\mathbf{R}^d} f(x)^2\, dP_X(x)$ である．また，P_X は確率変数ベクトル X の確率分布である．(1.113) を以下のように一般化できる．

$$E\int_{\mathbf{R}^d} \left(\hat{f}(x) - f(x)\right)^2 w(x)\, dP_X(x)$$

ここで，$w : \mathbf{R}^d \to \mathbf{R}$ は重み関数である．重み関数を $w \equiv 1$ にすることもできる．すると，(1.113) になる．$w(x) = 1/f_X(x)$ を選択することがある．そのとき，ルベーグ測度における L_2 誤差になる．重み関数 $w(x)$ を利用して境界効果を除くこともできる．

平均−平均 2 乗誤差

平均−平均 2 乗誤差の定義は以下である．

$$\mathrm{MASE}(\hat{f}, f) = E\left[\frac{1}{n}\sum_{i=1}^{n} \left(\hat{f}(X_i) - f(X_i)\right)^2 \,\middle|\, X_1, \ldots, X_n\right] \tag{1.114}$$

簡略な表記を使うと，平均−平均２乗誤差は以下のように書ける．

$$\mathrm{MASE}(\hat{f}, f) = E_{X^{(n)}} \left\| \hat{f} - f \right\|_{2,X^{(n)}}^2$$

ここで，以下の式を用いている．

$$\|f\|_{2,X^{(n)}}^2 = \int_{\mathbf{R}^d} f(x)^2 \, dP_X^{(n)}(x) = \frac{1}{n} \sum_{i=1}^n f(X_i)^2$$

$P_{X^{(n)}}$ は，標本 $(X_1, \ldots, X_n)$ の経験確率分布である．$E_{X^{(n)}}$ は，$(X_1, \ldots, X_n)$ を条件とする，条件付き期待値である．$\|f\|_{2,X^{(n)}}^2 = n^{-1} \sum_{i=1}^n f(X_i)^2 w(X_i)$，と定義すると，平均−平均２乗誤差を一般化できる．ここで，$w : \mathbf{R}^d \to \mathbf{R}$ が重み関数である．

点別誤差

点別性能尺度は，１つの点 $x \in \mathbf{R}^d$ における f の値がどのくらい上手く復元されているかを定量化する．そのために，条件付き，あるいは，条件なし平均２乗誤差 (MSE, mean squared error) を使うことができる．

- 点 $x \in \mathbf{R}^d$ における，条件なし平均２乗誤差の定義は以下である．

$$\mathrm{MSE}(\hat{f}(x), f(x)) = E \left(\hat{f}(x) - f(x) \right)^2$$

  ここで，f は真の回帰関数である．
- 点 $x \in \mathbf{R}^d$ における，条件付き平均２乗誤差の定義は以下である．

$$\mathrm{MSE}(\hat{f}(x), f(x)) = E \left[\left(\hat{f}(x) - f(x) \right)^2 \,\middle|\, X_1, \ldots, X_n \right]$$

  ここで，f は真の回帰関数である．

理論的性能尺度の利用

理論的性能尺度を使えば，与えられたモデルにおける推定量を比較できる．モデルとは，(X, Y) の分布と標本 $(X_1, Y_1), \ldots, (X_n, Y_n)$ の分布を表す確率分布の集合である．モデルを，(X, Y) の分布と標本 $(X_1, Y_1), \ldots, (X_n, Y_n)$ の分布に関するさらなる仮定を伴う，回帰関数$\mathcal{F}$の集合と表現することもできる．推定量を比較するために，以下に示す上限リスクを使う．

$$\sup_{f \in \mathcal{F}} \mathrm{MISE}(\hat{f}, f)$$

上限リスクを使う理由は，推定量がモデル全体において一様に上手く機能することが必要であることと，1つの回帰関数fに対する，最高の推定量の定義は自明である（最高の推定量は回帰関数fそのもの，つまり，$\hat{f} = f$）ことである．

経験的性能尺度

経験的性能尺度を使って，推定量の性能を推定し，推定量を比較できる．経験的性能尺度は，手元の回帰データ$(X_1, Y_1), \ldots, (X_n, Y_n)$を使って計算する．

横断的データに対する経験的性能尺度

平均積分2乗誤差の定義が以下である．

$$\mathrm{MISE}(\hat{f}, f) = E\left(\hat{f}(X) - f(X)\right)^2$$

これは，(1.113)で定義した．この値を，$n^{-1}\sum_{i=1}^{n}(\hat{f}(X_i) - Y_i)^2$では近似できない．この近似は役に立たないのである．同じデータを，推定量の作成と，予測誤差の推定の両方に使っていることが原因である．学習データとテストデータに同じデータを使うことによって，過度に楽観的な性能評価が得られてしまうからである．しかし，この問題は，標本分割やクロスバリデーションを使って回避できる．

1. **標本分割**　$\hat{f}^*$を，データ$(X_1, Y_1), \ldots, (X_{n^*}, Y_{n^*})$を使って作成した回帰関数推定量とする．ここで，$1 \le n^* < n$であり，通常は，$n^* = [n/2]$である．したがって，平均積分2乗誤差を推定するために以下の式を用いる．

$$\mathrm{MISE}_n(\hat{f}) = \frac{1}{n - n^*}\sum_{i=n^*+1}^{n}\left(\hat{f}^*(X_i) - Y_i\right)^2 \tag{1.115}$$

2. **クロスバリデーション**　$\hat{f}_{-i}$を，(X_i, Y_i)だけを除いた，その他のデータ点から作成した回帰関数推定量とする．そのとき，平均積分2乗誤差を推定するために以下の式を用いる．

$$\mathrm{MISE}_n(\hat{f}) = \frac{1}{n}\sum_{i=1}^{n}\left(\hat{f}_{-i}(X_i) - Y_i\right)^2 \tag{1.116}$$

クロスバリデーションに関しては，3.2.7 項でカーネル推定の場合について論じる．

時系列設定における経験的性能尺度

時系列設定において，連続した時刻において得られた観測値 $(X_1, Y_1), \ldots, (X_T, Y_T)$ があるとする．データ $(X_1, Y_1), \ldots, (X_t, Y_t)$（時刻 t まで測定されている）を使って回帰関数推定量 $\hat{f}_t$ を作成できる．そのときの 2 乗予測誤差の定義は以下である．

$$\mathrm{MSPE}_T(\hat{f}) = \frac{1}{T-1}\sum_{t=1}^{T-1}\left(\hat{f}_t(X_t) - Y_{t+1}\right)^2 \tag{1.117}$$

この式は，(1.116) で定義した平均積分 2 乗誤差の推定値と似ている．この後の 3.12.1 項において以下の平均絶対値予測誤差を使う．

$$\mathrm{MAPE}_T(\hat{f}) = \frac{1}{T-1}\sum_{t=1}^{T-1}\left|\hat{f}_t(X_t) - Y_{t+1}\right| \tag{1.118}$$

Diebold & Mariano (1995) は，予測精度の同等性を検定するための検定法を提案した．2 つの予測量（$\hat{f}_t(X_{t+1})$ と $\hat{g}_t(X_{t+1})$）があるとする．それぞれの損失が以下のように書けるとする．

$$F_t = \left(\hat{f}_t(X_{t+1}) - Y_{t+1}\right)^2, \qquad G_t = (\hat{g}_t(X_{t+1}) - Y_{t+1})^2$$

この 2 つの損失は 2 乗予測誤差である必要はなく，例えば，絶対値予測誤差を使うこともできる．損失差の時系列が以下のように得られる．

$$d_t = F_t - G_t$$

帰無仮説と対立仮説は以下のものである．

$$H_0 : Ed_t = 0, \qquad H_1 : Ed_t \neq 0$$

(1.106) で説明した，中心極限定理を適用する．帰無仮説の下で中心極限定理を仮定すると，以下が得られる．

$$(T - t_0 + 1)^{-1/2}\sum_{t=t_0}^{T} d_t \xrightarrow{d} N(0, \sigma^2)$$

$T \to \infty$ の場合である．ここで，以下の式を用いている．

$$\sigma^2 = \sum_{k=-\infty}^{\infty} \gamma(k), \qquad \gamma(k) = Ed_0 d_k$$

以下の推定値を使うことができる．

$$\hat{\sigma}^2 = \sum_{k=-(T-1)}^{T-1} w(k)\hat{\gamma}(k)$$

ここで，$w(k)$ の定義は (1.109) である．以下の検定統計量を使う．

$$D = \hat{\sigma}^{-1}(T - t_0 + 1)^{-1/2} \sum_{t=t_0}^{T} d_t$$

$|D| = d_{obs}$ が成り立つときは，p 値は，$P(|D| > d_{obs}) \approx 2(1 - \Phi(d_{obs}))$ を使って計算する．ここで，Φ は，標準正規分布の分布関数である．

1.9.2 条件付き分散推定量の性能

理論性能尺度

理論性能尺度を，回帰関数推定に関するものから，条件付き分散推定量に関するものに一般化できる．例えば，$f(x) = \mathrm{Var}(Y \mid X = x)$ で，$\hat{f}(x)$ が $f(x)$ の推定量のとき，以下の式を使って $\hat{f}$ の性能を測定できる．

$$E \int_{\mathbf{R}^d} \left(\hat{f}(x) - f(x)\right)^2 w(x)\, dP_X(x) \tag{1.119}$$

ここで，$w : \mathbf{R}^d \to \mathbf{R}$ は重み関数である．

経験的性能尺度

経験的性能尺度を，まず，横断的データについて定義する．次に，時系列データについて定義する．

横断的データ

条件付き分散推定量の経験的性能尺度は，以下の式が成り立つ場合は自然な形で得られる．

$$E(Y \mid X = x) = 0$$

したがって，以下の式になる．

$$f(x) = \mathrm{Var}(Y \mid X = x) = E(Y^2 \mid X = x)$$

このとき，例えば，標本分割を使うことができる．$\hat{f}^*$ を，データ $(X_1, Y_1), \ldots,$ (X_{n^*}, Y_{n^*}) $(1 \leq n^* < n)$ から作成した，f の推定量とする．すると，推定量の性能を測定するために以下の式を使うことができる．

$$\frac{1}{n - n^*} \sum_{i=n^*+1}^{n} \left| \hat{f}^*(X_i) - Y_i^2 \right| \tag{1.120}$$

時系列データ

状態空間平滑化の場合と時空間平滑化の場合は，やや異なる表記を使う．

状態空間平滑化

同一分布に従う時空間観測値 $(X_1, Y_1), \ldots, (X_T, Y_T)$ があるとき，データ $(X_1, Y_1), \ldots, (X_t, Y_t)$ を使って条件付き分散の推定量 $\hat{f}_t$ を作成できる．また，以下の絶対値予測誤差の平均値を計算できる．

$$\mathrm{MAPE}_T(\hat{f}) = \frac{1}{T - t_0} \sum_{t=t_0}^{T-1} \left| \hat{f}_t(X_{t+1}) - Y_{t+1}^2 \right| \tag{1.121}$$

ここで，t_0 は，推定期間 $(1 \leq t_0 \leq T-1)$ の最初である．t_0 個の観測値が利用できるようになった後に，推定量の性能を評価する．僅かの観測値しか利用できなければ，どんな推定量も間違った挙動を示すことがあり得るからである．絶対値予測誤差を平均絶対値偏差誤差 (MADE, Mean Absolute Deviation Error) と呼ぶことがある．

時空間平滑化

自己回帰時空間平滑化法においては，3.9.2 項で検討する GARCH モデル（一般化自己回帰条件付き不均一分散モデル）と同様に，説明変数は，過去の観測値である．そして，$E(Y_t^2 \mid \mathcal{F}_{t-1})$ の推定値 $\hat{\sigma}_t^2$ は，観測値 $Y_1, \ldots, Y_{t-1}$ を使って計算する．すると，以下の式が得られる．

$$\mathrm{MAPE}_T\left(\hat{\sigma}^2\right) = \frac{1}{T - t_0 + 1} \sum_{t=t_0}^{T} \left| \hat{\sigma}_t^2 - Y_t^2 \right| \tag{1.122}$$

Spokoiny (2000) は，平方根をとることで得られる平均2乗平方根予測誤差基準を性能尺度として使うことを提案した．以下のものである．

$$\mathrm{MSqPE}_T\left(\hat{\sigma}^2\right) = \frac{1}{T-t_0+1}\sum_{t=t_0}^{T}\left|\hat{\sigma}_t^2 - Y_t^2\right|^{1/2} \tag{1.123}$$

平均2乗平方根予測誤差は，外れ値が結果に大きな影響を及ぼさない．Fan & Gu (2003) は，以下の平均絶対値偏差誤差を使って性能を測定することを提案した．

$$\mathrm{MADE}_T\left(\hat{\sigma}^2\right) = \frac{1}{T-t_0+1}\sum_{t=t_0}^{T}\left|\sqrt{\frac{2}{\pi}}\,\hat{\sigma}_t - |Y_t|\right| \tag{1.124}$$

ここで，係数 $\sqrt{2/\pi}$ は，標準正規分布に従う確率変数 $Z \sim N(0,1)$ において，$E|Z| = \sqrt{2/\pi}$ となることによる．

(1.122)–(1.124) の性能尺度を一般化することによって，性能尺度の集合を以下の式で定義できる．

$$\mathrm{MDE}_T^{(p,q)}\left(\hat{\sigma}^2\right) = \frac{1}{T-t_0+1}\sum_{t=t_0}^{T}\left|E|Z|^p\hat{\sigma}_t^p - |Y_t|^p\right|^{1/q} \tag{1.125}$$

ここで，$Z \sim N(0,1)$ である．$p > -1$ のとき以下が得られる．

$$E|Z|^p = \frac{2^{p/2}\Gamma((p+1)/2)}{\sqrt{\pi}} \tag{1.126}$$

$(p=2,\ q=1)$，$(p=2,\ q=2)$，$(p=1,\ q=1)$，$(p=1,\ q=2)$ という組み合わせは特に関心を引く．3.11.1 項において，p と q の様々な組み合わせによる違いを示す．図 3.22 と図 3.23 を参照せよ．3.11.1 項において，$p=1$，$q=2$ としたときの $\mathrm{MDE}_T^{(p,q)}$ を使って，GARCH(1,1) と指数重み付き移動平均を比較する．

他の便利な性能尺度に，以下の平均絶対値比率誤差がある．

$$\mathrm{MARE}_T^{(p)}(\hat{\sigma}^2) = \frac{1}{T-t_0+1}\sum_{t=t_0}^{T}\left|\frac{|Y_t|^p}{E|Z|^p\hat{\sigma}_t^p} - 1\right| \tag{1.127}$$

ここで，$p > 0$，$Z \sim N(0,1)$ である．3.11.1 項において，$p = 2$ に設定した $\mathrm{MARE}_T^{(p)}$ を使って，GARCH(1,1) と指数重み付き移動平均を比較する．

実際のボラティリティの予測

ここまでは，1ステップ先の予測の性能を測定してきた．h-ステップ先 ($h = 1, 2, \ldots$) の予測の性能も測定できる．しかし，実際のボラティリティの推定が重要になることがある．h-ステップの間における実際のボラティリティを以下の式で定義する．

$$V_{t,h} = Y_{t+1}^2 + \cdots + Y_{t+h}^2$$

$\hat{f}_{t,h}(X_{t+1})$ を，$V_{t,h}$ の予測値とする．このとき，平均2乗平方根予測誤差 (1.123) を使うことができる．(1.121) に手を加えて以下の式を得る．

$$\mathrm{MSqE}_{T,h}(\hat{f}, f) = \frac{1}{T - h - t_0 + 1} \sum_{t=t_0}^{T-h} \left| \hat{f}_{t,h}(X_{t+1}) - V_{t+h} \right|^{1/2}$$

$\hat{f}_{t,h}(X_{t+1})$ を，$E\left(Y_{t+1}^2 + \cdots + Y_{t+h}^2 \mid \mathcal{F}_t\right)$ の推定値と考えることができる．

1.9.3　条件付き共分散推定量の性能

条件付き共分散 $f(x) = \mathrm{Cov}(Y, Z \mid X = x)$ の推定量の性能の測定について論じる．条件付き共分散推定量の経験的性能尺度は，以下の式が成り立つ場合には自然な形で得られる．

$$E(Y \mid X = x) = 0, \qquad E(Z \mid X = x) = 0$$

したがって，以下の式になる．

$$f(x) = \mathrm{Cov}(Y, Z \mid X = x) = E(YZ \mid X = x)$$

このとき，例えば，(1.120) と同様の標本分割を使うことができる．その場合，条件付き共分散推定量の性能を測定するための性能尺度が得られる．$\hat{f}^*$ を，データ $(X_1, Y_1, Z_1), \ldots, (X_{n^*}, Y_{n^*}, Z_{n^*})$ から作成した，f の推定量とする．ここで，$1 \le n^* < n$ である．すると，推定量の性能を測定するために以下の式を使うことができる．

$$\frac{1}{n - n^*} \sum_{i=n^*+1}^{n} \left| \hat{f}^*(X_i) - Y_i Z_i \right|$$

3.10.2 項で検討する，MGARCH モデルと指数重み付き移動平均法のような自己回帰時系列平滑化法において，説明変数は過去の観測値である．

$E(Y_t Z_t \mid \mathcal{F}_{t-1})$ の推定値 $\hat{\gamma}_t$ は，観測値 $(Y_1, Z_1), \ldots, (Y_{t-1}, Z_{t-1})$ を使って計算する．そこで，平均絶対値偏差誤差を以下の式で定義する．

$$\mathrm{MDE}_T^{(q)}(\hat{\gamma}) = \frac{1}{T - t_0 + 1} \sum_{t=t_0}^{T} |\hat{\gamma}_t - Y_t Z_t|^{1/q} \tag{1.128}$$

ここで，$q > 0$ である．

1.9.4 分位点関数推定量の性能

条件付き分位点（以下の式）の推定量に対する理論的性能尺度は，条件付き分散推定量の場合と同様に定義できる．

$$f(x) = \mathrm{Q}_p(Y \mid X = x)$$

例えば (1.119) を使う．

連続分布 Y における経験的性能尺度は，以下の式を用いて得られる．

$$\begin{aligned} p = \ & P\Big(Y \le \mathrm{Q}_p(Y \mid X = x) \,\Big|\, X = x\Big) \\ = \ & E\Big[I_{(-\infty, \mathrm{Q}_p(Y \mid X = x)]}(Y) \,\Big|\, X = x\Big] \end{aligned}$$

ここで，$x \in \mathbf{R}^d$ である．$(X_1, Y_1), \ldots, (X_n, Y_n)$ を回帰データとし，以下の式を，i 番目の観測値だけを除き，残りのデータを使って求めた，条件付き分位点推定値とする．

$$\hat{q}_i(x) = \hat{\mathrm{Q}}_{p,-i}(Y \mid X = x)$$

すると，クロスバリデーション量は以下の式になる．

$$\hat{p} = \frac{1}{n-1} \sum_{i=1}^{n} I_{(-\infty, \hat{q}_i(X_i)]}(Y_i)$$

最後に，以下の式が与える差の値で推定量の性能を測定する．

$$p - \hat{p}$$

次に，時系列設定の場合を考える．その場合，観測値 $Y_1, \ldots, Y_T$ があるとする．そのとき，以下の条件付き分位点推定量を作成できる．

$$\hat{q}_t = \hat{\mathrm{Q}}_p(Y_t \mid Y_{t-1}, \ldots)$$

データ $Y_1, \ldots, Y_{t-1}$ を使っている．そして，以下を計算する．

$$\hat{p} = \frac{1}{T - t_0} \sum_{t=t_0+1}^{T} I_{(-\infty, \hat{q}_t]}(Y_t) \tag{1.129}$$

ここで，$1 \leq t_0 \leq T - 1$ である．t_0 個の観測値が得られた後，推定量の性能評価を始める．僅かな観測値しか利用できなければ，どんな推定量も間違った挙動を示すことがあるからである．

真の分位点が既知であっても，$\hat{p}$ という値には確率変動がある．以下の確率変数がベルヌーイ分布確率変数で，$P(Z_t = 1) = p$ である．

$$Z_t = I_{(-\infty, q_p]}(Y_{t+1}), \qquad t = t_0, \ldots, T - 1$$

ここで，q_p は真の分位数である．確率変数 Y_t が独立のとき，確率変数 Z_t も独立である．そして，以下の値は二項分布確率変数で，分布は $\mathrm{Bin}(n, p)$ である．

$$M = \sum_{t=t_0}^{T-1} Z_t$$

ここで，$n = T - t_0$ である．M の確率質量関数は以下の式で書ける．

$$P(M = i) = \binom{n}{i} p^i (1 - p)^{n-i}$$

ここで，$i = 0, \ldots, n$ である．すると，c_0 と c_1 の値を以下のように計算できる．

$$P(c_0 \leq p - \tilde{p} \leq c_1) \geq 1 - \alpha \tag{1.130}$$

ここで，$0 < \alpha < 1$，$\tilde{p} = M/n$ である．すると，以下の式が得られる．

$$c_0 = p - n^{-1} z_{\alpha/2}, \qquad c_1 = p - n^{-1} z_{1-\alpha/2} \tag{1.131}$$

ここで，$z_{\alpha/2}$ と $z_{1-\alpha/2}$ は，$P(z_{\alpha/2} \leq M \leq z_{1-\alpha/2}) \geq 1 - \alpha$ を満たす．

$\hat{p} > p$ が成り立つとき，このことは，分位点推定値が，平均的には真の分位点より大きいことを意味する．左の裾を推定するとき，p が 0 に近いので，$\hat{p} > p$ という関係は，真の分布においては，左の裾が分位点推定値が示すものに比べて重いことを意味している．右の裾を推定するときは，p が 1 に近いので，この関

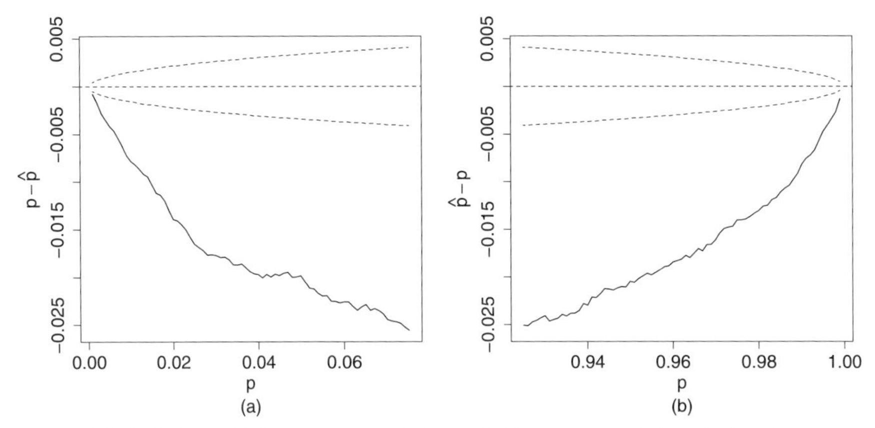

図 1.6　分位点推定量の性能　(1.132) が定義する関数 $p \mapsto R(p,\hat{p})$ を，実線で描いている．分位点推定量として経験的分位点を用いた場合である．(a) 領域 $p \in [0.001, 0.075]$．(b) 領域 $p \in [0.925, 0.999]$．破線は，$\alpha = 0.05$ の変動幅．

係が逆転する．$\hat{p} > p$ という関係は，真の分布においては，右の裾が分位点推定値が示すものに比べて軽いことを意味している．

分位点推定量の性能を，以下のような差の値を図示することによって示す．

$$R(p,\hat{p}) = \begin{cases} p - \hat{p}, & p \leq 0.5 \text{ のとき} \\ \hat{p} - p, & p > 0.5 \text{ のとき} \end{cases} \tag{1.132}$$

したがって，差 $R(p,\hat{p})$ が負であることは，真の分布の裾が分位点推定値が示すものに比べて重いことを意味する．差 $R(p,\hat{p})$ が正であることは，真の分布の裾が分位点推定値が示すものに比べて軽いことを意味する．

図 1.6 は，分位点推定量の性能尺度を図示している．S&P 500 リターン Y_t の分位点を，S&P 500 指数のデータ（ 1.6.1 項で説明したもの）を使って推定する．$\hat{q}_t^e$ を，経験的分位点とする．(1.26) で定義したものである．それを，データ $Y_1, \ldots, Y_t$ を使って計算した．関数 $p \mapsto R(p,\hat{p})$ を実線で示した．図 1.6 (a) は領域 $p \in [0.001, 0.075]$ を示し，(b) が領域 $p \in [0.925, 0.999]$ を示している．破線は 0 の高さを示している．(1.130) と (1.131) で定義した，$\alpha = 0.05$ の変動幅も併せて描かれている．図 1.6 は，真の分布が，経験的分位点推定値が示すものに比べて裾が重いことを表している．

1.9.5　期待ショートフォール推定量の性能

期待ショートフォール推定量の性能尺度を求めるために，Y が連続分布を持つとき以下の式が得られることを利用できる．

$$E\Big[(Y - \mathrm{ES}_p(Y))\, I_{(-\infty,q_p]}(Y)\Big] = 0$$

実際，Y が連続分布を持つとき以下の式が得られる．

$$\mathrm{ES}_p(Y) = \frac{1}{p} E\left[Y\, I_{(-\infty,q_p]}(Y)\right]$$

以下の式も得られる．

$$E\Big[I_{(-\infty,q_p]}(Y)\Big] = p$$

時系列設定において，同一分布の観測値 $(X_1, Y_1), \ldots, (X_T, Y_T)$ があるとき，データ $(X_1, Y_1), \ldots, (X_t, Y_t)$ を用いて，以下の，期待ショートフォールの推定量を作成できる．

$$\widehat{\mathrm{ES}}_{p,t}$$

そして，以下の性能尺度も計算できる．

$$\frac{1}{T - t_0} \sum_{t=t_0}^{T-1} \left(Y_{t+1} - \widehat{\mathrm{ES}}_{p,t}\right)^2 I_{(-\infty,\hat{q}_t]}(Y_{t+1})$$

ここで，$\hat{q}_t = \hat{Q}_{p,t}$ は分位点推定値である．また，$1 \le t_0 \le T - 1$ である．

1.9.6　分類器の性能

理論的性能尺度

$g : \mathbf{R}^d \to \{0, \ldots, K - 1\}$ を分類関数とする．分類を間違える確率を以下の式で表す．

$$R(g) = P(g(X) \ne Y)$$

この式を，g の良好さを測るために利用できる．データ $(X_1, Y_1), \ldots, (X_n, Y_n)$ を用いて得た経験的分類ルール $\hat{g}$ の良好さは以下の式を使って測る．

$$R(\hat{g}) = P\left(\hat{g}(X) \ne Y\right)$$

ここで，P は，$(X, Y), (X_1, Y_1), \ldots, (X_n, Y_n)$ の確率測度である．誤分類の確率をより明瞭に表すこともできる．以下の式である．

$$R(\hat{g}) = \sum_{k=0}^{K-1} P(Y = k) \int_{\hat{G}_k^c} f_{X|Y=k}$$

ここで，$f_{X|Y=k}:\mathbf{R}^d \to \mathbf{R}$ は，$X \mid Y=k$ の密度関数である．

$$\hat{G}_k = \{x \in \mathbf{R}^d : \hat{g}(x) = k\}, \qquad k = 0, \ldots, K-1$$

この集合は，標本空間の部分集合である．その部分集合においては，$\hat{g}$ がクラス k を選択する．

分類関数の漸近的な性能を分析するとき，$R(\hat{g})$ は 0 に収束しないことに注意するべきである．せいぜい，$R(\hat{g})$ が最小分類誤差 $R(g^*)$ に収束することが期待できるだけである．$R(g^*)$ は，(1.75) で定義したベイズルール g^* における分類誤差である．したがって，$R(\hat{g}) - R(g^*)$ が 0 に収束するときの収束率について研究する必要がある．$K=2$，つまり，2 クラスの場合を考える．各クラスの事前確率は等しい，つまり，$P(Y=0) = P(Y=1) = 1/2$ とする．そのとき，以下の式が得られる．

$$R(g^*) = \frac{1}{2} \int_{\mathbf{R}^d} \min\{f_{X|Y=0}(x), f_{X|Y=1}(x)\}\, dx$$

次の式も得られる．

$$R(\hat{g}) - R(g^*) = \frac{1}{2}\, d_{f_{X|Y=0}, f_{X|Y=1}}(\{x : \hat{g}(x) = 1\}, \{x : g^*(x) = 1\})$$

ここで，以下の式を使っている．

$$d_{g_1, g_2}(G_1, G_2) = \int_{G_1 \Delta G_2} |g_1 - g_2|$$

この式の中で以下を使っている．

$$G_1 \Delta G_2 = (G_1^c \cap G_2) \cup (G_1 \cap G_2^c)$$

これは，G_1 と G_2 の差である．この差には対称性がある．収束率については Mammen & Tsybakov (1999) が研究している．

経験的性能尺度

誤分類の頻度を，分類方法の経験的性能尺度として利用できる．そのために，回帰関数推定の場合（(1.115) を参照）と同様に，標本分割を用いることができる．分類データ $(X_1, Y_1), \ldots, (X_n, Y_n)$ があるとし，データの第 1 の部分

$(X_1, Y_1), \ldots, (X_{n_1}, Y_{n_1})$ を用いて分類器 $\hat{g}^*$ を作成する．ここで，$1 \le n_1 < n$ であり，通常は，$n_1 = [n/2]$ とする．そして，以下の式を使う．

$$\frac{1}{n - n_1} \sum_{i=n_1+1}^{n} I_{\{\hat{g}^*(X_i)\}^c}(Y_i)$$

これが，$P(\hat{g}(X) \ne Y)$ の推定量である．$\hat{g}$ は，全データを使って作成したものである．

クロスバリデーションを使うこともできる．回帰関数推定の場合（(1.116) を参照）と同様である．時系列設定においては，回帰データ $(X_1, Y_1), \ldots, (X_T, Y_T)$ があるとき，分類法の性能の推定には以下の式を用いるのが自然である．

$$\frac{1}{T - t_0} \sum_{t=t_0}^{T-1} I_{\{\hat{g}_t^*(X_{t+1})\}^c}(Y_{t+1}) \tag{1.133}$$

ここで，$\hat{g}_t^*$ は，データ $(X_1, Y_1), \ldots, (X_t, Y_t)$ を使って作成した分類器である．t_0 として，分類器の列の中の最初の分類器 $\hat{g}_{t_0}^*$ であっても妥当な分類器になるくらいの大きな値を選ぶ．分類における間違いを，以下のように，K の成分に分けることがある．

$$\frac{1}{T - t_0} \sum_{t=t_0}^{T-1} I_{\{\hat{g}_t^*(X_{t+1})\}^c}(k)\, I_{\{k\}}(Y_{t+1}) \tag{1.134}$$

ここで，$k = 0, \ldots, K-1$ である．これらの k を用いて，$P(\hat{g}(X) \ne Y \,|\, Y = k)$ を推定する．

1.10　信頼集合

まず，回帰関数推定における信頼区間のいくつかの定義を示す．そして，信頼帯を定義する．

1.10.1　点別信頼区間

点 $x \in \mathbf{R}^d$ における回帰関数 $f : \mathbf{R}^d \to \mathbf{R}$ の推定における点別信頼区間 $[L, U]$ を考える．信頼水準を $1 - \alpha$ とする．そのとき，$P \in \mathcal{P}$ のすべてと，$\mathbf{R}^d$ の然るべき部分集合である x のすべてに対して，以下の式が得られる．

$$P(L \le f(x) \le U) = 1 - \alpha$$

ここで，$\mathcal{P}$ は，(X,Y) の分布の集合である．通常は，以下のような形の漸近的信頼区間を与える．

$$P\left(L_n \leq f(x) \leq U_n\right) \longrightarrow 1-\alpha$$

$n \to \infty$ とすると，$[L_n, U_n]$ は信頼区間の数列を構成する．漸近的な点別信頼区間は，推定量の漸近的な分布から導くことができるのが普通である．以下の式が成り立つと仮定する．

$$n^a\left(\hat{f}(x) - f(x)\right) \xrightarrow{d} N(\mu, \sigma^2)$$

ここで，「$\xrightarrow{d}$」という記号は分布の収束を表す．すると，以下の 2 つの式を設定できる．

$$L_n = \hat{f}(x) - n^{-a}(\mu + z_{1-\alpha/2}\sigma)$$

$$U_n = \hat{f}(x) + n^{-a}(\mu + z_{1-\alpha/2}\sigma)$$

ここで，$z_\alpha = \Phi^{-1}(\alpha)$ と表す．また，Φ は，標準正規分布の分布関数である．すなわち，z_p は，$N(0,1)$ という分布の p-分位点である．つまり，$Z \sim N(0,1)$ のとき，$P(z_{\alpha/2} \leq Z \leq z_{1-\alpha/2}) = 1-\alpha$ が得られる．

より一般的には，「信頼水準 $1-\alpha$ の信頼区間」という用語が使えるのは，以下の不等式が $P \in \mathcal{P}$ のすべてにおいて成り立つ場合である．

$$P\left(L \leq f(x) \leq U\right) \geq 1-\alpha$$

「信頼水準 $1-\alpha$ の漸近的信頼区間」という用語が使えるのは，以下の不等式が，$P \in \mathcal{P}$ のすべてにおいて成り立つ場合である．

$$\liminf_{n\to\infty} P\left(L_n \leq f(x) \leq U_n\right) \geq 1-\alpha$$

漸近的信頼区間を，信頼水準 $1-\alpha$ の一様漸近的信頼区間と区別することが重要である．信頼水準 $1-\alpha$ の一様漸近的信頼区間は以下の式を満たす．

$$\liminf_{n\to\infty} \inf_{P\in\mathcal{P}} P\left(L_n \leq f(x) \leq U_n\right) \geq 1-\alpha$$

Wasserman (2005, p. 6) が指摘しているように，一様信頼区間を使う方が好ましい．

3.2.10 項において，カーネル回帰の場合の信頼区間の例を示した．Ruppert et al. (2003, Section 6.2) が述べているように，ある条件の下での線形推定量に対する，近似的な信頼区間を導くことができる．(1.2) において，多くの推定量を，以下のような線形推定量の形で書くことができることを示した．

$$\hat{f}(x) = \sum_{i=1}^{n} l_i(x)\, Y_i = l(x)'\mathbf{y}$$

ここで，$l(x) = (l_1(x), \ldots, l_n(x))'$，$\mathbf{y} = (Y_1, \ldots, Y_n)'$ である．$\hat{f}(x) \sim N(f(x), \mathrm{Var}(\hat{f}(x)))$ を仮定する．以下の式が成り立つとき，

$$\mathrm{Cov}(\mathbf{y}) = \sigma^2 I_n$$

以下の式が得られる．

$$\mathrm{Var}\left(\hat{f}(x)\right) = l(x)'\mathrm{Cov}(\mathbf{y})l(x) = \sigma^2 \|l(x)\|^2$$

$\hat{\sigma}^2 = n^{-1}\sum_{i=1}^{n}(Y_i - \hat{f}(X_i))^2$ という式を用いて σ^2 を推定することにより，以下の信頼区間が得られる．

$$\left[\hat{f}(x) - \hat{\sigma}\|l(x)\|z_{1-\alpha/2},\ \hat{f}(x) + \hat{\sigma}\|l(x)\|z_{1-\alpha/2}\right]$$

ここで，α は信頼水準であり，$0 < \alpha < 1$ である．また，$z_{1-\alpha/2}$ は，標準正規分布の分位点である．

1.10.2　信頼帯

回帰関数 $f : \mathbf{R}^d \to \mathbf{R}$ の推定に対する，$x \in A$（ただし，$A \subset \mathbf{R}^d$）における信頼帯 $(L(x), U(x))$ は，信頼水準を $1 - \alpha$ とすると，以下の式で書ける．

$$P\left(L(x) \le f(x) \le U(x),\ \text{for all } x \in A\right) = 1 - \alpha \tag{1.135}$$

信頼帯を，同時信頼帯 (simultaneous confidence band)，信頼領域 (confidence envelope)，変動帯 (variability band) とも呼ぶ．以下の式で信頼帯を表現することは (1.135) と等価である．

$$P\left(\sup_{x \in A} |f(x) - \hat{f}(x)| \le c_n\right) = 1 - \alpha$$

以下の式を仮定している場合である．

$$L(x) = \hat{f}(x) - c_n, \qquad U(x) = \hat{f}(x) + c_n$$

上限ノルムを他の関数空間ノルムに替えると信頼球が得られる．例えば，信頼水準 $1-\alpha$ のときの L_2 信頼球は以下の式を満たす．

$$P\left(\|f(x)-\hat{f}(x)\|_2 \le c_n\right) = 1-\alpha$$

線形モデルの信頼帯について 2.1.5 項で述べる．

1.11 検定

以下の線形回帰モデルを考える．

$$Y = \alpha + \beta_1 X_1 + \cdots + \beta_d X_d + \epsilon$$

典型的な検定は，以下のような制約の検定である．

$$H_0 : \beta_k = 0 \tag{1.136}$$

$k = 1, \ldots, d$ に関する以下のような制約もある．

$$H_0 : \beta_1 = \cdots = \beta_d = 0 \tag{1.137}$$

これらの仮説の検定について 2.1.5 項で検討する．これらの検定をノンパラメトリック回帰による設定の検定に一般化する方法にはいくつかのものがある．以下の式を用いる場合である．

$$Y = f(X) + \epsilon$$

このとき，(1.137) の仮定を以下の仮定に一般化できる．

$$H_0 : f(x) \equiv 0$$

$EY = 0$ を仮定する場合である．$T = \|\hat{f}\|$ という検定統計量を使うことができる．$\hat{f}$ は，f のノンパラメトリックな推定量である．ノルム $\|\cdot\|$ として，L_2 ノルム，重み付き L_2 ノルム，あるいは，その他の関数空間ノルムを使うことができる．検定統計量 T が大きいとき，帰無仮説を棄却する．線形回帰関数 $f(x) = \alpha + \beta_1 x_1 + \cdots + \beta_d x_d$ に対して以下の式が成り立つ．

$$\frac{\partial}{\partial x_k} f(x) = \beta_k$$

したがって，(1.136) のようなパラメータ制約仮説を，以下のように，非線形の場合に一般化できる．

$$H_0 : \frac{\partial}{\partial x_k} f(x) \equiv 0 \tag{1.138}$$

ここで，$k = 1, \ldots, d$ である．(1.137) のパラメータ制約の仮定を，以下のように，非線形の場合に一般化できる．

$$H_0 : \frac{\partial}{\partial x_1} f(x) \equiv 0, \ldots, \frac{\partial}{\partial x_d} f(x) \equiv 0$$

帰無仮説 (1.138) を以下の検定統計量を使って検定できる．

$$T = \left\| \frac{\partial}{\partial x_k} f(x) \right\|$$

ここで，$\hat{f}$ は，f の，ノンパラメトリック回帰による推定量である．$\|\cdot\|$ は関数空間ノルムである．

検定統計量の分布は，ブートストラップ法を用いて近似できる．まず，元々の標本 $(X_1, Y_1), \ldots, (X_n, Y_n)$ から B 個のブートストラップ標本を生成する．ブートストラップ標本 $(X_1^*, Y_1^*), \ldots, (X_n^*, Y_n^*)$ に基づいて検定統計量 T^* を計算する．すると，検定統計量の値の数列 $T_1^*, \ldots, T_B^*$ が得られる．$q_{1-\alpha}$ を，検定統計量の値の数列に対する経験的分位点とする．そして，観測値による検定統計量 t が $t > q_{1-\alpha}$ を満たしているとき，帰無仮説を $0 < \alpha < 1$ の水準で棄却する．

Härdle & Mammen (1993) は放縦ブートストラップを提案した．まず，回帰関数 f を (帰無仮説の下で) 推定して，$\hat{f}$ とする．そして，残差 $\hat{\epsilon}_i = Y_i - \hat{f}(X_i)$ を計算する．最後に，ブートストラップ残差 ϵ_i^* を，$E\epsilon_i^* = 0$, $E(\epsilon_i^*)^2 = \hat{\epsilon}_i^2$, $E(\epsilon_i^*)^3 = \hat{\epsilon}_i^3$ を満たす分布から生成する．ブートストラップ標本は，$(X_1, Y_1^*), \ldots, (X_n, Y_n^*)$ である．ここで，$Y_i^* = \hat{f}(X_i) + \epsilon_i^*$ である．

第2章

線形手法とその拡張

線形回帰では条件付期待値は線形関数で以下のように近似する．

$$E(Y \mid X = x) \approx \alpha + \beta_1 x_1 + \cdots + \beta_d x_d \tag{2.1}$$

ただし，$x = (x_1, \ldots, x_d)$ である．2.1 節では，最小 2 乗法，操作変数を用いた一般化モーメント法，ペナルティ付き最小 2 乗基準を持つリッジ回帰など，線形回帰関数の回帰係数を求めるためのいくつかの手法を紹介し，線形回帰のいろいろな拡張について検討する．2.2 節では，変動係数線形回帰について議論する．変動係数線形回帰モデルでは，

$$E(Y \mid X = x) \approx \alpha(z) + \beta_1(z)\, x_1 + \cdots + \beta_d(z)\, x_d,$$

というように，各係数が変数 $Z = z$ の関数になっており，$Z = X$ のように説明変数と等しい値になることも許容されている．2.3 節では，一般化線形モデルを扱う．一般化線形モデルは，リンク関数 $G : \mathbf{R} \to \mathbf{R}$ を用いて，以下のように非線形性をモデルに導入する．

$$E(Y \mid X = x) \approx G(\alpha + \beta_1 x_1 + \cdots + \beta_d x_d)$$

もし条件付期待値を，本来の変数に変換を施したものの線形関数で近似するならば，線形モデルの一般化が可能になる．例えば，

$$E(Y \mid X = x) \approx \alpha + \beta_1 x_1^2 + \cdots + \beta_d x_d^2$$

という近似が可能になる．これは基底関数を用いた級数推定量による近似の特別な場合である．2.4 節は，$g_k : \mathbf{R}^d \to \mathbf{R}$ とするとき，

$$E(Y \mid X = x) \approx \alpha + \beta_1 g_1(x) + \cdots + \beta_M g_M(x)$$

と表される級数推定量を扱っている．2.5 節は，時系列データが与えられた場合の条件付分散の推定 (特に ARCH モデルの場合) を扱っている．条件付分散を推定する場合，

$$\mathrm{Var}\,(Y_t \mid Y_{t-1} = y_{t-1}, \ldots, Y_{t-d} = y_{t-d}) \approx \alpha + \beta_1 y_{t-1}^2 + \cdots + \beta_d y_{t-d}^2$$

というように，以前データの 2 乗値の線形関数を用いるのは自然な考えである．

2.1 節では，線形回帰について説明する．線形回帰に加えて，一般化モーメント法推定量とリッジ回帰についても議論する．線形回帰における，漸近分布，検定，信頼区間，変数選択についても解説している．線形回帰の応用例として，(a) 資産およびポートフォリオのベータ値の測定 (b) ポートフォリオおよびヘッジファンドのアルファ値の測定を扱う．

2.2 節では，変動係数回帰推定量の定義を行う．ヘッジファンド・インデックス複製への応用も扱っている．2.3 節は一般化線形モデルと二値応答モデルを扱っている．2.4 節は級数推定量を扱っている．2.5 節は条件付分散の線形推定量を扱い，ARCH モデルの定義を行う．

2.6 節は，S&P 500 リターンデータを例として用いた，ボラティリティーと分位点推定量への線形モデルの応用例も含んでいる．まずはじめに，逐次推定量を用いた分位点推定のベンチマーク（評価テストを行うことによって得られる，比較のための基準）を設定し，続いて最小 2 乗回帰と ARCH モデルを用いて条件付ボラティリティーと分位点を推定し，リッジ回帰を用いて条件付きボラティリティーを推定する．

2.7 節では，線形回帰に基づいた分類器，密度に基づいた分類器，経験的リスク最小化に基づいた分類器について定式化する．

2.1　線形回帰

線形回帰では，条件付期待値 $f(x) = E(Y \mid X = x)$ は $\alpha \in \mathbf{R}$, $\beta \in \mathbf{R}^d$ としたとき，以下で表される線形関数で近似される．

$$f(x) \approx \alpha + \beta' x, \qquad x \in \mathbf{R}^d$$

回帰関数は

$$\hat{f}(x) = \hat{\alpha} + \hat{\beta}' x, \qquad x \in \mathbf{R}^d \tag{2.2}$$

で推定され，パラメータの推定値 $\hat{\alpha} \in \mathbf{R}$ と $\hat{\beta} \in \mathbf{R}^d$ は，回帰データ $(X_1, Y_1), \ldots, (X_n, Y_n)$ から推定される．

2.1.1 最小 2 乗推定量

条件付き期待値の最小 2 乗推定量 $\hat{f}$ は (2.2) で定義でき，$\hat{\alpha} \in \mathbf{R}$ と $\hat{\beta} \in \mathbf{R}^d$ は最小 2 乗基準

$$\sum_{i=1}^{n} \left(Y_i - \alpha - \beta' X_i\right)^2 \tag{2.3}$$

を最小化するように決定される．その解は平均を

$$\bar{X} = \frac{1}{n}\sum_{i=1}^{n} X_i, \qquad \bar{Y} = \frac{1}{n}\sum_{i=1}^{n} Y_i$$

と表記すると，

$$\hat{\alpha} = \bar{Y} - \hat{\beta}' \bar{X} \tag{2.4}$$

および

$$\hat{\beta} = \left[\sum_{i=1}^{n}(X_i - \bar{X})(X_i - \bar{X})'\right]^{-1} \sum_{i=1}^{n}(X_i - \bar{X})(Y_i - \bar{Y})' \tag{2.5}$$

で与えられる．$d = 1$ の場合，

$$\hat{\alpha} = \bar{Y} - \hat{\beta}\bar{X}, \qquad \hat{\beta} = \frac{\sum_{i=1}^{n}(X_i - \bar{X})(Y_i - \bar{Y})}{\sum_{i=1}^{n}(X_i - \bar{X})^2} \tag{2.6}$$

を得る．

切片項がベクトル β に含まれる表記が便利な場合がある．これは説明変数の第 1 構成要素を定数 1 とすることで可能になる．こうして，

$$(X_i, Y_i), \qquad X_i = (1, X_{i,2,}, \ldots, X_{i,d+1}) \in \mathbf{R}^{d+1}, \ \ Y_i \in \mathbf{R} \tag{2.7}$$

を得る．ここで，$i = 1, \ldots, n$ である．ここで推定量は

$$\hat{f}(x) = \hat{\beta}' x = \hat{\beta}_1 + \hat{\beta}_2 x_2 + \cdots + \hat{\beta}_{d+1} x_{d+1} \tag{2.8}$$

となる．ここで，$x = (1, x_2, \ldots, x_{d+1})$ である．以下，

$$K = d + 1 \tag{2.9}$$

という表記を用いる．この表記を用いると，パラメータ β の最小2乗推定量は

$$\hat{\beta} = (\mathbf{X}'\mathbf{X})^{-1}\mathbf{X}'\mathbf{y} \tag{2.10}$$

と書くことができ，ここで $\mathbf{X} = (X_1, \ldots, X_n)'$ は，行を X_i' とした $n \times K$ の行列であり，$\mathbf{y} = (Y_1, \ldots, Y_n)'$ は $n \times 1$ のベクトルである．解 (2.10) は，最小2乗基準 (2.3) を行列表記にて

$$(\mathbf{y} - \mathbf{X}\beta)'(\mathbf{y} - \mathbf{X}\beta) = \mathbf{y}'\mathbf{y} - 2\beta'\mathbf{X}'\mathbf{y} + \beta'\mathbf{X}'\mathbf{X}\beta$$

と書くことにより導くことができる．β に関して微分し, 傾きをゼロと置くことにより，方程式

$$\mathbf{X}'\mathbf{X}\beta = \mathbf{X}'\mathbf{y}$$

を得ることができ，(2.10) を導くことができる．

最小2乗推定量は

$$\hat{f}(x) = \sum_{i=1}^{n} l_i(x)\, Y_i \tag{2.11}$$

$$l_i(x) = X_i'(\mathbf{X}'\mathbf{X})^{-1}x \tag{2.12}$$

と書くことができる．ここで $\hat{f}(x) = l(x)'\mathbf{y}$ に現れる $l(x) = (l_1(x), \ldots, l_n(x))'$ は,

$$l(x) = \mathbf{X}(\mathbf{X}'\mathbf{X})^{-1}x \tag{2.13}$$

で定義される $n \times 1$ の重みベクトルであることに注意を要する．大部分の回帰関数推定量は，(1.2) で記載されたように，(2.11) に類似した，$Y_1, \ldots, Y_n$ の線形関数として書き表すことができる．例えば，局所平均は $Y_1, \ldots, Y_n$ の線形関数として書き表すことができる ((3.1) 参照).

図 2.1 は， 説明変数が1次元の場合における重みベクトル $l(x)$ について説明している．(a) は, $X_1, \ldots, X_n$ を一様分布 $[-1, 1]$ から生成したサイズ $n = 200$ の標本であるとしたとき, 関数 $(x, X_i) \mapsto l_i(x)$ の鳥瞰図を表している． (b) は, $X_i = -1, -0.5, \ldots, 1$ と選択したときの6つの関数 $x \mapsto l_i(x)$ を表している．つまり，(b) は (a) における関数の6つの断面図を表している．(b) は関数 $x \mapsto l_i(x)$ は線形であり, $l_i(x)$ は負の値もとり得ることを表している．

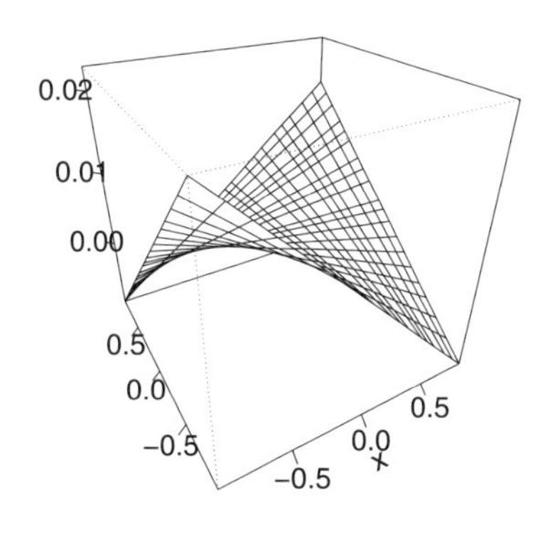

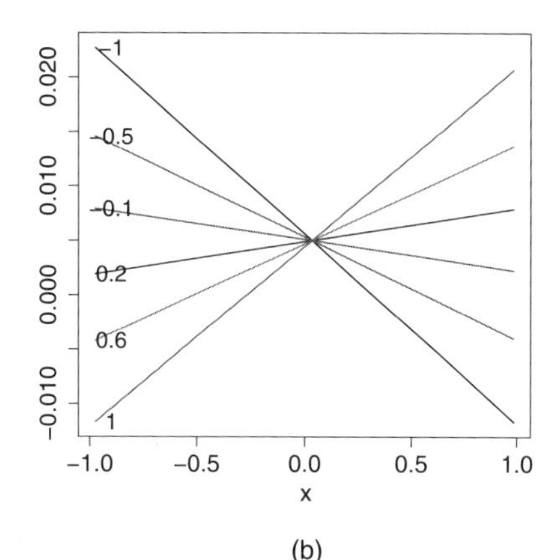

図 2.1　線形回帰における重み　(a) 関数 $(x, X_i) \mapsto l_i(x)$. (b) $X_i = -1, -0.5, \ldots, 1$ と選択したときの関数 $x \mapsto l_i(x)$ の 6 つの断面図.

2.1.2　一般化モーメント法推定量

線形回帰モデルにおける，一般化モーメント法 (GMM) による推定量を

$$Y = \beta' X + \epsilon \tag{2.14}$$

$\beta \in \mathbf{R}^K$, $X = (X_1, \ldots, X_K)'$, $Y \in \mathbf{R}$, $\epsilon \in \mathbf{R}$ と定義する．ここでは，$X_1 \equiv 1$ とすることによって，切片項をモデル内に取り込んだ表記 (2.7)–(2.9) を用いている．一般化モーメント法推定量は Hansen (1982) と White (1982) で分析されている．

モーメント法

(2.14) 式にベクトル X を掛けることによって，

$$XY = XX'\beta + X\epsilon$$

を得る．$E(X\epsilon) = 0$ の場合，

$$E(XY) = E(XX')\beta \tag{2.15}$$

を得る．$E(XX')$ に逆行列が存在する場合，

$$\beta = [E(XX')]^{-1} E(XY) \tag{2.16}$$

を得る．期待値を標本平均に置き換えることにより最小2乗推定量になることが確認できる．例えば，観測値 $(X_1, Y_1), \ldots, (X_n, Y_n)$ が同一の分布 (X, Y) に従うとする．(2.16) における期待値を標本平均に置き換えることにより，推定量

$$\hat{\beta} = \left(\frac{1}{n}\sum_{i=1}^{n} X_i X_i'\right)^{-1} \frac{1}{n}\sum_{i=1}^{n} X_i Y_i \tag{2.17}$$

を得る．

$$\mathbf{X}'\mathbf{X} = \sum_{i=1}^{n} X_i X_i', \qquad \mathbf{X}'\mathbf{y} = \sum_{i=1}^{n} X_i Y_i$$

であることに注意すると，この推定量は (2.10) の最小2乗推定量と同じである．

一般化モーメント法

推定量 (2.17) の導出は，一般化モーメント法の特別な場合であることが分かる．行列形式の方程式 (2.15) は K 本の線形方程式を持つ．(2.15) を一般的な表記法

$$Eg(X, Y, \beta) = 0 \tag{2.18}$$

$$g(X, Y, \beta) = XY - XX'\beta \tag{2.19}$$

で書き表す．g_k を実数値関数として，$g(X, Y, \beta) = (g_1(X, Y, \beta), \ldots, g_K(X, Y, \beta))'$ と定義する．今，(2.18) の期待値を標本平均に置き換えると，方程式

$$\sum_{i=1}^{n} g(X_i, Y_i, \beta) = 0 \tag{2.20}$$

を得る．(2.20) の解は (2.17) で与えられた $\hat{\beta}$ である．W をサイズ $K \times K$ で対称な正定値重み行列とすると，同じ解が

$$\hat{\beta} = \mathrm{argmin}_{\beta \in \mathbf{R}^K} \left(\sum_{i=1}^{n} g(X_i, Y_i, \beta)\right)' W \left(\sum_{i=1}^{n} g(X_i, Y_i, \beta)\right) \tag{2.21}$$

で与えられる．ここに (2.19) を代入しても，新たな推定量が得られるわけではないが，操作変数法による推定量では，一般化モーメント法が有用となることを次に考える．

操作変数推定量

仮定 $E(X\epsilon)=0$ を取り払い，代わりに $E(Z\epsilon)=0$ を満たす $L=K$ の操作変数 $Z=(Z_1,\dots,Z_L)'$ が存在したとする．線形モデル方程式 (2.14) にベクトル Z を掛けることにより，L 個の線形方程式

$$ZY = ZX'\beta + Z\epsilon$$

を得ることができ，これの期待値をとると

$$E(ZY) = E(ZX')\beta \tag{2.22}$$

を得る．方程式 (2.22) は L 個の線形方程式を含み，K 個のパラメータを含むが，$L=K$ を仮定している．もし $E(ZX')$ が可逆であるならば，

$$\beta = [E(ZX')]^{-1}E(ZY) \tag{2.23}$$

を得る．同一の分布 (X,Y,Z) に従う観測値 $(X_1,Y_1,Z_1),\dots,(X_n,Y_n,Z_n)$ が得られたとする．$\mathbf{X}=(X_1,\dots,X_n)'$ は，行を X_i' としたサイズ $n\times K$ の行列，$\mathbf{Z}=(Z_1,\dots,Z_n)'$ は行を Z_i' としたサイズ $n\times L$ の行列，$\mathbf{y}=(Y_1,\dots,Y_n)'$ は $n\times 1$ のベクトルとしたとき，(2.23) における期待値を標本平均で置き換えると，推定量

$$\hat{\beta}_{inst} = \left(\frac{1}{n}\sum_{i=1}^{n} X_i Z_i'\right)^{-1} \frac{1}{n}\sum_{i=1}^{n} Z_i Y_i = (\mathbf{X}'\mathbf{Z})^{-1}\mathbf{Z}'\mathbf{y} \tag{2.24}$$

$$\mathbf{X}'\mathbf{Z} = \sum_{i-1}^{n} X_i Z_i', \qquad \mathbf{Z}'\mathbf{y} = \sum_{i-1}^{n} Z_i Y_i$$

を得る．

GMM による操作変数推定量

いまパラメータ数を上回る数 $(L>K)$ の操作変数が存在したとする．この場合，操作変数推定量を定義するのに一般化モーメント法が用いられる．$E(X\epsilon)=0$ を仮定しないが，$L>K$ 個の $E(Z\epsilon)=0$ を満たす操作変数 $Z=(Z_1,\dots,Z_L)'$ が存在するとする．$E(XZ')$ のランクが K であることも必要である．このとき，K 個のパラメータに対して $L>K$ 個の方程式なので，方程式 (2.22) を解くことはできない．ここで GMM 推定量を用い，式 (2.21) に適用したとする．

$$g(X,Y,Z,\beta) = ZY - ZX'\beta$$

と定義し，W をサイズ $L \times L$ の正定値対称行列であるとしたとき，推定量を

$$\hat{\beta}_{gmm} = \mathrm{argmin}_{\beta \in \mathbf{R}^K}\, g_n(\beta)' W g_n(\beta) \tag{2.25}$$

$$g_n(\beta) = \sum_{i=1}^{n} g(X_i, Y_i, Z_i, \beta)$$

と定義する．(2.25) が与える解 $\hat{\beta}_{gmm}$ は，行列形式で

$$\hat{\beta}_{gmm} = (\mathbf{X}'\mathbf{Z}W\mathbf{Z}'\mathbf{X})^{-1}\mathbf{X}'\mathbf{Z}W\mathbf{Z}'\mathbf{y} \tag{2.26}$$

と書くことができる．

2段階最小2乗推定量

もし重み行列に

$$W_n = \left(\frac{1}{n}\mathbf{Z}'\mathbf{Z}\right)^{-1} = \left(\frac{1}{n}\sum_{i=1}^{n} Z_i' Z_i\right)^{-1}$$

を選ぶと，推定量

$$\hat{\beta}_{2sls} = \left(\mathbf{X}'\mathbf{Z}(\mathbf{Z}'\mathbf{Z})^{-1}\mathbf{Z}'\mathbf{X}\right)^{-1}\mathbf{X}'\mathbf{Z}(\mathbf{Z}'\mathbf{Z})^{-1}\mathbf{Z}'\mathbf{y} \tag{2.27}$$

を得る．この推定量は2段階で構築できるという意味で，2段階最小2乗推定量と呼ばれている．はじめに，変数 Z が変数 X を説明し，射影 $\hat{X}$ が得られる．次に射影 $\hat{X}$ が変数 Y を説明する．第1段階にて推定値

$$\hat{\mathbf{X}} = \mathbf{Z}\hat{\gamma} = \mathbf{Z}(\mathbf{Z}'\mathbf{Z})^{-1}\mathbf{Z}'\mathbf{X}$$

が得られる．ここで，$\hat{\gamma} = (\mathbf{Z}'\mathbf{Z})^{-1}\mathbf{Z}'\mathbf{X}$ である．第2段階で

$$\hat{\beta}_{2sls} = (\hat{\mathbf{X}}'\hat{\mathbf{X}})^{-1}\hat{\mathbf{X}}'\mathbf{y}$$

が得られ，これは (2.27) に等しい．

最適な重み行列

最適な重み行列は

$$W = \Lambda^{-1}, \qquad \Lambda = E(\epsilon^2 Z Z')$$

となることが示される．$\hat{\beta}_{pre}$ を β の予備的な一致推定量とすると，Λ^{-1} の推定量として $\hat{\Lambda}^{-1}$ を用いることができる．$\hat{\Lambda}$ は以下である．

$$\hat{\Lambda} = \sum_{i=1}^{n} \left(Y_i - \hat{\beta}_{pre}' X_i \right)^2 Z_i Z_i'$$

とみなすことができる．このとき，予備推定量として 2 段階最小 2 乗推定量を用いる．つまり，$\hat{\beta}_{pre} = \hat{\beta}_{2sls}$．ここでいう最適性とは，$V_W$ を重み行列 W に依存するサイズ $K \times K$ の共分散行列としたとき，極限分布における共分散行列 V_W の最適性という意味である．

$$\sqrt{n} \left(\hat{\beta}_{gmm} - \beta \right) \xrightarrow{d} N\left(0, V_W\right)$$

ここで $n \to \infty$ である．すべての重み行列 W_0 に対して $V_W \leq V_{W_0}$ となる重み行列を求めたい．ここで，不等式 $V_W \leq V_{W_0}$ は，$V_{W_0} - V_W$ が半正定値行列であることを意味する．収束の結果に関する説明は (2.46) を参照されたい．そこでは V_W に関する式が記載されている．$W = \Lambda^{-1}$ の最適性に関する証明は Wooldridge (2005, Section 8.3.3) を参照されたい．

母集団の公式

母集団における公式 (2.16) は，線形モデルを

$$Y = \alpha + \beta' X + \epsilon$$

$\alpha \in \mathbf{R}$, $\beta \in \mathbf{R}^d$, $X = (X_1, \ldots, X_1)'$, $Y \in \mathbf{R}$, $\epsilon \in \mathbf{R}$ と書くと，より示唆に富む．$EX\epsilon = 0$ と仮定し，

$$\mathrm{Cov}(X) = E\left[(X - EX)(X - EX)' \right]$$

が可逆であると仮定すると，

$$\alpha = EY - \beta' EX \tag{2.28}$$

$$\beta = \mathrm{Cov}(X)^{-1}\, E[(X - EX)(Y - EY)] \tag{2.29}$$

となる[1)]．

---

1)　$E(\alpha + \beta' X - Y)^2$ を最小化することによっても同じ解を得ることができる．α で微分した結果得られる導関数をゼロと等しくすることによって，$\alpha = EY - \beta' EX$ を得る．このとき，$E(\beta'(X - EX) - (Y - EY))^2$ を最小化することによって $\hat{\beta}$ を得る．β の要素に関して微分し，これらの導関数をゼロと等しくすることにより，$E(X - EX)(X - EX)'\beta = E(X - EX)(Y - EY)$ を得ることができ，これは (2.29) となる．

1次元の場合（つまり，$d=1$ の場合）

$$\alpha = EY - \beta\, EX, \qquad \bar{\beta} = \frac{\mathrm{Cov}(X,Y)}{\mathrm{Var}(X)} \tag{2.30}$$

を得る．2次元の場合（つまり，$d=2$ の場合），$\alpha = EY - \beta_1' EX_1 - \beta_2 EX_2$,

$$\beta_1 = \frac{1}{\sigma_1^2\sigma_2^2 - \sigma_{12}^2}\Big(\sigma_2^2\,\mathrm{Cov}(X_1,Y) - \sigma_{12}\,\mathrm{Cov}(X_2,Y)\Big)$$

$$\beta_2 = \frac{1}{\sigma_1^2\sigma_2^2 - \sigma_{12}^2}\Big(\sigma_1^2\,\mathrm{Cov}(X_2,Y) - \sigma_{12}\,\mathrm{Cov}(X_1,Y)\Big)$$

$\sigma_1^2 = \mathrm{Var}(X_1)$, $\sigma_2^2 = \mathrm{Var}(X_2)$, $\sigma_{12} = \mathrm{Cov}(X_1, X_2)$ を得る．

2.1.3 リッジ回帰

線形回帰モデル

$$Y = \beta' X + \epsilon,$$

$\beta \in \mathbf{R}^d$, $X = (X_1, \ldots, X_d)'$, $Y \in \mathbf{R}$, $\epsilon \in \mathbf{R}$ を考える．ここで $EY = 0$, $EX = 0$, $\mathrm{Var}(X_k) = 1$,（$k = 1, \ldots, d$）を仮定する．もしこれが成り立たない場合，観測値 $(X_1, Y_1), \ldots, (X_n, Y_n)$ を正規化する．切片項はモデルに含まれないので，この項では，変数の数を K ではなく d と表記する．

リッジ回帰では，最小2乗基準はペナルティー付き最小2乗基準に置き換えられる．リッジ推定量 $\hat{\beta}^{ridge}$ は，$\lambda \geq 0$ をリッジ・パラメータとしたときに，$\beta \in \mathbf{R}^d$ の範囲で

$$\sum_{i=1}^{n}(Y_i - X_i'\beta)^2 + \lambda \sum_{k=1}^{d} \beta_k^2 \tag{2.31}$$

を最小化するパラメータとして定義される．リッジ推定量を定義する関連手法として，$\hat{\beta}^{ridge}$ を制約付き最小化問題の解として定義する方法がある．すなわち，$\hat{\beta}^{ridge}$ が $\beta \in B_r(0)$ の条件下で $\sum_{i=1}^{n}\left(Y_i - \beta' X_i\right)^2$ を最小化すると定義する．ここで，$B_r(0) = \{\beta \in \mathbf{R}^d : \sum_{k=1}^{d} \beta_k^2 \leq r^2\}$ である．

パラメータの推定量

(2.31) を最小化するパラメータの推定量 $\hat{\beta}^{ridge}$ は，$\mathbf{X} = (X_1, \ldots, X_n)'$ をサイズ $n \times d$ の行列，$\mathbf{y} = (Y_1, \ldots, Y_n)'$ を $n \times 1$ のベクトル，I を $d \times d$ の単位行列

としたとき，

$$\hat{\beta}^{ridge} = (\mathbf{X}'\mathbf{X} + \lambda I)^{-1}\mathbf{X}'\mathbf{y} \tag{2.32}$$

で与えられる．解 (2.32) は，最小 2 乗回帰推定量 (2.10) と同様の手順で求められる．実際，最小 2 乗基準 (2.31) の行列表記は

$$(\mathbf{y} - \mathbf{X}\beta)'(\mathbf{y} - \mathbf{X}\beta) + \lambda\beta'\beta = \mathbf{y}'\mathbf{y} - 2\beta'\mathbf{X}'\mathbf{y} + \beta'\mathbf{X}'\mathbf{X}\beta + \lambda\beta'\beta.$$

となる．これを β で微分し，傾きをゼロと等しくすることにより，方程式

$$(\mathbf{X}'\mathbf{X} + \lambda I)\,\beta = \mathbf{X}'\mathbf{y}$$

を得ることができ，解 (2.32) を導くことができる．$d = 1$ の場合，

$$\hat{\beta}^{ridge} = \frac{\sum_{i=1}^{n} X_i Y_i}{\lambda + \sum_{i=1}^{n} X_i^2}$$

を得る．

$$l_i(x) = X_i'(\mathbf{X}'\mathbf{X} + \lambda I)^{-1}x$$

としたとき，リッジ回帰推定量は

$$\hat{f}(x) = \sum_{i=1}^{n} l_i(x)\,Y_i$$

と書くことができる．また，$l(x) = (l_1(x), \ldots, l_n(x))'$ を $l(x) = \mathbf{X}(\mathbf{X}'\mathbf{X}+\lambda I)^{-1}x$ で定義されるサイズ $n \times 1$ の重みベクトルとしたとき，$\hat{f}(x) = l(x)'\mathbf{y}$ と書くこともできる．

最小 2 乗推定量 $\hat{\beta}^{lse}$ は $\mathbf{X}'\mathbf{X}$ が可逆行列でないならば定義できない．しかしながら，$\mathbf{X}'\mathbf{X} + \lambda I$ は可逆であり，リッジ回帰は使用可能である．これが Hoerl & Kennard (1970) でリッジ回帰推定量が定義された動機であり，リッジ回帰という名称もそこで考案された．

(1.116) で定義された，クロスバリデーション (交差検証法) を用いてパラメータを選ぶことも可能である．クロスバリデーションの場合，$\lambda \geq 0$ の範囲で

$$\mathrm{MISE}(\lambda) = \sum_{i=1}^{n} \left(\hat{f}_{-i}^{ridge}(X_i) - Y_i\right)^2$$

を最小化する．ここでは，$\hat{f}_{-i}^{ridge}(x) = x'\hat{\beta}_{-i}^{ridge}$ であり，$\hat{\beta}_{-i}^{ridge}$ は i 番目の観測値を除いた他の観測値で計算したリッジ推定量である．

縮小推定量

$\mathbf{X}'\mathbf{X} = nI$, $E\epsilon = 0$ が成り立ち，固定設定の回帰を考える．$\sigma^2 = \mathrm{Var}(\epsilon)$ としたとき，最小2乗推定量

$$\hat{\beta}^{lse} = (\mathbf{X}'\mathbf{X})^{-1}\mathbf{X}'\mathbf{y}$$

に対して，

$$E\hat{\beta}^{lse} = \beta, \qquad \mathrm{Var}\left(\hat{\beta}^{lse}\right) = \sigma^2(\mathbf{X}\mathbf{X})^{-1}$$

を得る．このとき，$\|\beta\|_2^2 = \sum_{k=1}^{d} \beta_k^2$ と定義すると，

$$E\left\|\hat{\beta}^{lse} - \beta\right\|_2^2 = \sum_{k=1}^{d} \mathrm{Var}(\hat{\beta}_k^{lse}) = \frac{d\sigma^2}{n} \tag{2.33}$$

となる．

リッジ回帰推定量は通常の最小2乗推定量よりも平均2乗誤差が小さくなる．$\mathbf{X}'\mathbf{X} = nI$ なので，以下の式が得られる．

$$\hat{\beta}^{ridge} = \frac{n}{n+\lambda}\hat{\beta}^{lse} \tag{2.34}$$

(2.33) と (2.34) を用いると，リッジ回帰推定量の平均2乗誤差は

$$E\left\|\hat{\beta}^{ridge} - \beta\right\|_2^2 = d\sigma^2 \frac{n}{(n+\lambda)^2} + \left(\frac{\lambda}{n+\lambda}\right)^2 \|\beta\|_2^2$$

となる．上記表現式を λ について最小化すると以下が得られる．

$$\lambda = \frac{d\sigma^2}{\|\beta\|_2^2}$$

となり，これは未知の β に依存している．この λ を用いて，

$$\hat{\beta}^{ridge} = \left(1 - \frac{d\sigma^2}{n\|\beta\|_2^2 + d\sigma^2}\right)\hat{\beta}^{lse}$$

と

$$E\left\|\hat{\beta}^{ridge} - \beta\right\|_2^2 = \frac{d\sigma^2}{n + d\sigma^2/\|\beta\|^2}$$

を得る．

得られた収縮ファクターを James & Stein (1961) で得られた収縮ファクター

$$\hat{\beta}^{js} = \left(1 - \frac{(d-2)\,\sigma^2}{n\|\hat{\beta}^{lse}\|_2^2}\right)\hat{\beta}^{lse}$$

と比較することができる．ここで $\hat{\beta}_k^{lse}$ は最小 2 乗推定量である．すると, Wasserman (2005) に見られる平均 2 乗誤差

$$E\left\|\hat{\beta}^{js} - \beta\right\|_2^2 = \frac{2\sigma^2}{n}$$

を得る．最小 2 乗推定量の平均 2 乗誤差は，$d \geq 3$ の場合において，James–Stein 推定量の平均 2 乗誤差よりも大きくなる．

LASSO

最小絶対値による収縮選択手法 (LASSO) は, $\lambda \geq 0$ の範囲で

$$\sum_{i=1}^{n}(Y_i - X_i'\beta)^2 + \lambda\sum_{k=1}^{d}|\beta_k|$$

を最小化するようなパラメータの推定量 $\hat{\beta}^{lasso}$ を定義する．この推定量は，Tibshirani (1996) で定義されている．この定義の動機は，l_1 ペナルティを使うことによって収縮に加えて変数選択を行うことができるという事実に由来する．多くの場合において，ほとんどの係数パラメータはゼロに等しくなるよう設定されるからである．例えば，$\mathbf{X}'\mathbf{X} = nI$ とすると, $(x)_+ = \max\{x, 0\}$ と定義するならば, $k = 1, \ldots, d$ のとき，ある $\gamma \geq 0$ に対して

$$\hat{\beta}_k^{lasso} = \mathrm{sign}(\hat{\beta}_k^{lse})\,(|\hat{\beta}_k^{lse}| - \gamma)_+$$

となる．Wasserman (2005, Theorem 7.42) を参照せよ．

2.1.4 線形回帰の漸近分布

回帰モデル

$$Y = \beta' X + \epsilon \tag{2.35}$$

（ここで，$\beta, X \in \mathbf{R}^K$ $Y, \epsilon \in \mathbf{R}$）を検討しよう．表記 (2.7)–(2.9) を用いるので，$X_1 \equiv 1$ とすることにより，切片項はモデルに含まれる．線形回帰モデルはパラ

メトリックモデルと呼ばれるのが普通ではあるけれども，厳密に言うと，誤差項 ϵ と説明変数 X の分布にパラメトリックな仮定を置かなければ，セミパラメトリックモデルである．ϵ または X の分布に関するパラメトリックな仮定を設けることなしにパラメータ β の漸近分布理論を導くことができる．

線形回帰モデル (2.35) から，同一の分布に従う観測値が得られたとき，最小2乗推定量は，$\mathbf{X} = (X_1, \ldots, X_n)'$ をサイズ $n \times K$ の行列，$\mathbf{y} = (Y_1, \ldots, Y_n)'$ をサイズ $n \times 1$ のベクトルとするとき，

$$\hat{\beta} = (\mathbf{X}'\mathbf{X})^{-1}\mathbf{X}'\mathbf{y} \tag{2.36}$$

である．

均一分散性と独立性

$(X_1, Y_1), \ldots, (X_n, Y_n)$ はモデル (2.35) から得られた独立同分布に従う観測値であるとし，$E(X\epsilon) = 0$ かつ $E(XX')$ は可逆で，以下の式が成り立つと仮定する．

$$E(\epsilon^2 XX') = \sigma^2 E(XX') \tag{2.37}$$

ここで，$E\epsilon^2 = \sigma^2$ である．そのとき，以下の式を示すことができる．

$$\sqrt{n}\left(\hat{\beta} - \beta\right) \xrightarrow{d} N\left(0, \sigma^2[E(XX')]^{-1}\right) \tag{2.38}$$

$n \to \infty$ の場合である．仮定 (2.37) は均一分散性の仮定と呼ばれる．漸近分布は

$$\sqrt{n}\left(\hat{\beta} - \beta\right) = \left(\frac{1}{n}\sum_{i=1}^{n} X_i X_i'\right)^{-1} \times n^{-1/2}\sum_{i=1}^{n} X_i \epsilon_i \tag{2.39}$$

から得られる．大数の法則より，$n^{-1}\sum_{i=1}^{n} X_i X_i' \xrightarrow{p} E(XX')$ を得ることができ，かつ中心極限定理より，$n^{-1/2}\sum_{i=1}^{n} X_i \epsilon_i \xrightarrow{d} N(0, E(\epsilon^2 XX'))$，（$n \to \infty$ の場合である）を得る．詳細は Wooldridge (2005, p. 54) を参照せよ．

(2.38) の漸近分布を適用可能なものにするためには，σ^2 and $[E(X'X)]^{-1}$ を推定しなければならない．分散の推定量としては，

$$\hat{\sigma}^2 = \frac{1}{n}\sum_{i=1}^{n}(Y_i - \hat{\beta}' X_i)^2 \tag{2.40}$$

を用いることができる．行列 $A^{-1} = [E(X'X)]^{-1}$ は，

$$\hat{A} = \frac{1}{n}\mathbf{X}'\mathbf{X} = \frac{1}{n}\sum_{i=1}^{n} X_i X_i' \tag{2.41}$$

で推定することができる．

(2.38) で与えられる最小 2 乗推定量の漸近分布は，漸近信頼区間と検定統計量の漸近分布を導出するのに用いられる．2.1.5 項で漸近分布を応用する．

不均一分散性

線形回帰モデル (2.35) における最小 2 乗推定量 (2.36) の漸近分布についての検討を続けよう．

仮定 (2.37) は均一分散性の条件と解釈される．この仮定を取り払ってみる．もし $(X_1, Y_1), \ldots, (X_n, Y_n)$ はモデル (2.35) から得られた独立同分布に従う観測値であり，$E(X\epsilon) = 0$ かつ $E(XX')$ は可逆であるとするならば，$A = E(XX')$ かつ $B = E(\epsilon^2 XX')$ とすると以下が成り立つ．

$$\sqrt{n}\left(\hat{\beta} - \beta\right) \xrightarrow{d} N\left(0, A^{-1}BA^{-1}\right) \tag{2.42}$$

ここで，$n \to \infty$ である．(2.42) の漸近正規性は (2.38) と同様の方法で得られるが，均一分散性条件 (2.37) から得られる簡便化は今は使用しない．均一分散性条件 (2.37) は $A^{-1}B = \sigma^2$ であることを意味するので，この仮定の下では，簡便化された漸近分布 $N\left(0, \sigma^2 A^{-1}\right)$ を得ることができる．

行列 B は

$$\hat{B} = \frac{1}{n}\sum_{i=1}^{n}(Y_i - \hat{\beta}' X_i)^2 X_i X_i'$$

で推定される．行列 A は (2.41) と同様の方法で推定される．推定量 $\hat{A}^{-1}\hat{B}\hat{A}^{-1}$ は White (1980) で提案されている．詳細は Wooldridge (2005, p. 55) を参照せよ．

分散不均一性と自己相関

線形回帰モデル (2.35) の最小 2 乗推定量 (2.36) の漸近分布を学習するが，ここでは一連の観測値の相互における独立性の条件を取り除き，弱い従属性の仮定を許容する．

$(X_1, Y_1), \ldots, (X_n, Y_n)$ はモデル (2.35) から得られた同一の分布に従う観測値であり，$E(X\epsilon) = 0$ かつ $E(XX')$ は可逆であり，中心極限定理 (1.107) の条件がベクトル時系列 $\epsilon_i X_i$ にあてはまると仮定すると

$$\sqrt{n}\left(\hat{\beta} - \beta\right) \xrightarrow{d} N\left(0, A^{-1}CA^{-1}\right) \tag{2.43}$$

$n \to \infty$ の場合である．ただし，$A = E(XX')$ かつ

$$C = \sum_{j=-\infty}^{\infty} E\left(\epsilon_t \epsilon_{t+j} X_t X'_{t+j}\right)$$

である．中心極限定理 (1.107) より

$$n^{-1/2} \sum_{i=1}^{n} X_i \epsilon_i \xrightarrow{d} N(0, C)$$

となる（$n \to \infty$ の場合である）ことに注目すると，(2.39) から漸近分布を得ることができる．行列 C は 1.8.3 項で議論されている手法を用いると推定できる．推定量 (1.110) を適用すると，これは以下の式で表される．

$$\hat{C}_{hac} = \hat{\Gamma}(0) + \sum_{j=1}^{n-1} w(j)\left(\hat{\Gamma}(j) + \hat{\Gamma}(j)'\right) \tag{2.44}$$

ただし，$j = 1, \ldots, n-1$ に対して，

$$\hat{\epsilon}_i = Y_i - \hat{\beta}' X_i \tag{2.45}$$

としたとき，

$$\hat{\Gamma}(j) = \frac{1}{n} \sum_{i=1}^{n-j} \left(\hat{\epsilon}_i \hat{\epsilon}_{i+j} X_i X'_{i+j}\right)$$

である．重みは $w(j) = K(j/h)$ で定義される．$K : \mathbf{R} \to \mathbf{R}$ はカーネル関数で，$K(x) = K(-x)$ と $K(0) = 1$ を満たす．さらに，すべての x において $|K(x)| \leq 1$ であり，$|x| > 1$ のとき $K(x) = 0$ を満たす．推定量 $\hat{C}_{hac}$ は，分散不均一性と自己相関を持つ場合の，漸近共分散行列の頑健推定量 (HAC 推定量) であり，Newey & West (1987) が提案している．

(2.44) の推定量 $\hat{C}_{hac}$ は不均一分散性と自己相関の両方に対して頑健である．より制限の強い推定量は簡単に作ることができる．例えば，もし誤差項 ϵ_i の時系列に対して分散均一性と自己無相関は仮定するが，説明変数 X_i の時系列における自己相関に対して頑健な推定量を作りたいならば，(2.45) が与える残差を用いた以下の定義を使うことが考えられる．

$$\hat{C}_{ac} = \hat{\sigma}^2 \sum_{j=-(n-1)}^{n-1} w(j)\,\hat{\Gamma}_X(j)$$

ここでは，$\hat{\epsilon}_i$ は (2.45) の残差であり，$\hat{\sigma}^2 = n^{-1}\sum_{i=1}^{n}\hat{\epsilon}^2$ と以下の式を用いている．

$$\hat{\Gamma}_X(j) = \frac{1}{n}\sum_{i=1}^{n-j} X_i X'_{i+j}$$

ここで，$j = 0, \ldots, n-1$ である．

一般化モーメント法推定量の漸近分布

(2.26) において，$\mathbf{X} = (X_1, \ldots, X_n)'$ をサイズ $n \times K$ の行列，$\mathbf{Z} = (Z_1, \ldots, Z_n)'$ をサイズ $n \times L$ の行列，W をサイズ $L \times L$ の重み行列，そして $\mathbf{y} = (Y_1, \ldots, Y_n)'$ を $n \times 1$ のベクトルとして，

$$\hat{\beta}_{gmm} = (\mathbf{X}'\mathbf{Z}W\mathbf{Z}'\mathbf{X})^{-1}\mathbf{X}'\mathbf{Z}W\mathbf{Z}'\mathbf{y}$$

と定義された GMM 推定量 $\hat{\beta}_{gmm}$ について考えてみる．

$(X_1, Y_1, Z_1), \ldots, (X_n, Y_n, Z_n)$ は独立同分布に従う観測値で，$E(Z\epsilon) = 0$ かつ $E(ZX')$ のランクが K であるとき，以下のように置く．

$$V_W = (C'WC)^{-1}C'W\Lambda WC(C'WC)^{-1}$$

さらに，$C = E(ZX')$, $\Lambda = E(\epsilon^2 ZZ')$ と置くと以下の関係が得られる．

$$\sqrt{n}\left(\hat{\beta}_{gmm} - \beta\right) \xrightarrow{d} N\left(0, V_W\right) \tag{2.46}$$

ただし，$n \to \infty$ の場合である．Wooldridge (2005, p.191) を参照せよ．

2.1.5 線形回帰における検定と信頼区間

(2.38) の漸近分布を検定と信頼区間の導出に応用する．

仮説検定

以下の仮説検定を考える．

$$H_0 : \beta_k = 0, \qquad H_1 : \beta_k \neq 0$$

ここで，$k = 1, \ldots, K$ である．

$$\hat{\mathrm{sd}}(\hat{\beta}_k) = \hat{\sigma}\left([\hat{A}^{-1}]_{kk}\right)^{1/2}$$

と設定して，検定統計量

$$T_k = \frac{\hat{\beta}_k - \beta_k}{\hat{\mathrm{sd}}(\hat{\beta}_k)}$$

を用いて帰無仮説を検定できる．さらに，$\hat{\sigma}$ は (2.40) で定義され，$[\hat{A}^{-1}]_{kk}$ は (2.41) で定義される行列 $\hat{A}^{-1}$ における行が k 番目で列が k 番目の要素である．(2.38) に必要な仮定の下で以下を得る．

$$T_k \xrightarrow{d} N(0,1) \tag{2.47}$$

$n \to \infty$ の場合である．観測値 $|T_k| = t_{obs}$ に対して，p 値 $P(|T_k| > t_{obs}) \approx 2(1 - \Phi(t_{obs}))$ を計算する．ここで Φ は，標準正規分布の分布関数である．

より一般的なパラメータの制約を検定することを以下で考える．R をサイズ $J \times K$ で階数 J の行列とし，q を $J \times 1$ のベクトルとする．ただし $1 \leq J \leq K$ である．以下の仮説を検定したい．

$$H_0 : R\beta = q, \qquad H_1 : R\beta \neq q$$

検定統計量

$$F = (R\hat{\beta} - q)' \left[\hat{\sigma}^2 R(\mathbf{X}'\mathbf{X})^{-1}R'\right]^{-1}(R\hat{\beta} - q)$$

を定義しよう．仮定 (2.38) の下で，

$$F \xrightarrow{d} \chi^2(J)$$

が成り立つ ($n \to \infty$ の場合である)．ただし，$\chi^2(J)$ は自由度 J のカイ 2 乗分布である．観測値 $F = f_{obs}$ に対して，p 値 $P(F > f_{obs}) \approx (1 - F(f_{obs}))$ を計算する．ただし F はカイ 2 乗分布 $\chi^2(J)$ の分布関数である．

例えば，$R = [0_d \ \ I_{K-1}]$ と $q = 0_{K-1}$ を選んだとき，以下の帰無仮説に対する F 検定が得られる．

$$H_0 : \beta_2 = \cdots = \beta_K = 0$$

ただし，0_{K-1} はサイズ $(K-1) \times 1$ のゼロベクトルであり，I_{K-1} はサイズ $(K-1) \times (K-1)$ の単位行列である．

信頼区間

(2.47) の漸近分布を使うと，$\beta_k, k = 1, \ldots, K$ の漸近信頼区間を導くことができる．(2.38) に必要な仮定の下で $0 < \alpha < 1$ に対して，

$$P\left(\hat{\beta}_k - \hat{\mathrm{sd}}(\hat{\beta}_k)\, z_{1-\alpha/2} \leq \beta_k \leq \hat{\beta}_k + \hat{\mathrm{sd}}(\hat{\beta}_k)\, z_{1-\alpha/2}\right) \longrightarrow 1 - \alpha$$

が得られる（$n \to \infty$ のときである）．ただし，表記 $z_p = \Phi^{-1}(p)$ は標準正規分布の p 分位点を表す．

信頼帯

Scheffé の信頼帯は

$$Y_i = \beta' X_i + \epsilon_i, \qquad i = 1, \ldots, n$$

$\epsilon_i \sim N(0, \sigma^2)$, $\mathrm{Cov}(\epsilon_i, \epsilon_j) = 0$,（ただし，$i \neq j$）の仮定の下で導出される．$\hat{\beta}$ が最小 2 乗推定量のとき，

$$f(x) = \beta' x, \qquad \hat{f}(x) = \hat{\beta}' x$$

と定義しよう．次に以下のように定義する．

$$L(x) = \hat{f}(x) - c\hat{\sigma}\sqrt{x'(\mathbf{X}'\mathbf{X})^{-1}x}, \qquad U(x) = \hat{f}(x) + c\hat{\sigma}\sqrt{x'(\mathbf{X}'\mathbf{X})^{-1}x}$$

ここで，$c = \sqrt{dF_{K,n-K}(1-\alpha)}$ である．$F_{K,n-K}(1-\alpha)$ は，自由度が K と $n-K$ の F 分布の $1-\alpha$ 分位点[2] である．また，

$$\hat{\sigma}^2 = \frac{1}{n-K} \sum_{i=1}^{n} (Y_i - \hat{f}(X_i))^2$$

[2] $X \sim F_{K,n-K}$ のとき，$P(X > F_{K,n-K}(1-\alpha)) = \alpha$ である．

とする．そのとき，$0 < \alpha < 1$ に対して，

$$P(L(x) \leq f(x) \leq U(x) \text{ for all } x) \geq 1 - \alpha$$

を得る．信頼帯は Scheffé (1959) と Seber (1977, pp. 128–130) に記載がある．Wasserman (2005) に記載があるように，

$$\|l(x)\|^2 = \sum_{i=1}^{n} l_i(x)^2 = x'(\mathbf{X}'\mathbf{X})^{-1}x$$

と

$$\mathrm{Var}\left(\hat{f}(x)\right) = \sigma^2 \|l(x)\|^2$$

を得る．ただし，$l_i(x)$ は (2.12) で定義されており，この定義を使うと，この結果が得られる．

2.1.6　変数選択

説明変数 $X_1, \ldots, X_K$ があり，

$$Y = \beta_1 X_1 + \cdots + \beta_k X_k + \epsilon$$

の形式のモデルが最善の予測を与えるように $k = 1, \ldots, K$ を選びたい場合を考える．こういった設定は自己相関を持つ時系列モデルから自然に生まれる．なぜなら，こういった状況下では説明変数間に自然な順序を付けることができるからである．

$X_i = (X_{i,1}, \ldots, X_{i,K})'$, $i = 1, \ldots, n$ として，$(X_1, Y_1), \ldots, (X_n, Y_n)$ を回帰データとする．クロスバリデーションは (1.116) で定義した．変数選択におけるクロスバリデーションを

$$\mathrm{MISE}_n(k) = \frac{1}{n} \sum_{i=1}^{n} \left(\hat{\beta}'_{k,-i} X_i^{(k)} - Y_i\right)^2$$

と定義することによって利用できる．ここで，$X_i^{(k)} = (X_{i,1}, \ldots, X_{i,k})'$ である．ここで，$\hat{\beta}_{k,-i}$ は，変数 $X_1, \ldots, X_k$ を持つモデルを使った最小2乗推定量であり，i 番目の観測値 (X_i, Y_i) を除外したデータを用いて計算したものである．最善の予測を与えるモデルを得るためには $\mathrm{MISE}_n(k)$ を最小化する k を $k = 1, \ldots, K$ の中から選べばよい．

次に，変数選択に用いられる Mallows の C_p 基準と Akaike の基準を定義する．これらの基準とカーネル推定量のクロスバリデーションとの関連については 3.2.7 項で議論している．

$\hat{\beta}_k$ が変数 $X_1, \ldots, X_k$ を持つモデルを用いた最小 2 乗推定量だとすると，Mallow の C_p 基準は以下である．

$$C(k) = \mathrm{SSR}(k) + 2\hat{\sigma}_K^2 k \tag{2.48}$$

$$\mathrm{SSR}(k) = \sum_{i=1}^{n} \left(Y_i - \hat{\beta}_k' X_i^{(k)} \right)^2$$

ここで，$X_i^{(k)} = (X_{i,1}, \ldots, X_{i,k})'$ であり，以下も用いている．

$$\hat{\sigma}_K^2 = \frac{1}{n-K} \sum_{i=1}^{n} \left(Y_i - \hat{\beta}_K' X_i \right)^2$$

モデル $X_1, \ldots, X_k$ は $C(k)$ を $k = 1, \ldots, K$ に関して最小化するように選ばれる．この基準は Mallows (1973) で定義されている．Mallows の C_p 基準は，(1.114) で定義されている平均−平均 2 乗誤差 (MASE) の不偏推定量を最小化することと同等である．固定設定の回帰の場合については，例えば Ruppert et al. (2003, Section 5.3.3) を参照せよ．

Akaike (1973) で定義された赤池情報量基準は，

$$\mathrm{AIC}(k) = \log \mathrm{SSR}(k) + 2k/n \tag{2.49}$$

で与えられる．Mallow の C_p 基準と赤池情報量基準はともに，残差 2 乗和にモデル内のパラメータ数を用いたペナルティーを加える．これらの情報量基準は計算量の意味ではクロスバリデーションよりも魅力的であるが，カーネル推定量の場合においては，クロスバリデーションは Mallow の C_p 基準や赤池情報量基準と比べて，計算するためにより長時間がかかることはないことを 3.2.7 項で示す．

2.1.7 線形回帰の応用の数々

線形回帰は資産とポートフォリオを記述するために使用できる．資産のベータ値は，何らかのベンチマーク（標準的なもの）との比較を用いて，資産のボラティリティを記述する．ポートフォリオのベータ値は投資家のリスク回避の程度を記述するために使われる．ポートフォリオのアルファ値はポートフォリオの性能を測定するために使われる．

資産のベータ値

資産のベータ値を

$$\beta = \frac{\mathrm{Cov}(R_t^{(a)}, R_t^{(b)})}{\mathrm{Var}(R_t^{(b)})}$$

で定義する．ここで $R_t^{(a)} = (P_t^{(a)} - P_{t-1}^{(a)})/P_{t-1}^{(a)}$ は資産のリターンを表し，$R_t^{(b)}$ はベンチマーク・ポートフォリオ（標準的なポートフォリオ）のリターンを表す．(2.30) より，ベータ値は回帰式

$$R_t^{(a)} = \alpha + \beta R_t^{(b)} + \epsilon_t$$

の回帰係数であることが分かる．以下に示す，ベンチマーク・ポートフォリオの過去のリターンと，資産の過去のリターン，

$$(R_1^{(b)}, R_1^{(a)}), \ldots, (R_T^{(b)}, R_T^{(a)})$$

を用いてベータ値を推定することができる．資産のベータ値は，株のボラティリティについての情報をベンチマーク・ポートフォリオにおけるボラティリティと関連付けて提供する．$\beta < 0$ の場合，資産はベンチマーク・ポートフォリオを用いた場合と反対の方向に動く傾向がある．$\beta = 0$ の場合，資産はベンチマーク・ポートフォリオを用いた場合と無相関である．$0 < \beta < 1$ の場合，資産はベンチマークと同じ方向に動くが大きくは動かない傾向がある．$\beta > 1$ の場合，資産はベンチマーク・ポートフォリオを用いた場合と同じ方向に動き，その動きは大きい傾向がある．

図 2.2 はダイムラー社の 1 日ごとのリターンを目的変数，DAX 30 指数の 1 日ごとのリターンを説明変数としたときの線形回帰を示している．リターンは 2000 年 01 月 03 日から 2013 年 05 月 02 日までの期間で利用可能であり，全部で 3382 日分の観測値になる．推定された回帰係数は $\hat{\beta} = 1.14$ であり，推定された切片項は $\hat{\alpha} = 0.011\%$ である．

ポートフォリオのベータ値

ポートフォリオ選択のマーコウィッツ理論の枠組みでは，マーコウィッツの意味における最適なポートフォリオは，市場ポートフォリオと無リスク投資の組み合わせである[3)]．したがって，期間 $t-1 \mapsto t$ における最適ポートフォリオのリ

---

3) マーコウィッツのポートフォリオ選択理論は，最適な株式ポートフォリオを，ポートフォリ

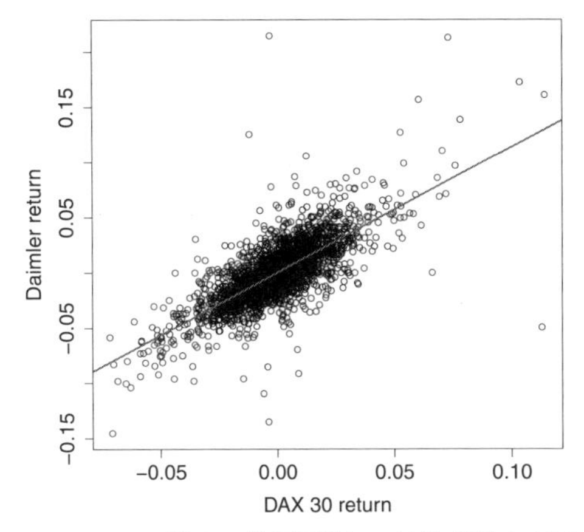

図 2.2 ダイムラーの DAX 30 に対する線形回帰. 目的変数をダイムラー社株のリターン，説明変数を DAX 30 指数のリターンとしたときに推定された線形回帰関数が示されている.

ターンは，以下で表される.

$$R_t = (1-\beta)R_t^F + \beta R_t^M \tag{2.50}$$

ここで，R_t^F は無リスク投資のリターン，R_t^M は市場ポートフォリオのリターンであり，どちらのリターンも時点 t で投資期間が終了する．係数 $\beta \geq 0$ は市場ポートフォリオに投資される比率である．$0 \leq \beta \leq 1$ のときのポートフォリオでは，手元の資産を投資する．しかし，$\beta > 1$ の場合，W を期初の投資資産とすると，$(\beta-1)W$ の額が借り入れられ，$(\beta+1)W$ の額が市場ポートフォリオに投資される.

係数 β は投資家のリスク回避度で決まる．ポートフォリオリターン R_t を持つ投資家に対して，β は未知である．そこで，(2.50) より，

$$R_t - R_t^F = \beta\left(R_t^M - R_t^F\right)$$

を得る．ϵ_t を誤差項として，線形モデル

$$R_t - R_t^F = \beta\left(R_t^M - R_t^F\right) + \epsilon_t \tag{2.51}$$

オリターンの標準偏差の上限を与えたときの期待リターンを最大化するポートフォリオ，また同値であるが，期待ポートフォリオリターンの下限を与えたときのポートフォリオリターンの標準偏差を最小化するポートフォリオとして定義している．これは所与の投資期間内の一期間のポートフォリオ選択における定義である.

における係数 β を推定するために，過去のリターン $R_t, t = 1, \ldots, T$ を，無リスク・リターン R_t^F，および市場ポートフォリオリターン R_t^M の過去の値とともに収集する．ここで，$R_t - R_t^F$ は目的変数であり，$R_t^M - R_t^F$ は説明変数である．市場ポートフォリオのリターン R_t^M は，S&P 500やウィルシャー5000, DAX 30など，いくつかの市場指数で近似できる．無リスク利子率は国債の利回りとみなす．

ポートフォリオのアルファ

線形回帰はポートフォリオの性能を特徴付けるのに用いられる．(2.51) は定数項のない回帰モデルであった．このモデルを以下のように拡張する．

$$R_t - R_t^F = \alpha + \beta \left(R_t^M - R_t^F \right) + \epsilon_t$$

ただし，R_t は積極的に運用されたポートフォリオのリターン，R_t^M は市場ポートフォリオのリターン，R_t^F は無リスク利子率，ϵ_t は誤差項である．市場指数の超過リターンを説明変数に選び，積極的に運用されたポートフォリオの超過リターンを目的変数に選ぶ．推定された定数項 $\hat{\alpha}$ は性能尺度とみなされ，$\hat{\alpha}$ が大きな値を示すことは，ポートフォリオの性能は良好であることを示す．

積極的に運用されたポートフォリオの1日のリターンを目的変数，S&P 500のリターンを説明変数に選んだときに推定された線形回帰関数を図 2.3 に示した．積極的に運用されたポートフォリオは，累積資産を図 3.63 で示した動的マーコウィッツポートフォリオである．データは1.6.2項で示したS&P 500とナスダック100である．推定された定数項は $\hat{\alpha} = 0.034\%$，推定された回帰係数は $\hat{\beta} = 1.03$ である．

ヘッジファンドのアルファ値：Fung–Hsieh 要因

ヘッジファンドの性能尺度では，アルファ値は，Fung–Hsieh リスク要因を説明変数としてヘッジファンドの超過リターンを推定する線形回帰において計算される．Fung & Hsieh (2004) は7つのリスク要因を定義している，その内の3つはトレンドに由来するリスク要因，2つは株式に由来するリスク要因，残りの2つは債券に由来するリスク要因である．トレンドに由来するリスク要因は，債券のトレンドに従う要因，通貨のトレンドに従う要因，1次産品のトレンドに従う要因である．株式に由来するリスク要因は，株式市場の要因[4] と企業規模スプ

[4] 株式市場要因はS&P 500指標の月間総リターンである．

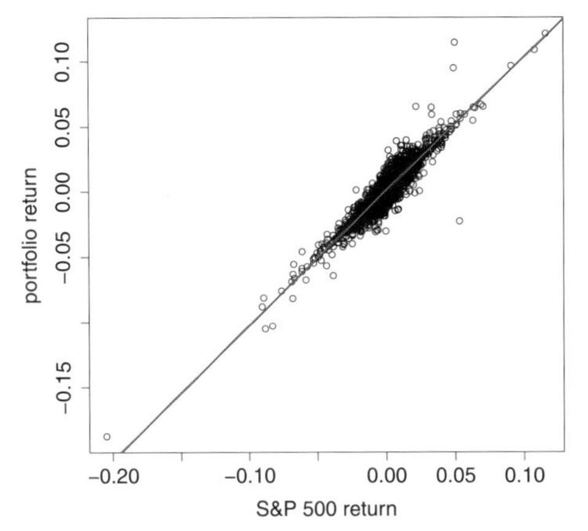

図 2.3 マーコウィッツポートフォリオの S&P 500 上での線形回帰 目的変数が積極的に運用されたポートフォリオのリターン，説明変数が S&P 500 指標のリターンとしたときに推定された線形回帰式を表している．

レッドの要因[5)]である．債券に由来するリスク要因は債券市場の要因[6)] と信用スプレッドの要因[7)] である．アルファ値は多変量線形回帰

$$R_t^H - R_t^F = \alpha + \sum_{k=1}^{7} \beta_k X_t^{(k)} + \epsilon_t$$

で推定される．ただし R_t^H はヘッジファンドの月間リターン，R_t^F は月間の無リスク利子率，$X_t^{(k)}$, $k = 1, \ldots, 7$ は Fung–Hsieh リスク要因である．

2.2 変動係数線形回帰

変動係数線形回帰では，回帰関数を変数 X の線形関数で近似するものの，係数は新たに追加した変数 Z の関数であると仮定する．このとき以下の定義ができる．

$$E(Y \mid X = x, Z = z) \approx \alpha(z) + \beta(z)' x$$

5) 企業規模スプレッドはウィルシャー・スモールキャップ 1750 指標からウィルシャー・ラージキャップ 750 の月間リターンを減じたもの，またはラッセル 2000 指数の月間総リターンから S&P 500 指標の月間総リターンを減じたものである．

6) 債券市場の要因は 10 年満期国債理論利回りの月ごとの変化（月末から次の月末の間の変化）である．

7) 信用スプレッドの要因は，ムーディーズの Baa 格付け債の利回りから，10 年満期国債理論利回りを減じた値の月ごとの変化（月末から次の月末の間の変化）である．

ただし $x \in \mathbf{R}^p$, $z \in \mathbf{R}^d$, $\alpha : \mathbf{R}^d \to \mathbf{R}$ そして $\beta : \mathbf{R}^d \to \mathbf{R}^p$ である．同一分布に従う観測値 (X_i, Y_i, Z_i), $i = 1, \ldots, n$ が得られ，$X_i \in \mathbf{R}^p$, $Y_i \in \mathbf{R}$, かつ $Z_i \in \mathbf{R}^d$, であるとき，推定量は

$$\hat{f}(x) = \hat{\alpha}(z) + \hat{\beta}(z)'x$$

で定義される．例えば，$Z_i = X_i$ とすることも可能である．変動係数モデルは Hastie & Tibshirani (1993) で研究されている．

2.2.1　重み付き最小2乗推定量

関数 α と関数 β の最小2乗推定量は以下のように定義される．

$$(\hat{\alpha}(z), \hat{\beta}(z)) = \mathrm{argmin}_{\alpha \in \mathbf{R}, \beta \in \mathbf{R}^p} \sum_{i=1}^{n} p_i(z) \left(Y_i - \alpha - \beta' X_i\right)^2 \tag{2.52}$$

ただし，重み $p_i(z)$ は z が Z_i に近いとき大きく，z が Z_i から遠く離れているとき小さい値をとる．ここではカーネル重み

$$p_i(z) = K_h(z - Z_i), \qquad i = 1, \ldots, n$$

を用いる．ただし $K : \mathbf{R}^d \to \mathbf{R}$ がカーネル関数である．$K_h(z) = K(z/h)/h^d$ であり，$h > 0$ は平滑化パラメータである．カーネル重みの定義 (3.7) の場合とは異なり，重みは合計して1になるよう標準化する必要は必ずしもないことに注意いただきたい．最近傍法のような，第3章で定義された他の重み付けを用いることも可能である．

最小2乗推定量は以下のように書ける．

$$(\hat{\alpha}(z), \hat{\beta}(z)')' = (\mathbf{X}'\mathbf{P}\mathbf{X})^{-1}\mathbf{X}'\mathbf{P}\mathbf{y} \tag{2.53}$$

ここで，$\mathbf{X}$ は i 番目の行が $(1, X_i')$ であるサイズ $n \times (p+1)$ の行列である．$\mathbf{y} = (Y_1, \ldots, Y_n)'$ は $n \times 1$ の列ベクトル，そして $\mathbf{P}$ はサイズ $n \times n$ で対角成分が $p_i(z)$, $i = 1, \ldots, n$ である対角行列である．(2.53) の解は (2.10) にある通常の最小2乗回帰の解と同様に導くことができる．簡略にするため，$\gamma = (\alpha, \beta')'$ と定義し，(2.52) の最小2乗基準を行列表記で

$$(\mathbf{y} - \mathbf{X}\gamma)'\mathbf{P}(\mathbf{y} - \mathbf{X}\gamma) = \mathbf{y}'\mathbf{P}\mathbf{y} - 2\gamma'\mathbf{X}'\mathbf{P}\mathbf{y} + \gamma'\mathbf{X}'\mathbf{P}\mathbf{X}\gamma$$

と書く．γ に関して微分し，勾配をゼロに等しくすることにより，以下の方程式

$$\mathbf{X}'\mathbf{P}\mathbf{X}\,\gamma = \mathbf{X}'\mathbf{P}\mathbf{y}$$

を得ることができ，これから (2.53) を導くことができる．$p = 1$ の場合，

$$\beta(z) = \frac{\sum_{i=1}^{n} p_i(z)(X_i - \bar{X})(Y_i - \bar{Y})}{\sum_{i=1}^{n} p_i(z)(X_i - \bar{X})^2}, \qquad \alpha(z) = \bar{Y} - \beta(z)\bar{X} \tag{2.54}$$

を得る．ただし，

$$\bar{X} = \sum_{i=1}^{n} p_i(z)\, X_i, \qquad \bar{Y} = \sum_{i=1}^{n} p_i(z)\, Y_i$$

である．

重み付き最小 2 乗推定量を以下のように書くことができる．

$$\hat{f}(x, z) = \sum_{i=1}^{n} l_i(x, z)\, Y_i$$

ただし，

$$l_i(x, z) = X_i' \left[\mathbf{X}'\mathbf{P}\mathbf{X}\right]^{-1} \mathbf{x} p_i(z)$$

であり，$\mathbf{x} = (1, x_1, \ldots, x_p)'$ である．

図 2.4 は，1 次元の説明変数 $X = Z$ の場合において，重み $l_i(x, z)$ を図示している．重み $p_i(z)$ として標準的なガウス型カーネルを用い，平滑化パラメータは $h = 0.7$ を用いた．(a) は，$X_1, \ldots, X_n$ を一様分布 $[-1, 1]$ から生成したサイズ $n = 200$ のシミュレーション標本としたときの関数 $(x, X_i) \mapsto l_i(x, x)$ の鳥瞰図である．(b) は，$X_i = -1, -0.5, \ldots, 1$ としたときの 6 種類の関数 $x \mapsto l_i(x, x)$ を表している．

2.2.2 変動係数回帰の応用

線形結合を用いて目的変数 Y の近似を行わなければならない場合において，変動係数回帰の応用例がたくさんある．こういった場合において，非線形性を導入する唯一の方法が，係数に非線形性を導入することである．例えば，ポートフォリオは取引可能な資産の線形結合であるのが常だが，係数を非線形にすることにより，非線形性を導入できる．

以下，変動係数回帰の 2 つの応用について言及する．2 つの応用とは，ヘッジファンド・インデックスの複製と，条件付きアルファ値による性能測定である．

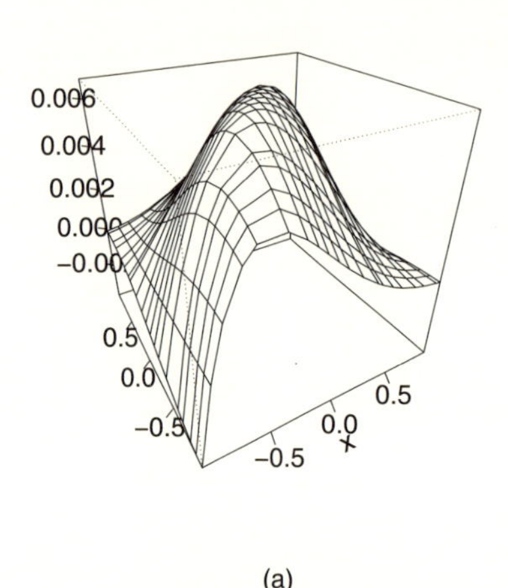

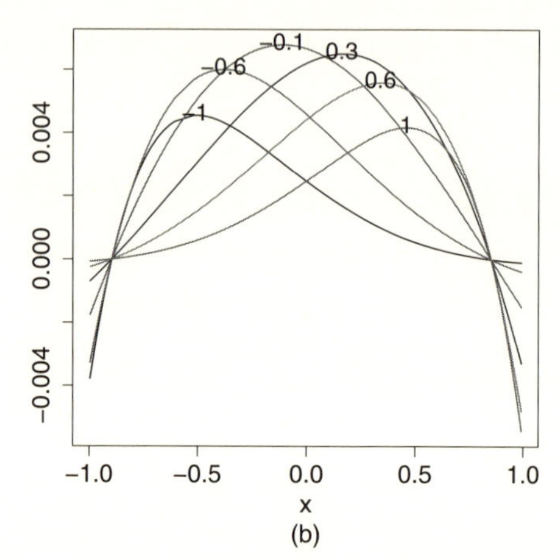

図 2.4　変動係数線形回帰の重み　(a) 関数 $(x, X_i) \mapsto l_i(x, x)$. (b) $X_i = -1, -0.6, \ldots, 1$ と選んだときの $x \mapsto l_i(x, x)$ の 6 種類の断面図.

ヘッジファンド・インデックスの複製

ヘッジファンド・インデックスの月間リターン $Y_1, \ldots, Y_T \in \mathbf{R}$ が利用可能とする. 取引可能な資産のリターン $X_1, \ldots, X_T \in \mathbf{R}^p$ を用いて, この時系列を複製したい. これは, 典型的なヘッジファンドよりも安く, より流動性が高いヘッジファンドを新たに作ることを可能にする. しかしながら, 新たなヘッジファンドのリターンはヘッジファンド・インデックスのリターンと同じくらいのものになる可能性がある. 複製は観測値 $Z_1, \ldots, Z_T \in \mathbf{R}^d$ に含まれる情報を条件として利用することによって行われる.

時点 T に選ばれた重み b_T を用いて複製が行われ, 時点 $T+1$ でリターンが実現するまで, 重みは保持される. 複製とは以下の式が成り立つことを意味する.

$$\hat{Y}_{T+1} = b_T' X_{T+1}$$

$b_T \in \mathbf{R}^p$ は $\sum_{i=1}^{p} b_{T,i} = 1$ を満たすポートフォリオ・ベクトルである. また, Z_T を重みを選ぶために使用する情報であるとすると,

$$\hat{Y}_{T+1} = b_T(Z_T)' X_{T+1}$$

と書くこともできる. 重み b_T は

$$b_T = \mathrm{argmin}_{b \in S_N} \sum_{t=t_0}^{T} \left(Y_t - b' X_t \right)^2 \, p_{t-1}(Z_T) \tag{2.55}$$

となるように選ばれる．ただし，$S_N = \{s \in \mathbf{R}^p : \sum_{i=1}^p s_i = 1\}$ である．ここではカーネル重み

$$p_{t-1}(Z_T) = K_h(Z_T - Z_{t-1})$$

を用い，$K : \mathbf{R}^d \to \mathbf{R}$ はカーネル関数，$h > 0$ は平滑化パラメータであり，$K_h(x) = K(x/h)/h^d$ は調整済みカーネル関数である．$t-1$ 時点において利用できる関連情報 Z_{t-1} が，現在の関連情報 Z_T に似通っているとき，重み $p_{t-1}(Z_T)$ が大きくなる．

例として，CSFB データベースに所収されている株式ロング／ショート・ヘッジファンドの指数を用いる．ロング／ショート・ヘッジファンドの指数を複製するために使用する取引可能な資産は，S&P 500 株式指数，ラッセル 2000 スモールキャップ株価指数とラッセル 1000 ラージキャップ株価指数のスプレッド，および，一月間の無リスク投資である[8]．無リスク利子率はゼロと等しくする．(他方，取引手数料は含めない)．こうして，$X_t = (X_t^1, X_t^2, X_t^3)$, $p = 3$ となり，

$$X_t^1 = \frac{\mathrm{SP500}_t}{\mathrm{SP500}_{t-1}}, \quad X_t^2 = 1 + \frac{\mathrm{SC}_t^R}{\mathrm{SC}_{t-1}^R} - \frac{\mathrm{LC}_t^R}{\mathrm{LC}_{t-1}^R}, \quad X_t^3 = 1$$

を得る．ただし，$\mathrm{SP500}_t$ は時点 t における S&P 500 指数の価格，SC_t^R はラッセル 2000 スモールキャップ株価指数の時点 t における価格，そして LC_t^R はラッセル 2000 ラージキャップ株価指数の時点 t における価格である．条件付け変数 Z_t は X_t の以前値の関数であり，以下のように置くことが考えられる．

$$Z_t = (X_t, X_{t-1}, \ldots, X_{t-k+1}) \tag{2.56}$$

ただし，$k \geq 1$ は以前値 (ラグ) の数である．こうして，$Z_t \in \mathbf{R}^d$, $d = pk$ を得る．ここでは，Z_t の周辺分布が近似的に標準正規分布になるように，1.7.2 項で紹介されているコピュラ変換も使用している．(2.55) で $t_0 = k + 1$ と選び，平滑化パラメータ $h = 1$ および自己回帰パラメータ $k = 8$ を使った．

線形複製をベンチマークとして使用する．線形複製は以下の重みで定義される．

$$b_T^{lin} = \mathrm{argmin}_{b \in S_N} \sum_{t=1}^{T} \left(Y_t - b' X_t\right)^2 \tag{2.57}$$

[8] ヘッジファンドデータを提供していただいた Juha Joenväärä 氏に感謝いたします．株式指標データは Yahoo より収集した．

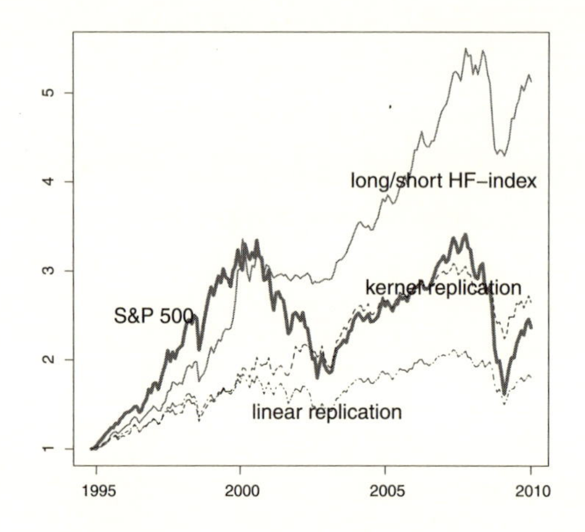

図 2.5　ヘッジファンド指標の複製　1994 年 1 月 31 日を値 1 として開始し，2010 年 1 月 29 日で終了する富過程のカーネル複製 (破線)，線形複製 (点線)，ロング/ショートヘッジファンド指標 (細線)，S&P 500 指標 (太線)．

図 2.5 に，1994 年 1 月 31 日の値を 1 に設定して開始し，2010 年 1 月 29 日で終了する富過程のカーネル複製 (破線)，線形複製 (点線)，ロング/ショートヘッジファンド指標 (細線)，S&P 500 指標 (太線) を示した．重み b_t を持つ複製時系列の富過程は以下で定義される．

$$W_1 = 1, \qquad W_{t+1} = W_t \cdot (1 + b_t' X_{t+1})$$

(2.55) で定義されたカーネル戦略を用いると，年平均に直した平均リターンは 7.0% で年平均に直したリターンの標準偏差は 10.4% である[9]．カーネル戦略を用いた方法のシャープ比は 0.67 である．シャープ比は，リターンの年平均と，リターンの標準偏差の年平均の比率であり，(1.88) で定義されている．ここでは超過リターンは使用しない．

それと比べると，対象投資期間における年平均に直した月間 S&P 500 指数のリターンの平均は 6.4% であり，年平均に直した標準偏差は 15.5%，シャープ比は 0.41 である．CSFB ロング/ショートヘッジファンド指標の場合，年平均に直したリターンの平均は 10.2% であり，年平均に直した標準偏差は 10.0%，シャープ比は 1.02 である．(2.57) で定義された動的線形複製の場合，年平均に直したリ

[9] 年平均化された平均は月間リターンの平均の 12 倍で定義され，リターンの標準偏差を年平均化したものは，月間リターンの標本標準偏差の $\sqrt{12}$ 倍で定義される．

ターンの平均は 4.2%，年平均に直した標準偏差は 10.2%，シャープ比は 0.42 である．

カーネル戦略は線形戦略よりも性能が良いが，ターゲット・ヘッジファンド指数よりも性能が悪いように結論付けられる．他方，カーネル戦略のシャープ比は S&P 500 指標のシャープ比よりも優れている．

条件付きアルファ値

2.1.7 項において，ポートフォリオの性能を評価するため線形モデルを適用した．性能は線形回帰の定数項 α の推定値 $\hat{\alpha}$ で測定された．ここでは条件付きアルファ値を推定するため，変動係数回帰を用いることができる．ヘッジファンドはロングのみの戦略だけでなく，ショート (空売り) やオプションの売り買いも行うので，条件付きアルファ値はヘッジファンドの性能をよりよく評価できることがこれまで議論されてきた．

リスク要因の集合 $X_t^1, \ldots, X_t^p$ を選び，これらのリスク要因を説明変数として，ヘッジファンドリターンの線形回帰を行う．条件付きでないアルファ値は以下で定義される．

$$\hat{\alpha} = \operatorname{argmin}_{\alpha} \min_{\beta_1, \ldots, \beta_p} \sum_{t=1}^{\prime} \left(Y_t - \alpha - \beta_1 X_t^1 - \cdots - \beta_p X_t^p \right)^2$$

時点 t における情報 $Z_t \in \mathbf{R}^d$ で条件付けられた条件付きアルファ値は，以下で定義される．

$$\hat{\alpha}\left(Z_{t_0}\right) = \operatorname{argmin}_{\alpha} \min_{\beta_1, \ldots, \beta_p} \sum_{t=1}^{\prime} \left(Y_t - \alpha - \beta_1 X_t^1 - \cdots - \beta_p X_t^p \right)^2 p_t(Z_{t_0})$$

ただし，

$$p_t(Z_{t_0}) = K_h(Z_t - Z_{t_0})$$

であり，$K : \mathbf{R}^d \to \mathbf{R}$ はカーネル関数，$h > 0$ は平滑化パラメータ，$K_h(x) = K(x/h)/h^d$ は調整済みカーネル関数である．

2.3 一般化線形モデルとその関連モデル

一般化線形モデルにおいて，以下の仮定が置かれる．

$$E(Y \mid X = x) = G(\alpha + \beta' x)$$

ただし $Y \in \mathbf{R}$, $X \in \mathbf{R}^d$, $\alpha \in \mathbf{R}$ および $\beta \in \mathbf{R}^d$ は未知パラメータであり，$G : \mathbf{R} \to \mathbf{R}$ は既知のリンク関数である．一般化線形モデルは線形モデル $E(Y \mid X = x) = \alpha + \beta' X$ を一般化したものである．リンク関数 G により，非線形性をモデルに導入できる．4.1 節では単一指標モデルについて検討する．そのモデルにおいては，リンク関数が未知で，データを用いて推定する．

2.3.1　一般化線形モデル

回帰データ $(X_1, Y_1), \ldots (X_n, Y_n)$ があるとしよう．一般化線形モデルにおける $f(x) = E(Y \mid X = x)$ の推定量を以下のように表記する．

$$\hat{f}(x) = G(\hat{\alpha} + x'\hat{\beta}), \qquad x \in \mathbf{R}^d \tag{2.58}$$

ただし，$\hat{\alpha} \in \mathbf{R}$, $\hat{\beta} \in \mathbf{R}^d$ はデータから推定され，$G : \mathbf{R} \to \mathbf{R}$ は既知の関数である．関数 G はしばしばリンク関数と呼ばれるが，時にその逆関数 G^{-1} がリンク関数と呼ばれる．G は単調関数と仮定される．

一般化線形モデルという言葉は Nelder & Wedderburn (1972) で導入された．一般化線形モデルは McCullagh & Nelder (1989) で多岐にわたって扱われている．

一般化線形モデルと指数族

(1.68) において，1 パラメータの正準型の指数属を定義した．その密度関数は以下である．

$$p(y, \theta) = p(y) \exp\{y\theta - b(\theta)\} \tag{2.59}$$

ここで，$y, \theta \in \mathbf{R}$ かつ $B : \mathbf{R} \to \mathbf{R}$ である．(1.70) において，もし Y が $p(\cdot, \theta)$ に従うなら，

$$EY = b'(\theta)$$

となることを見た．ここで b' は d の導関数である．したがって，目的変数が指数関数属の密度関数 $p(\cdot, \theta)$ に従うという仮定の下では，自然なリンク関数は $G = b'$ であり，一般化線形モデルは

$$E(Y \mid X = x) = b'(\alpha + \beta' x) \tag{2.60}$$

と書ける．(1.71) では，Y が $p(\cdot, \theta)$ に従うならば

$$\mathrm{Var}(Y) = b''(\theta)$$

となることを示した．したがって，分散回帰の自然なリンク関数は $G = b''$ であり，分散回帰の一般化線形モデルは以下のように書ける．

$$\mathrm{Var}(Y \mid X = x) = b''(\alpha + \beta' x)$$

一般の指数関数族の回帰は 1.3.2 項で導入された．こういったモデル化手法の特殊な場合は Y の条件付き分布を

$$Y \mid X = x \sim p(y, G(\alpha + \beta' x))$$

と定義することにより得られる．

推定

これまで通り，最小 2 乗基準がパラメータの推定に用いられる．すなわち，$\alpha \in \mathbf{R}$ と $\beta \in \mathbf{R}^d$ の下で，

$$\sum_{i=1}^{n} (Y_i - G(\alpha + \beta' X_i))^2 \tag{2.61}$$

を最小化する．

代わりに，最尤推定を使用することもできる．ここで以下の仮定を置いてみよう．

$$f_{Y \mid X=x}(y, v) = p(y) \exp\{y\theta(x) - b(\theta(x))\}, \qquad y \in \mathbf{R} \tag{2.62}$$

ただし，$x \in \mathbf{R}^d$ かつ $\theta(x) = \alpha + \beta' x$ である．もし $(Y_1, X_1), \ldots, (Y_n, X_n)$ が独立であるとき，観測値の密度関数は

$$\prod_{i=1}^{n} f_{Y_i, X_i}(y_i, x_i) = \prod_{i=1}^{n} f_{Y_i \mid X_i = x_i}(y_i)\, f_{X_i}(x_i) \tag{2.63}$$

であり，(2.62) を用いると，尤度（観測値の密度関数または確率質量関数の尤度）を最大化するためには，

$$\sum_{i=1}^{n} [Y_i \theta(X_i) - b(\theta(X_i))] = \sum_{i=1}^{n} [Y_i(\alpha + \beta' X_i) - b(\alpha + \beta' X_i)]$$

を $\alpha \in \mathbf{R}$ かつ $\beta \in \mathbf{R}^d$ の下で最大化する必要があることが分かる．

2.3.2　二値応答モデル

二値応答モデルは 1.2.1 項で導入した．二値応答モデルでは，目的変数 Y は 0 と 1 の値しか取らず，$Y \sim \mathrm{Bernoulli}(p)$, $0 \le p \le 1$ と表記する．ベルヌーイ分布に従う確率変数 Y の場合，$EY = P(Y=1) = p$ となる．また，

$$E[Y \mid X = x] = P(Y = 1 \mid X = x)$$

を得る．ここで

$$p(x) = E[Y \mid X = x]$$

$p : \mathbf{R}^d \to [0,1]$ と定義しよう．二値応答モデルにおいて，関数 p を推定したい．$G : \mathbf{R} \to [0,1]$ は既知のリンク関数で，$\alpha \in \mathbf{R}$ と $\beta \in \mathbf{R}^d$ は未知パラメータで，

$$p(x) = G(\alpha + \beta' x) \tag{2.64}$$

と書けるとき，一般化線形モデルを得ることができる．プロビットモデルにおいては，G は標準正規分布の分布関数であり，ロジットモデルにおいては，分布関数はロジスティック分布の分布関数である．**線形確率モデル**においては，

$$p(x) = \alpha + \beta' x$$

となるため，確率は負の値や 1 より大きい値になることがある．

指数モデルとしての二値反応モデル

ベルヌーイ分布に従う確率変数 Y の確率質量関数は以下で表される．

$$f_Y(y) = p^y (1-p)^{1-y}, \qquad y \in \{0, 1\}$$

確率質量関数を以下のように書ける．

$$f_Y(y) = \exp\left\{ y \log\left(\frac{p}{1-p}\right) + \log(1-p) \right\} = \exp\{y\theta - b(\theta)\}$$

ただし，

$$\theta = \log\left(\frac{p}{1-p}\right) \ \Leftrightarrow \ p = \frac{e^\theta}{1+e^\theta}$$

かつ

$$b(\theta) = \log\left(1 + e^\theta\right) = -\log(1-p)$$

である．すでに確率質量関数を (2.59) のように書いた．今，

$$b'(\theta) = \frac{e^\theta}{1+e^\theta}$$

であるので，b' はロジスティック分布の分布関数となる．(2.60) を用いると，以下のモデルを得る．

$$p(x) = b'(\alpha + \beta' x)$$

潜在変数アプローチ

潜在変数アプローチを使ってプロビットモデルやロジットモデルを得ることができる．潜在変数アプローチでは，ϵ を誤差項とすると，Y に対するモデルは

$$Y = \begin{cases} 1, \ \alpha + \beta' X + \epsilon > 0 \text{ のとき} \\ 0, \ \alpha + \beta' X + \epsilon \leq 0 \text{ のとき} \end{cases} \tag{2.65}$$

と表される．$Y^* = \alpha + \beta' X + \epsilon$ は観察できない潜在変数であるので，潜在変数アプローチと呼ばれる．このとき，F_ϵ を誤差項 ϵ の分布関数とすると，回帰関数は

$$\begin{aligned} E(Y \mid X = x) &= P(Y = 1 \mid X = x) \\ &= P(\alpha + \beta' x + \epsilon > 0) \\ &= 1 - P(\epsilon \leq -(\alpha + x'\beta)) \\ &= 1 - F_\epsilon(-(\alpha + x'\beta)) \end{aligned}$$

である．ϵ の分布が 0 に関して対称であるとき，$F_\epsilon(t) = 1 - F_\epsilon(-t)$ であるので，

$$E(Y \mid X = x) = F_\epsilon(\alpha + x'\beta)$$

を得る．こうして，(2.64) の一般化線形モデルはリンク関数 F_ϵ を誤差分布の分布関数にすることによって得ることができる．

$$p(x) = F_\epsilon(\alpha + x'\beta)$$

典型的な例は ϵ が標準ガウス分布やロジスティック分布に従う場合である．

1. **プロビットモデル** プロビットモデルにおいて，誤差分布の分布関数は以下のような標準ガウス分布関数である．

$$F_\epsilon(t) = \int_{-\infty}^{t} \phi(u)\,du, \qquad t \in \mathbf{R}$$

ただし，

$$\phi(u) = \frac{1}{\sqrt{2\pi}} \exp\left\{-\frac{1}{2}u^2\right\}, \qquad u \in \mathbf{R}$$

である．標準ガウス分布関数の逆関数はプロビット関数と呼ばれる．二値応答を扱う一般化線形モデルで，標準ガウス分布関数をリンク関数とするものを**プロビットモデル**と呼ぶ．

2. **ロジットモデル**
ロジットモデルにおいて，誤差分布の分布関数は

$$F_\epsilon(t) = \frac{1}{1+e^{-t}}, \qquad t \in \mathbf{R}$$

で定義されるロジスティック分布関数である．ロジスティック分布の分散は $\pi^2/3$ であるので，標準化されたロジスティック分布の分布関数は $1/(1+e^{-t/(\pi/\sqrt{3})})$ である．標準化されたロジスティック分布は標準ガウス分布に近いが，ロジスティック分布の裾はガウス分布のそれよりも分厚い．ロジスティック分布関数の逆関数はロジット関数と呼ばれ，以下のように書ける．

$$\mathrm{logit}(p) = \log\left(\frac{p}{1-p}\right), \qquad p \in (0,1)$$

二値応答を扱う一般化線形モデルで，ロジスティック分布をリンク関数とするものを**ロジットモデル**と呼ぶ．

また，ϵ_1 と ϵ_2 は独立な誤差項であるとき，Y に対するモデルを

$$Y = \begin{cases} 1, \ \beta_1' X_1 + \epsilon_1 > \beta_2' X_2 + \epsilon_2 \text{のとき} \\ 0, \ \text{それ以外のとき} \end{cases}$$

と書くこともできる．ϵ_1 と ϵ_2 が正規確率変数であるとき，プロビットモデルを得る．ϵ_1 と ϵ_2 が，ガンベル分布 (タイプ 1 の極値分布) に従うとき，$\epsilon_1 - \epsilon_2$ はロ

ジスティック分布に従い，ロジットモデルを得る．ガンベル分布の分布関数は $F(y) = \exp(-\exp(-y))$ である．このモデル作成手法は**ランダム効用アプローチ**と呼ばれる．

トービットモデルにおいて，モデルは以下のように記述される．

$$Y = \max\{0, \beta' X + \epsilon\} = \begin{cases} \beta' X + \epsilon, & \beta' X + \epsilon > 0 \text{ のとき} \\ 0, & \beta' X + \epsilon \le 0 \text{ のとき} \end{cases} \tag{2.66}$$

ただし，ϵ は，正規分布に従い X と独立であると仮定され，平均がゼロで観測されない誤差項である．

二値応答モデルの推定

二値選択モデルの推定を考えよう．パラメータを推定するために，(2.61) で定義された最小 2 乗基準を使うことができる．最尤推定法の詳細について考えよう．二値選択モデルから独立同分布に従う数列 $(Y_1, X_1), \ldots, (Y_n, X_n)$ が得られたとする．$p : \mathbf{R}^d \to [0,1]$ としたとき，条件付き確率質量関数は

$$f_{Y\,|\,X=x}(y) = p(x)^y (1 - p(x))^{1-y}, \qquad y \in \{0,1\},\ x \in \mathbf{R}^d$$

である．一般化線形モデルの下では，$p(x) = G(\alpha + \beta' x)$ を得る．(2.63) を使うと，尤度を最大化するためには，

$$\prod_{i=1}^{n} G(\alpha + \beta' X_i)^{Y_i} (1 - G(\alpha + \beta' X_i))^{1-Y_i}$$

を $\alpha \in \mathbf{R}$，$\beta \in \mathbf{R}^d$ の下で最大化する必要があることが分かる．プロビットモデルとロジットモデルにおいては，以下の式を最大化しなければならない．

$$\prod_{i=1}^{n} F_\epsilon \left(w_i (\alpha + \beta' x_i) \right)$$

ここで，$w_i = 2y_i - 1$ であり，その結果 $y_i = 1$ のとき $w_i = 1$, $y_i = 0$ のとき $w_i = -1$ である．これは，$F_\epsilon(t) = 1 - F_\epsilon(-t)$ であり，その結果 $1 - G(\alpha + \beta' x_i) = G(-\alpha - \beta' x_i)$ となるからである．

2.3.3 成長モデル

ϵ が加法的な誤差項で $E(\epsilon \,|\, X = x) = 0$ を満たすとき，以下のモデルを考える．

$$Y = \prod_{i=1}^{d} X_i^{\beta_i} + \epsilon$$

回帰関数が以下のように書ける.

$$E(Y \mid X = x) = \exp\left\{\sum_{i=1}^{d} \beta_i \log_e(X_i)\right\}$$

このようにして，リンク関数が $G(t) = e^t$ となる一般化線形モデルを得る．次のようなモデルは，$\log_e Y$ を用いたモデルに変換できることに注目しよう.

$$Y = \prod_{i=1}^{d} X_i^{\beta_i} \cdot \epsilon$$

ここで ϵ は乗法的な誤差項であり，$E(\log_e \epsilon \mid X = x) = 0$ を満たす．このモデルは，$\log_e Y$ 上のモデルに変換することができ，回帰関数は

$$E(\log_e(Y) \mid X = x) = \sum_{i=1}^{d} \beta_i \log_e(X_i)$$

となる．こうして，変換された変数上での線形モデルを得ることができる.

2.4　級数推定量

次のような種類の推定値を与えるすべての推定量を，回帰関数の級数推定量と呼ぶ.

$$\hat{f}(x) = \sum_{k=1}^{K} \hat{w}_k g_k(x), \qquad x \in \mathbf{R}^d$$

ただし，$g_k : \mathbf{R}^d \to \mathbf{R}$ は適切な関数であり，$\hat{w}_k \in \mathbf{R}$ は回帰データ $(X_1, Y_1), \ldots, (X_n, Y_n)$ を使って決定される重みである.

2.4.1　最小2乗級数推定量

$(X_1, Y_1), \ldots, (X_n, Y_n)$ は回帰データである．関数 $\mathbf{R}^d \to \mathbf{R}$ の列 $g_1, \ldots, g_K$ が与えられたとき，重み $\hat{w}_1, \ldots, \hat{w}_K$ の値を最小2乗関数

$$\sum_{i=1}^{n} \left(Y_i - \sum_{k=1}^{K} w_k g_k(X_i) \right)^2 \tag{2.67}$$

を最小化することによって求めると，級数推定量を得ることができる．解は (2.10) を使うと，行列表記で得ることもできる．つまり，重み $\hat{w} = (\hat{w}_1, \ldots, \hat{w}_K)'$ は，

$$\hat{w} = (\mathbf{G}'\mathbf{G})^{-1}\mathbf{G}'\mathbf{y} \tag{2.68}$$

と書ける．ここでは，$\mathbf{G}$ は要素が $[\mathbf{G}]_{ik} = g_k(X_i)$ でサイズ $n \times K$ の行列であり，$\mathbf{y} = (Y_1, \ldots, Y_n)'$ は長さ n の列ベクトルである．

(2.11) を用いると，最小 2 乗級数推定量を

$$\hat{f}(x) = \sum_{i=1}^{n} l_i(x)\, Y_i$$

と書くこともできる．ここでは，$G(x) = (g_1(x), \ldots, g_K(x))'$ であり，

$$(l_1(x), \ldots, l_n(x)) = G(x)'(\mathbf{G}'\mathbf{G})^{-1}\mathbf{G}'$$

である．

リッジ回帰と同様に，(2.67) の最小 2 乗基準をペナルティ付き最小 2 乗基準に置き換えることができ，

$$\sum_{i=1}^{n}\left(Y_i - \sum_{k=1}^{K} w_k g_k(X_i)\right)^2 + \lambda \sum_{k=1}^{K} w_k^2$$

と書ける．ただし，$\lambda \geq 0$ はリッジ・パラメータである．ペナルティ付き最小 2 乗基準を最小化する，リッジ回帰級数推定値の係数ベクトルは $\hat{w} = (\hat{w}_1, \ldots, \hat{w}_K)'$ であり，次のように定義される．

$$\hat{w} = (\mathbf{G}'\mathbf{G} + \lambda I)^{-1}\mathbf{G}'\mathbf{y}$$

ただし，G と $\mathbf{y}$ は (2.68) で与えられており，I はサイズ $K \times K$ の単位行列である．

2.4.2 項にて，直交基底の基底関数の利用を考えるが，非直交基底を使うこともできる．例えば，以下の非正規化ガウス密度関数を用いる．

$$g_k(x) = \exp\left\{-\frac{\|x - \mu_k\|^2}{2\sigma_k^2}\right\}$$

ここで，$\mu_k \in \mathbf{R}^d$ かつ $\sigma_k > 0$ である．

2.4.2　直交基底推定量

$\{g_k\}_{k=1,2,\ldots}$ は直交基底であり，$g_1(x),\ldots,g_K(x)$ は，この基底の有限個の部分集合であるとする．例えば，基底はフーリエ基底かウェーブレット基底である．回帰データ $(X_1,Y_1),\ldots,(X_n,Y_n)$ を用いて，回帰関数 $f:\mathbf{R}^d\to\mathbf{R}$ の推定量を3段階で定義することができる．まずはじめに，関数 $g=f\cdot f_X$ の推定量を定義する．ただし，$f_X:\mathbf{R}^d\to\mathbf{R}$ は X の密度関数である．g の推定量は，

$$\hat{g}(x)=\sum_{k=1}^{K}\hat{w}_k g_k(x),\qquad x\in\mathbf{R}^d \tag{2.69}$$

であり，ここでは

$$\hat{w}_k=\frac{1}{n}\sum_{i=1}^{n}Y_i\,g_k(X_i)$$

である．第2に，X の密度関数 f_X の推定量を以下のように仮定する

$$\hat{f}_X(x)=\sum_{k=1}^{K}\hat{\theta}_k g_k(x),\qquad x\in\mathbf{R}^d \tag{2.70}$$

ただし，

$$\hat{\theta}_k=\frac{1}{n}\sum_{i=1}^{n}g_k(X_i)$$

と定義する．最後に，回帰関数 f の推定量は

$$\hat{f}(x)=\frac{\hat{g}(x)}{\hat{f}_X(x)},\qquad x\in\mathbf{R}^d \tag{2.71}$$

となる．

$g_1(x),\ldots,g_K(x)$ で張られた部分空間上への $g(x)$ の線形射影は以下の関数になることに注意していただきたい．

$$\tilde{g}(x)=\sum_{k=1}^{K}w_k g_k(x)$$

ここで以下を用いている．

$$w_k=\int_{\mathbf{R}^d}g(x)g_k(x)\,dx=\int_{\mathbf{R}^d}f(x)g_k(x)\,dP_X(x)=E_X f(X)g_k(X)$$

である．こうして，係数 w_k は算術平均 $\hat{w}_k$ を使って，自然に推定される．また，$g_1(x), \ldots, g_K(x)$ で張られた部分空間上への $f_X(x)$ の線形射影は，以下の関数である．

$$\tilde{f}_X(x) = \sum_{k=1}^{K} \theta_k g_k(x)$$

ここで以下の式を用いている．

$$\theta_k = \int_{\mathbf{R}^d} f_X(x) g_k(x)\, dx = E_X g_k(X)$$

こうして係数 θ_k は，算術平均 $\hat{\theta}_k$ を使って，自然に推定される．

(2.71) で，確率変数設定の回帰における回帰関数推定量をすでに定義した．1 次元の固定設定の場合，(2.70) とは異なり，設定分布の密度を推定する必要はない．代わりに，固定設定点 $x_1, \ldots, x_n \in \mathbf{R}$ は，$x_i = F^{-1}(z_i)$ で得られると仮定する．ただし，$z_1, \ldots, z_n \in [0,1]$ は等間隔のグリッドであり，F は連続分布の分布関数である．このとき，設定密度の推定値 $\hat{f}_X$ を密度 F' で置き換える．

(2.71) で定義された回帰関数推定量 $\hat{f}$ が，線形形式 (1.2) で以下のように書ける．

$$\hat{f}(x) = \sum_{i=1}^{n} l_i(x)\, Y_i$$

ただし，

$$l_i(x) = \frac{1}{n\hat{f}_X(x)} \sum_{k=1}^{K} g_k(X_i) g_k(x)$$

である．もし閾値化が回帰関数推定量 (2.71) に適用されたなら，線形性は失われる可能性がある．例えば，ハード閾値法の場合，(2.69) の回帰推定量 $\hat{g}$ は，$\lambda > 0$ を閾値としたとき，

$$\hat{g}_{hard}(x) = \sum_{k=1}^{K} I_{\{k:\, |\hat{w}_k| \geq \lambda\}}(k)\, \hat{w}_k g_k(x) \tag{2.72}$$

で置き換えられる．

2.4.3 スプライン

1つの説明変数の場合に制限して話を進めるので，$d = 1$ とする．ここで以下のような推定量を定義する．

$$\hat{f}(x) = \sum_{j=1}^{K} \hat{\beta}_j g_j(x) \tag{2.73}$$

ただし $\hat{\beta}_j$ は以下の最小2乗基準

$$\sum_{i=1}^{n} (Y_i - f(X_i;\beta))^2 + \lambda \int_{-\infty}^{\infty} \left(\frac{\partial^2}{\partial x^2} f(x;\beta) \right)^2 dx \tag{2.74}$$

を最小化する．ここでは $\lambda \geq 0$ は平滑化パラメータであり，

$$f(x;\beta) = \sum_{j=1}^{K} \beta_j g_j(x)$$

$\beta = (\beta_1, \ldots, \beta_K)'$ である．$\mathbf{y}$ を要素が $[\mathbf{y}]_i = Y_i$ でありサイズ $n \times 1$ のベクトル，G は要素が $[G]_{ij} = g_j(X_i)$ でサイズ $n \times K$ の行列，Ω は要素が $[\Omega]_{jk} = \int g_j''(x) g_k''(x)\, dx$ でサイズ $K \times K$ の行列とすると，(2.74) のペナルティ付き最小2乗基準は，行列形式で以下のように書けることに注意されたい．

$$(\mathbf{y} - G\beta)'(\mathbf{y} - G\beta) + \lambda \beta' \Omega \beta \tag{2.75}$$

(2.10) で最小2乗推定量を導出したときと同様の方法で，(2.75) を最小化するパラメータを導出することができる．実際のところ，

$$(\mathbf{y} - G\beta)'(\mathbf{y} - G\beta) + \lambda \beta' \Omega \beta = \mathbf{y}'\mathbf{y} - 2\beta' B' \mathbf{y} + \beta'(G'G + \lambda\Omega)\beta$$

である．これを β に関して微分し，傾きをゼロと等しくすることによって，以下の方程式

$$(G'G + \lambda\Omega)\beta = G'\mathbf{y}$$

を得ることができ，以下の解を得る．

$$\hat{\beta} = (G'G + \lambda\Omega)^{-1} G'\mathbf{y}$$

(2.74) を最小化するペナルティ付き推定量は，関数群 $g_1, \ldots, g_K$ がスプライン基底であるときに使用する．2つの基底を定義する．

1つ目の基底は，切断べき関数基底である．$k_0 < \cdots < k_{L-1}$ を区間 $(0,1)$ 内に与えられた節点とする．$B_j(x) = x^j$, $j = 0, \ldots, m-2$, および $B_j(x) = (x - k_{j-m+1})_+^{m-1}$, $j = m-1, \ldots, m+L-2$ を定義する．これは $m+L-1$ 個の関数の集まりである．$m = 4$ のときの関数の群を3次スプライン基底と呼ぶ．切断べき関数基底は，m-スプライン関数の群に対する基底である．この集合は区間 $(0,1)$ 上の関数から構成されており，連続であり，区間 $(k_0, k_1), \ldots, (k_{L-2}, k_{L-1})$ 上で $m-1$ 次の多項式であり，各節点において連続かつ $m-2$ 回微分可能である．

第2の基底は B-スプライン基底である．Korostelev & Korosteleva (2010, Chapter 11) には，節点が等間隔に配置されている場合の B-スプラインの詳細な記述がある．標準的な m-スプラインは再帰的に定義される．

1. $S_1(u) = I_{[0,1]}(u)$ とする．
2. $S_m(u) = \int_{-\infty}^{\infty} S_{m-1}(z) I_{[0,1)}(u - z)\, dz$, for $m = 2, 3, \ldots$ とする．

S_m は，$[0,1]$ 上の一様分布に従う m 個の独立な確率変数の和の確率密度関数である．今，$m \geq 2$ とする．m-スプラインは

$$\gamma_k(x) = h^m S_m\left(\frac{x - 2hk}{2h}\right) I_{[0,1]}(x)$$

と定義され，ここでは $k = -m+1, \ldots, Q-1$, $Q = 1/(2h)$, $h > 0$ であり，Q は $Q \geq 1$ の整数である．Korostelev & Korosteleva (2010, Lemma 11.9) は，関数 γ_k（$k = -m+1, \ldots, Q-1$）の集合は，区分

$$B_q = [2(q-1)h, 2qh), \qquad q = 1, \ldots, Q$$

の中で定義された $m-1$ 次の区分的な多項式の線形部分空間において基底を形成し，$m-2$ 階までの連続な導関数を持つと述べている．

図 2.6(a) は，$k = -1, \ldots, 4$ のときの $m = 2$ の B-スプライン γ_k を表している．図 2.6(b) は，$k = -2, \ldots, 4$ のときの $m = 3$ の B-スプライン γ_k を表している．

2.5 条件付き分散と ARCH モデル

1.1.4 項は，分散推定の導入を含んでいる．今，時系列の設定を考え，p 個のラグを持つ自己回帰を用いるので，目的変数は $Y = Y_t$ と書け，説明変数は

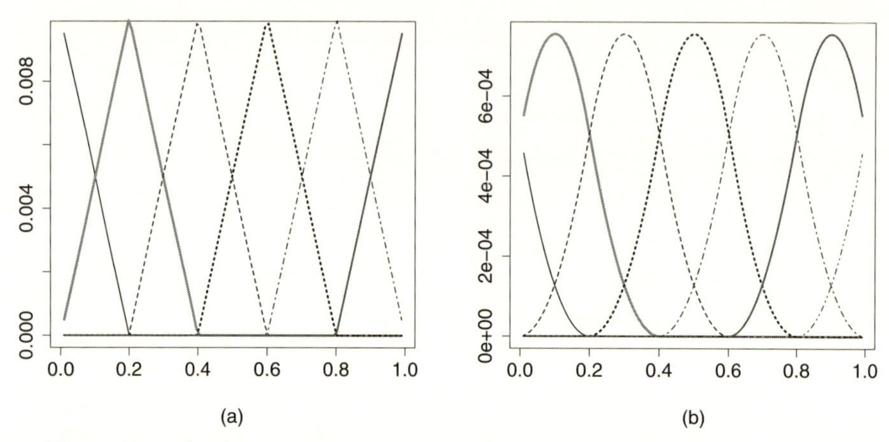

図 2.6 B-スプライン (a) $k=-1,\dots,4$ のときの $m=2$ の B-スプライン γ_k. (b) $k=-2,\dots,4$ のときの $m=3$ の B-スプライン γ_k.

$X=(Y_{t-1}^2,\dots,Y_{t-p}^2)$ と書ける.

$$E(Y \mid X=x)=0$$

を仮定し,

$$\mathrm{Var}(Y \mid X=x)=E(Y^2 \mid X=x)$$

を推定する方法を議論する. 線形分散自己回帰において, 条件付き分散は, 過去の観測値を2乗したものの線形関数で近似される.

$$\begin{aligned} E(Y^2 \mid X=x) &= E(Y_t^2 \mid Y_{t-1}^2=y_{t-1}^2,\dots,Y_{t-p}^2=y_{t-p}^2) \\ &\approx \alpha+\beta_1 y_{t-1}^2+\cdots+\beta_p y_{t-p}^2 \end{aligned} \tag{2.76}$$

以下, 最小2乗推定量と ARCH 推定量を定義する. S&P 500 のデータを用いていくつかの方法を説明する. 推定量の性能比較は 2.6 節に持ち越す.

2.5.1 最小2乗推定量

観察された時系列 $Y_1,\dots,Y_T$ があったならば, 2乗誤差の和

$$\sum_{t=p+1}^{T}\left(Y_t^2-\alpha-\beta_1 Y_{t-1}^2-\cdots-\beta_p Y_{t-p}^2\right)^2$$

を最小化することで, (2.76) の回帰係数 $\alpha,\beta_1,\dots,\beta_p$ を推定することができる. 説明変数が $(Y_{t-1}^2,\dots,Y_{t-p}^2)$ で目的変数が Y_t^2 のとき, 最小2乗推定量は (2.4) と

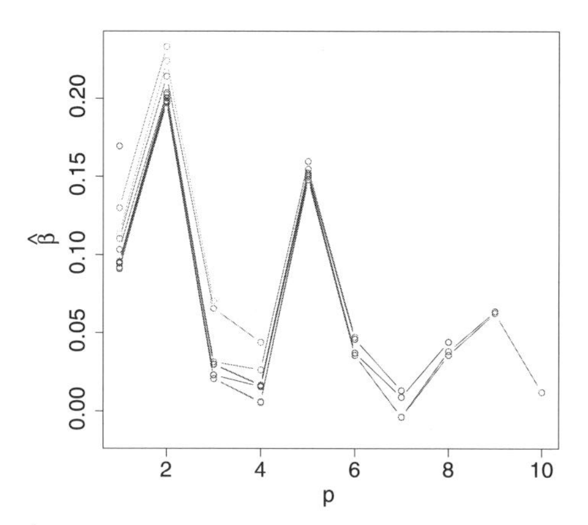

図 2.7　S&P 500 ボラティリティ：最小 2 乗回帰によるパラメータ推定値　$p = 1, \ldots, 10$ として, 10 種類の曲線 $i \mapsto \hat{\beta}_i^{(p)}, i = 1, \ldots, p$ を示している.

(2.5) で与えられる．回帰関数推定量は，$\hat{\alpha}, \hat{\beta}_1, \ldots, \hat{\beta}_p$ を最小 2 乗推定量であるとしたとき，以下のように書ける．

$$\hat{f}(y_{t-1}, \ldots, y_{t-p}) = \hat{\alpha} + \hat{\beta}_1 y_{t-1}^2 + \cdots + \hat{\beta}_p y_{t-p}^2$$

ここで以下を定義する．

$$\hat{\sigma}_t^2 = \hat{f}(Y_{t-1}, \ldots, Y_{t-p})$$

この推定量を，1.6.1 項で記述された，S&P 500 リターンデータに適用する．観測値 Y_t は S&P 500 指数の日ごとの純リターンである．

図 2.7 は，最小 2 乗パラメータ推定値の数列を表している．ラグの数を $p = 1, \ldots, 10$ までとして，各ラグ値について線形モデルをあてはめている．各ラグ値 p に対して，係数の推定値 $\hat{\beta}_i^{(p)}, i = 1, \ldots, p$ を得る．$p = 1, \ldots, 10$ として，10 種類の曲線 $i \mapsto \hat{\beta}_i^{(p)}, i = 1, \ldots, p$ が図 2.7 に示されている．パラメータの推定値は各モデルでおよそ同じぐらいであることがわかる．最も高い値は，2 番目の係数 $\hat{\beta}_2^{(p)}$ の，およそ 0.2 という値である．切片項の推定値は示されていない．例えば，1 ラグモデル ($p = 1$) のとき，$\hat{\alpha}_1^{(1)} = 7.9 \times 10^{-5}$ となり，10 ラグモデル ($p = 10$) のとき，$\hat{\alpha}_1^{(10)} = 3.8 \times 10^{-5}$ となる．

2.5.2　ARCH モデル

ARCH モデルにおいて，分散の推定量は，(2.76) で与えられているように，過去の観測値の 2 乗値に関して線形である．しかし，ここでは時系列をモデル化するので最尤法を用いてパラメータ推定を行う．

ARCHモデルの定義

ARCHモデル(自己回帰条件付き不均一分散モデル, autoregressive conditional heteroskedastic model）は，(1.16) で定義された条件付き不均一分散モデルの特殊な場合である．3.9.2項で定義されたGARCHモデル（一般化自己回帰条件付き不均一分散モデル，generalized autoregressive conditional heteroskedastic model）の特殊な場合でもある．

ARCH(p) モデルにおいて，以下が仮定されている．

$$Y_t = \sigma_t \epsilon_t, \qquad t = 0, \pm 1, \pm 2, \ldots.$$

ただし

$$\sigma_t^2 = \alpha + \beta_1 Y_{t-1}^2 + \cdots + \beta_p Y_{t-p}^2 \tag{2.77}$$

であり，パラメータは制約 $\alpha \geq 0$, $\beta_i \geq 0$ を満たす．誤差項 ϵ_t は，$E\epsilon_t = 0$ と $\mathrm{Var}(\epsilon_t) = 1$ を満たす，独立同分布に従う過程である．ϵ_t は $Y_{t-1}, Y_{t-2}, \ldots$ と独立であると仮定する．ARCHモデルは，英国のインフレ率をモデル化するために，Engle (1982) が導入した．ARCH(p) 過程は，もし $\sum_{i=1}^{p} \beta_i < 1$ ならば強定常性を持つ．Fan & Yao (2005, Theorem 4.3) および Giraitis, Kokoszka & Leipus (2000) を参照せよ．

ARCHモデルの分散

ARCHモデルにおいて，(1.17) で示されているように，

$$\mathrm{Var}(Y_t \mid Y_{t-1}, Y_{t-2}, \ldots) = \sigma_t^2$$

である．すると，以下が成り立つ．

$$\mathrm{Var}(Y_t \mid Y_{t-1}, Y_{t-2}, \ldots) = E(Y_t^2 \mid Y_{t-1}, Y_{t-2}, \ldots) = \alpha + \beta_1 Y_{t-1}^2 + \cdots + \beta_p Y_{t-p}^2$$

つまりARCHモデルは，観測値の2乗に関して線形の形をしている条件付き分散の推定量を導く．

ARCHパラメータの最尤推定

ϵ_t の分布についての仮定を置くのであれば，パラメータ $\alpha, \beta_1, \ldots, \beta_p$ の推定は，最尤法を用いて行うことができる．ϵ_t の密度関数を $f_\epsilon : \mathbf{R} \to \mathbf{R}$ で定義す

る．$Y_{t-1}, \ldots, Y_{t-p}$ を所与とした Y_t の条件付き密度は，

$$f_{Y_t \mid Y_{t-1}, \ldots, Y_{t-p}}(y) = \frac{1}{\sigma_t} f\left(\frac{y}{\sigma_t}\right)$$

で与えられる．$Y_1 = y_1, \ldots, Y_T = y_T$ を観測したとき，尤度関数は

$$\begin{aligned} L(\alpha, \beta_1, \ldots, \beta_p) &= f_{Y_1, \ldots, Y_p}(y_1, \ldots, y_p) \prod_{t=p+1}^{T} f_{Y_t \mid Y_{t-1}=y_{t-1}, \ldots, Y_1=y_1}(y_t) \\ &= f_{Y_1, \ldots, Y_p}(y_1, \ldots, y_p) \prod_{t=p+1}^{T} f_{Y_t \mid Y_{t-1}=y_{t-1}, \ldots, Y_{t-p}=y_{t-p}}(y_t) \end{aligned}$$

となる．項 $f_{Y_1, \ldots Y_p}(y_1, \ldots, y_p)$ を無視し，条件付き尤度

$$\begin{aligned} \tilde{L}(\alpha, \beta_1, \ldots, \beta_p) &\stackrel{def}{=} L(\alpha, \beta_1, \ldots, \beta_p \mid Y_p = y_p, \ldots, Y_1 = y_1) \\ &= \prod_{t=p+1}^{T} f_{Y_t \mid Y_{t-1}=y_{t-1}, \ldots, Y_{t-p}=y_{t-p}}(y_t) \end{aligned}$$

を定義しよう．パラメータは条件付き尤度を最大にすることで推定できる．すなわち，以下の式を用いる．

$$(\hat{\alpha}, \hat{\beta}_1, \ldots, \hat{\beta}_p) = \operatorname{argmax}_{\alpha, \beta_1, \ldots, \beta_p} \log \tilde{L}(\alpha, \beta_1, \ldots, \beta_p)$$

条件付き尤度の対数は以下で与えられる．

$$\log \tilde{L}(\alpha, \beta_1, \ldots, \beta_p) = -\frac{1}{2} \sum_{t=p+1}^{T} \log \sigma_t^2 + \sum_{t=p+1}^{T} \log f_\epsilon\left(\frac{y_t}{\sigma_t}\right) \tag{2.78}$$

ただし，σ_t^2 は (2.77) から得られる．誤差項 ϵ_t は標準正規分布

$$\epsilon_t \sim N(0, 1)$$

に従うと仮定すると，$Y_{t-1}, \ldots, Y_{t-p}$ を所与とした Y_t の条件付き密度は

$$f_{Y_t \mid Y_{t-1}, \ldots, Y_{t-p}}(y) = \frac{1}{\sqrt{2\pi}\sigma_t} \exp\left\{-\frac{1}{2} \frac{y^2}{\sigma_t^2}\right\} \tag{2.79}$$

となる．ガウス分布を仮定((2.79))した場合，以下を得る．

$$(\hat{\alpha}, \hat{\beta}_1, \ldots, \hat{\beta}_p) = \operatorname{argmin}_{\alpha, \beta_1, \ldots, \beta_p} \sum_{t=p+1}^{T} \left(\log \sigma_t^2 + \frac{y_t^2}{\sigma_t^2} \right) \tag{2.80}$$

例えば，$p = 1$ かつ $\alpha = 0$ とする．このとき，$\sigma_t^2 = \beta Y_{t-1}^2$ であり，ガウス分布の仮定の下では，

$$(T-1) \log \beta + \frac{1}{\beta} \sum_{t=1}^{T-1} \frac{y_{t+1}^2}{y_t^2}$$

を最小化しなければならない．これを最小化する推定値は以下で与えられる．

$$\hat{\beta} = \frac{1}{T-1} \sum_{t=1}^{T-1} \frac{y_{t+1}^2}{y_t^2}$$

ARCH モデルのパラメータを推定した後，条件付き分散の推定量を以下のように求める．

$$\operatorname{Var}(Y_t \mid Y_{t-1}, \ldots, Y_{t-p}) \approx \hat{\sigma}_t^2 = \hat{\alpha} + \hat{\beta}_1 Y_{t-1}^2 + \cdots + \hat{\beta}_p Y_{t-p}^2$$

1.6.1 項で記述された S&P 500 リターンのデータを分析してみる．図 2.8 は，ARCH(p) モデルのパラメータ推定値の数列を表している．ラグ値を $p = 1, \ldots, 25$ に設定し，各ラグ値において ARCH モデルをあてはめている．各ラグ値 p に対して，係数推定値 $\hat{\beta}_i^{(p)}$, $i = 1, \ldots, p$ を得る．$p = 1, \ldots, 25$ に対して，$i = 1, \ldots, p$ とした 25 種類の曲線 $i \mapsto \hat{\beta}_i^{(p)}$ を図 2.8 に表した．推定値 $\hat{\beta}_i^{(p)}$ の値は，p に関する単調減少関数である．値 $\hat{\beta}_i^{(p)}$ は i に関しても減少関数である．ただ，単調減少ではない．切片項 $\hat{\alpha}^{(p)}$ の推定量は示されていないが，これらの推定値は 1 ラグモデル ($p = 1$) における $\hat{\alpha}_1^{(1)} = 6.6 \times 10^{-5}$ から，22 ラグモデル ($p = 22$) における $\hat{\alpha}_1^{(20)} = 1.1 \times 10^{-5}$ まで減少している．それ以降は，例えば $\hat{\alpha}_1^{(23)} = 8.4 \times 10^{-5}$ のような，スパイク（突発的な大きな値）が見られたりする．

2.6　ボラティリティと分位点推定における応用

1.6.1 項で記述された S&P 500 指数データを用いて，S&P 500 リターン Y_t の分位点とボラティリティを推定する．条件付き分位推定量を学習する前に，逐次

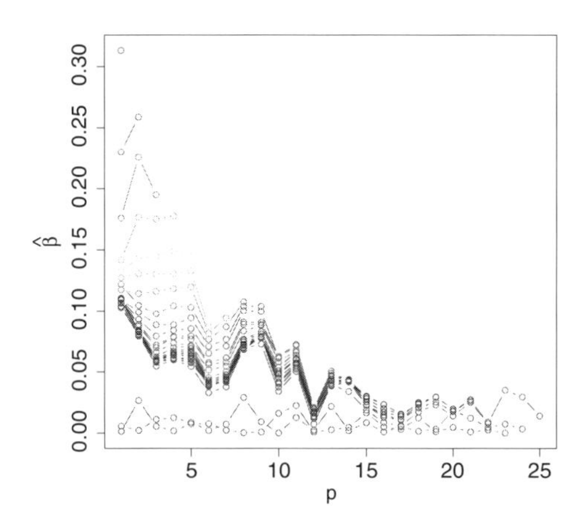

図 2.8 S&P 500 ボラティリティ：ARCH(p) モデルのパラメータ推定量 $p = 1, \ldots, 25$ に対して $i = 1, \ldots, p$ とした 25 の曲線 $i \mapsto \hat{\beta}_i^{(p)}$ を表した．

計算される分位点推定量の性能を見ることによって，ベンチマーク（評価テストを行うことによって得られる，比較のための基準）を規定する．

2.6.1 分位点推定のベンチマーク

図 1.6 は，逐次計算した経験的分位点推定量の性能を表している．ここでは分位点推定のためのその他のベンチマークを学習する．分位点回帰は 1.1.6 項で導入された．分位点推定量は (1.30) で定義されており，そこでは

$$\hat{Q}_p(Y_t \,|\, Y_{t-1}, Y_{t-2}, \ldots) = \hat{\sigma}_t \, \hat{F}_{\epsilon_t}^{-1}(p)$$

と置いている．ただし，$\hat{\sigma}_t$ は条件付き標準偏差の推定量であり，$\hat{F}_{\epsilon_t}^{-1}(p)$ は，$\epsilon_t = Y_t/\sigma_t$ の分布の p 分位点推定量である．この節では，$\hat{\sigma}_t$ は逐次計算された標本標準偏差である．つまり，$\hat{\sigma}_t$ は $Y_1, \ldots, Y_{t-1}$ の標準偏差である．性能は差 $p - \hat{p}$ と差 $\hat{p} - p$ を見ることによって評価される．ただし，

$$\hat{p} = \frac{1}{T - t_0} \sum_{t=t_0+1}^{T} I_{(-\infty, \hat{q}_t]}(Y_t)$$

であり，$\hat{q}_t = \hat{Q}_p(Y_t \,|\, Y_{t-1}, Y_{t-2}, \ldots)$ である．性能の測定は 1.9.4 項でより詳しく説明されている．

図 2.9 は，2 つの分位点推定量の性能を示している．最初の分位点推定量は $\hat{F}_{\epsilon_t}^{-1}(p) = \Phi^{-1}(p)$ を使っていて，ここでは Φ は標準正規分布の分布関数である．

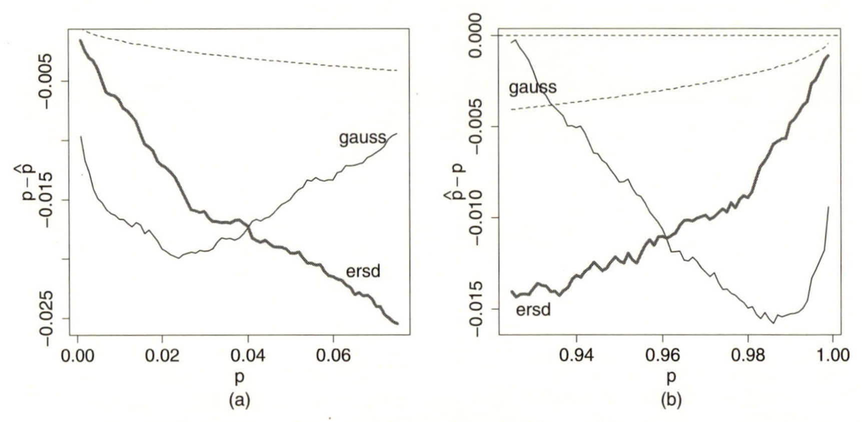

図 2.9 S&P 500 分位点：ガウス型の残差と経験的残差 実線はガウス型の残差を用いた分位点推定量の性能を示しており，太線は経験的残差を用いた分位点推定量の性能を示している．(a) p の範囲を $[0.001, 0.075]$ としたときの関数 $p \mapsto p - \hat{p}$. (b) p の範囲を $[0.925, 0.999]$ としたときの関数 $p \mapsto \hat{p} - p$. 破線は，$\alpha = 0.05$ 水準の変動幅を表している．

2つ目の分位点推定量は，$\hat{F}_{\epsilon_t}^{-1}(p)$ を $Y_u/\hat{\sigma}_u$, $u = 1, \ldots, t$ の経験的分位点とみなす．(a) は，p の範囲を $[0.001, 0.075]$ に設定して，$p \mapsto p - \hat{p}$ を図示したものである．(b) は，p の範囲を $[0.925, 0.999]$ に設定して，$p \mapsto \hat{p} - p$ を図示したものである．実線の曲線はガウス型の残差を用いた推定量のものであり，太線の曲線は経験的な残差を用いた推定量のものである．点線がレベル 0 の位置に引かれており，(1.130)–(1.131) で定義された $\alpha = 0.05$ 水準の変動幅も描き加えられている．図 2.9 は，真の分布は分位点推定量が示すものよりも裾が重たいことを意味している．ガウス型の残差は p が 0 あるいは 1 からやや離れているときに性能がいいが，経験的残差は p が 0 あるいは 1 に近いときに良い性能を示す．左側裾については，経験的分位点の性能（図 1.6）が経験的残差法の性能に似ている．右側裾については，経験的残差法の性能は経験的分位点の性能より優れている．

図 2.10 は，$\hat{F}_{\epsilon_t}^{-1}(p) = \sqrt{(\nu - 2)/\nu}\ t_\nu^{-1}(p)$ を用いた分位点推定量の性能を表している．ただし，t_ν は自由度 ν（ただし $\nu > 2$）の t 分布の分布関数である．$\nu = 4, 5, 6, 8, 10, 20$ に対する推定量を示す． (a) は，p が $[0.001, 0.075]$ の範囲において $p \mapsto p - \hat{p}$ を図示している． (b) は，p が $[0.925, 0.999]$ の範囲において $p \mapsto \hat{p} - p$ を図示している．p が 0 あるいは 1 からやや離れているときは，ν の値が大きい場合に優れた性能を示すのに対して，p が 0 あるいは 1 に近いときには，

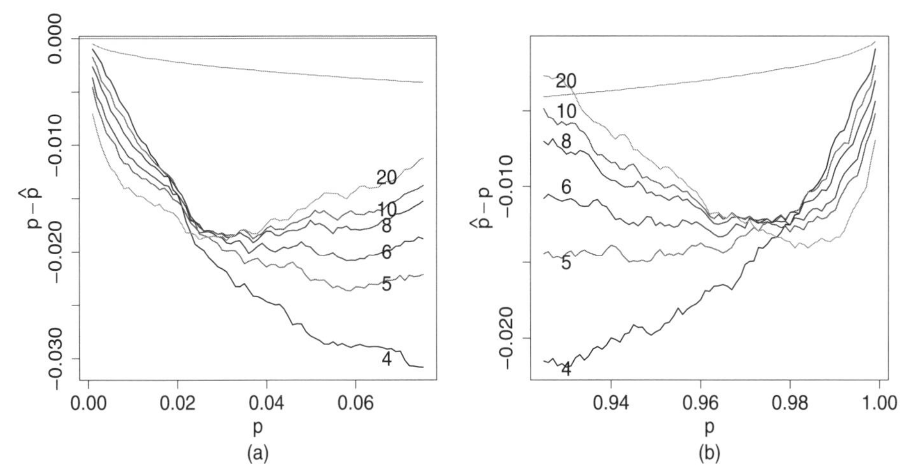

図 2.10 S&P 500 分位点：*t* 分布による残差 残差の分布が，自由度 $\nu = 4, 5, 6, 8, 10, 20$ とした標準 t 分布分位点であるときの，推定量の性能を示している．(a) p の範囲を $[0.001, 0.075]$ としたときの関数 $p \mapsto p - \hat{p}$. (b) p の範囲を $[0.925, 0.999]$ としたときの関数 $p \mapsto \hat{p} - p$. 番号が付加されていない線は，$\alpha = 0.05$ 水準の変動幅を表している．

ν が小さい場合に優れた性能を示す．$\nu = 20$ の推定量の性能は，ガウス型残差を用いた推定量の性能に類似しているように見える．$\nu = 5$ のときの性能は，経験的残差を用いた推定量の性能に似ている．

t 分布の裾の先端は，標準ガウス分布よりも重い．図 2.10 の結果をさらに明確に解釈するために，標準 t 分布の分位点が標準ガウス分布の分位点より大きくなる点を見つけよう．$p_\nu \in (0, 1)$ を方程式

$$\sqrt{(\nu - 2)/\nu}\ t_\nu^{-1}(p) = \Phi^{-1}(p) \tag{2.81}$$

の解とする．図 2.11 に，v を $\{3, 4, \ldots, 25\}$ として，$\nu \mapsto p_\nu$ を図示した．(2.81) に対して 2 つの解がある．(a) は，0 近傍での解を示しており，(b) は 1 近傍での解を示している．例えば，自由度が $\nu = 12$ のとき，解は $p_\nu = 0.0371$ と $p_\nu = 0.963$ である．これは，$p < 3.71\%$ の水準では，自由度 $\nu = 12$ の標準 t 分布は標準正規分布よりも大きい分位点を持つことを意味している．

2.6.2 最小 2 乗回帰を用いたボラティリティと分位点

1.6.1 項で記述した S&P 500 リターンデータのボラティリティと分位点を推定するため最小 2 乗回帰を用いた．観測値 Y_t は，S&P 500 指数の日毎の純リター

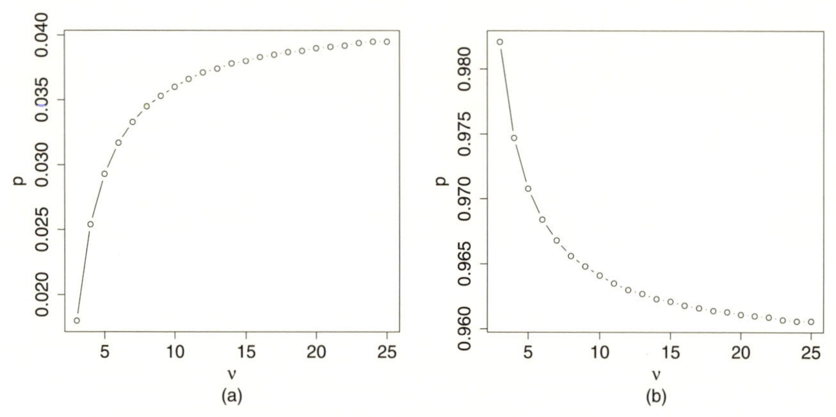

図 2.11　正規分布の分位点と比較した t 分布の分位点　関数 $\nu \mapsto p_\nu$ を示した．ただし，p_ν は自由度 ν の標準 t 分布の分位点が，標準正規分布の分位点と等しくなる点である．

ンである．図 2.7 は，最小 2 乗パラメータ推定値の数列である．

図 2.12 は，S&P 500 リターンの 2 乗値の一歩先予測をするときの線形最小 2 乗推定量の性能を表している．ラグ値が $p = 1, \ldots, 15$ のモデルに関して性能を示した．(a) は，(1.124) で定義された平均偏差誤差 $\mathrm{MDE}^{(1,2)}$ による性能を表している．(b) は，(1.127) で定義された平均絶対比率誤差 $\mathrm{MARE}^{(2)}$ による性能測定を表している．性能は GARCH(1, 1) の推定値と比較した．つまり，最小 2 乗推定量の MADE と MARE の値を，GARCH(1, 1) の MADE と MARE の値でそれぞれ割った[10)]．ラグ値を増やせば，誤差を小さくすることができることがわかる．ラグ値が大きい場合，最小 2 乗回帰の MDE は，GARCH(1, 1) の MDE よりも約 0.4% 大きく，MARE は GARCH(1, 1) よりも 10% 大きい．

図 2.13 は，ラグ値が $p = 5$ のときの年平均化されたボラティリティ推定値を表している．逐次推定された値 $\sqrt{250}\,\hat{\sigma}_t$ を示している．

分位点を推定するため，ボラティリティ推定値を適用する．分位点推定量は (1.31)–(1.33) にて，

$$\hat{Q}_p(Y_t \mid \mathcal{F}_{t-1}) = \hat{\sigma}_t\, F_{\epsilon_t}^{-1}(p)$$

というタイプの推定量が定義されており，F_{ϵ_t} は標準正規分布か，自由度 5 と 12

10) GARCH 推定は 3.9.2 項で導入した．GARCH(1, 1) の場合，$\mathrm{MDE}^{(1,2)}$ は 0.0602 であり，$\mathrm{MARE}^{(2)}$ は 1.087 である．

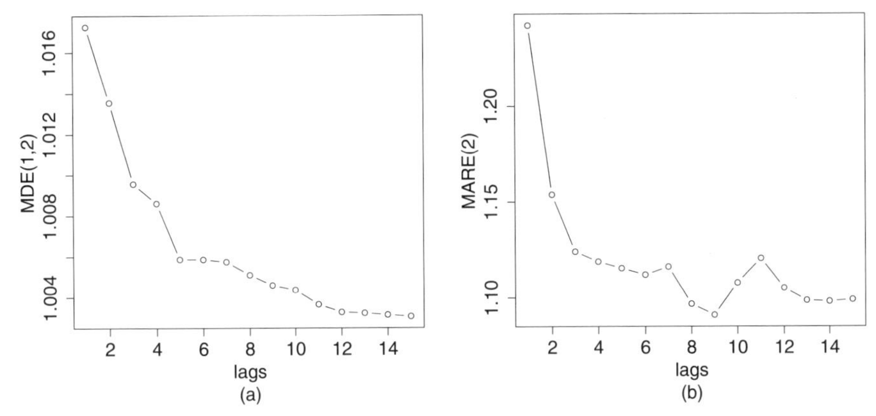

図 2.12　S&P 500 ボラティリティ：最小 2 乗回帰の性能　(a) は平均偏差誤差 ($\mathrm{MDE}^{(1,2)}$) を表している．(b) は指数が 2 の平均絶対比率誤差 ($\mathrm{MARE}^{(2)}$) を表している．性能は $p = 1, \ldots, 15$ のラグ値に対して測定している．誤差は GARCH$(1,1)$ の $\mathrm{MDE}^{(1,2)}$ と $\mathrm{MARE}^{(2)}$ と比較した結果である．

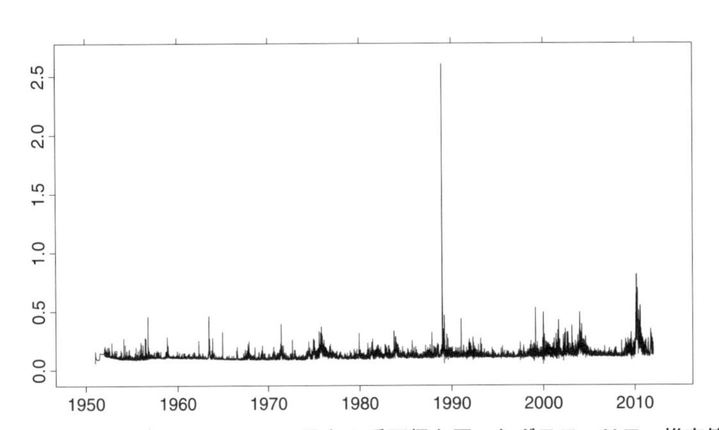

図 2.13　S&P 500 ボラティリティ：最小 2 乗回帰を用いたボラティリティ推定値　ラグ値 $p = 5$ の最小 2 乗回帰を用いたボラティリティ推定値を年平均化した時系列 $\sqrt{250}\,\hat{\sigma}_t$.

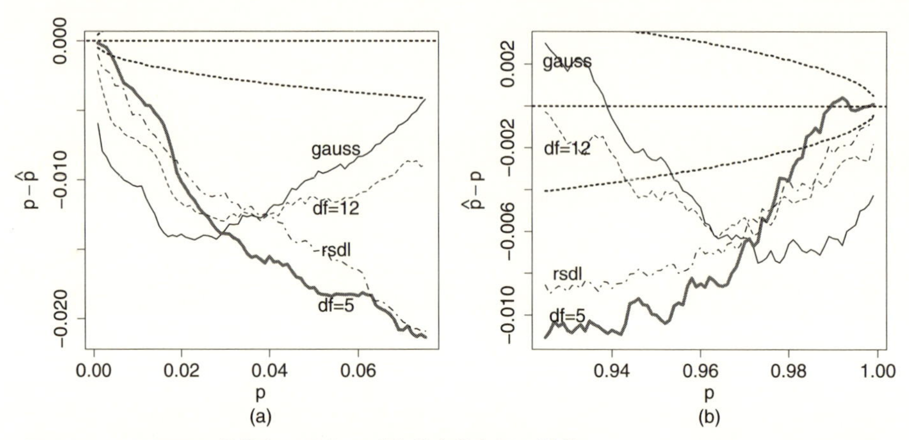

図 2.14　S&P 500 分位点：最小 2 乗分位点推定量の性能　(a) は p が $[0.001, 0.025]$ の場合の曲線 $p \mapsto p - \hat{p}$ を表しており，(b) は p が $0.975 \le p \le 0.999$ の場合の曲線 $p \mapsto \hat{p} - p$ を表している．

の標準 t 分布か，または残差 $Y_t/\hat{\sigma}_t$ の経験分布のどれかである．

図 2.14 は分位点推定量の性能を表している．$\hat{p}$ は，2.6.1 項で定義された超過量の数値である．数値 $\hat{p}$ は，分位点推定値を超えた翌日の観測値の比率である．(a) は，$0.001 \le p \le 0.075$ の場合において，曲線 $p \mapsto p - \hat{p}$ を表しており，(b) は $0.925 \le p \le 0.999$ の場合において，曲線 $p \mapsto \hat{p} - p$ を表している．実線の曲線は標準正規分布の場合，破線の曲線は自由度 12 の t 分布の場合，太線の曲線は自由度 5 の標準 t 分布の場合，一点鎖線の曲線は経験的残差の場合を示している．太い点線の線がレベル 0 の水準に引かれていて，(1.130)–(1.131) で定義された $\alpha = 0.05$ 水準の変動幅も描き加えられている．

2.6.3　リッジ回帰によるボラティリティ

1.6.1 項で記述された S&P 500 リターンデータを分析する．図 2.15 は，S&P 500 リターンの 2 乗値の一歩先の予測を行う上でのリッジ回帰推定量の性能を表している．ラグ値 $p = 2, 5, 10, 20$ のモデルに対して，リッジ・パラメータ $\lambda = 0, 100, 1000$ のときの性能が表されている．リッジ・パラメータ $\lambda = 0$ は最小 2 乗回帰を意味する．(a) は (1.124) で定義された平均偏差誤差 $\mathrm{MDE}^{(1,2)}$ で測定された性能を表している．(b) は，(1.127) で定義された平均絶対値比誤差 $\mathrm{MARE}^{(2)}$ で測定された性能を表している．性能は GARCH(1, 1) 推定の性能と比較している．つまり，最小 2 乗推定量の MDE と MARE の値を GARCH(1, 1) 推定量の MDE と MARE の値でそれぞれ割ったものである．GARCH 推定は 3.9.2

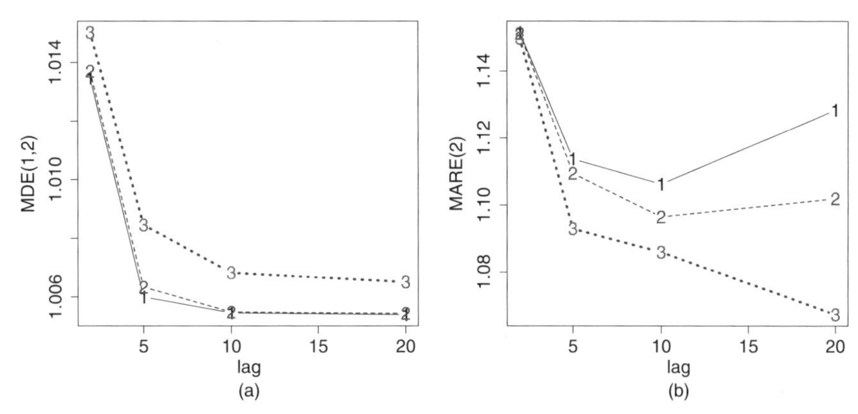

図 2.15　S&P 500 ボラティリティ：リッジ回帰の性能　(a) 平均偏差誤差 (MDE$^{(1,2)}$). (b) 平均絶対比率誤差 (MARE$^{(2)}$). 性能がラグ値 $p = 2, 5, 10, 20$ に対して測定されている．ラベル 1 の実線の曲線は最小 2 乗回帰を表している．ラベル 2 の破線の曲線は $\lambda = 100$ のリッジ回帰を表している．ラベル 3 の点線の曲線は $\lambda = 1000$ のリッジ回帰を表している．誤差は GARCH(1, 1) の MDE と MARE に比較した結果である．

項で導入した．ラベル 1 を持つ実線の曲線は，最小 2 乗回帰を表しており，ラベル 2 を持つ破線の曲線は，$\lambda = 100$ のリッジ回帰を表し，ラベル 3 を持つ点線の曲線は，$\lambda = 1000$ のリッジ回帰を表している．MDE 基準では最小 2 乗回帰が最高の結果をもたらすが，MARE 基準では，大きなパラメータ λ を持つリッジ回帰が最高の結果をもたらす．

2.6.4　ARCH によるボラティリティと分位点

1.6.1 項で記述された S&P 500 リターンデータを分析する．図 2.8 は ARCH(p) パラメータ推定値の数列を表している．

図 2.16 は，ARCH 推定量の性能を表している．S&P 500 リターンの 2 乗値の一歩先予想における性能である．ラグ値が $p = 1, \ldots, 6$ のモデルの性能を示している．(a) は，(1.124) で定義された平均絶対偏差誤差 MDE$^{(1,2)}$ で測定した性能を表している．(b) は，(1.127) で定義された平均絶対比率誤差 MARE$^{(2)}$ で測定された性能を表している．最小 2 乗推定量の MDE と MARE の値を GARCH(1, 1) 推定量の MDE と MARE でそれぞれ割っている．ラグ値を増加させると誤差が小さくなることがわかる．大きなラグ値に対して，最小 2 乗回帰の MDE は GARCH(1, 1) の MDE より約 0.4% 大きく，最小 2 乗回帰の MARE は GARCH(1, 1) の MDE よりも約 10% 大きい．最初の 1 年間の観測値はパラメー

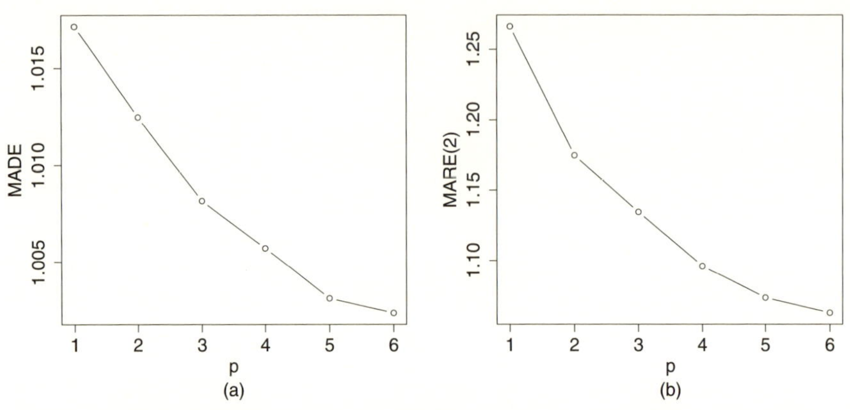

図 2.16　S&P 500 ボラティリティ：ARCH(p) の性能　(a) 平均偏差誤差 (MDE$^{(1,2)}$). (b) 平均絶対比率誤差 (MARE$^{(2)}$). 性能はラグ値 $p = 1, \ldots, 6$ に対して測定されている．誤差は GARCH(1,1) の MDE と MARE と比較した結果である．

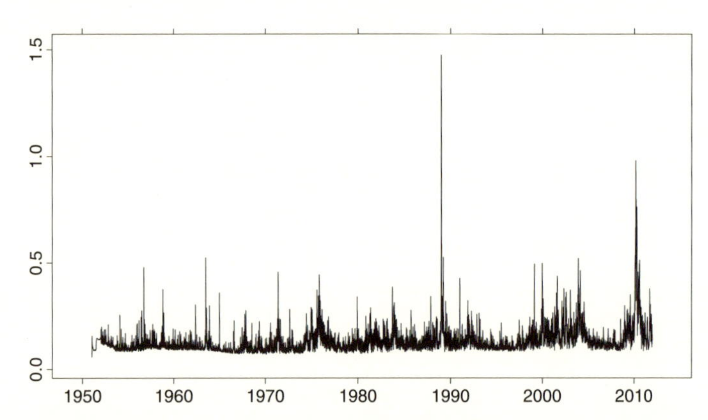

図 2.17　S&P 500 ボラティリティ：ARCH(5) でのボラティリティ推定値　$p = 5$ の ARCH(p) を用いて推定された，年平均化されたボラティリティ推定値の時系列 $\sqrt{250}\,\hat{\sigma}_t$.

タを推定するのに用いられているが，性能尺度には使われていない．

図 2.17 は，ラグ値 $p = 5$ の年平均のボラティリティの推定値を表している．推定は標本外で行っている．つまり，$\hat{\sigma}_t$ はデータ $Y_1, \ldots, Y_{t-1}$ を用いて推定される．

図 2.18 は，曲線 $p \mapsto \hat{p} - p$ と $p \mapsto p - \hat{p}$ で分位点推定量の性能を表している．ここで，2.6.1 項で定義された $\hat{p}$ は翌日の観測値が分位点推定値を越える割合を表している．(1.31)–(1.33) で定義された 3 種類の推定量を適用する．(a) は

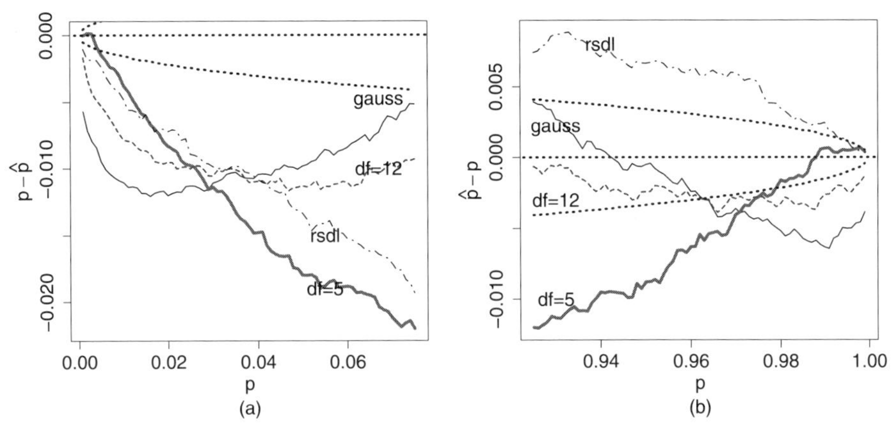

図 2.18 S&P 500 分位点：ARCH(5) 分位点推定量の性能 (a) p が $[0.001, 0.075]$ の範囲にあるときの曲線 $p \mapsto p - \hat{p}$. (b) p が $[0.925, 0.999]$ の範囲にあるときの曲線 $p \mapsto \hat{p} - p$.

$0.001 \leq p \leq 0.075$ の場合を表しており，(b) は $0.925 \leq p \leq 0.999$ の場合を表している．実線の曲線は標準正規誤差の場合を示しており，破線の曲線は自由度 12 の標準 t 分布の場合を表している．太線の曲線は，自由度 5 の標準 t 分布の場合を表しており，一点鎖線の曲線は，経験的残差の場合を表している．$\alpha = 0.05$ 水準の変動幅は太破線で示されている．全体的にガウス型の誤差が最善の結果をもたらす．これらの結果は図 2.14 で示された最小 2 乗回帰の結果とかなり似ている．

2.7 線形分類器

2 クラスの場合，分類のためのデータの境界が線形の場合，つまり，ある $\alpha \in \mathbf{R}$ と $\beta \in \mathbf{R}^d$ に対して，

$$\hat{g}(x) = \begin{cases} 0, \ \alpha + \beta' x \leq 0 \text{ のとき} \\ 1, \ \alpha + \beta' x > 0 \text{ のとき} \end{cases}$$

ならば，分類器 $\hat{g} : \mathbf{R}^d \to \{0, 1\}$ は線形である．多数クラスの場合，$\hat{g} : \mathbf{R}^d \to \{0, \ldots, K-1\}$ のとき，もし集合 $\{x \in \mathbf{R}^d : \hat{g}(x) = k\}$, $k = 0, \ldots, K-1$ が半空間の共通集合であるならば，その分類器が線形であると言う．

線形回帰に基づいた分類器

回帰に基づいた分類器 $\hat{g}$ は (1.78) で定義されていた．ここで，

$$\hat{g}(x) = \text{argmax}_{k=0,\ldots,K-1}\, \hat{p}_k(x)$$

が分類器の定義で，$\hat{p}_k(x)$ は確率 $P(Y = k \,|\, X = x)$ の推定量である．

(1.80) にあるように，

$$P(Y = k \,|\, X = x) = E\left(I_{\{k\}}(Y) \,|\, X = x\right)$$

と書くことができ，条件付き期待値を推定するために，データ $(X_i, I_{\{k\}}(Y_i))$, $i = 1, \ldots, n$ を使った線形回帰を用いる．いま，

$$\hat{g}(x) = \text{argmax}_{k=0,\ldots,K-1}\, \left[\hat{\alpha}_k + \hat{\beta}_k' x\right]$$

であり，$\hat{\alpha}_k$ と $\hat{\beta}_k$ は推定された線形回帰の係数である．こうして線形分類器を得る．線形回帰に基づいた分類器は，Hastie et al. (2001, p. 105) で説明されているように，マスキング問題に苦しむことがある．

密度に基づいた分類器

密度に基いた分類器が (1.83) で定義されている．母集団の場合の分類器は

$$g(x) = \text{argmax}_{k=0,\ldots,K-1} p_k f_{X\,|\,Y=k}(x)$$

であり，ここでは $f_{X\,|\,Y=k}$ はクラスの密度関数，$p_k = P(Y = k)$ はクラスの事前確率である．

2次判別分析において，クラス密度は多変量正規密度であると仮定する．つまり，以下を仮定する．

$$f_{X\,|\,Y=k}(x) = |\Sigma_k|^{-1/2} \phi\left((x - \mu_k)' \Sigma_k^{-1} (x - \mu_k)\right)$$

ここで，$k = 0, \ldots, K-1$ であり，$\phi(t) = (2\pi)^{-d/2} \exp\{-t/2\}$, $\mu_k \in \mathbf{R}^d$ は平均，Σ_k はサイズ $d \times d$ の共分散行列である．経験的分類器は μ_k と Σ_k を推定することで得られ，それらの推定値として標本平均と標本共分散行列を用いるのが普通である．いま，

$$g(x) = \text{argmax}_{k=0,\ldots,K-1} \delta_k(x) \tag{2.82}$$

であり，ここで，

$$\delta_k(x) = 2\log p_k - \log(|\Sigma_k|) - (x-\mu_k)'\Sigma_k^{-1}(x-\mu_k)$$

である．この判別ルールでは分類集合の境界が2次式になる．

線形判別分析では，クラス密度が，同一の共分散行列を持つ多変量正規密度である．分類関数は (2.82) で定義されるが，判別関数は

$$\delta_k(x) = 2\log p_k - (x-\mu_k)'\Sigma^{-1}(x-\mu_k)$$

で定義される．ここで Σ はクラス分布における共通の共分散行列である．

2クラスの場合においては，

$$\log \frac{p_1 f_{X|Y=1}(x)}{p_0 f_{X|Y=0}(x)} = b'x + c$$

である．ただし，

$$b = \Sigma^{-1}(\mu_1 - \mu_0)$$

$$c = -\frac{1}{2}(\mu_1+\mu_0)'\Sigma^{-1}(\mu_1-\mu_0) + \log\frac{p_1}{p_0},$$

であり，Σ は共通の共分散行列である．こうして，

$$\{x \in \mathbf{R}^d : p_1 f_{X|Y=1}(x) \geq p_0 f_{X|Y=0}(x)\} = \{x \in \mathbf{R}^d : b'x + c \geq 0\}$$

なので，2クラスの場合の分類集合は線形の境界をもつ．多数クラスの場合，2つの集合の間の境界はすべて線形であるので，決定集合は半空間の共通集合である．

経験リスク最小化に基づく線形分類器

経験リスク最小化に基づく分類器は，(1.84) で

$$\hat{g} = \mathrm{argmin}_{g\in\mathcal{G}}\gamma_n(g) \tag{2.83}$$

として定義されている．ここで，$\mathcal{G}$ は関数 $g : \mathbf{R}^d \to \{0,\ldots,K-1\}$ の集合で，$\gamma_n(g)$ は分類器 g の経験誤差である．関数のクラス $\mathcal{G}$ が適切に選ばれているならば，線形分類器を得る．例えば，以下のように定義する．

$$\mathcal{G} = \left\{g(\,\cdot\,,\theta) : \theta \in \mathbf{R}^{K(d+1)}\right\} \tag{2.84}$$

ただし，

$$
\begin{aligned}
g(x,\theta) &= \mathrm{argmax}_{k=1,\ldots,K-1}\delta_k(x,\theta) \\
\delta_k(x,\theta) &= \alpha_k - (x-\mu_k)'\hat{\Sigma}^{-1}(x-\mu_k) \\
\theta &= (\alpha_1,\ldots,\alpha_K,\mu_1,\ldots,\mu_K)
\end{aligned}
$$

であり，$\hat{\Sigma}$ は完全な学習標本から計算された標本共分散行列である．これは $K(d+1)$ 個のパラメータに関する最適化問題に帰着する．$\hat{\mu}_k$ をクラス k の学習標本から計算された標本平均であるとすると，パラメータの数は

$$
\begin{aligned}
\delta_k(x,\theta) &= \alpha_k - (x-\hat{\mu}_k)'\hat{\Sigma}^{-1}(x-\hat{\mu}_k) \\
\theta &= (\alpha_1,\ldots,\alpha_K)
\end{aligned}
$$

と定義することで削減することができる．するとパラメータが K 個になり，(2.83) の最適化が K 個のパラメータに関して行われる．この削減法は Hastie et al. (2001, p.110) で提案されている．

第3章

カーネル法とその拡張

「局所平均」という用語を，推定量が以下のように書ける回帰関数推定法の名称として用いる．

$$\hat{f}(x) = \sum_{i=1}^{n} p_i(x)\, Y_i, \qquad x \in \mathbf{R}^d \tag{3.1}$$

ここで，$p_i(x) \geq 0$，$\sum_{i=1}^{n} p_i(x) = 1$ である．重みは，X_i が x から遠いとき $p_i(x)$ が 0 に近く，X_i が x に近いとき $p_i(x)$ が大きい，という性質を満たす．回帰関数の推定量 $\hat{f}(x)$ は，Y_i，$i = 1, \ldots, n$ の重み付き平均である．ここで，X_i が x に近いとき，観測値に対して大きい重みを与える．リグレッソグラム，カーネル推定量，最近傍推定量は，局所平均の特別な場合である．局所多項式推定量も，局所平均推定量の集合に属すると考えられるが，局所 1 次式回帰については，5.2 節で論じる．そこでは，局所尤度推定量についても論じる．以下の 2 つの観点から局所平均の使用を促進できる．

第 1 に，局所平均は補間の考え方を改良することで得られる．まず，点 $x \in \mathbf{R}^d$ における関数 $f : \mathbf{R}^d \to \mathbf{R}$ の値を推定したいという問題を考える．$x_1, \ldots, x_n \in \mathbf{R}^d$ という点の集合において，$f(x_1), \ldots, f(x_n)$ の値だけが得られているとする．$f(x_1), \ldots, f(x_n)$ の値に対して区分的定数や多項式補間などの補間法を用いると，何らかの $x \in \mathbf{R}^d$ の点における $f(x)$ の値の近似値を得ることができる．例えば，以下のように推定できる．

$$f(x) \approx f(x_{i(x)})$$

ここで，$i(x)$ は，x に一番近い観測値の添え字である．つまり，以下のように書ける.

$$\|x - x_{i(z)}\| = \min\{\|x - x_i\| : i = 1, \ldots, n\}$$

回帰関数推定の設定においては，関数の正確な値は観測せず，誤差を含んだ値のみを観測する．すなわち，以下のように書ける.

$$Y_i = f(x_i) + \epsilon_i$$

ここで，ϵ_i，$i = 1, \ldots, n$ は不規則誤差である．x に最も近い x_i に対応する推定値 Y_i として以下の値を選ぶことができる.

$$f(x) \approx Y_{i(x)}$$

ここで，$i(x)$ は上で定義したものである．この推定量は大きな確率変動を含んでいるかもしれない．この推定量の値は1つの誤差項 $\epsilon_{i(x)}$ に依存しているからである．したがって，(3.1) のようにいくつかの観測値の局所平均をとる方が好ましい．すると，いくつかの誤差項の平均によって確率変動を減少させることができる.

第2に，(3.1) の推定量を最小2乗法を拡張することで得ることができる．すなわち，(3.1) は以下のような局所重み付き最小2乗法問題の解である.

$$\hat{f}(x) = \mathrm{argmin}_{\theta \in \mathbf{R}} \sum_{i=1}^{n} p_i(x)(Y_i - \theta)^2 \tag{3.2}$$

$p_i(x) \equiv 1/n$ とすると，以下の算術平均になることに注意していただきたい.

$$\hat{\theta} = \frac{1}{n} \sum_{i=1}^{n} Y_i$$

局所的な経験的リスクについては5.2.1項で検討する．そこでは，(3.2) を定義とする推定量を局所定数推定量と呼び，局所1次式推定量と局所2次式推定量に拡張する.

3.1節では，リグレッソグラムを定義する．3.2節では，カーネル推定量を扱う．3.3節から3.10節では，最近傍推定量，局所平均による分類，中央値平滑化，条件付き密度推定と条件付き分布関数推定，条件付き分位点推定，条件付き分散推定，条件付き共分散推定を論じる.

リスク管理の応用の数々については3.11節で示す．そこでは，S&P 500 リターンのデータを用いて，条件付き分散推定，条件付き共分散推定，条件付き分位点について検討する．ここで，注意していただきたいのは，3.9.2 項において，S&P 500 リターンのデータの GARCH(1,1) へのあてはめについて既に検討していて，3.9.3 項において，S&P 500 リターンのデータに対する移動平均推定量について既に検討していることである．ポートフォリオ選択への応用は 3.12 節において示す．そこでは，効用最大化による回帰関数推定とマーコウィッツ基準による分類と回帰関数推定について検討する．

3.1 リグレッソグラム

リグレッソグラムは回帰関数のノンパラメトリックな推定量の中で最も単純なものの 1 つである．リグレッソグラムは区分的な定数による回帰関数推定量である．X-観測値空間は，重なり合わない（つまり，互いに素の）区切りによって覆われる．ある区切りにおけるリグレッソグラムの値は，その区切りの中の X の値に対する Y の値の平均である．通常，その区切りは長方形である．しかし，例えば六角形のこともある．「リグレッソグラム」という名前は，Tukey (1961) が作成した用語である．この用語は，「ヒストグラム」と関係がある．ヒストグラムは，密度関数の区分的定数推定量を表しているので，リグレッソグラムと似ている．

データ $(X_1, Y_1), \ldots, (X_n, Y_n)$ に基づくリグレッソグラムは，$A_1, \ldots, A_N \subset \mathbf{R}^d$ という集合が集まったものが与える．これらの集合は互いに素で，それらの和集合は，観測された説明変数の範囲を覆う．すなわち，以下のことが言える．

1. $A_i \cap A_j = \emptyset$, $i \neq j$ のとき
2. $\{X_1, \ldots, X_n\} \subset U_{j=1}^N A_j$

リグレッソグラムの定義は以下である．

$$\hat{f}_n(x) = \hat{Y}_{A_j}, \qquad x \in A_j \text{のとき}$$

ここで，$\hat{Y}_{A_j}$ は，説明変数の値が A_j にあるデータに対応する目的変数の値の平均である．$x \in A$ なら，$I_A(x) = 1$，$x \notin A$ なら，$I_A(x) = 0$ という表記を用いると，以下のように書ける．

$$\hat{Y}_A = \frac{1}{n_A} \sum_{i=1}^{n} Y_i \, I_A(X_i) \tag{3.3}$$

ここで，n_A は，A の内部にある説明変数の値の数である．すなわち，以下が定義である．

$$n_A = \sum_{i=1}^{n} I_A(X_i)$$

リグレッソグラムの定義は以下のように書ける．

$$\hat{f}_n(x, \mathcal{P}) = \sum_{j=1}^{N} \hat{Y}_{A_j} I_{A_j}(x) = \sum_{A \in \mathcal{P}} \hat{Y}_A I_A(x), \qquad x \in \mathbf{R}^d \tag{3.4}$$

この式は，リグレッソグラムが区切り方 $\mathcal{P} = \{A_1, \ldots, A_N\}$ にどのように依存するかについても明示している．(3.4) の和の順序を変更すると，以下の式が得られる．

$$\hat{f}_n(x) = \sum_{j=1}^{N} \left(\frac{1}{n_{A_j}} \sum_{i=1}^{n} Y_i \, I_{A_j}(X_i) \right) I_{A_j}(x) = \sum_{i=1}^{n} p_i(x) \, Y_i$$

ここで，以下を用いている．

$$p_i(x) = \sum_{j-1}^{N} \frac{1}{n_{A_j}} I_{A_j}(X_i) I_{A_j}(x) = \frac{1}{n_{A_x}} I_{A_x}(X_i) \tag{3.5}$$

また，$A_x \in \{A_1, \ldots, A_N\}$ は，$x \in A_x$ を意味する（対称性により，$p_i(x) = I_{A_{X_i}}(x)/n_{A_{X_i}}$ と書くこともできる）．したがって，リグレッソグラムを (3.1) のような局所平均の形で書くことができる．つまり，以下の形になる．

$$\hat{f}_n(x) = \sum_{i=1}^{n} p_i(x) \, Y_i$$

ここで，$p_i(x) = p_i(x, X_1, \ldots, X_n) \geq 0$ であり，$\sum_{i=1}^{n} p_i(x) = 1$ である．重み $p_i(x)$ は，X_i が x に近いとき大きい値になり，X_i が x から遠いとき小さい値になる，という性質を満たす．

リグレッソグラムは，説明変数の空間の区切りを定義することによって完全に決まる．ここでは，長方形を使った区切りだけを論じる．まず，等間隔区切りと不等間隔区切りを区別する．1次元の場合，等間隔区切りとは，長さ h の間隔のものの集合になる．不等間隔区切りとは，様々な長さの間隔の区切りの集合である．多次元の場合，等方的な等間隔区切りと非等方的な等間隔区切りを区別する．等方的な等間隔区切りでは，全ての長方形の辺長 h が等しい．したがって，そのときの区切りは，h^d の体積の立方体（立方体の区切り）の集合になる．非等方的な等間隔区切りにおいては，長方形の辺長が 1 つの方向では等しい．しかし，異なる方向では等しくない．つまり，辺長が $h_1, \ldots, h_d$ で，それぞれの区切りの体積が $h_1 \cdots h_d$ である．多変量の場合の不等間隔区切りも長方形によって構成される．しかし，それぞれの長方形の体積と形は様々である．

等間隔区切りは，平滑化パラメータ h を介してデータを反映する．非等方的な区切りの場合は，平滑化パラメータ $h_1, \ldots, h_d$ を介してである．これらの平滑化パラメータの値は，例えば，クロスバリデーションやプラグイン法によって選択できる．不等間隔区切りはデータをより強く反映する．区切りの集合における形や体積をデータを使って選択するからである．不等間隔区切りを作成する方法の数々については 5.5 節で論じる．

3.2 カーネル推定量

カーネル推定値を定義し，リグレッソグラムと比較し，ガッサー・ミューラー推定量とプリーストリー・カオ推定量を定義する．また，移動平均を定義し，局所的に定常的なデータを用いたカーネル推定について検討する．次元の呪いについても論じる．さらに，平滑化パラメータ選択について論じる．カーネル推定量において利用する有効標本サイズの定義として考えられるものの数々についても論じる．そして，偏微分値のカーネル推定量を定義する．最後に，カーネル推定量における点別信頼区間を示す．

3.2.1 カーネル回帰推定量の定義

回帰関数のカーネル推定量の定義は以下である．

$$\hat{f}(x) = \sum_{i=1}^{n} p_i(x)\, Y_i \tag{3.6}$$

ここで，以下を用いている．

$$p_i(x) = \frac{K_h(x - X_i)}{\sum_{i=1}^{n} K_h(x - X_i)}, \qquad i = 1, \ldots, n \tag{3.7}$$

$K : \mathbf{R}^d \to \mathbf{R}$ がカーネル関数である．ここで，$K_h(x) = K(x/h)/h^d$ であり，$h > 0$ が平滑化パラメータである．このカーネル推定量を，ナダラヤ・ワトソン

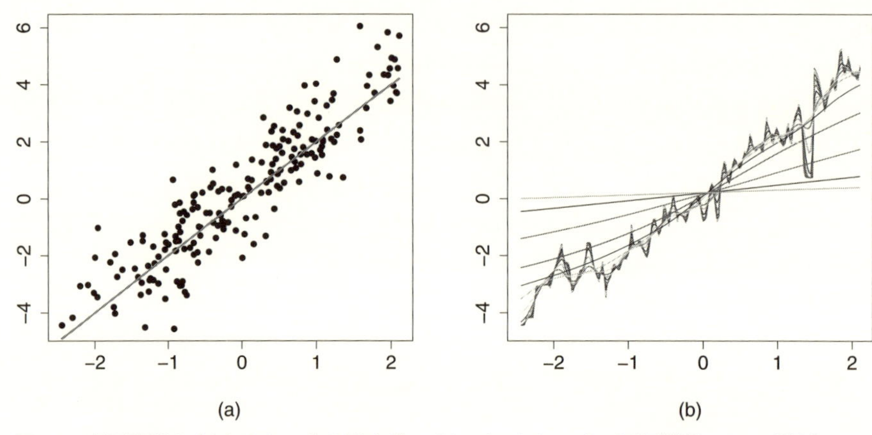

図 3.1　線形関数に対するカーネル推定値　(a) データと，真の回帰関数．(b) 平滑化パラメータの値を，数列 $h = 0.02, \ldots, 5$ のいずれかにしたときの回帰関数のカーネル推定量．

推定量とも呼ぶ．Nadaraya (1964) と Watson (1964) が定義したからである．

図 3.1 は，1 次元の線形回帰関数 $f(x) = 2x$ の推定における平滑化パラメータの影響を図示したものである．データ $(X_1, Y_1), \ldots, (X_n, Y_n)$ は独立同分布で，$n = 200$ である．また，$Y_i = f(X_i) + \epsilon_i$ で，$\epsilon_i \sim N(0,1)$，$X_i \sim N(0,1)$ である．X_i と ϵ_i は独立である．(a) は真の回帰関数を実線で示している．データを●で示している．(b) は，平滑化パラメータの値を $h = 0.02, 0.02004, \ldots, 2.7, 5$ のいずれかに設定したときのカーネル推定量 f を示している[1]．カーネルは，標準ガウス型密度関数である．$h \to \infty$ のとき，推定値は定数関数に収束する．その関数における値は，必ず算術平均 $\bar{Y}$: $\hat{f}(x) \equiv \bar{Y}$ になる．h が小さい値のとき，推定値は凸凹が多い関数になる．

図 3.2 は，1 次元の 2 次式を推定する際の平滑化パラメータの影響を示している．真の回帰関数は $f(x) = x^2$ であり，$Y_i = f(X_i) + \epsilon_i$，$i = 1, \ldots,\ n = 200$ である．ここで，$\epsilon_i \sim N(0,1)$，$X_i \sim N(0,1)$ である．このとき，X_i と ϵ_i は独立である．(a) は真の回帰関数とデータを示している．(b) は，図 3.1 と同じ数列の平滑化パラメータを用いたときの，f のカーネル推定量を示している．ここ

[1] ここでは，$[h_1, h_2]$ の区間の N 個の値の数列のいずれかを平滑化パラメータの値とした．まず，$\delta = (h_2 - h_1)/(N-1)$，$i = 0, \ldots, N-1$ として，格子点 $g_i = h_1 + i\delta$ を定義した．そして，$h_i = a10^{g_i} + b$ とした．ここで，$a = (h_2 - h_1)/(10^{h_2} - 10^{h_1})$，$b = h_1 - a10^{h_1}$ である．

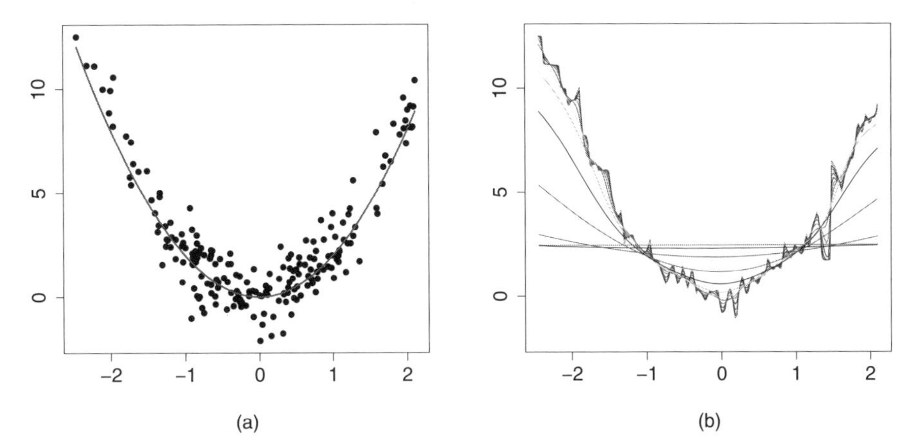

図 3.2　2 次関数のカーネル推定値　(a) データと真の回帰関数．(b) 平滑化パラメータを $h = 0.02, \ldots, 5$ の数列にしたときの，回帰関数のカーネル推定量．

でのカーネルは，標準ガウス型密度関数である．

図 3.3 は，1 次元の説明変数が X のときの重み $p_i(x)$ を示している．標準ガウス型密度関数と平滑化パラメータ $h = 0.2$ を用いた．(a) は関数 $(x, X_i) \mapsto p_i(x)$ の鳥瞰図である．ここで，$X_1, \ldots, X_n$ は，$[-1, 1]$ の範囲の一様分布からシミュレーションによって得られた，$n = 200$ の大きさの標本である．(b) は，$x \mapsto p_i(x)$ の 6 つの関数である．$X_i = -1, -0.5, \ldots, 1$ としたときである．これを，図 2.1 に示した，線形回帰における重みと比較できる．カーネル重みは局所的であることが見て取れる．つまり，重み $p_i(x)$ が，x が X_i に近いときに限って正の値になる．これに対して，線形回帰における重み $l_i(x)$ は，ほとんどすべての x において 0 ではない．

3.2.2　リグレッソグラムとの比較

$K = I_{[-1,1]^d}$ とすると以下が得られる．

$$K_h(x - X_i) = h^{-d}\, I_{R_h(x)}(X_i)$$

ここで，以下を用いている．

$$R_h(x) = [x - h, x + h] = [x_1 - h, x_1 + h] \times \cdots \times [x_d - h, x_d + h]$$

したがって，以下が得られる．

$$p_i(x) = \frac{1}{n_{R_h(x)}}\, I_{R_h(x)}(X_i) \tag{3.8}$$

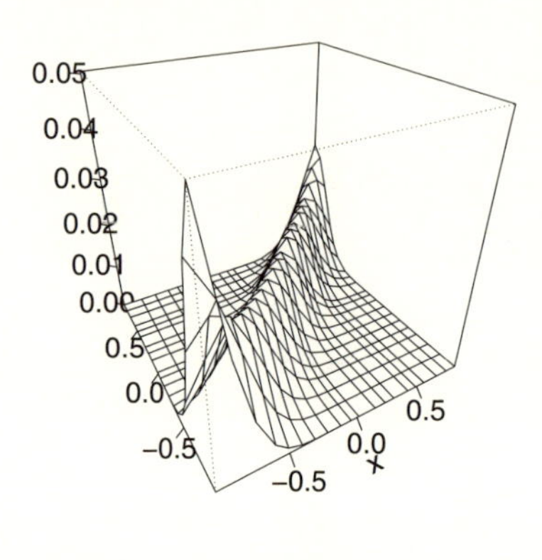

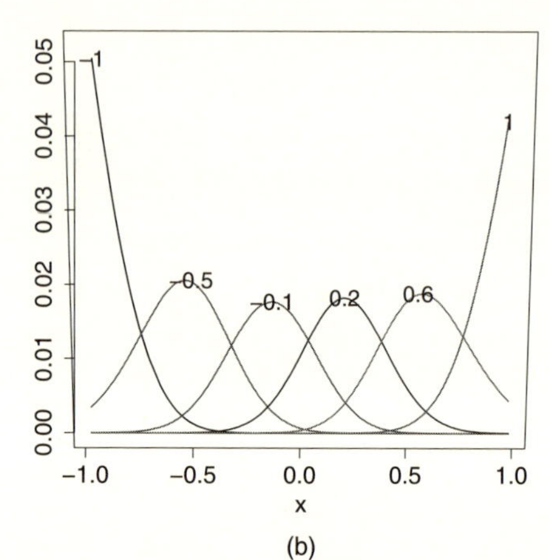

図 3.3　カーネル回帰の重み　(a) 関数 $(x, X_i) \mapsto p_i(x)$．(b) 6つの断面図．$x \mapsto p_i(x)$，$X_i = -1, -0.5, \ldots, 1$ としたときのもの．

ここで，以下を用いている．

$$n_{R_h(x)} = \sum_{i=1}^{n} I_{R_h(x)}(X_i)$$

これは，$R_h(x)$ における観測値 X_i の数である．(3.8) における重みは，(3.5) におけるリグレッソグラムの重みに似ている．しかし，重要な違いがある．

一様カーネルを用いたカーネル推定量は以下のように書ける．

$$\hat{f}(x) = \hat{Y}_{R_h(x)} \tag{3.9}$$

ここで，以下を用いている．

$$\hat{Y}_R = \frac{1}{n_R} \sum_{i=1}^{n} Y_i \, I_R(X_i), \qquad n_R = \#\{X_i \in R\}$$

それに対して，リグレッソグラムの定義は以下である．

$$\hat{f}(x) = \hat{Y}_{R_x} \tag{3.10}$$

ここで，R_x は，x を含む区切りを表す．したがって，一様カーネルを用いたカーネル推定量とリグレッソグラムの違いは，リグレッソグラムでは，長方形 R（区切りの集合の内，$x \in R$ となる長方形 R）における平均をとる．他方，カーネル推定量では，長方形 $R_h(x)$ における平均をとる．この長方形の定義は，x が中心にある長方形である．したがって，カーネル推定量は移動平均であるのに対して，リグレッソグラムは固定された区切りにおける平均をとる．リグレッソグラムの場合は，x が R_x の境界に近いことも起こり得る．したがって，目的変数の値の内のいくつかを使った移動平均を行うことが好ましい．それらの目的変数の値に対応するデータ点の説明変数の値は，x の対称な近傍に位置するように設定する．これは，カーネル推定量を用いたときに行われることである．

3.2.3 ガッサー・ミューラー推定量とプリーストリー・カオ推定量

1次元の場合，ガッサー・ミューラー重みとプリーストリー・カオ重みが，(3.7) のナダラヤ・ワトソン重みに代わる手段である．ここでは，$X_i \in \mathbf{R}$ を仮定する．これらの推定量は古くから固定設定回帰の場合に利用されている．

ガッサー・ミューラー推定量においては定義 (3.6) の推定量を用いる．重みの定義は以下である．

$$p_i(x) = \int_{s_{i-1}}^{s_i} K_h(x-u)\,du$$

ここで，観測値が $X_1 \leq \cdots \leq X_n$ になるように並べられていると仮定する．そして，$s_i = (X_i + X_{i+1})/2$ $(i = 1, \ldots, n-1)$ とする．$X_1, \ldots, X_n \in [a, b]$ であることが分かっているとき，$s_0 = a$，$s_n = b$ とする．しかし，$s_1 = -\infty$，$s_n = \infty$ とすることもできる．この推定量は Gasser & Müller (1979) が定義した．Gasser & Müller (1984) も参照せよ．

プリーストリー・カオ推定量において定義 (3.6) を用いる．しかし，重みの定義は以下である．

$$p_i(x) = (X_i - X_{i-1}) K_h(x - X_i) \tag{3.11}$$

ここで，観測値が $X_1 \leq \cdots \leq X_n$ になるように並べられていることを仮定している．$X_1, \ldots, X_n \in [a, b]$ を仮定するとき，$X_0 = a$ とする．この推定量は Priestley & Chao (1972) が定義した．

3.2.4 移動平均

移動平均は時空間の平滑化や時空間の予測に利用できる．時空間の平滑化と予測は説明変数として時間パラメータを用いた回帰技術を使って行う．これについては，(1.48) で説明した．基本的なモデルとして，大抵の場合，$Y_t = \mu_t + \sigma_t \epsilon_t$ という種類の誤差モデルに従う信号を考える．

両方向移動平均は時空間平滑化において用いる．一方向移動平均は時空間予測において用いる．一方向移動平均は状態空間平滑化において利用するための説明変数を導くためにも用いることができる．例えば，Franke et al. (2004, Section 18.4) を参照せよ．

両方向移動平均

時系列観測値 $Y_1, \ldots, Y_T$ を考える．説明変数 $X_t = t$ とする．カーネルが $K(x) = I_{[-1,1]}(x)$ のとき，カーネル推定量は以下のような移動平均になる．

$$\hat{f}(t) = \frac{1}{2h+1} \sum_{i=-h}^{h} Y_{t+i}$$

ここで，$h = 0, 1, 2, \ldots$ である．一般的なカーネル関数 $K : \mathbf{R} \to \mathbf{R}$ と平滑化パラメータ $h > 0$ を選べば，より幅広い種類の移動平均が実現する．そのとき，移動平均[2)] は以下のように書ける．

$$\hat{f}(t) = \sum_{i=1}^{T} p_i(t)\, Y_i \tag{3.12}$$

ここで，以下を用いている．

$$p_i(t) = \frac{K((t-i)/h)}{\sum_{j=1}^{T} K((t-j)/h)} \tag{3.13}$$

平滑化パラメータ $h > 0$ が平滑化をする近傍領域の長さを調整する．

一方向移動平均

時系列の設定では予測を行うために一方向移動平均を使う必要がある．それは，カーネル $I_{[0,1]}(x)$ を選ぶことによって実現できる．すると，以下の式になる．

$$\hat{f}(t) = \frac{1}{h+1} \sum_{i=t-h}^{t} Y_i$$

2) 期間番号 $k = 0, 1, \ldots$ を用いる $2k+1$ 期間移動平均の定義は，$\hat{f}(t) = \sum_{i=t-k}^{t+k} p_i(t)\, Y_i$ である．ここで，$p_i(t) = K((t-i)/h) / \sum_{j=t-k}^{t+k} K((t-j)/h)$ である．ステップ番号 k は，移動平均が十分な数の観測値を用いるものになるように十分な数にする．しかし，k を平滑化パラメータとして用いるわけではない．例えば，観測された時系列 $Y_1, \ldots, Y_T$ があるとき，$\hat{f}(t)$ を計算したいとする．そのとき，$k = \min\{t-1, T-t\}$ とすることがある．

ここで，$h = 0, 1, 2, \ldots$ である．より柔軟性の高い種類の移動平均を行うためには，一般のカーネル回帰 $K : [0, \infty) \to \mathbf{R}$ と平滑化パラメータ $h > 0$ を用いる．例えば，$K(x) = \exp(-x) I_{[0,\infty)}(x)$ とする[3]．そのとき，一方向移動平均[4] は以下のものになる．

$$\hat{f}(t) = \sum_{i=1}^{t} p_i(t)\, Y_i \tag{3.14}$$

ここで，以下を用いている．

$$p_i(t) = \frac{K((t-i)/h)}{\sum_{j=1}^{t} K((t-j)/h)} \tag{3.15}$$

指数移動平均

指数移動平均は，$K(x) = \exp(-x)\, I_{[0,\infty)}(x)$ とし，以下の式を用いたときに得られる一方向移動平均である．

$$h = -\frac{1}{\log \gamma}$$

ここで，$0 < \gamma < 1$ である．その場合，推定量 (3.14) は以下に等しくなる．

$$\hat{f}(t) = \sum_{i=1}^{t} p_i(t)\, Y_i = \frac{1-\gamma}{1-\gamma^t} \sum_{i=1}^{t} \gamma^{t-i} Y_i \tag{3.16}$$

そのとき，確かに $\gamma = \exp(-1/h)$ になり，以下が得られる．

$$\exp\left(-\frac{t-i}{h}\right) = \gamma^{t-i}$$

等比数列の和の公式[5] を使うと以下の式が得られる．

$$\sum_{j=1}^{t} \gamma^{t-i} = \frac{1-\gamma^t}{1-\gamma}$$

[3] Gijbels, Pope & Wand (1999) が半カーネルを利用していることに注意する必要がある．それは，引数が正のときに 0 になるカーネルである．例えば，$K(x) = \exp(x) I_{(-\infty,0]}(x)$ である．

[4] 期間番号が $k = 0, 1, \ldots$ の k 期間移動平均の定義は，$\hat{f}(t) = \sum_{i=t-k}^{t} p_i(t)\, Y_i$ である．ここで，$p_i(t) = K((t-i)/h) / \sum_{j=t-k}^{t} K((t-j)/h)$ である．例えば，観測された時系列 $Z_1, \ldots, Z_t$ があって，$\hat{f}(t)$ を計算したいとき，$k = t-1$ とするのが自然である．

[5] $0 < r < 1$ のとき，$\sum_{j=0}^{t-1} r^j = (1-r^t)/(1-r)$ が得られる．

以下の再帰的な定義を使うとやや異なる指数移動平均が得られる．

$$\mathrm{ma}(t) = (1-\gamma)Y_t + \gamma\mathrm{ma}(t-1) \tag{3.17}$$

ここで，$0 \le \gamma \le 1$ である．すると，以下の式になる．

$$\mathrm{ma}(t) = (1-\gamma)\sum_{i=1}^{t}\gamma^{t-i}Y_i$$

移動平均を $Y_t, \ldots, Y_1$ を使って計算し，初期値として $\mathrm{ma}(1) = (1-\gamma)Y_1$ を用いる場合である．

指数平滑化における平滑化パラメータの選択は Gijbels et al. (1999) が検討している．

3.2.5 局所定常データ

時系列 (X_t, Y_t)，$t = 0, \pm 1, \pm 2, \ldots$ を考える．強い定常性とは，数列 (X_t, Y_t) $, \ldots, (X_{t+h}, Y_{t+h})$ が，それぞれの $t, u, h \in \mathbf{Z}$ において，数列 $(X_u, Y_u), \ldots,$ (X_{u+h}, Y_{u+h}) と同一の分布にしたがっていることを意味する．局所定常時系列は，t と u がお互いに近いとき，$(X_t, Y_t), \ldots, (X_{t+h}, Y_{t+h})$ の分布が，(X_u, Y_u) $, \ldots, (X_{u+h}, Y_{u+h})$ の分布に近いことを意味する．

局所定常 AR(1) モデル

$Y_1, \ldots, Y_T$ を以下のモデルから観測された数列とする．

$$Y_t = \beta_t Y_{t-1} + \epsilon_t, \qquad t = 1, \ldots, T \tag{3.18}$$

ここで，$Y_0 = 0$，$\beta_t = \beta(t/T)$，$\beta : [0,1] \to \mathbf{R}$ であり，$\epsilon_1, \ldots, \epsilon_T$ が独立同分布の $N(0,1)$ に従う．これは通常の自己回帰モデルとは異なり，係数 β_t が時間によって変化する．ここでは，$\beta(x) = x^{1/2}$ とする．この種の非定常時系列について，例えば，Dahlhaus (1997) が検討した．

図 3.4 は，モデル (3.18) によるデータを使った推定の例である．(a) はシミュレーションによる時系列（$T = 1000$ の観測値）を示している．(b) は真の係数である β_t の数列を細い曲線で示している．逐次的な推定値は以下である．

$$\hat{\beta}_t^{seq} = \frac{\sum_{i=2}^{t} Y_i Y_{i-1}}{\sum_{i=2}^{t} Y_{i-1}^2}$$

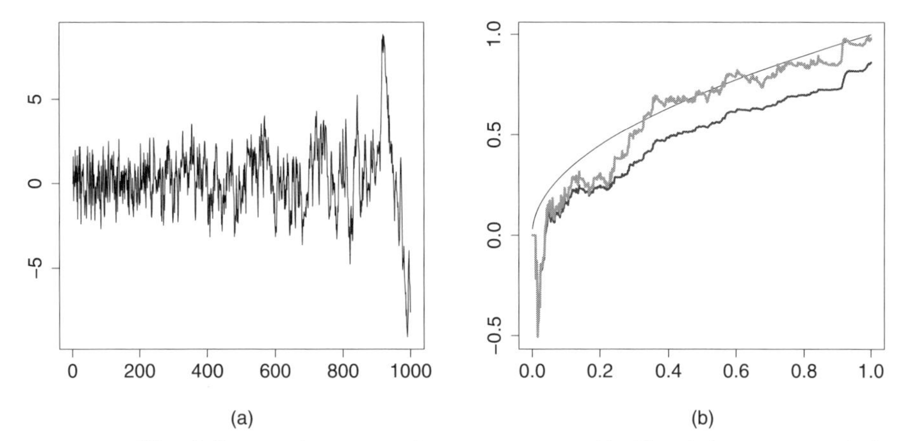

図 3.4 局所的に定常のデータ (a) モデル (3.18) による，局所的に定常の AR(1) の時系列の実現値．(b) 真の係数を細い曲線で表している．逐次的に推定した係数を濃い実線で表している．移動平均推定値を薄い実線で表している．

この式による推定値を濃い実線で示した．この逐次的な推定値は (2.10) が定義する最小 2 乗推定量である．しかし，ここでのデータは (Y_{i-1}, Y_i)，$i = 2, \ldots, t$ である．移動平均推定値は以下のものである．

$$\hat{\beta}_t^{ma} = \frac{\sum_{i=2}^{t} p_i(t)\, Y_i Y_{i-1}}{\sum_{i=2}^{t} p_i(t)\, Y_{i-1}^2}$$

その値を薄い実線で示している．ここで，重み $p_i(t)$ は (3.15) で定義したもので，カーネル関数は $K(x) = \exp(-x) I_{[0,\infty)}(x)$ である．

図 3.5 が，真の回帰曲線の数列と，回帰曲線の移動平均推定値を示している．(a) は真の回帰曲線 $f_t(x) = \beta_t x$，$x \in [-9, 9]$ を示している．この曲線が $t \in \{100, 150, 200, \ldots, 950\}$ の時刻のものを表している．(b) が推定された回帰曲線 $\hat{f}_t(x) = \hat{\beta}_t^{ma} x$ を表している．ここでは，移動平均法を使って係数の数列を推定している．

時空間平滑化と状態空間平滑化の結合

以下の式を用いる．

$$Y_t = f_t(X_t) + \epsilon_t, \qquad t = 1, \ldots, T \tag{3.19}$$

ここで，$f_t : \mathbf{R}^d \to \mathbf{R}$ が時間の経過と共に滑らかに変化する関数である．今，$(X_1, Y_1), \ldots, (X_T, Y_T)$ というデータがあるとする．このとき，時空間平滑化と

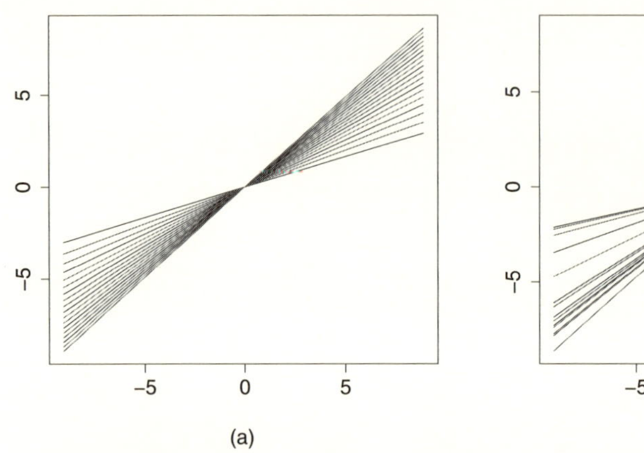

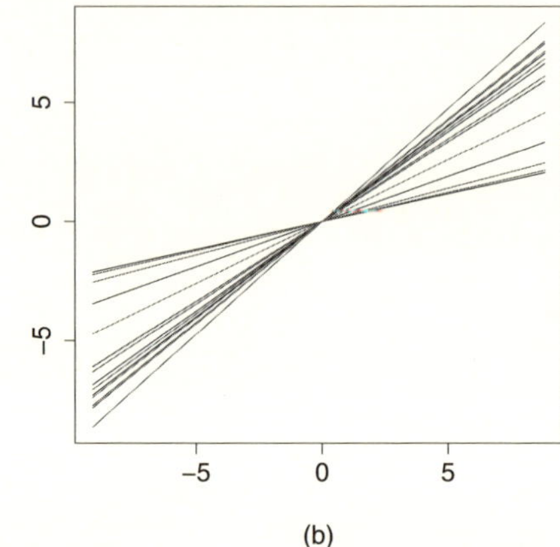

図 3.5　局所的に定常のときの推定　(a) 局所的に定常の AR(1) モデル (3.18) による真の回帰関数の数列．(b) 推定した回帰関数の数列 $\hat{f}_t^{ar}$．

状態空間平滑化を結合することは理に適っている．時刻が非常に接近している観測値には大きい重みを与える．推定量は以下のものである．

$$\hat{f}_t(x) = \sum_{i=1}^{t} w_i(x,t) Y_i \tag{3.20}$$

ここで，重みは以下の形をしている．

$$w_i(x,t) = \frac{K((x-X_i)/h)\, L((t-i)/g)}{\sum_{j=1}^{n} K((x-X_j)/h)\, L((t-j)/g)}, \qquad i = 1, \ldots, t$$

ここで，$K : \mathbf{R}^d \to \mathbf{R}$，$L : \mathbf{R} \to \mathbf{R}$ はカーネル関数である．$h > 0$ と $g > 0$ は平滑化パラメータである．カーネル関数 $L : \mathbf{R} \to \mathbf{R}$ を合理的に選択すると，$L(t) = I_{[0,1]}(t)$，$L(t) = (1 - t^k)\, I_{[0,1]}(t)$，あるいは，$L(t) = \exp(-t^k)\, I_{[0,\infty)}(t)$ にすることが考えられる．ここで，$k = 1, 2, \ldots$ である．

局所定常非線形回帰モデル (3.19) を例にしよう．局所的に定常の AR(1) モデル (3.18) の特別な場合が，$X_t = Y_{t-1}$ と $f_t(x) = \beta(t/T)\, x$ を選択することによって得られることに注目したい．そこで，以下のように選ぶ．

$$f_t(x) = 0.5\, \phi\left(x - \mu_t^{(1)}\right) + 0.5\, \phi\left(x - \mu_t^{(2)}\right)$$

ここで，$\mu_t^{(1)} = -2t/T$，$\mu_t^{(2)} = 2t/T$ である．ϕ は，標準正規分布の密度関数である．設計変数 X_t は独立同分布の $N(0,1)$ である．誤差 ϵ_t は独立同分布の $N(0, 0.1^2)$ である．

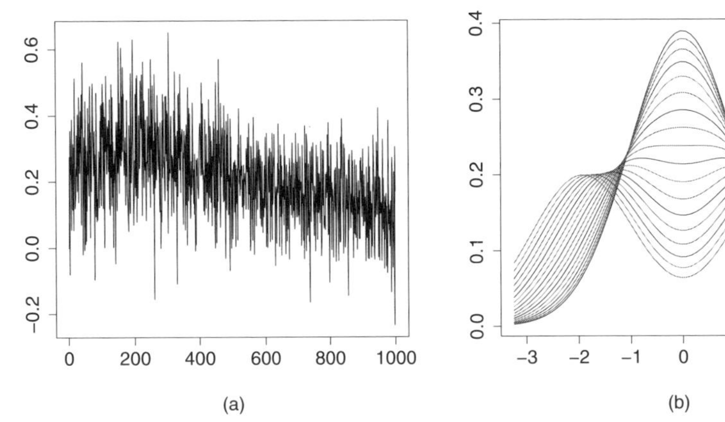

図 3.6　非線形のモデルから得られた，局所的に定常のデータ　(a) 局所的に定常の非線形回帰モデル (3.19).（b) 真の回帰関数 f_t の列.

図 3.6(a) はモデル (3.19) を使ってシミュレーションを行うことによって得られたデータで, 標本の大きさは $T = 1000$ である.（b) は時刻 $t \in \{100, 150, 200, \ldots, 950\}$ における真の回帰関数 f_t の列を示している．一番上にある単峰の曲線は時刻 $t = 100$ のときのものである．下にある二峰の曲線は時刻 $t = 950$ のときのものである．

図 3.7 は，局所的に定常の非線形回帰モデル (3.19) を使って推定した回帰関数を示している．図 3.7(a) は以下の逐次的な推定値を表している．

$$\hat{f}_t^{seq}(x) = \sum_{i=1}^{t} p_i(x) Y_i$$

ここで，$p_i(x)$ はカーネル重み (3.7) として標準ガウス型カーネルを使ったものである．平滑化パラメータ h は 0.5 である．(b) は状態空間平滑化と時空間平滑化を組み合わせた推定値 $\hat{f}_t$（定義が (3.20)）を表している．そこで，K は標準ガウス型カーネルである．L は指数カーネルである．$h = 0.5$，$g = 50$ とした．

3.2.6　次元の呪い

カーネル関数として $K(x) = I_{[-1/2,1/2]^d}(x)$ を選んだ場合を考えよう．調整済みカーネル関数 K_h の台を $[-h/2, h/2]^d$ とする．この台の体積は h^d である．説明変数が $[0,1]^d$ の範囲の一様分布に従うとき，K_h の台に存在する観測値の数は $n \cdot h^d$ になるのが普通である．例えば，$n = 1000$，$h = 0.1$，$d = 3$ のとき，K_h の台に 1 つの観測値が存在するのが普通である．一般的に，高次元空間における

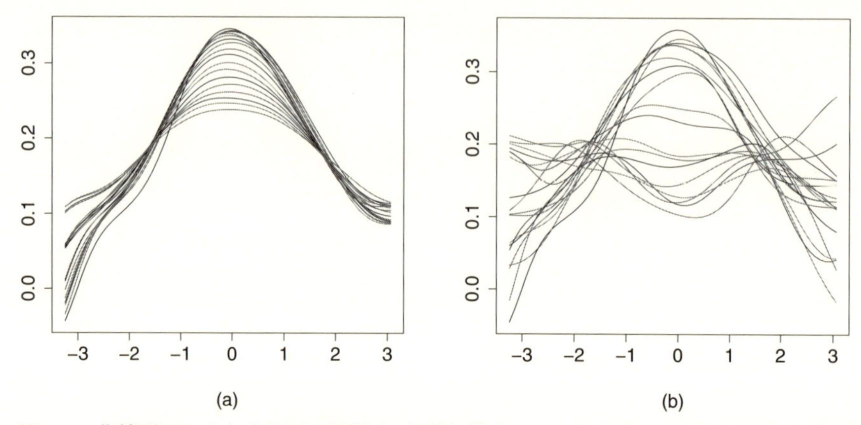

図 3.7 非線形モデルにおける局所的に定常な推定 (a) 逐次的な状態空間平滑化推定値 $\hat{f}_t^{seq}$ の数列．(b) 状態空間平滑化と時空間平滑化を組み合わせた推定値 $\hat{f}_t$ の数列．

局所的な近傍にはほとんど観測値がない．したがって，カーネル推定量は高次元空間においては効率が悪い．

Bellman (1961) は「次元の呪い」という語句を作り出した．多次元の場合の最適化における数値計算上の複雑さについての論の中においてである．Simonoff (1996) の中に，次元の呪いという概念についての詳細な議論がある．

3.2.7 平滑化パラメータ選択

カーネル推定量 $\hat{f} = \hat{f}_h$ は平滑化パラメータ $h > 0$ に依存する．データに基づいた平滑化パラメータ選択法を用いることがある．

クロスバリデーション

クロスバリデーションの定義は (1.116) である．クロスバリデーションにおいて，平滑化パラメータ $h > 0$ を以下の経験平均積分 2 乗誤差を最小化することで選ぶ．

$$\mathrm{MISE}_n(h) = \frac{1}{n}\sum_{i=1}^{n}\left(Y_i - \hat{f}_{h,-i}(X_i)\right)^2$$

ここで，$\hat{f}_{h,-i}$ は 1 個抜きカーネル推定量である．1 個抜きカーネル推定量は多くの点でカーネル推定量に似ている．しかし，i 番目の観測値を除いたデータを使って計算する．つまり，1 個抜きカーネル推定量の定義は以下である．

$$\hat{f}_{h,-i}(x) = \sum_{j=1, j \neq i}^{n} p_{j,-i}(x)\, Y_j$$

ここで，以下を用いる．

$$p_{j,-i}(x) = \frac{p_j(x)}{\sum_{j=1,j\neq i}^{n} p_j(x)}, \qquad j = 1, \ldots, n, \;\; j \neq i$$

平滑化パラメータは，2 乗残差の和 $n^{-1}\sum_{i=1}^{n}\left(Y_i - \hat{f}_h(X_i)\right)^2$ を最小にすることによっては選択できないことに注意しよう．この値は $h \downarrow 0$ にすることでいくらでも小さくできるからである．平均積分 2 乗誤差の定義 ((1.113)) は以下である．

$$\mathrm{MISE}(h) = E\int_{\mathbf{R}^d}\left(\hat{f}_h(x) - f(x)\right)^2 f_X(x)\, dx$$

$\mathrm{MISE}_n(h)$ の値は，$\mathrm{MISE}(h)$ の不偏推定量である．

経験平均積分 2 乗誤差を以下のように書くことができる．

$$\mathrm{MISE}_n(h) = \frac{1}{n}\sum_{i=1}^{n}\left(Y_i - \hat{f}_h(X_i)\right)^2 (1 - p_i(X_i))^{-2} \tag{3.21}$$

実際，以下のようになる．

$$\mathrm{MISE}_n(h) = \frac{1}{n}\sum_{i=1}^{n}\left(Y_i - \hat{f}_h(X_i)\right)^2 \left(\frac{Y_i - \hat{f}_{h,-i}(X_i)}{Y_i - \hat{f}_h(X_i)}\right)^2$$

また，以下が成り立つ．

$$\begin{aligned}
\frac{Y_i - \hat{f}_h(X_i)}{Y_i - \hat{f}_{h,-i}(X_i)} &= \frac{Y_i \sum_j p_j(X_i) - \sum_j p_j(X_i) Y_j}{Y_i \sum_{j\neq i} p_{j,-i}(X_i) - \sum_{j\neq i} p_{j,-i}(X_i) Y_j} \\
&= \frac{Y_i \sum_j p_j(X_i) - \sum_j p_j(X_i) Y_j}{Y_i \sum_{j\neq i} p_j(X_i) - \sum_{j\neq i} p_j(X_i) Y_j} \times \sum_{j\neq i} p_j(X_i) \\
&= 1 - p_i(X_i)
\end{aligned}$$

$\sum_{j\neq i} p_j(X_i) = 1 - p_i(X_i)$ が成り立つからである．

一般化クロスバリデーション

クロスバリデーション基準 (3.21) を以下のように書いてみよう．

$$\mathrm{MISE}_n(h) = \frac{1}{n}\sum_{i=1}^{n}\left(Y_i - \hat{f}_h(X_i)\right)^2 \mathrm{Pen}(p_i(X_i))$$

ここで, $\mathrm{Pen}(u) = (1-u)^{-2}$ である．一般化クロスバリデーション基準は, $p_i(X_i)$ をその平均の $n^{-1}\sum_{i=1}^{n} p_i(X_i)$ に置き換えることによって得られる．すると，一般化クロスバリデーション基準は以下である．

$$\mathrm{GCV}(h) = \mathrm{SSR}(h) \times \mathrm{Pen}\left(n^{-1}D\right)$$

ここで，$\mathrm{Pen}(u) = (1-u)^{-2}$ である．また，以下の式を用いた．

$$\mathrm{SSR}(h) = \frac{1}{n}\sum_{i=1}^{n}\left(Y_i - \hat{f}_h(X_i)\right)^2$$

以下の式も用いた．

$$D = \sum_{i=1}^{n} p_i(X_i) \tag{3.22}$$

Ruppert et al. (2003, Section 5.3.2) は，クロスバリデーションと一般化クロスバリデーションがお互いに近い値になることが多いことを示す例を与えている．

$D = \sum_{i=1}^{n} p_i(X_i)$ は，線形モデルのパラメータの数 (K) に似ていると解釈できる．そのことは，Ruppert et al. (2003, Section 2.5.2) が指摘している．(2.11) から，$\hat{f}_{lin}$ が線形回帰推定量のとき，以下が成り立つ．

$$\hat{f}_{lin}(x) = \sum_{i=1}^{n} l_i(x)\, Y_i$$

ここで，$l_i(x) = X_i'(\mathbf{X}'\mathbf{X})^{-1}x$ である．$\mathbf{X} = (X_1, \ldots, X_n)'$ は説明変数の観測値の行列（サイズが $n \times K$）である．そのとき，以下が成り立つ．

$$\sum_{i=1}^{n} l_i(X_i) = K \tag{3.23}$$

実際，(3.23) を以下のように証明できる．$l_i(X_i) = X_i'(\mathbf{X}'\mathbf{X})^{-1}X_i$ なので，以下が成り立つ．

$$\sum_{i=1}^{n} l_i(X_i) = \mathrm{tr}\Big(\mathbf{X}(\mathbf{X}'\mathbf{X})^{-1}\mathbf{X}'\Big) = \mathrm{tr}\Big(\mathbf{X}'\mathbf{X}(\mathbf{X}'\mathbf{X})^{-1}\Big) = \mathrm{tr}(I_K) = K$$

ペナルティ関数 $\mathrm{Pen} : (0,\infty) \to \mathbf{R}$ として $\mathrm{Pen}(u) = (1-u)^{-2}$ 以外のものを考えることもできる．u が小さいとき，以下が得られることに注目するのである．

$$(1-u)^{-2} \approx 1 + 2u \approx \exp(2u)$$

$\mathrm{Pen}(u) = 1 + 2u$ を選ぶことによって，Mallows の C_p 基準（定義が (2.48)）に関連があるものになる．つまり，$\mathrm{Pen}(u) = 1 + 2u$ を選ぶとき，以下が成り立つ．

$$\mathrm{GCV}(h) = \mathrm{SSR}(h)\,(1 + 2n^{-1}D) = \mathrm{SSR}(h) + 2\hat{\sigma}^2 D \tag{3.24}$$

ここで，$\hat{\sigma}^2 = n^{-1}\mathrm{SSR}(h)$ である．つまり，一般化クロスバリデーション ((3.24)) と Mallows の C_p 基準 ((2.48)) は，似通った形になる．$\hat{\sigma}^2$ と $\hat{\sigma}_K^2$ はいずれも誤差分散である．しかし，この 2 つの分散推定量は別のものである．(3.22) と (3.23) を比較すると，D と K は両方ともモデルのパラメータの数を表していると主張できる．

$\mathrm{Pen}(u) = \exp(2u)$ を選ぶと，赤池の情報量基準（定義が (2.49)）と関連するものになる．つまり，$\mathrm{Pen}(u) = \exp(2u)$ とすると以下が得られる．

$$\log \mathrm{GCV}(h) = \log \mathrm{SSR}(h) + 2n^{-1}D$$

3.2.8 有効標本サイズ

リグレッソグラム（定義が (3.4)）の場合と，最近傍推定量（定義が (3.29)）の場合には，局所平均においていくつの観測値が使われているかを知ることは容易である．これらの場合，重み $p_i(x)$ は 0 あるいは特定の 1 つの正の定数である．しかも，すべての観測値（$i = 1,\ldots,n$）に対して同じことが言える．したがって，何個の観測値が局所平均に影響しているかを知ることができる．カーネル推定量の場合は，何個の観測値が局所平均に影響しているかを明らかにすることは容易ではない．非負のカーネルを使うカーネル推定量における制約は，$0 \le p_i(x) \le 1$ と $\sum_{i=1}^{n} p_i(x) = 1$ だけである．カーネル関数がガウス型カーネルの場合のような無限の台を持つとき，重みはすべての観測値に対して正である．しかし，ガウス型カーネルは裾が非常に軽いので，推定量で用いられている有効な観測値の数は観測値全体の数より大幅に少ない．

有効標本サイズを測るための3つの経験則について述べる．分散とエントロピーに基づく測定（それぞれ，(3.25)と(3.26)）は，どんな局所平均推定量に対しても利用できる．しかし，等価カーネルに基づく測定（(3.27)）はカーネル回帰推定量に対してのみ利用できる．

分散とエントロピー

Y_iが独立同分布で，$\mathrm{Var}(Y_i)=\sigma^2$であれば以下が成り立つ．

$$\mathrm{Var}\left(\sum_{i=1}^{n} p_i(x)\,Y_i\right)=\sigma^2\sum_{i=1}^{n} p_i^2(x)$$

したがって，ベクトル$((p_1(x),\ldots,p_n(x)))$のユークリッド・ノルムを使って観測値の有効標本サイズを以下のように測定するのが自然である．

$$n_{var}(x)=\left(\sum_{i=1}^{n} p_i^2(x)\right)^{-1} \tag{3.25}$$

このとき，$1\le n(x)\le n$が成り立つ．$i\in\{1,\ldots,n\}$の内の1つにおいてのみ$p_i(x)=1$であれば，$n_{var}(x)=1$で，重みは最大限に集中していると言える．つまり，有効な観測値の数は考えられる限りで最小である．一方，すべての$i=1,\ldots,n$に対して$p_i(x)=n^{-1}$のとき，$n_{var}(x)=n$で，重みは最大限に分散している．つまり，有効な観測値の数は考えられる限りで最大である．

エントロピーを使って以下のように定義することもできる．

$$n_{ent}(x)=\exp\left\{-\sum_{i=1}^{n} p_i(x)\log_e p_i(x)\right\} \tag{3.26}$$

ここで，$\sum_{i=1}^{n} p_i(x)\log_e p_i(x)$がエントロピーである．$i\in\{1,\ldots,n\}$の内の1つにおいてだけ$p_i(x)=1$であれば，エントロピーは0で，$n_{ent}(x)=1$である．すべての$i=1,\ldots,n$において$p_i(x)=n^{-1}$であれば，エントロピーは$\log_e n$で，$n_{ent}(x)=n$である．

等価カーネルの理論

1次元のカーネル推定量における等価カーネル理論を提示する．Fan & Yao (2005, Section 5.4), は，バンド幅h_2を伴うカーネルK_2が，以下のバンド幅を

伴うカーネル K_1 とほぼ同様に機能することを示した．

$$h_1 = \frac{\alpha(K_1)}{\alpha(K_2)}\, h_2$$

ここで，以下を用いている．

$$\alpha(K) = \left(\int_{-\infty}^{\infty} u^2 K(u)\, du\right)^{-2/5} \|K\|_2^{2/5}$$

これは，平均積分 2 乗誤差を最小にする漸近的最適バンド幅が以下のものになるからである．

$$h_{opt} = \alpha(K)\, \|f''\|_2^{-2/5}\, n^{-1/5}$$

ここで，未知の回帰関数 f が 2 階微分可能であることを仮定している．

以下のカーネルを用い，

$$K_1(x) = I_{[-1/2,1/2]}(x)$$

バンド幅が h_1 のカーネル推定量は，範囲 $[x - h_1/2, x + h_1/2]$ にある観測値と同数の観測値を用いる．そこで，以下を写像 $N_x : (0,\infty) \to \{1,\ldots,n\}$ の定義とする．

$$N_x(h_1) = \sum_{i=1}^{n} I_{[x-h_1/2,x+h_1/2]}(X_i)$$

この写像は，範囲 $[x - h_1/2, x + h_1/2]$ に存在する観測値の数を与える．したがって，カーネル K_2 を用い，バンド幅が h_2 のカーネル推定量は以下の数の観測値を使う．

$$n_{ker}(x) = N_x\left(\frac{3^{2/5}}{\alpha(K_2)}\, h_2\right) \tag{3.27}$$

$\alpha(K_1) = 3^{2/5} = 1.551$ である[6] ことによる．

時系列データにおける有効標本サイズ

時空間平滑化の場合の有効標本サイズの定義を 3 つの方法で検討しよう．時系列 $Z_1,\ldots,Z_T$ があると仮定し，有効標本サイズを計算する．時刻 T における一

[6] $K = I_{[-1/2,1/2]}(x)$ のとき，$\int_{-\infty}^{\infty} K^2 = 1$ と $\int_{-\infty}^{\infty} u^2K(u)\,du = 1/3$ が成り立つからである．

方向指数移動平均を行う場合である．有効標本サイズを計算する3つの方法の定義は，(3.25)，(3.26)，(3.27) である．指数移動平均の定義は (3.16) である．

平滑化パラメータ $h > 0$ を，係数 $0 < \gamma < 1$ に置き換えることができる．両者の関係は $h = -1/\log(\gamma)$ である．分散に基づく有効標本サイズ (3.25) は以下の式を与える[7]．

$$n_{var}(T) = \frac{1+\gamma}{1-\gamma}\frac{1-\gamma^T}{1+\gamma^T}$$

エントロピーに基づく有効標本サイズ $n_{ent}(T)$（定義が (3.26)）は，このような閉じた形では表現できない．しかし，数値的に計算することはできる．

時系列データと一方向移動平均（定義が (3.14)）を考えよう．そして，以下のカーネルを考えよう．

$$K_1(x) = I_{[0,1]}(x)$$

以前と同様に，$\alpha(K_1) = 3^{2/5} = 1.551846$ になる．時系列データ $Z_1, \ldots, Z_T$ において以下が得られる．

$$N_T(h_1) = \sum_{t=1}^{T} I_{[T-h_1,T]}(t) \approx h_1$$

ここで，$t = 1, \ldots, T$ である．したがって，時系列データにおける有効標本サイズは以下である．

$$n_{ker} = \frac{3^{2/5}}{\alpha(K_2)}\, h_2$$

例えば，$K_2(x) = \exp(-x)I_{[0,\infty)}(x)$ とする．そのときは，$\alpha(K_2) = 2^{-3/5} = 0.659754$ になる[8]．

次ページの表は，γ と $h = -1/\log(\gamma)$ としていくつかの値を与えたときの有効標本サイズ n_{var}，n_{ent}，n_{ker} を示している．n_{var} と n_{ent} は標本サイズ T に依存する．他方，n_{ker} は T に依存しない．標本サイズが小さいとき，$n_{ker} > T$ になり得る．この表では，$T = 1000$ を用いた．Fan & Gu (2003, Table 1) は γ と n_{ker} に関する同様の表を示している．

---

7) $\sum_{i=1}^{T} \gamma^{2(t-i)} = (1-\gamma^{2T})/(1-\gamma^2)$ が成り立つためである．

8) $K(x) = \exp(-x)I_{[0,\infty)}(x)$ のとき，$\int_{-\infty}^{\infty} K^2 = 1/2$ と $\int_{-\infty}^{\infty} u^2K^2(u)\,du = 2$ が得られるためである．

γ	0.90	0.91	0.92	0.93	0.94	0.95	0.96	0.97	0.98	0.99
h	9.5	10.6	12.0	13.8	16.2	19.5	24.5	32.8	49.5	99.5
n_{var}	19	21	24	28	32	39	49	66	99	199
n_{ent}	26	29	33	37	44	53	67	89	135	270
n_{ker}	22	25	28	32	38	46	58	77	116	234

3.2.9 偏微分値を求めるためのカーネル推定量

$f : \mathbf{R}^d \to \mathbf{R}$ とする．$f(x) = E(Y \mid X = x)$ が条件付き期待値とする．偏微分値を以下のように表すとする．

$$D_k f(x) = \frac{\partial}{\partial x_k} f(x), \qquad x \in \mathbf{R}^d, \ k \in \{1, \ldots, d\}$$

カーネル推定量の偏微分をとることによって偏微分値を推定できる．したがって，回帰関数の偏微分値の推定量を以下のように定義する．

$$\widehat{D_k f}(x) = \frac{\partial}{\partial x_k} \left(\sum_{i=1}^n p_i(x)\, Y_i \right) = \sum_{i=1}^n q_i(x)\, Y_i \tag{3.28}$$

ここで，$q_i(x) = \partial p_i(x) / \partial x_k$ である．$p_i(x) = K_h(x - X_i) / \sum_{i=1}^n K_h(x - X_i)$ という定義なので以下が得られる．

$$q_i(x) = \frac{1}{\sum_{i=1}^n K_h(x - X_i)} \left(\frac{\partial}{\partial x_k} K_h(x - X_i) - p_i(x) \sum_{i=1}^n \frac{\partial}{\partial x_k} K_h(x - X_i) \right)$$

ここで，以下の式を用いた．

$$\frac{\partial}{\partial x_k} K_h(x - X_i) = \frac{1}{h^{d+1}} (D_k K) \left(\frac{x - X_i}{h} \right)$$

例えば，K が以下の標準ガウス型密度関数とする．

$$K(x) = (2\pi)^{-d/2} \exp\left\{ -\tfrac{1}{2} \|x\|^2 \right\}$$

したがって，以下の式が成り立つ．

$$D_k K(x) = -x_k K(x)$$

1次元の場合，ガッサー・ミューラー推定量あるいはプリーストリー・カオ推定量を用いることもできる．それらは，3.2.3項で定義した．プリーストリー・カオ重みは $p_i(x) = (X_i - X_{i-1})K_h(x - X_i)$ である．したがって，この選択によって以下の式が得られる．

$$q_i(x) = (X_i - X_{i-1})\, h^{-2} K'\left(\frac{x - X_i}{h}\right)$$

ここで，K' は K の微分値である．

3.2.10 カーネル回帰の信頼区間

1.10.1項において，点別信頼区間を定義した．以下の結果は，Härdle (1990, Theorem 4.2.1) による．ここでは，1次元の場合 $(d = 1)$ に限定する．つまり，説明変数はただ1つである．$f(x) = E(Y \mid X = x)$ が回帰関数とする．$\sigma^2(x) = \mathrm{Var}(Y \mid X = x)$ が分散関数とする．f_X が X の分布の密度関数とする．f と f_X は2階連続微分可能であることを仮定する．何らかの $\epsilon > 0$ における $E(|Y|^{2+\epsilon} \mid X = x) < \infty$ も仮定する．σ^2 が x において連続とする．また，$f_X(x) > 0$ とする．平滑化パラメータを $h = cn^{-1/5}$ $(c > 0)$ のように選ぶ．カーネル関数は，何らかの $\epsilon > 0$ に対して $\int |K|^{2+\epsilon} < \infty$ を満たすように選ぶ．このとき，以下が成り立つ．

$$n^{2/5}\left(\hat{f}(x) - f(x)\right) \xrightarrow{d} N\left(b(x), v^2(x)\right)$$

$n \to \infty$ のときである．ここで，以下の式を用いた．

$$b(x) = c^2 \mu_2(K)\left(\frac{f''(x)}{2} + \frac{f'(x) f'_X(x)}{f_X(x)}\right)$$

ここで，$\mu_2(K) = \int t^2 K(t)\, dt$ である．また，以下の式も用いた．

$$v^2(x) = \frac{\sigma^2(x)\|K\|_2^2}{c f_X(x)}$$

信頼区間を計算するために，$h = cn^{-1/5}/\log n$ とすることができる．したがって，$n \to \infty$ のとき，以下のようになる．

$$(nh)^{1/2}\left(\hat{f}(x) - f(x)\right) \xrightarrow{d} N\left(0, \frac{\sigma^2(x)\|K\|_2^2}{f_X(x)}\right)$$

すると，以下のような信頼区間が得られる．

$$\left[\hat{f}(x) - a(x), \hat{f}(x) + a(x)\right]$$

ここで，以下の式を用いている．

$$a(x) = z_{1-\alpha/2}\sqrt{\frac{\|K\|_2^2\hat{\sigma}^2(x)}{nh\hat{f}_X(x)}}$$

$\hat{f}_X$ は，f_X のカーネル密度推定量である．$\hat{\sigma}^2(x)$ は分散関数のカーネル推定量である．また，$z_{1-\alpha/2}$ は，$P(-z_{1-/\alpha/2} \le Z \le z_{1-\alpha/2}) = 1-\alpha$ を満たす．ここで，$Z \sim N(0,1)$ である．

第 2 の可能性は Wasserman (2005, Section 5.7) が提案したものである．$E\hat{f}(x)$ の信頼区間を以下を用いて作成する．

$$(nh)^{1/2}\left(\hat{f}(x) - E\hat{f}(x)\right) \xrightarrow{d} N\left(0, \frac{\sigma^2(x)\|K\|_2^2}{f_X(x)}\right)$$

ここで，$n \to \infty$ で，$h = cn^{-1/5}$ である．

第 3 の可能性は，ブートストラップ信頼区間を作成することである．それは以下のように導くことができる．元々の標本 $(X_1, Y_1), \ldots, (X_n, Y_n)$ から B 個のブートストラップ標本を生成する．ブートストラップ標本 $(X_1^*, Y_1^*), \ldots, (X_n^*, Y_n^*)$ に基づいて，回帰関数推定値 $\hat{f}^*$ を作成する．すると，推定値の数列 $\hat{f}_1^*(x), \ldots, \hat{f}_B^*(x)$ が得られる．$q_{\alpha/2}(x)$ と $q_{1-\alpha/2}(x)$ を推定値の数列の経験分位点とする．それによって，信頼区間は以下のものになる．

$$\left[q_{\alpha/2}(x), q_{1-\alpha/2}(x)\right]$$

1.10.2 項において，信頼帯の概念を定義した．それは信頼区間とは異なる．Härdle (1990, Section 4.3) は，カーネル回帰における信頼帯の概念を与えた．Sun & Loader (1994) は線形回帰と平滑化における信頼帯を与えた．Wasserman (2005, Section 5.7) も参照せよ．

3.3 最近傍推定量

一様カーネルを用いるカーネル回帰推定量の定義は (3.9) である．$x \in \mathbf{R}^d$ におけるこの推定量はいくつかの Y の値の平均である．それらに対応する X の値は，中心がxで辺の長さが$2h$の長方形の中にある．ここで，$h > 0$は平滑化パラメータである．最近傍回帰推定量はこの推定量を2つの点で変更したものである．第1は，長方形を，xに中心がある球体に替えることである．第2は，球体の半径は一定の値ではないことである．つまり，半径が，$x \in \mathbf{R}^d$がどの点でも同じ値をとるわけではなく，球体が常に厳密にk個のX測定値を含むように変化する．ここで，$k = 1, 2, \ldots$は平滑化パラメータの役割を果たす整数である．半径を変化させることには利点がある．Xの分布の裾，つまり，観測値が疎らな領域においても，平均がk個のY値に対するものであることが保証されることである．他方，カーネル推定量の場合は，平均が，小数のY値のみに対するものかも知れない．あるいは，平均は空集合のY値に対するものになることさえある．その場合は，カーネル推定量を定義できない．

回帰関数に対する最近傍回帰推定量の定義は以下である．

$$\hat{f}(x) = \sum_{i=1}^{n} p_i(x)\, Y_i, \qquad x \in \mathbf{R}^d \tag{3.29}$$

ここで，以下の式を用いている．

$$p_i(x) = \frac{1}{k}\, I_{B_{r_{k,x}}(x)}(X_i) \tag{3.30}$$

以下の式も用いている．

$$r_{k,x} = \min\{r > 0 : \#\{X_i \in B_r(x)\} = k\} \tag{3.31}$$

ここで$B_r(x)$は，xに中心がある半径r（$B_r(x) = \{y \in \mathbf{R}^d : \|x - y\| \le r\}$）の球体である．つまり，$r_{k,x}$とは，中心が$x$にある球体が厳密に$k$個の観測値を含むときの半径の最小値である．したがって，以下の式が得られる．

$$\sum_{i=1}^{n} I_{B_{r_{k,x}}(x)}(X_i) = \#\{X_i \in B_{r_{k,x}}(x)\} = k$$

先述したものと同じものではあるが，最近傍推定量の定義は以下である．

$$\hat{f}(x) = \hat{Y}_{B_{r_{k,x}}(x)} \tag{3.32}$$

ここで，以下の式を用いている．

$$\hat{Y}_R = \frac{1}{n_R} \sum_{i=1}^{n} Y_i\, I_R(X_i)$$

以下の式も用いている．

$$n_R = \#\{X_i \in R\}$$

3.4　局所平均を用いた分類

1.4 節で分類を導入した．分類においては，Y の値としてあり得るのは，$\{0, \ldots, K-1\}$ である．これに関連づく予測変数が $X \in \mathbf{R}^d$ である．そこで，分類関数 $g : \mathbf{R}^d \to \{0, \ldots, K-1\}$ を見出したい．分類関数が予測変数 X を使って分類ラベル Y を予測する．この分類関数を観測値 $(X_1, Y_1), \ldots, (X_n, Y_n)$ を使って作成する．これらの観測値の分布は (X, Y) の分布と同一である．

3.4.1　カーネル分類

カーネル密度分類器とカーネル回帰分類器を定義する．そして，この2つが同等であることを示す．

カーネル密度推定に基づく分類

分類関数は密度推定量を使って作成できる．密度推定量を用いて分類関数を作成するための方法は (1.83) が与える．それは以下の式をもたらす．

$$\hat{g}(x) = \mathrm{argmax}_{k=0,\ldots,K-1}\, \hat{p}_k \hat{f}_{X|Y=k}(x) \tag{3.33}$$

ここで，$\hat{f}_{X|Y=k}$ はクラス k の密度に対する密度推定量である．$\hat{p}_k$ はクラス k の事前分布の推定量である．それを以下のようにすることがある．

$$\hat{p}_k = \frac{1}{n} \#\{i = 1, \ldots, n : Y_i = k\} \tag{3.34}$$

また，クラス k の密度の推定量 $\hat{f}_{X|Y=k}$ としてカーネル密度推定量を用いる．カーネル密度推定量の定義を (3.39) とする．そして，この式をクラス密度の推定に応用する．すると，以下の式が得られる．

$$\hat{f}_{X|Y=k}(x) = \frac{1}{n_k} \sum_{i=1}^{n} K_h(x - X_i) I_{\{k\}}(Y_i) \tag{3.35}$$

ここで，$n_k = \#\{i = 1, \ldots, n : Y_i = k\}$ である．

カーネル回帰関数推定に基づく分類

分類関数は回帰関数推定量を用いて作成できる．回帰関数推定量を用いて分類関数を作成する方法は (1.78) が与えている．それは，以下の式をもたらす．

$$\hat{g}(x) = \mathrm{argmax}_{k=0,\ldots,K-1}\,\hat{p}_k(x) \tag{3.36}$$

ここで，$\hat{p}_k(x)$ は $P(Y = k \,|\, X = x)$ （$k = 0,\ldots,K-1$）の推定量である．指標変数を以下のように (つまり，(1.79)) 定義することによって，$\hat{p}_k(x)$ を推定する．

$$Y_i^{(k)} = I_{\{k\}}(Y_i), \qquad i = 1,\ldots,n,\ k = 0,\ldots,K-1$$

$\hat{p}_k(x)$ を，回帰データ $(X_1, Y_1^{(k)}),\ldots,(X_n, Y_n^{(k)})$ （$k = 0,\ldots,K-1$）を使って作成したカーネル回帰関数推定量 ((3.6) が定義) とする．

カーネル密度関数推定 ((3.33)–(3.35) で定義) を用いても同じ方法に至る．実際，カーネル回帰関数推定量を以下のように書くことができる．

$$\begin{aligned}\hat{p}_k(x) &= \frac{1}{\hat{f}_X(x)\,n}\sum_{i=1}^{n} K_h(x - X_i)\,Y_i^{(k)} \\ &= \frac{1}{\hat{f}_X(x)}\,\frac{n_k}{n}\,\hat{f}_{X\,|\,Y=k}(x) = \frac{\hat{p}_k \hat{f}_{X\,|\,Y=k}(x)}{\hat{f}_X(x)}\end{aligned} \tag{3.37}$$

ここで，$\hat{f}_{X\,|\,Y=k}(x)$ は (3.35) で定義した．また，$\hat{f}_X$ は以下の密度推定量である．

$$\hat{f}_X(x) = \frac{1}{n}\sum_{i=1}^{n} K_h(x - X_i)$$

3.4.2 最近傍分類

最近傍密度分類器と最近傍回帰分類器を定義する．カーネル推定量の場合とは異なり，この2つは等価ではない．しかし，最近傍回帰分類器はプロトタイプ分類器と等価であることには注目したい．

最近傍密度推定に基づく分類

第1に，最近傍密度推定量を定義する必要がある．同一の分布に従うデータ $X_1,\ldots,X_n \in \mathbf{R}$ に基づく最近傍密度推定量は以下である．

$$\hat{f}_X(x) = \frac{k/n}{\mathrm{volume}(B_{r_{k,x}}(x))}$$

ここで，$k = 1, 2, \ldots$ は平滑化パラメータである．$r_{k,x}$ は，球体 $B_r(x)$ が厳密に k 個の観測値を含むための最小の半径 r である．つまり，$r_{k,x} = \min\{r > 0 : \#\{X_i \in B_r(x)\} = k\}$ である[9]．半径が r の球体 $B_r(x) \subset \mathbf{R}^d$ の体積は以下である．

$$\text{volume}(B_r(x)) = \frac{\pi^{d/2}}{\Gamma(d/2+1)}\, r^d$$

第2に，密度ルール (1.83) を使って分類関数を定義する．つまり，$(X_1, Y_1), \ldots, (X_n, Y_n)$ を分類データとし，以下の式を用いる．

$$\hat{g}(x) = \text{argmax}_{y=0,\ldots,K-1} \hat{p}_y \hat{f}_{X|Y=y}(x)$$

ここで，$\hat{f}_{X|Y=y}$ が，クラス y の密度に対する最近傍密度推定量である．以下の式がクラス y の事前確率である[10]．

$$\hat{p}_y = \#\{i = 1, \ldots, n : Y_i = y\}/n$$

クラス密度に対する最近傍密度推定量は，以下の式で書ける．

$$\hat{f}_{X|Y=y}(x) = \frac{k/n}{\text{volume}(B_{r_{k,x,y}}(x))}$$

ここで，以下を用いている．

$$r_{k,x,y} = \min\{r > 0 : \#\{X_i \in B_r(x) : Y_i = y\} = k\}$$

最後に，最近傍密度に基づく分類ルールを得る．以下である．

$$\hat{g}(x) = \text{argmax}_{y=0,\ldots,K-1} \frac{\hat{p}_y}{\text{volume}(B_{r_{n,k}(x,y)}(x))}$$

ここで，k/n という乗数は除かれている．y がどのクラスであっても同じ値だからである．

---

9) ここで，$B_r(x)$ は，中心が x にあり半径が r の球体である．つまり，$B_r(x) = \{y \in \mathbf{R}^d : \|x - y\| \le r\}$ である．

10) ここでは，クラス・ラベル変数として，以前，用いていた k の代わりに $y \in \{0, \ldots, K-1\}$ を用いる．k は，k 最近傍推定量の平滑化パラメータを表すために用いる伝統があることによる．

最近傍回帰関数推定に基づく分類

回帰ルール (1.78) を応用する．回帰ルールを使うと，経験分類関数の定義は以下になる．

$$\hat{g}(x) = \mathrm{argmax}_{y=0,\ldots,K-1}\, \hat{p}_y(x)$$

ここで，$\hat{p}_y(x)$ は，$y = 0, \ldots, K-1$ における，$P(Y = y \mid X = x)$ の推定量である．最近傍回帰推定量（定義が (3.29)）を応用する．その際，クラス・ラベル指標 $I_{\{y\}}(Y_i)$（$i = 1, \ldots, n$）が目的変数（$y = 0, \ldots, K-1$）になる．すると，以下の推定量が得られる．

$$\hat{p}_y(x) = \sum_{i=1}^{n} p_i(x)\, I_{\{y\}}(Y_i), \qquad x \in \mathbf{R}^d \tag{3.38}$$

ここで，重みは (3.30) で定義した以下のものである．

$$p_i(x) = \frac{1}{k}\, I_{B_{r_{k,x}}(x)}(X_i)$$

ここで，$r_{k,x}$ は，球体 $B_r(x)$ が，厳密に k 個の観測値（観測されたベクトル $X_1, \ldots, X_n$ の一部分）を含むための最小の半径 r である．最近傍回帰に基づく分類は，最近傍密度推定に基づく分類と等価ではない．しかし，最近傍回帰に基づく分類がプロトタイプ分類器であることを後述する．プロトタイプ分類器とは，あるクラスに属する観測値が新しい観測値に最も近いとき，新しい観測値をそのクラスに分類する方法である．「プロトタイプ法」という名前は，Hastie et al. (2001, Section 13) で使われている．

最近傍ルールに基づく分類

最近傍ルールとは以下である．

$\hat{g}(x) = y \Leftrightarrow x$ の k-近傍において，クラス・ラベル Y_iの中で最も多いものを y とする，

ここで，$y = 0, \ldots, K-1$ である．x の k 近傍の定義は球体 $B_{r_{k,x}}(x)$ である．$r_{k,x}$ とは，球体 $B_r(x)$ が厳密に k 個の観測値（観測されたベクトル $X_1, \ldots, X_n$ の一部分）を含むときの半径 r の最小値である．ここで，$k = 1, 2, \ldots$ である．また，以下の値は，近傍 $B_{r_{k,x}}(x)$ に存在し，ラベル y を持つ Y 観測値の数である．

$$n_y(x) = \#\{i = 1, \ldots, n : Y_i = y, X_i \in B_{r_{k,x}}(x)\}$$

すると，以下の式が得られる．

$$\hat{g}(x) = \operatorname{argmax}_{y=0,\ldots,K-1} n_y(x)$$

最近傍回帰関数を用いても上記のものと同じ分類ルールを定義できることを示した．以下の式が成り立つからである．

$$n_y(x) = k\,\hat{p}_y(x)$$

ここで，$\hat{p}_y(x)$ の定義は (3.38) である．

3.5　中央値平滑化

既に，リグレッソグラム (3.10)，一様カーネルを用いるカーネル回帰推定量 (3.9)，最近傍推定量 (3.32) を定義した．それらは，区切り，局所近傍，最近傍のいずれかに存在する X 値に対応する Y 値の平均である．これらは，条件付き期待値の推定量である．こうした推定量を条件付き中央値による推定量に替えることができる．標本平均を標本中央値に替えればいいのである．

1. 中央値リグレッソグラムは以下である．

$$\hat{f}(x) = \mathrm{median}(\{X_i \in R_x\})$$

ここで，R_x は，x を含む区切りである．

2. 条件付き中央値のカーネル推定量は以下である．

$$\hat{f}(x) = \mathrm{median}(\{X_i \in R_h(x)\})$$

ここで，

$$R_h(x) = [x-h, x+h] = [x_1-h, x_1+h] \times \cdots \times [x_d-h, x_d+h]$$

は，x に中心があり，辺の長さが $2h$ の長方形である．

3. 条件付き中央値の最近傍推定量は以下である．

$$\hat{f}(x) = \mathrm{median}(\{X_i \in B_{r_{k,x}}(x)\})$$

ここで，$B_r(x)$ は，x に中心があり半径が r の球体である．また，

$$r_{k,x} = \min\{r > 0 : \#\{X_i \in B_r(x)\} = k\}$$

は，x に中心がある球体が厳密に k 個の観測値を含むときの，半径の最小値である．

上の定義において，標本の中央値の定義 (1.10) を用いた．母集団の中央値（定義が (1.8)）を使うことによって，一般的なカーネル重み $p_i(x)$ $(i = 1, \ldots, n)$ に対する中央値回帰推定量を定義できる．確率変数 $Y_n(x)$ を定義しよう．以下のような離散分布を持つとする．

$$P(Y_n(x) = y_i) = p_i(x), \qquad i = 1, \ldots, n$$

ここで，$y_1 \ldots, y_n$ は $Y_1, \ldots, Y_n$ の観測値である．すると，中央値回帰推定量を以下のように定義できる．

$$\hat{f}(x) = \mathrm{median}(Y_n(x))$$

3.6　条件付き密度推定

条件付き密度の，カーネル推定量，ヒストグラム推定量，最近傍推定量を定義する．条件付き密度は，状態変数に関する条件を付けることによって定義する．あるいは，時系列設定においては，時刻 t における情報に条件を付けることによって定義する．それぞれ，状態空間平滑化，時空間平滑化をもたらす．また，状態空間平滑化と時空間平滑化の結合による，局所的に定常のデータに対する推定量の導出も行う．

3.6.1　条件付き密度のカーネル推定量

無条件カーネル密度推定量の定義から始める．その後，条件付きカーネル密度推定量を定義する．最後に，状態空間の意味での条件付き密度推定量と，カーネル回帰推定量を，無条件密度推定量から導くことができることを明らかにする．

無条件カーネル密度推定量

確率変数ベクトル $X \in \mathbf{R}^d$ が従う密度関数 $f_X : \mathbf{R}^d \to \mathbf{R}$ を想定したときのカーネル密度推定量 $\hat{f}_X(x)$ が，同一分布に従うデータ $X_1, \ldots, X_n \in \mathbf{R}^d$ に基づいているとする．その推定量の定義は以下である．

$$\hat{f}_X(x) = \frac{1}{n}\sum_{i=1}^{n} K_h(x - X_i), \qquad x \in \mathbf{R}^d \tag{3.39}$$

ここで，$K : \mathbf{R}^d \to \mathbf{R}$ はカーネル関数 $K_h(x) = K(x/h)/h^d$ である．$h > 0$ は，平滑化パラメータである．

カーネル密度関数の定義を以下のように厳密でない方法で説明できる．確率分布の密度関数 $f_X : \mathbf{R}^d \to \mathbf{R}$ は，すべての可測の $A \subset \mathbf{R}^d$ に対して，以下を満たす関数である．

$$P(A) = \int_A f_X(x)\,dx$$

点 x に中心がある小さい集合を選ぶことによって，x における密度を近似できる．例えば，

$$U_{x,h} = \{z \in \mathbf{R}^d : \|z - x\| \le h\}$$

が $x \in \mathbf{R}^d$ に中心があり半径が $h > 0$ の球体とする．λ がルベーグ測度のとき，以下の式が成り立つことにより，

$$\int_{U_{x,h}} f_X \approx f_X(x)\,\lambda(U_{x,h})$$

小さい値 h に対する以下の近似式が得られる．

$$f_X(x) \approx \frac{P(U_{x,h})}{\lambda(U_{x,h})} \tag{3.40}$$

大数の法則により，確率は頻度を使って近似できる．したがって，n が大きいとき，以下の式になる．

$$P(U_{x,h}) \approx \frac{\#\{X_i \in U_{x,h}\}}{n} = \frac{1}{n}\sum_{i=1}^{n} I_{U_{x,h}}(X_i)$$

すると，以下のように書ける．

$$I_{U_{x,h}}(X_i) = I_{U_{0,1}}\left(\frac{X_i - x}{h}\right)$$

そして，以下の式が得られる．

$$\lambda(U_{x,h}) = h^d\,\lambda\,(U_{0,1})$$

したがって，(3.40) が以下のように書ける．

$$f_X(x) \approx \frac{1}{nh^d}\sum_{i=1}^{n} I_{U_{0,1}}\left(\frac{X_i - x}{h}\right) = \frac{1}{n}\sum_{i=1}^{n} K_h(x - x_i)$$

ここで，$K(x) = I_{U_{0,1}}(x)$ である．つまり，カーネル関数 K を何らかの積分可能な関数 $K : \mathbf{R}^d \to \mathbf{R}$ とすることによって，カーネル密度推定量の集合が得られる．

条件付きカーネル密度推定量

無条件カーネル密度推定量の定義は (3.39) である．一変量の場合，データ $Y_1, \ldots, Y_n$ に基づく，$Y \in \mathbf{R}$ の密度に対するカーネル密度推定量は以下である．

$$\hat{f}_Y(y) = \frac{1}{n} \sum_{i=1}^{n} L_g(y - Y_i), \qquad y \in \mathbf{R} \tag{3.41}$$

ここで，$L : \mathbf{R} \to \mathbf{R}$ はカーネル関数 $L_g(y) = L(y/g)/g$ である． $g > 0$ は平滑化パラメータである．

データ $(X_1, Y_1), \ldots, (X_n, Y_n)$ に基づく，X を与えたときの Y の条件付き密度のカーネル推定量は，カーネル回帰関数推定量と関連があり，その定義は以下である．

$$\hat{f}_{Y\,|\,X=x}(y) = \sum_{i=1}^{n} p_i(x)\, L_g(y - Y_i), \qquad y \in \mathbf{R},\, x \in \mathbf{R}^d \tag{3.42}$$

ここで，重み $p_i(x)$ は，(3.7) で定義したカーネル重みである．(3.5) で定義したリグレッソグラム重みや，(3.30) で定義した最近傍重みを使うこともできる．

時空間平滑化

$Y_1, \ldots, Y_T$ が，観測された時系列とする．移動平均は， 3.2.4 項で定義した．両方向移動平均を使って，Y_t の密度関数の推定量を以下のように定義できる．

$$\hat{f}_{Y_t}(y) = \sum_{i=1}^{T} p_i(t)\, L_g(y - Y_i), \qquad y \in \mathbf{R},\, t = 1, \ldots, T \tag{3.43}$$

ここで，重み $p_i(t)$ の定義は (3.13) である．予測においては一方向移動平均を使い，Y_t の密度関数の推定量の定義を以下のようにする．

$$\hat{f}_{Y_t}(y) = \sum_{i=1}^{t} p_i(t)\, L_g(y - Y_i), \qquad y \in \mathbf{R} \tag{3.44}$$

ここで，重み $p_i(t)$ の定義は (3.15) である．一方向移動平均の特別な場合に指数移動平均がある．密度関数の指数移動平均推定量の定義は (3.16) と同様で，以下のものである．

$$\hat{f}_{Y_t}(y) = \frac{1-\gamma}{1-\gamma^t} \sum_{i=1}^{t} \gamma^{t-i} L_g(y - Y_i)$$

ここで，$0 < \gamma < 1$，$\gamma = \exp(-1/h)$ である．

時空間平滑化と状態空間平滑化

時空間平滑化と状態空間平滑化を組み合わせることができる．時空間平滑化は，両方向平滑化，あるいは，一方向平滑化である．一方向平滑化の方が普通である．一方向平滑化は予測のために利用できるからである．状態空間平滑化と一方向移動平均を組み合わせると，以下のような，Y_t の条件付き密度の推定量が得られる．以下のものである．

$$\hat{f}_{Y_t|X=x}(y) = \sum_{i=1}^{t} w_i(x,t)\, L_g(y - Y_i), \qquad y \in \mathbf{R},\ x \in \mathbf{R}^d$$

ここで，以下の式を用いている．

$$w_i(x,t) = \frac{p_i(x)\, \pi_i(t)}{\sum_{j=1}^{t} p_j(x)\, \pi_j(t)} \tag{3.45}$$

この中で，以下を用いている．

$$p_i(x) = K((x - X_i)/h), \qquad \pi_i(t) = M((t-i)/a)$$

ここで，$K : \mathbf{R}^d \to \mathbf{R}$ と $M : [0,\infty) \to \mathbf{R}$ は，いずれもカーネル関数である．$h > 0$ と $a > 0$ は平滑化パラメータである．カーネル重みに替えて，リグレッソグラム重み，あるいは，最近傍重みを用いることができる．リグレッソグラム重みは $p_i(x) = I_{A_x}(X_i)/n_{A_x}$ である．ここで，A_x は，x を含む区切りである．n_{A_x} は，A_x の中の X 観測値の数である．最近傍重みは $p_i(x) = I_{B_{r_{k,x}}(x)}(X_i)/k$ である．ここで，$r_{k,x}$ は，x に中心がある球体が厳密に k 個の X 観測値を含むときの最小の半径である．

密度推定量から導かれる条件付き密度推定量

状態空間の意味での条件付き推定量（定義が (3.42)）をカーネル推定量から導くことができることを示す．定義 (3.39) から，(X,Y) の密度に対するカーネル

密度推定量 $\hat{f}_{X,Y}(x,y)$ を，データ (X_i,Y_i) $(i=1,\ldots,n)$ に基づいて求めることができることを示す．この定義を修正して，x 軸においては y 軸とは異なる平滑化パラメータを使うことができるようにする．その密度推定量は以下である．

$$\hat{f}_{X,Y}(x,y) = \frac{1}{n}\sum_{i=1}^{n} M_{h,g}(x-X_i, y-Y_i), \qquad x \in \mathbf{R}^d,\ y \in \mathbf{R} \tag{3.46}$$

ここで, $M : \mathbf{R}^{d+1} \to \mathbf{R}$ はカーネル関数であり, $M_{h,g}(x,y) = M(x/h, y/g)/(h^d g)$ である．$h>0$ と $g>0$ は平滑化パラメータである．X の密度に対するカーネル密度推定量 $\hat{f}_X(x)$ は，以下のものと同一である．

$$\hat{f}_X(x) = \frac{1}{n}\sum_{i=1}^{n} K_h(x-X_i), \qquad x \in \mathbf{R}^d$$

ここで，$K : \mathbf{R}^d \to \mathbf{R}$ であり，$K_h(x) = K(x/h)/h^d$ である．条件付き密度の推定量を以下のように定義できる．

$$\hat{f}_{Y|X=x}(y) = \frac{\hat{f}_{X,Y}(x,y)}{\hat{f}_X(x)}, \qquad x \in \mathbf{R}^d,\ y \in \mathbf{R} \tag{3.47}$$

以下の式を仮定する．

$$M(x,y) = K(x) \cdot L(y),$$

ここで，$L : \mathbf{R} \to \mathbf{R}$ である．したがって，以下の式が得られる．

$$\hat{f}_{X,Y}(x,y) = \frac{1}{n}\sum_{i=1}^{n} K_h(x-X_i)\, L_h(y-Y_i) \tag{3.48}$$

そして，$p_i(x) = K_h(x-X_i)/\sum_{i=1}^{n} K_h(x-X_i)$ を用いると，(3.47) が (3.42) と同一であることが分かる．

密度推定量から導かれる回帰推定量

回帰関数に対するカーネル推定量（定義が (3.6)）は，特定の条件の下でカーネル密度推定量の条件付き平均に等しいことを示す．回帰関数推定量 $\hat{f}(x)$ を，条件付き分布の推定量の平均として以下のように定義する．

$$\hat{f}(x) = \int_{\mathbf{R}} y\, \hat{f}_{Y|X=x}(y)\, dy, \qquad x \in \mathbf{R}^d$$

ここで，$\hat{f}_{Y|X=x}(y)$ の定義は (3.47) である．同時密度の推定量 $\hat{f}_{X,Y}(x,y)$ の定義は (3.48) とする．そのとき，以下が得られる．

$$\begin{aligned}\int_{\mathbf{R}} y\,\hat{f}_{X,Y}(x,y)\,dy &= \frac{1}{n}\sum_{i=1}^{n} K_h(x-X_i)\int_{\mathbf{R}} y\,L_g(y-Y_i)\,dy \\ &= \frac{1}{n}\sum_{i=1}^{n} K_h(x-X_i)\int_{\mathbf{R}} (t+Y_i)\,L(t)\,dt \\ &= \frac{1}{n}\sum_{i=1}^{n} Y_i\,K_h(x-X_i)\end{aligned}$$

これは，$\int_{\mathbf{R}} t\,L(t)\,dt = 0$ と $\int_{\mathbf{R}} L = 1$ の場合である．したがって，$\hat{f}(x)$ の定義は，$\hat{f}(x) = \sum_{i=1}^{n} p_i(x)\,Y_i$ である．つまり，(3.6) と同一である．

3.6.2 条件付き密度のヒストグラム推定量

まず，無条件密度のヒストグラム推定量を定義する．その後，条件付き密度のヒストグラム推定量を定義する．

無条件ヒストグラム密度推定量

$X \in \mathbf{R}^d$ の密度のヒストグラム推定量が，同一の分布に従う観測値 $X_1,\ldots,X_n$ に基づいているとする．その推定量の定義は以下である．

$$\hat{f}_X(y) = \sum_{R\in\mathcal{P}} \frac{n_R/n}{\mathrm{volume}(R)}\,I_R(x), \qquad x \in \mathbf{R}^d \tag{3.49}$$

ここで，$\mathcal{P}$ は，$\mathbf{R}^d$ における区切りである．また，

$$n_R = \#\{i : X_i \in R,\ i = 1,\ldots,n\}$$

は，R における観測値の数である．区切り $\mathcal{P}$ は，集合を集めたもの $(A_1,\ldots,A_N)$ である．それらの集合は，互いに素で，観測された X 値の空間を覆う．

条件付きヒストグラム密度推定量

無条件ヒストグラム密度推定量の定義は (3.49) である．1 次元の場合，観測値 $Y_1,\ldots,Y_n$ に基づく，Y の密度のヒストグラム推定量の定義は以下である．

$$\hat{f}_Y(y) = \sum_{R\in\mathcal{P}} \frac{n_R/n}{\mathrm{volume}(R)}\,I_R(y), \qquad y \in \mathbf{R}$$

ここで，$\mathcal{P}$ は $\mathbf{R}$ の区切りである．また，

$$n_R = \#\{i : Y_i \in R,\ i = 1, \ldots, n\}$$

は，R における観測値の数である．

X を与えたときの Y の条件付き密度のヒストグラム推定量が，データ $Y_1, \ldots, Y_n$ に基づいているとする．その推定量は，カーネル回帰関数推定量に関連していて，定義は以下である．

$$\hat{f}_{Y\,|\,X=x}(y) = \sum_{R \in \mathcal{P}} \frac{n_R(x)/n}{\text{volume}(R)} I_R(y), \qquad y \in \mathbf{R},\ x \in \mathbf{R}^d$$

ここで，以下の式を用いた．

$$n_R(x) = n \cdot \sum_{i : Y_i \in R} p_i(x)$$

また，$p_i(x)$ の定義は (3.7) である．

$Y_1, \ldots, Y_T$ は観測された時系列である．条件付き密度のヒストグラム推定量を時空間平滑化を用いて定義できる．(3.43) と (3.44) における時空間平滑化を用いたカーネル推定量と同様である．例えば，一方向移動平均の場合，$n_R(x)$ を以下の式に置き換える．

$$n_R(t) = n \cdot \sum_{i=1}^{t} p_i(t)$$

ここで，重み $p_i(t)$ の定義を (3.15) とする．時空間平滑化と状態空間平滑化を (3.45) で定義した重みを用いて結合できる．

3.6.3　条件付き密度の最近傍推定量

まず，無条件密度の最近傍推定量を定義する．その後に，条件付き密度の最近傍推定量を定義する．

無条件最近傍密度推定量

同一分布に従う観測値 $X_1, \ldots, X_n \in \mathbf{R}^d$ を用いて密度推定量を定義する．$1 \le k < n$ を整数とする．(3.31) と同様に，以下のように定義する．

$$r_k(x) = \min\{r > 0 : \#\{X_i \in B_r(x)\} = k\}$$

ここで，$B_r(x)$ は x に中心があり半径が r の球体である．すなわち，$B_r(x) = \{y \in \mathbf{R}^d : \|x - y\| \le r\}$ である．半径 $r_k(x)$ は，x に中心がある球体が厳密に k 個の観測値を含むときの最小の半径である．すると，最近傍密度推定量の定義は以下である．

$$\hat{f}_X(x) = \frac{k/n}{\mathrm{volume}(B_{r_k(x)}(x))}, \qquad x \in \mathbf{R}^d \tag{3.50}$$

条件付き最近傍密度推定量

条件付き最近傍密度推定量は評判がよくないようである．一変量の場合，局所平滑化パラメータ選択法を伴うカーネル密度推定量の方が，最近傍密度推定量より好まれることが多いからである．

一変量の場合，Y の密度の最近傍推定量がデータ $Y_1, \ldots, Y_n$ に基づいているとする．その推定量の定義は以下である．

$$\hat{f}_Y(y) = \frac{k/n}{2r_k(y)}, \qquad y \in \mathbf{R}$$

ここで，$r_k(y) = \min\{r > 0 : \#\{Y_i \in [y - r, y + r]\} = k\}$ である．

回帰データ $(X_1, Y_1), \ldots, (X_n, Y_n)$ に基づいた，条件付き最近傍密度推定量の定義は以下である．

$$\hat{f}_{Y|X=x}(y) = \frac{k(x)/n}{2r_k(y)}, \qquad y \in \mathbf{R},\ x \in \mathbf{R}^d$$

ここで，以下の式を用いた．

$$k(x) = n \cdot \sum_{i: Y_i \in [y - r_k(x), y + r_k(x)]} p_i(x)$$

また，$p_i(x)$ は，カーネル重み（定義が (3.7)），リグレッソグラム重み（定義が (3.5)），最近傍重み（定義が (3.30)），これらのいずれかである．

$Y_1, \ldots, Y_T$ は観測された時系列である．条件付き密度の最近傍推定量を，時空関平滑化を用いて定義できる．例えば，一方向移動平均において，$k(x)$ を以下のものに置き換える．

$$k(t) = n \cdot \sum_{i=1}^{t} p_i(t)$$

ここで，重み $p_i(t)$ の定義は (3.15) である．

3.7　条件付き分布関数推定

無条件分布関数 $F_Y(y) = P(Y \le y)$ は，以下の経験分布関数を用いて推定できる．

$$\hat{F}_Y(y) = \frac{1}{n}\sum_{i=1}^{n} I_{(-\infty,y]}(Y_i) = n^{-1}\#\{i : Y_i \le y, i = 1, \ldots, n\} \tag{3.51}$$

経験分布関数において，半直線 $(-\infty, y]$ における確率は経験頻度を用いて推定する．

$X \in \mathbf{R}^d$ を与えたときの $Y \in \mathbf{R}$ の条件付き分布関数の定義は以下である．

$$F_{Y\,|\,X=x}(y) = P(Y \le y\,|\,X = x), \qquad y \in \mathbf{R},\ x \in \mathbf{R}^d$$

第1に，条件付き分布関数の局所平均推定量を定義する．その推定量は状態空間平滑化を用いる．第2に，条件付き分布関数の時空間平滑化推定量を定義する．

3.7.1　局所平均推定量

条件付き分布関数の推定を回帰問題と考えることができる．その場合，確率変数 $I_{(-\infty,y]}(Y)$ を，(1.42) に示した方法で推定する．したがって，条件付き分布関数の局所平均推定量を以下のように定義できる．

$$\hat{F}_{Y\,|\,X=x}(y) = \sum_{i=1}^{n} p_i(x)\, I_{(-\infty,y]}(Y_i) \tag{3.52}$$

ここで，$p_i(x)$ は，カーネル重み（定義が (3.7)），リグレッソグラム重み（定義が (3.5)），最近傍重み（定義が (3.30)），これらのいずれかである．

(3.52) の局所平均推定量は以下のものと近似的に同一である．

$$\hat{F}_{Y\,|\,X=x}(y) = \int_{-\infty}^{y} \hat{f}_{Y\,|\,X=x}(u)\, du, \qquad y \in \mathbf{R},\ x \in \mathbf{R}^d$$

ここで，$\hat{f}_{Y\,|\,X=x}(u)$ は (3.42) と同様に以下のように定義する．

$$\hat{f}_{Y\,|\,X=x}(u) = \sum_{i=1}^{n} p_i(x) L_g(u - Y_i), \qquad u \in \mathbf{R}$$

確かに，$y \in \mathbf{R}$ のそれぞれにおいて以下の式が成り立つ．

$$\lim_{g \to 0} \int_{-\infty}^{y} L_g(u - Y_i)\, du = I_{(-\infty,y]}(Y_i)$$

これは，カーネル関数 $L : \mathbf{R} \to \mathbf{R}$ が，$\lim_{x\to\infty} L(x) = 0$ と $\lim_{x\to-\infty} L(x) = 0$ を満たす場合である．

3.7.2 時空間平滑化

条件付き分布関数の局所平均推定量（定義が (3.52)）は，時系列データの状態空間予測の場合に利用できる．状態空間予測は，(1.45) で導入した．観測値 $Y_1, \ldots, Y_T$ が観測値の時系列で，それらの値が同一の分布に従ってはいないけれども，局所的には同一の分布に従っているとき，局所平均を利用できる．したがって，時空間平滑化を用いることができる．

移動平均は 3.2.4 項で定義した．両方向移動平均を用いて Y_t の分布関数の推定量を以下のように定義できる．

$$\hat{F}_{Y_t}(y) = \sum_{i=1}^{T} p_i(t)\, I_{(-\infty,y]}(Y_i), \qquad t = 1, \ldots, n$$

ここで，重み $p_i(t)$ の定義は (3.13) である．予測において条件付き分布関数の推定値を利用するために，一方向移動平均を用い，Y_t の分布関数の推定値を以下のように定義する．

$$\hat{F}_{Y_t}(y) = \sum_{i=1}^{t} p_i(t)\, I_{(-\infty,y]}(Y_i), \qquad t = 1, \ldots, n \tag{3.53}$$

ここで，重み $p_i(t)$ の定義は (3.15) である．一方向移動平均の特殊な場合に指数移動平均がある．分布関数の指数移動平均推定量は，(3.16) と同様に，以下のように定義する．

$$\hat{F}_{Y_t}(y) = \frac{1-\gamma}{1-\gamma^t} \sum_{i=1}^{t} \gamma^{t-i}\, I_{(-\infty,y]}(Y_i)$$

ここで，$0 < \gamma < 1$ であり，$\gamma = \exp(-1/h)$ である．

3.8 条件付き分位点推定

分位点回帰は，1.1.6 項で導入した．$Y_1, \ldots, Y_n \in \mathbf{R}$ を同一の分布に従う観測値とする．Y の分位点の推定量は経験分布関数 $\hat{F}_Y(y)$（定義が (3.51)）を利用して定義できる．経験分布関数（定義が (1.26)）の一般化された逆関数を作成することによって分位点推定量が得られ，以下の式になる．

$$\hat{Q}_p(Y) = \inf\{y : \hat{F}_Y(y) \geq p\}$$

ここで，$0 < p < 1$ である．

$(X_1, Y_1), \ldots, (X_n, Y_n)$ を同一の分布に従う回帰データとしよう．Y の条件付き分位点の推定量は，条件付き分布関数 $\hat{F}_{Y|X=x}(y)$（定義が (3.52)）を使って定義できる．条件付き分布関数の推定量の一般化された逆関数を作成することによって，条件付き分位点推定量が得られ，以下の式になる．

$$\hat{Q}_p(Y \mid X = x) = \inf\{y : \hat{F}_{Y|X=x}(y) \geq p\} \tag{3.54}$$

推定量 (3.54) は，条件付き分位点の局所平均推定量と呼べる．以下の式が成り立つ．

$$\hat{Q}_p(Y \mid X = x) = \begin{cases} Y_{(1)}, & 0 < p \leq p_1(x) \\ Y_{(2)}, & p_1(x) < p \leq p_1(x) + p_2(x) \\ \vdots & \\ Y_{(n-1)}, & \sum_{i=1}^{n-2} p_i(x) < p \leq \sum_{i=1}^{n-1} p_i(x) \\ Y_{(n)}, & \sum_{i=1}^{n-1} p_i(x) < p < 1 \end{cases} \tag{3.55}$$

ここで，順序付けられた標本を，$Y_{(1)} \leq Y_{(2)} \leq \cdots \leq Y_{(n)}$ と表現している．$p_i(x)$ は，カーネル重み（定義が (3.7)），リグレッソグラム重み（定義が (3.5)），最近傍重み（定義が (3.30)），これらのいずれかである．

図 3.8 は，カーネル重みを用いたときの，条件付き分位点推定値を示している．(a) が，レベルを $p = 0, 1, 0, 2, \ldots, 0.9$ としたときの推定値を表している．平滑化パラメータは $h = 0.7$ である．(b) は，レベルを $p = 0.1$ としたときの推定値を表している．平滑化パラメータは，$h = 0.3, 0.5, 0.7, 0.9$ である．どちらの図でも標準正規カーネルを用いている．データは図 1.1 のものと同一である．つまり，このデータは日々の S&P 500 リターン $R_t = (S_t - S_{t-1})/S_{t-1}$ である．ここで，S_t が指数の価格である．説明変数と目的変数は以下のものである．

$$X_t = \log_e \sqrt{\frac{1}{k} \sum_{i=1}^{k} R_{t-i}^2}, \qquad Y_t = \log_e |R_t|$$

S&P 500 指数データについては 1.6.1 項においてより詳細に説明している．(X_t, Y_t) の密度のカーネル推定値の等高線図も示している．

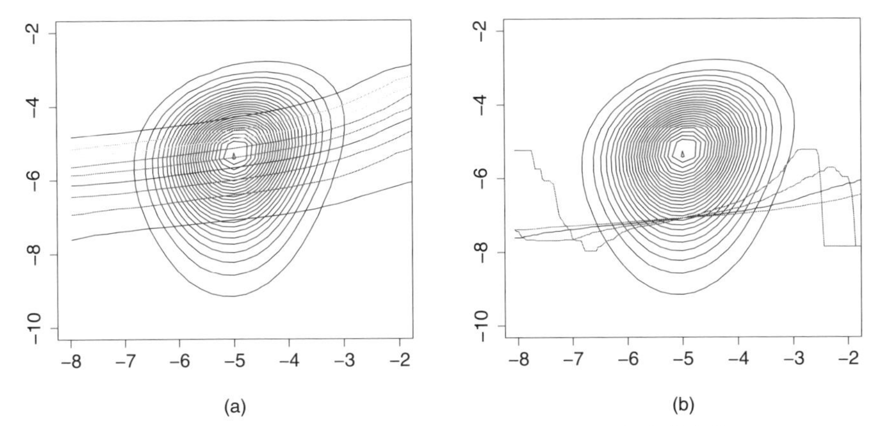

図 3.8　条件付き分位点のカーネル推定値　(a) 条件付き分位点推定値．レベルは $p = 0,1,0,2,\ldots,0.9$．平滑化パラメータは $h = 0.7$. (b) レベルが $p = 0.1$ のときの推定値．平滑化パラメータは，$h = 0.3, 0.5, 0.7, 0.9$．どちらの図でも，(X_t, Y_t) の密度に関するカーネル推定値の等高線図も示している．

$Y_1,\ldots,Y_t$ を定常時系列データとする．分布関数の一方向移動平均推定量 $\hat{F}_{Y_t}$ (定義が (3.53)) の逆関数を求めることによって，条件付き分位点の一方向移動平均推定量を定義できる．それによって，以下が得られる．

$$\hat{Q}_p(Y_t \mid Y_{t-1},\ldots) = \begin{cases} Y_{(1)}, & 0 < p \le p_1(t) \\ Y_{(2)}, & p_1(t) < p \le p_1(t) + p_2(t) \\ \vdots & \\ Y_{(t-1)}, & \sum_{i=1}^{t-2} p_i(t) < p \le \sum_{i=1}^{t-1} p_i(t) \\ Y_{(t)}, & \sum_{i=1}^{t-1} p_i(t) < p < 1 \end{cases}$$

ここで，順序付けられた標本を $Y_{(1)} \le Y_{(2)} \le \cdots \le Y_{(t)}$ と表現している．$p_i(t)$ は，(3.15) で定義した一方向重みである．

3.9　条件付き分散推定

3.9.1 項において，局所平均を用いて条件付き分散の状態空間平滑化を定義する．3.9.2 項において，時系列データにおける条件付き分散のための GARCH 推定について検討する．3.9.3 項において，時系列データにおける条件付き分散のための移動平均推定量について検討する．そして，GARCH(1, 1) 推定量と指数移動平均推定量を比較する．S&P 500 リターンのデータをあてはめることによってこれらの方法を検討する．しかし，S&P 500 リターンのボラティリティ推定への応用は 3.11.1 項に持ち越す．

3.9.1 状態空間平滑化と分散推定

$(X_1, Y_1), \ldots, (X_n, Y_n)$ を，(X, Y) の分布から得られた，同一の分布に従う回帰データとしよう．そして，条件付き分散（以下に示すもの）の推定を検討する．

$$f(x) = \mathrm{Var}(Y \mid X = x), \qquad x \in \mathbf{R}^d$$

以下のように書ける．

$$\mathrm{Var}(Y \mid X = x) = E\left[(Y - f_{reg}(X))^2 \mid X = x\right]$$

ここで，$f_{reg}(x) = E(Y \mid X = x)$ は回帰関数である．したがって，条件付き分散を以下のように推定できる．

$$\hat{f}(x) = \sum_{i=1}^{n} p_i(x) \left(Y_i - \hat{f}_{reg}(X_i)\right)^2$$

ここで，$\hat{f}_{reg}(x)$ は回帰関数の推定量である．$p_i(x)$ は，カーネル重み（定義が (3.7)），リグレッソグラム重み（定義が (3.5)），最近傍重み（定義が (3.30)），これらのいずれかである．以下のようにも書ける．

$$\mathrm{Var}(Y \mid X = x) = E\left[Y^2 \mid X = x\right] - f_{reg}(x)^2$$

したがって，条件付き重みを以下のように推定できる．

$$\hat{f}(x) = \sum_{i=1}^{n} p_i(x)\, Y_i^2 - \hat{f}_{reg}(x)^2$$

同じ局所平均を用いて f と f_{reg} を推定できる．その場合，以下が得られる．

$$\begin{aligned}\hat{f}(x) &= \sum_{i=1}^{n} p_i(x) \left(Y_i - \sum_{j=1}^{n} p_j(x)\, Y_j\right)^2 \\ &= \sum_{i=1}^{n} p_i(x)\, Y_i^2 - \left(\sum_{i=1}^{n} p_i(x)\, Y_i\right)^2\end{aligned}$$

3.11.1 項において状態空間平滑化をボラティリティ推定に応用する．(3.86) を参照せよ．

3.9.2 GARCHと分散推定

以下では，GARCHモデルを定義する．GARCHモデルによるボラティリティの式について検討する．最尤推定量について説明する．GARCH(1,1)による多段階予測手法を見出す．GARCH(1,1)をARCH(∞)と比較する．最後に，GARCH(1,1)モデルをS&P 500リターンにあてはめる．

GARCHモデル

GARCHモデルは，条件付き不均一モデル（定義が(1.16)）の特別な場合である．「GARCHモデル」という用語は，「一般化自己回帰条件付き不均一分散モデル(generalized autoregressive conditional heteroskedasticity model)」の略称である．GARCHモデルは，ARCHモデル（2.5.2項で論じた）を一般化したものである．

GARCH(p,q)モデルにおいて以下を仮定する．

$$Y_t = \sigma_t \epsilon_t, \qquad t = 0, \pm 1, \pm 2, \ldots$$

以下も仮定する．

$$\sigma_t^2 = \alpha_0 + \sum_{i=1}^{q} \alpha_i Y_{t-i}^2 + \sum_{j=1}^{p} \beta_j \sigma_{t-j}^2$$

ここで，$q \geq 1$，$p \geq 0$，$\alpha_i \geq 0$，$\beta_j \geq 0$である．ϵ_tは，独立同分布で，$E\epsilon_t = 0$で，$\mathrm{Var}(\epsilon_t) = 1$である．また，$\epsilon_t$は，$\{Y_{t-1}, Y_{t-2}, \ldots\}$とは独立である．GARCHモデルはBollerslev (1986)が導入した．以下の式が成り立つとき，GARCH(p,q)過程は厳密に定常である．

$$\sum_{i=1}^{q} \alpha_i + \sum_{j=1}^{p} \beta_j < 1 \tag{3.56}$$

Fan & Yao (2005, Theorem 4.4)とBougerol & Picard (1992)を参照せよ．

指数移動平均における(3.17)の形式のものは，以下のような再帰的な式を用いる．

$$\sigma_t^2 = (1-\gamma)\, Y_{t-1}^2 + \gamma \sigma_{t-1}^2 \tag{3.57}$$

$\alpha_0 = 0$，$\alpha_1 = 1 - \gamma$，$\beta = \gamma$と選択すると，GARCH(1,1)を使って(3.57)のモデルが得られる．したがって，指数移動平均におけるこの形式のものは，GARCH(1,1)の特別な場合である．(3.57)のモデルをIGARCH(1,1)と呼ぶ．この場合は，$\alpha_1 + \beta = 1$だからである．また，定常過程ではない．

GARCH(1,1) において $\alpha_1 + \beta < 1$ であることは，(3.56) において定常性があることを示している．したがって，以下が成り立つ．

$$\mathrm{Var}(Y_t) = EY_t^2 = \frac{\alpha_0}{1 - \alpha_1 - \beta}$$

実際，(3.59) を使うと以下の式が得られる．

$$\begin{aligned} EY_t^2 &= E\sigma_t^2 E\epsilon_t^2 = E\sigma_t^2 = \frac{\alpha_0}{1-\beta} + EY_t^2 \alpha_1 \sum_{k=1}^{\infty} \beta^{k-1} \\ &= \frac{\alpha_0}{1-\beta} + EY_t^2 \frac{\alpha_1}{1-\beta} \end{aligned}$$

これを，EY_t^2 について解くと，上の結果が得られる．

$\alpha_1 + \beta < 1$ という条件を仮定し，無条件分散を $\bar{\sigma}^2 = \mathrm{Var}(Y_t) = \alpha_0/(1-\alpha_1-\beta)$ としよう．その場合の GARCH(1,1) モデルは以下のように書ける．

$$\sigma_t^2 = \lambda\bar{\sigma}^2 + \alpha_1 Y_{t-1}^2 + \beta\sigma_{t-1}^2$$

ここで，以下を用いた．

$$\lambda = 1 - \alpha_1 + \beta$$

したがって，GARCH(1,1) は，第1項が長期間の条件なし分散からの逸脱に関係するモデルであると解釈できる．Hull (2010, Section 9.7, p. 188) を参照せよ．

GARCH モデルのボラティリティ

GARCH モデルにおいて以下が得られる．

$$\mathrm{Var}\left(Y_t \mid \mathcal{F}_{t-1}\right) = \sigma_t^2 \tag{3.58}$$

ここで，$\mathcal{F}_{t-1}$ は，$Y_{t-1}, Y_{t-2}, \ldots$ が生成するシグマ代数である．このことを，一般的な条件付き不均一分散モデルに関して示した ((1.17))．さらに，定常 GARCH(1,1) において以下が得られる．

$$\sigma_t^2 = \frac{\alpha_0}{1-\beta} + \alpha_1 \sum_{k=1}^{\infty} \beta^{k-1} Y_{t-k}^2 \tag{3.59}$$

式 (3.59) は，GARCH(1,1) において以下の2つの式が成り立つことに注目することによって導かれる．

$$\sigma_t^2 = \alpha_0 + \alpha_1 Y_{t-1}^2 + \beta\sigma_{t-1}^2$$

$$\sigma_{t-1}^2 = \alpha_0 + \alpha_1 Y_{t-2}^2 + \beta\sigma_{t-2}^2$$

このことを $k \geq 1$ のそれぞれに対して続けると以下が得られる.

$$\sigma_t^2 = \alpha_0 \sum_{i=0}^{k-1} \beta^i + \alpha_1 \sum_{j=1}^{k} \beta^{j-1} Y_{t-j}^2 + \beta^k \sigma_{t-k}^2$$

ここで, $\beta + \alpha_1 < 1$ を仮定する. それによって定常性が保証され, $0 < \beta < 1$ が成り立つ. それによって以下のことが分かる.

$$\beta^k \sigma_{t-k}^2 \xrightarrow{p} 0$$

以下も分かる.

$$\sum_{j=1}^{k} \beta^{j-1} X_{t-j}^2 \xrightarrow{p} \sum_{j=1}^{\infty} \beta^{j-1} X_{t-j}^2$$

これは, $k \to \infty$ の場合である. 最後に以下も得られる.

$$\sum_{i=0}^{\infty} \beta^i = \frac{1}{1-\beta}$$

以上によって, 収束を確率の意味での収束と定義した場合において (3.59) が証明できた.

より一般的には, GARCH(p, q) において以下が得られる.

$$\sigma_t^2 = \frac{\alpha_0}{1 - \sum_{j=1}^{p} \beta_j} + \sum_{k=1}^{\infty} d_k Y_{t-k}^2 \tag{3.60}$$

ここで, d_k は以下の式から得られる.

$$\sum_{k=1}^{\infty} d_k z^i = \frac{\sum_{i=1}^{q} \alpha_i z^i}{1 - \sum_{j=1}^{p} \beta_j z^j}$$

ここで, $|z| \leq 1$ である. Fan & Yao (2005, Theorem 4.4) を参照せよ. すると, 以下の式が得られる.

$$\begin{aligned}\sigma_t^2 = &\frac{\alpha_0}{1 - \sum_{j=1}^{p} \beta_j} + \sum_{i=1}^{q} \alpha_i Y_{t-i}^2 \\ &+ \sum_{i=1}^{q} \alpha_i \sum_{k=1}^{\infty} \sum_{j_1=1}^{p} \cdots \sum_{j_k=1}^{p} \beta_{j_1} \cdots \beta_{j_k} Y_{t-i-j_1-\cdots-j_k}^2\end{aligned}$$

GARCHパラメータの最尤推定

観測値 $Y_1, \ldots, Y_T$ があるとする．GARCH(p, q) モデルの推定は最尤法を用いて行う．ϵ_t の密度を $f_\epsilon : \mathbf{R} \to \mathbf{R}$ と表そう． 2.5.2 項において，以下の式を用いて ARCH(p) モデルのための尤度関数を導いた．

$$f_{Y_t \mid Y_{t-1}, \ldots, Y_{t-p}}(y) = \frac{1}{\sigma_t} f_\epsilon\left(\frac{y}{\sigma_t}\right)$$

しかし，GARCH(p, q) モデルにおいては，σ_t^2 に対する式である (3.60) がある．つまり，Y_t の有限個の過去データからは σ_t^2 を決定できない．ARCH(p) とは異なり，σ_t^2 は無限個の項の和だからある．したがって，条件付き尤度を計算できるようにするためには無限個の和を途中で打ち切る必要がある．そこで，以下のように表現する．

$$\tilde{\sigma}_t^2 = \frac{\alpha_0}{1 - \sum_{j=1}^p \beta_j} + \sum_{k=1}^{t-1} d_k Y_{t-k}^2$$

ここで，d_k は (3.60) における係数である．したがって，$\tilde{\sigma}_t^2$ は $Y_1^2, \ldots, Y_{t-1}^2$ の関数である．尤度の対数は，ARCH(p) モデル ((2.78)) の場合と同様に得られる．観測値 $Y_1, \ldots Y_r$ を与えたときの条件付き尤度は以下の式になる．

$$\log_e L_r(\alpha_0, \ldots, \alpha_q, \beta_1, \ldots, \beta_p) = -\frac{1}{2} \sum_{t=r+1}^{T} \log_e \sigma_t^2 + \sum_{t=r+1}^{T} \log f_\epsilon\left(\frac{y_t}{\sigma_t}\right)$$

これに手を加え，σ_t を $\tilde{\sigma}_t$ で置き換える．そして，以下の値を最大にするものを最尤推定量と定義する．

$$\begin{aligned} &\log_e \tilde{L}_r(\alpha_0, \ldots, \alpha_q, \beta_1, \ldots, \beta_p) \\ &= -\frac{1}{2} \sum_{t=r+1}^{T} \log_e \tilde{\sigma}_t^2 + \sum_{t=r+1}^{T} \log f_\epsilon\left(\frac{y_t}{\tilde{\sigma}_t}\right) \end{aligned} \tag{3.61}$$

ここで，$r \geq \max\{p, q\}$ である．ガウス型分布 ($\epsilon_t \sim N(0,1)$) を仮定する場合，以下の式が得られる．

$$\begin{aligned} &(\hat{\alpha}_0, \ldots, \hat{\alpha}_q, \hat{\beta}_1, \ldots, \hat{\beta}_p) \\ &= \operatorname{argmin}_{\alpha_0, \ldots, \alpha_q, \beta_1, \ldots, \beta_p} \left\{ \sum_{t=r+1}^{T} \left(\log_e \tilde{\sigma}_t^2 + \frac{y_t^2}{\tilde{\sigma}_t^2} \right) \right\} \end{aligned} \tag{3.62}$$

GARCH(1, 1) を用いた多段階予測

h ステップ先の 2 乗観測値 Y_{t+h}^2 の予測について検討しよう．$\alpha_1 + \beta < 1$ のときの GARCH(1,1) モデルの場合，最適な予測は以下のようになる．

$$E\left(Y_{t+h}^2 \,|\, \mathcal{F}_t\right) = \bar{\sigma}^2 + (\alpha_1 + \beta)^{h-1}\left(\sigma_{t+1}^2 - \bar{\sigma}^2\right), \qquad h \geq 1 \tag{3.63}$$

ここで，$\bar{\sigma}^2 = EY_t^2 = \alpha_0/(1 - \alpha_1 - \beta)$ は無条件分散である．この場合，最適性は，平均 2 乗誤差の意味である．$h = 1$ の場合，(3.63) を (3.58) で書けることに注意していただきたい．

$h \geq 2$ のときの (3.63) を示そう．$E(\cdot \,|\, \mathcal{F}_t) = E_t$ と表そう．そのとき，以下の式が得られる．

$$\sigma_{t+h}^2 - \bar{\sigma}^2 = \alpha_1\left(Y_{t+h-1}^2 - \bar{\sigma}^2\right) + \beta\left(\sigma_{t+h-1}^2 - \bar{\sigma}^2\right)$$

$h \geq 2$ で $E_t\sigma_{t+1}^2 = \sigma_{t+1}^2$ のとき，$E_tY_{t+h-1}^2 = E_tE_{t+h-2}Y_{t+h-1}^2 = E_t\sigma_{t+h-1}^2$ が成り立つ．したがって，以下が得られる．

$$\begin{aligned} E_t\left(\sigma_{t+h}^2 - \bar{\sigma}^2\right) &= (\alpha_1 + \beta)E_t\left(\sigma_{t+h-1}^2 - \bar{\sigma}^2\right) \\ &= (\alpha_1 + \beta)^{h-1}E_t\left(\sigma_{t+1}^2 - \bar{\sigma}^2\right) \\ &= (\alpha_1 + \beta)^{h-1}\left(\sigma_{t+1}^2 - \bar{\sigma}^2\right) \end{aligned}$$

よって，(3.63) が証明できた．

次に，h ステップの期間のボラティリティ（以下の式）の予測を検討しよう．

$$V_{t,h} \stackrel{def}{=} Y_{t+1}^2 + \cdots + Y_{t+h}^2$$

ここで，$h \geq 1$ である．以下のように表そう[11]．

$$\sigma_{t,h}^2 \stackrel{def}{=} E\left(Y_{t+1}^2 + \cdots + Y_{t+h}^2 \,|\, \mathcal{F}_t\right)$$

(3.63) を使うと，GARCH(1,1) モデルにおいて以下の式が得られる．

$$\sigma_{t,h}^2 = h\bar{\sigma}^2 + \left(\sigma_{t+1}^2 - \bar{\sigma}^2\right)\sum_{k=1}^{h}(\alpha_1 + \beta)^{k-1}$$

---

[11] GARCH(1,1) モデルにおいて，Y_t は条件付き無相関である．したがって，$\sigma_{t,h}^2 = E\left[(Y_{t+1} + \cdots + Y_{t+h})^2 \,|\, \mathcal{F}_t\right]$ も成り立つ．

ここで，$\sum_{k=1}^{h}(\alpha_1+\beta)^{k-1} = (1-(\alpha_1+\beta)^h)/(1-\alpha_1-\beta)$ と書ける．

GARCH(1, 1) と他のモデルの比較

(2.77) において ARCH(p) を以下のように定義した．

$$\sigma_t^2 = \alpha_0 + \alpha_1 Y_{t-1}^2 + \cdots + \alpha_p Y_{t-p}^2$$

これを，(3.59) のボラティイリティの式と比較すると，GARCH(1, 1) は，条件付き分散の式において推定するパラメータが 3 つしかないのに対して，ARCH(p) モデルには $p+1$ 個のパラメータがある．財務リターンの 2 乗には長期間の依存性があるので，ARCH モデルをあてはめるためには，時間経過 p の数を大きくとる必要がある．しかし，パラメータの数が大きいとモデルのあてはめが難しくなる．

GARCH(1, 1) は ARCH(∞) モデルの特別な場合と考えられる．(3.59) が以下のように書けるからである．

$$\sigma_t^2 = \alpha + \sum_{k=1}^{\infty} \beta_k Y_{t-k}^2$$

ここで，$\beta_k = \alpha_1 \beta^{k-1}$ であり，$\alpha = \alpha_0/(1-\beta)$ である．以下のように定義することによって，より一般的な ARCH(∞) モデルが得られる．

$$\sigma_t^2 = \alpha + \sum_{k=1}^{\infty} \psi_k(\theta) m(Y_{t-k}) \tag{3.64}$$

ここで，$\alpha \in \mathbf{R}$，$\theta \in \mathbf{R}^p$ である．$m : \mathbf{R} \to \mathbf{R}$ をニュース影響力曲線と呼ぶ．より一般的には，Linton (2009) に従うと，ニュース影響力曲線は σ_t^2 と $y_{t-1} = y$ の関係で定義できる．過去の値 σ_{t-1}^2 を σ^2 の特定の値で一定に保った場合である．GARCH(1, 1) モデルにおけるニュース影響力曲線は以下のものになる．

$$m(y, \sigma^2) = \alpha_0 + \alpha_1 y^2 + \beta\sigma^2$$

(3.64) の ARCH(∞) モデルは，Linton & Mammen (2005) が研究してきた．そこでは，推定されたニュース影響力曲線が S&P 500 リターンのデータにおいて非対称になることを示している．

GARCH(1, 1) による S&P 500 リターン

GARCH(1, 1) モデルの S&P 500 リターン・データ（1.6.1 項で示した）へのあてはめについて研究する．3.11.1 項では，条件付き分散 $\sigma_t^2 = E\left(Y_t^2 \mid Y_{t-1}, Y_{t-2}, \ldots\right)$ の推定に絞り込んで研究する．GARCH(1, 1) のあてはめは，例えば，Spokoiny (2000) と Fan & Yao (2005, Section 4.2.8) が研究している．

過去に観測された純リターンを $Y_1, \ldots, Y_T$ と表す．ここで，$Y_t = (P_t - P_{t-1})/P_{t-1}$ で，P_t は指数の値である．GARCH(1, 1) モデルは以下である．

$$Y_t = \sigma_t \epsilon_t, \qquad \sigma_t^2 = \alpha_0 + \alpha_1 Y_{t-1}^2 + \beta \sigma_{t-1}^2 \tag{3.65}$$

$\epsilon_t \sim N(0, 1)$ のとき，これらのパラメータに対する最尤推定量は以下のようになる[12]．

$$\hat{\alpha}_0 = 7.3 \times 10^{-7}, \qquad \hat{\alpha}_1 = 0.077, \qquad \hat{\beta} = 0.92 \tag{3.66}$$

図 3.9 は逐次推定値 $\hat{\beta}_t$ の変動を示している．t の日にそのときに利用できるデータのみを用いて GARCH(1, 1) モデルをあてはめた．(a) は 1 年間 (250 日間) の観測値を得た後の推定値を表している．(b) は，1970 年 1 月 2 日に始まる推定値を示している．(a) では，推定期間の始まりにおいては推定値がかなり変動しているけれども，推定値の変動は着実に減少している．(b) には 1987 年 10 月 20 日に突然の急落が見られる．この日，指数値が 1 日で約 20% 下落した．1987 年 10 月 20 日以降に 1 日だけの下向きの突出が 4 つある原因は，最尤推定の数値的な不安定性によるものと推測できる．

図 3.10 は，以下の比率の変動を表している．

$$\frac{\hat{\sigma}_t^{out}}{\hat{\sigma}_t^{in}}$$

ここで，$\hat{\sigma}_t^{out}$ は，σ_t の標本外の逐次推定値である．$\hat{\sigma}_t^{in}$ は，σ_t の標本内の推定値である．σ_t^{out} を $\hat{\beta}_t$，$\hat{\alpha}_{0,t}$，$\hat{\alpha}_{1,t}$ のパラメータ推定値を用いて計算した．それら 3 つの推定値は時刻 t において利用できるデータを用いて計算した．σ_t^{in} を，$\hat{\beta}$，$\hat{\alpha}_0$，$\hat{\alpha}_1$ を用いて計算した．それら 3 つの推定値は全標本を用いて求めた．いずれの場合も，σ_t を算出するための再帰的な式（式 (3.65) を使う）は 250 日後のものから始めた．そのとき，再帰的な式における初期値は，初期における 250 個のリターンの標本分散である．

---

[12] 最尤推定のために R パッケージ「tseries」を用いた．対数リターンを使うと，$\hat{\alpha}_0 = 7.6 \times 10^{-7}$，$\hat{\alpha}_1 = 0.079$，$\hat{\beta} = 0.91$ になる．

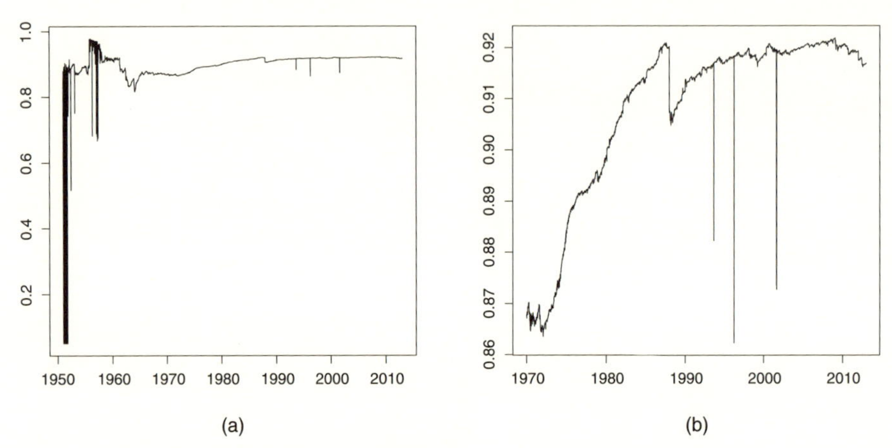

図 3.9 GARCH(1, 1) における β の逐次推定値 $\hat{\beta}$ の逐次推定値の変動を示す．(a)1 年間（250 日間）の観測値を得た後の推定値．(b)1970 年 1 月 2 日に始まる推定値．

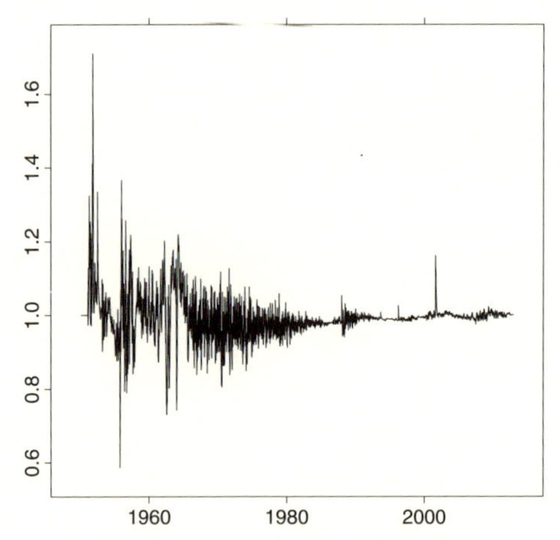

図 3.10 GARCH(1, 1) によるボラティリティ推定値の安定性 比率 $\sigma_t^{out}/\sigma_t^{in}$ の変動を示す．ここで，σ_t^{out} は，σ_t の標本外の推定値である．σ_t^{in} は，σ_t の標本内の推定値である．

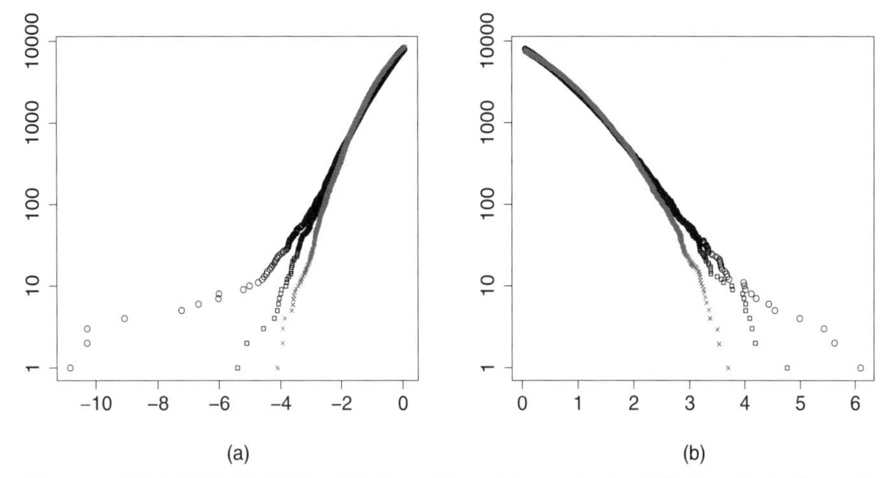

図 3.11 GARCH(1,1) 残差の裾プロット (a)GARCH(1,1) 残差の左裾プロット．(b)GARCH(1,1) 残差の右裾プロット．○：残差．×：標準正規分布からシミュレーションによって得たデータ．□：自由度が 12 の標準スチューデント分布からシミュレーションによって得たデータ．

残差を以下のように表そう．

$$\hat{\epsilon}_t = \frac{Y_t}{\hat{\sigma}_t}$$

ここで，$\hat{\sigma}_t = \sigma_t^{out}$ は，$\hat{\sigma}_t^2 = \hat{\alpha}_{t,0} + \hat{\alpha}_{t,1} Y_{t-1}^2 + \hat{\beta}_t \sigma_{t-1}^2$ の式を使って再帰的に計算した σ_t で，標本外の推定値である．ここで，2 つの診断を行う．第 1 は，残差の分布を調べることである．第 2 は，2 乗誤差が無相関かどうかを調べることである．

図 3.11 は，GARCH(1,1) 残差の，左裾プロットと右裾プロットである．左裾プロットと右裾プロットは， 6.1.2 項で定義した．(a) は GARCH(1,1) 残差の左裾プロットを示している．(b) は GARCH(1,1) 残差の右裾プロットを示している．○は残差を示している．×は標準正規分布からシミュレーションによって得たデータを示している．□は自由度が 12 の標準スチューデント分布からシミュレーションによって得たデータを示している[13]．

図 3.12 は GARCH(1,1) 残差の QQ プロットである．QQ プロットについては 6.1.2 項で説明する．(a) は，正規分布と比較したときの，残差の QQ プロットである．そのときの正規分布の分散は残差の標本分散 (1.01) に等しい．(b) は，

[13] Y が自由度が $\nu > 2$ のスチューデント分布（t 分布）に従うとき，$\sqrt{(\nu-2)/\nu}\, Y$ は，自由度が ν のスチューデント分布に従う．

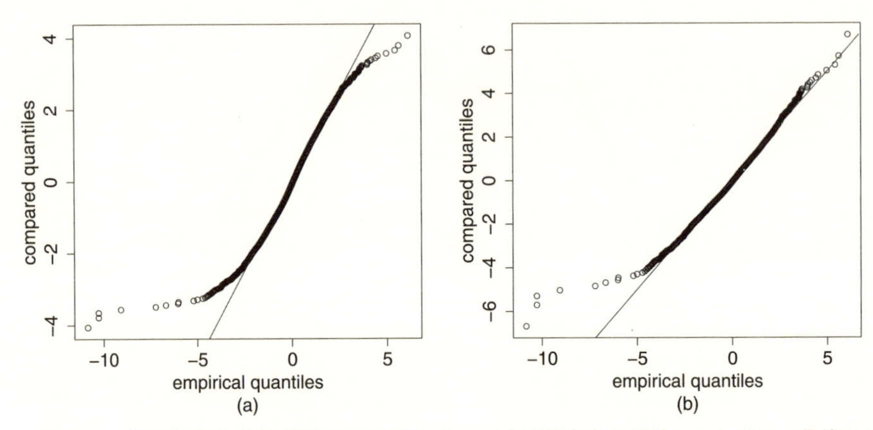

図3.12 GARCH(1,1) 残差の QQ プロット (a) 正規分布と比較したときの，残差の QQ プロット．(b) 自由度が 12 のスチューデント分布と比較したときの，残差の QQ プロット．比較のために用いた分布は，分散が残差の標本分散と等しくなるように正規化した．

自由度が 12 のスチューデント分布と比較したときの，残差の QQ プロットである．そのときのスチューデント分布の分散は残差の標本分散に等しい．

裾プロットと QQ プロットは，残差の裾は正規分布の裾より重いことを示している．自由度が 12 のスチューデント分布の方があてはまりがいい．しかし，残差の左端部分ではスチューデント分布に上手くあてはまっていない．残差の左裾は残差の右裾より重い．最尤推定において正規性を仮定した．しかし，正規性はなさそうである．したがって，疑似最尤法によるパラメータ推定法の利用が考えられる．

図 3.13 は，2 乗リターンと 2 乗残差の標本自己相関を示している．データ $Y_1,\ldots,Y_T$ に基づく，遅れ（ラグ）が k の標本自己相関の定義は以下である．

$$\hat{\rho}_k = \widehat{\mathrm{Cor}}(Y_t, Y_{t+k}) = \frac{\hat{\gamma}_k}{\hat{\gamma}_0} \tag{3.67}$$

ここで，遅れ（ラグ）が k の標本自己共分散は以下である．

$$\hat{\gamma}_k = \frac{1}{T}\sum_{t=1}^{T-k}(Y_t - \bar{Y})(Y_{t+k} - \bar{Y})$$

ここで，$\bar{Y} = T^{-1}\sum_{i=1}^{T} Y_t$ である．(a) は 2 乗リターン $\widehat{\mathrm{Cor}}(Y_t^2, Y_{t+k}^2)$ の標本自

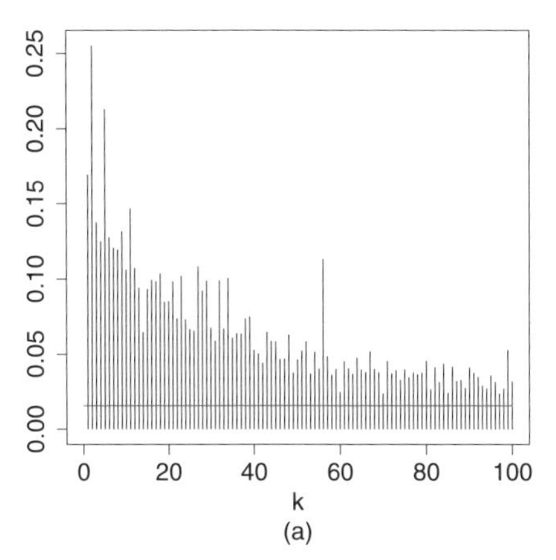

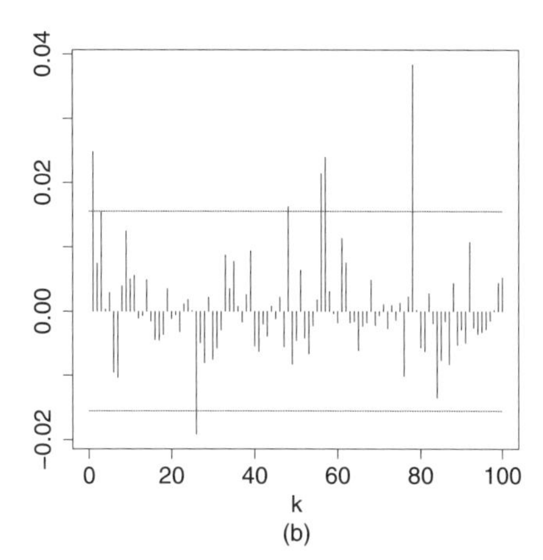

図 3.13 2 乗リターンの標本自己相関と，GARCH(1, 1) 残差の 2 乗の標本自己相関
(a)S&P 500 リターンの 2 乗の標本自己相関．遅れ（ラグ）は，$k = 1, \ldots, 100$ である．(b) 残差の 2 乗の標本自己相関．遅れ（ラグ）は，(a) と同一である．水平線は，帰無仮説を $\rho_k = 0$ としたときの，有意水準 $\alpha = 0.05$ の棄却線である．

己相関を示している．(b) は残差の 2 乗 $\widehat{\mathrm{Cor}}(\hat{\epsilon}_t^2, \hat{\epsilon}_{t+k}^2)$ の標本自己相関を示している（いずれも，$k = 1, \ldots, 100$）．図 3.13 から，2 乗リターンは持続的でかなりの大きさの自己相関を持つと言える．他方，2 乗誤差の自己相関は遙かに小さい．この様子は，GARCH モデルにおける観測残差の独立性の仮定を支持している．

図 3.13 における水平線は以下の高さにある．

$$\pm z_{1-\alpha/2} T^{-1/2}$$

ここで，z_α は標準正規分布の α 分位点である．$\alpha = 0.05$ とした．したがって，$z_{1-\alpha/2} \approx 1.96$ である．これらの線は，帰無仮説を $\rho_k = 0$ としたときの棄却線と見なすことができる．中心極限定理によって，$Y_1, Y_2, \ldots$ が独立同分布で平均が 0 であれば，$T \to \infty$ のとき，以下が成り立つからである．

$$\sqrt{T}\, \hat{\rho}_k \xrightarrow{d} N(0, 1)$$

ボックス・リュング検定を用いて，定常時系列 $Y_1, Y_2, \ldots$ における自己相関が 0 かどうかを検定できる．帰無仮説は $\rho_k = 0$（$k = 1, \ldots, h$）である．ここで，$h \geq 1$，$\rho_k = \gamma_k / \gamma_0$，$\gamma_k = \mathrm{Cov}(Y_1, Y_{k+1})$ である．観測された時系列データ $Y_1, \ldots, Y_T$ があるとしよう．検定統計量は以下である．

$$Q(h) = T(T+2) \sum_{k=1}^{h} \frac{\hat{\rho}_k^2}{T-k}$$

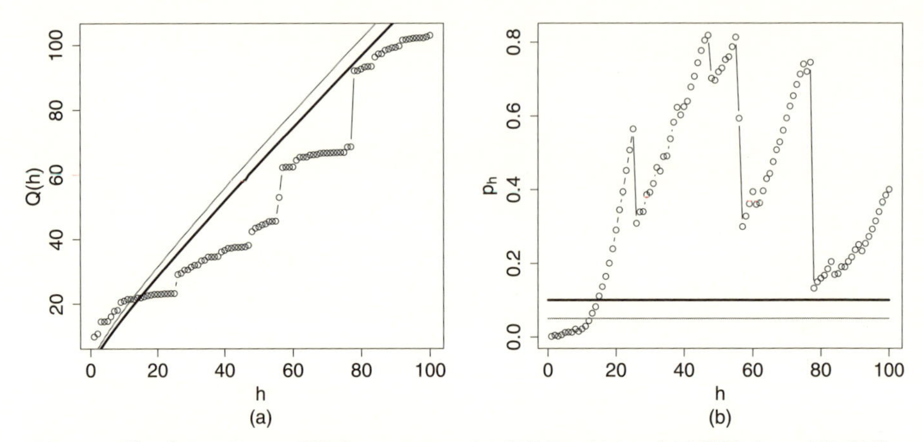

図 3.14　ボックス・リュング検定　GARCH(1, 1) 残差に対する自己相関ゼロの帰無仮説に対する検定を行う．(a) ボックス・リュング検定統計量 $Q(h)$ $(h = 1, \ldots, 100)$ の値．薄い線は，有意水準を $\alpha = 0.05$ としたときの閾値 $\chi^2_{h,1-\alpha}$ を表している．濃い線は，有意水準を $\alpha = 0.1$ としたときのものである．(b) 観測 p 値の値 p_h $(h = 1, \ldots, 100)$．薄い水平線が有意水準 $\alpha = 0.05$ で，濃い水平線が有意水準 $\alpha = 0.1$ である．

ここで，$\hat{\rho}_k$ の定義は (3.67) である．以下が成り立つとき，この検定は自己相関が0という帰無仮説を棄却する．

$$Q(h) > \chi^2_{h,1-\alpha}$$

ここで，$\chi^2_{h,1-\alpha}$ は，自由度が h の χ^2 分布の $1 - \alpha$ 分位点である．観測 p 値を以下のように計算できる．

$$p_h = 1 - F_h(Q(h))$$

ここで，$h = 1, 2, \ldots$ である．F_h は自由度が h の χ^2 分布の分布関数である．観測 p 値の値が小さいことは，観測値が帰無仮説に適合していないことを示している．

図 3.14 は，ボックス・リュング検定の結果である．(a) の○は，検定統計量 $Q(h)$ $(h = 1, \ldots, 100)$ の値を示している．薄い線は有意水準を $\alpha = 0.05$ としたときの検定統計量の閾値 $\chi^2_{h,1-\alpha}$ を表している．濃い線は有意水準を $\alpha = 0.1$ としたときの閾値を表している．(b) は観測 p 値の値 p_h $(h = 1, \ldots, 100)$ を表している．薄い水平線は有意水準 $\alpha = 0.05$ である．濃い水平線が有意水準 $\alpha = 0.1$ である．自己相関ゼロの帰無仮説は h が小さい値のとき棄却されると判断できる．

3.9.3 移動平均と分散推定

条件付き分散を以下のように表す．

$$\sigma_t^2 \doteq E(Y_t^2 \mid Y_{t-1}, Y_{t-2}, \ldots)$$

ここで，$EY_t = 0$ を仮定している．指数移動平均 (EWMA) の定義は (3.16) である．観測値 $Y_0, \ldots, Y_{t-1}$ に基づく，条件付き分散の指数移動平均推定量は以下である．

$$\hat{\sigma}_t^2 = \frac{1-\gamma}{1-\gamma^t} \sum_{k=0}^{t-1} \gamma^k Y_{t-k-1}^2 \tag{3.68}$$

ここで，$\gamma = \exp(-1/h)$ である．$h > 0$ は平滑化パラメータである．

S&P 500 データ（ 1.6.1 項で示したもの）を用いて，指数重み付き移動平均推定値を GARCH(1,1) 推定値と比較する．後の 3.11.1 項においては，指数重み付き移動平均推定値をボラティリティ推定に応用する．

指数重み付き移動平均の重みは (3.68) から以下となることが分かる．

$$w_k^e = \frac{1-\gamma}{1-\gamma^t}\,\gamma^k \tag{3.69}$$

GARCH(1,1) 重みは以下である．

$$w_k = \hat{\alpha}_1 \hat{\beta}^k, \qquad k = 1, 2, \ldots. \tag{3.70}$$

この (3.70) の式が得られるのは，条件付き分散の GARCH(1,1) 推定量は以下のものだからである．

$$\hat{\sigma}_t^2 = \frac{\hat{\alpha}_0}{1-\hat{\beta}} + \hat{\alpha}_1 \sum_{k=0}^{t-1} \hat{\beta}^k Y_{t-k-1}^2 \tag{3.71}$$

ここで，パラメータ推定量である，$\hat{\alpha}_0$，$\hat{\alpha}_1$，$\hat{\beta}$ は，データ $Y_0, \ldots, Y_{t-1}$ を利用し，最尤法を使って (3.62) のように計算する．

(3.69) で定義した指数移動平均重み w_k^e を GARCH(1,1) 重み w_k（定義が (3.70)）と比較する．(3.66) において，S&P 500 リターン・データに対する GARCH(1,1) パラメータを推定した．それらの推定値を用いると以下が得られる．

$$\frac{\hat{\alpha}_0}{1-\hat{\beta}} = 8.72 \times 10^{-6}$$

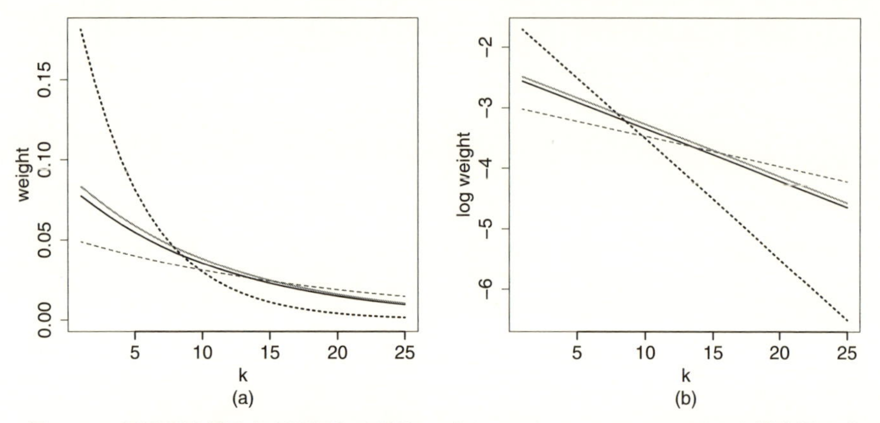

図 3.15　GARCH 重みと EWMA の重み　ボラティリティの GARCH(1,1) 推定量の重み w_k と，指数移動平均（平滑化パラメータが，$h = 5$，$h = 11.55$，$h = 20$）の重み w_k^e を示す．(a) 最初の 25 個の重み．(b) 最初の 25 個の重みの対数値．濃い実線は，GARCH(1,1) 重みを示す．点線，薄い実線，破線はそれぞれ，$h = 5$，$h = 11.55$，$h = 20$ のときの EWMA 重みを示す．

(3.71) の最初の項が無視できると考えられるとき，標本の大きさ t が大きければ以下が得られる．

$$w_k^e \approx w_k$$

ただし，以下が成り立つ場合である．

$$\gamma \approx \hat{\beta} \Longleftrightarrow h \approx -1/\log(\hat{\beta}) = 11.55 \tag{3.72}$$

図 3.15 は，ボラティリティの GARCH(1,1) 推定量の最初の 25 個の重み w_k と，指数移動平均（平滑化パラメータが，$h = 5$，$h = 11.55$，$h = 20$）の最初の 25 個の重み w_k^e を示している．(a) は最初の 25 個の重みである．(b) は最初の 25 個の重みの対数値である．濃い実線は GARCH(1,1) 重みを示す．薄い実線は $h = 11.55$ のときの EWMA 重みを表している．点線は $h = 5$ のときの EWMA 重みを表している．破線は $h = 20$ のときの EWMA 重みを表している．GARCH(1,1) 重みは $h = 11.55$ のときの EWMA 重みに近いようである．濃い実線と薄い実線を区別しにくいからである．$h = 5$ のときの重み（点線）は早く減少する．$h = 20$ のときの重み（破線）はゆっくり減少する．

図 3.16 は，比率 $\hat{\sigma}_t^{ewma}/\hat{\sigma}_t^{garch}$ を表している．ここで，$\hat{\sigma}_t^{ewma}$ は移動平均推定値である．$\hat{\sigma}_t^{garch}$ は GARCH(1,1) 推定値である．この GARCH(1,1) 推定値は，標本全体から得られたパラメータ推定値を用いた標本内推定値である．平滑

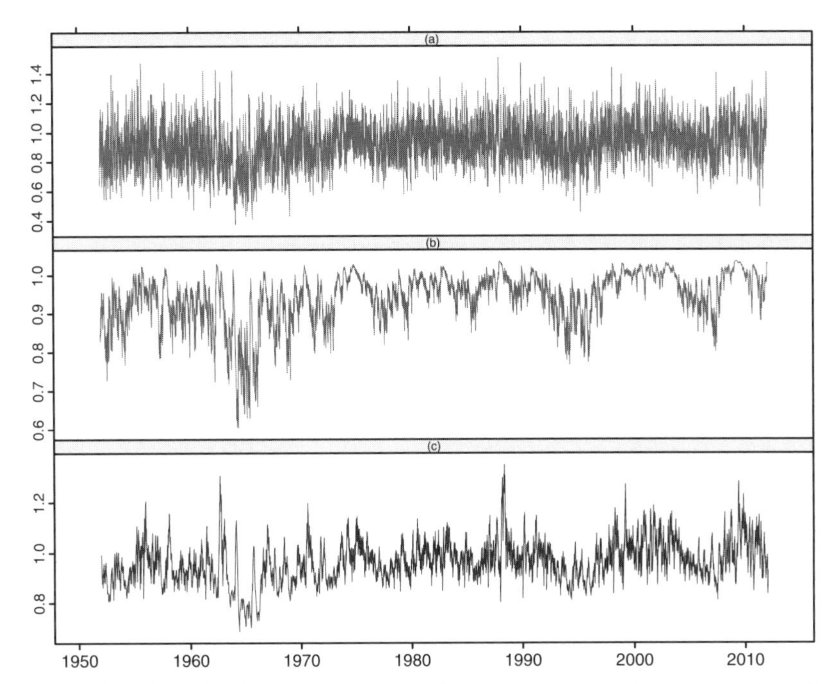

図 3.16 GARCH と EWMA がもたらすボラティリティ推定値の比率 比率 $\hat{\sigma}_t^{ewma}/\hat{\sigma}_t^{garch}$ を示している．つまり，ボラティリティ推定における，指数移動平均推定量と GARCH(1,1) 推定量の比率である．平滑化パラメータの値として 3 通りを用いた．(a)$h=5$ の場合．(b)$h=11.55$ の場合．(c)$h=20$ の場合．

化パラメータとして，$h=5$，$h=11.55$，$h=20$ を考慮した．(a) は $h=5$ の場合を表している．(b) は $h=11.55$ の場合を表している．(c) は $h=20$ の場合を表している．この比率は 1 より小さくなりがちである．つまり，指数移動平均によるボラティリティの推定値は小さくなりがちなのである．最初の 2 年間の結果は除いたので，時系列が 1952 年 1 月から始まっている．1950 年から 1951 年は変動が大きいので，この比率が最大で 2 に等しくなった．

図 3.17 は，$\hat{\sigma}_t^{ewma}/\hat{\sigma}_t^{garch}$ の標本平均と標本標準偏差を表している．$\hat{\sigma}_t^{ewma}$ を得るための平滑化パラメータ h は，$1, 5, 11.55, 20, 40, 80$ の値をとる．(a) は平均を表している．(b) は標準偏差を表している．平均が 1 より小さく，h の関数として増加していることが分かる．標準偏差が $h=11.55$ のときに最小であることも分かる．

図 3.18 は，$\hat{\sigma}_t^{garch}$ の分布と $\hat{\sigma}_t^{ewma}$ の分布を比較するための，左裾プロットと右裾プロットである．裾プロットの定義は 6.1.2 項である．(a) は左裾を表して

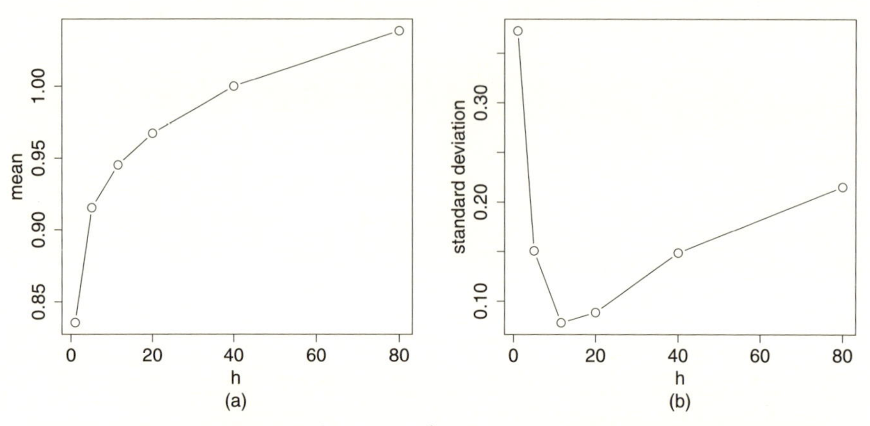

図 3.17 GARCH と EWMA がもたらすボラティリティ推定値の比率の平均と分散 ボラティリティ推定における，GARCH(1, 1) 推定量と指数移動平均推定量との比率の平均と標準偏差を示している．平滑化パラメータを，$h = 1, 5, 11.55, 20, 40, 80$ とした．(a) が平均を示し，(b) が標準偏差を示す．

いる．(b) は右裾を表している．左裾は中央値より小さい観測値からなる．右裾は中央値より大きい観測値からなる．○は GARCH(1, 1) 推定値を表している．×は $h = 11.55$ のときの EWMA 推定値を表している．□は $h = 25$ のときの EWMA 推定値を表している．GARCH 推定値の左裾は EWMA の左裾より軽いことが分かる．GARCH 推定値の右裾と，$h = 11.55$ のときの EWMA 推定値の右裾はお互いに近い値である．しかし，$h = 25$ のときの EWMA 推定値の右裾はこれらより軽い．

図 3.19 は，$\hat{\sigma}_t^{garch}$ の分布と $\hat{\sigma}_t^{ewma}$ の分布を比較するために，コルモゴロフ・スミルノフ検定統計量の値を示す．コルモゴロフ・スミルノフ検定統計量は 2 つの標本の経験分布関数の距離の上限に等しい．その定義は，以下である．

$$\mathrm{KS} = \sup_{t \in \mathbf{R}} \left| \hat{F}(t) - \hat{G}(t) \right|$$

ここで，$\hat{F}$ と $\hat{G}$ は，2 つの標本の経験分布関数である．その定義は (1.43) である[14]．この検定統計量を使って，2 つの分布の同一性を帰無仮説とする検定を行った．EWMA 推定値の平滑化パラメータを $h = 1, 5, 11.55, 20, 40, 80$ とした

[14] R のパッケージ「stats」に所収されている R 関数「ks.test」を使ってこの検定統計量を計算した．

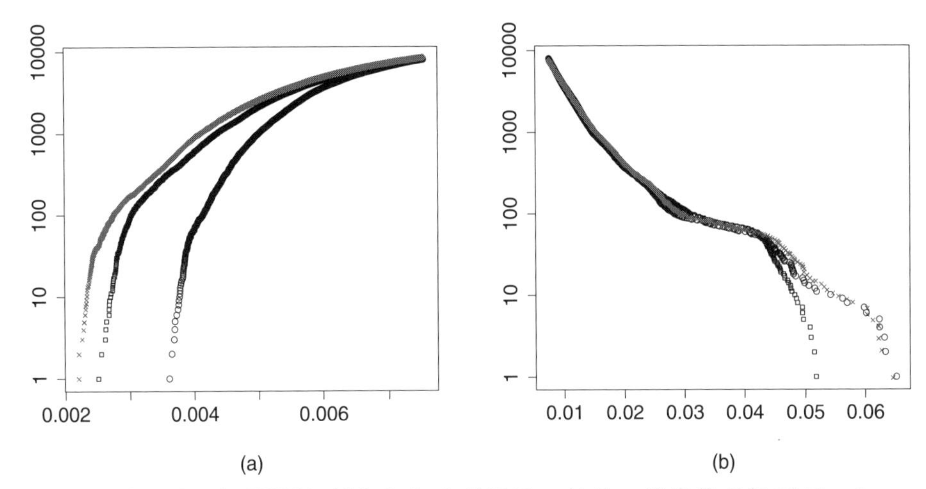

図 3.18　GARCH と EWMA がもたらすボラティリティ推定値の裾プロット
GARCH(1,1) 推定値 $\hat{\sigma}_t^{garch}$ の分布と EWMA 推定値 $\hat{\sigma}_t^{ewma}$ の分布を比較する裾プロットを示す．(a) 左裾プロット．(b) 右裾プロット．○：GARCH(1,1) 推定値．×：$h = 11.55$ のときの EWMA 推定値．□：$h = 25$ のときの EWMA 推定値．

ときのこの検定統計量の値を図に示す．それらの値は，$h = 40$ のときに 2 つの分布が非常に近いことを示している．

3.10　条件付き共分散推定

3.10.1 項において，状態空間平滑化と局所平均を用いて条件付き共分散の推定量を定義する．3.10.2 項において，時系列データにおける条件付き共分散の GARCH 推定について検討する．3.10.3 項において，時系列データにおける条件付き共分散の移動平均推定量を定義する．

3.10.1　状態空間平滑化と共分散推定

$(X_1, Y_1, Z_1), \ldots, (X_n, Y_n.Z_n)$ を (X, Y, Z) の分布から得られた同一の分布に従うデータとする．ここで，$Y, Z \in \mathbf{R}$ である．$X \in \mathbf{R}^d$ は予測変数のベクトルである．以下のような条件付き分散の推定を考える．

$$f(x) = \mathrm{Cov}(Y, Z \mid X = x), \qquad x \in \mathbf{R}^d$$

共分散と相関関数は 1.1.5 項で導入した．

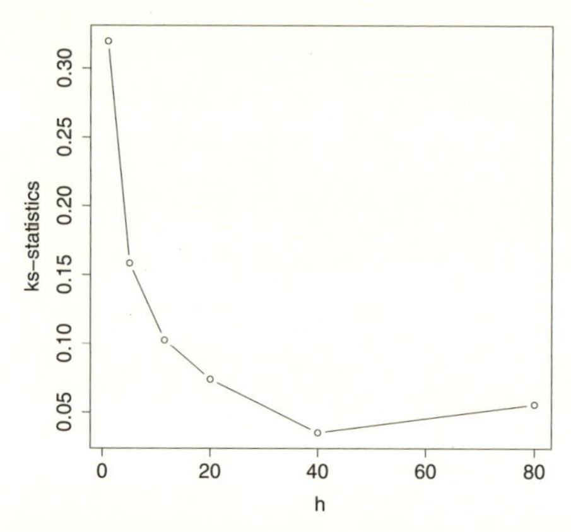

図 3.19　GARCH と EWMA がもたらすコルモゴロフ・スミルノフ検定統計量　$\hat{\sigma}_t^{garch}$ の分布と $\hat{\sigma}_t^{ewma}$ の分布を比較するために，コルモゴロフ・スミルノフ検定統計量を示す．EWMA 推定値における平滑化パラメータ h の関数である．

以下のように書ける．

$$\mathrm{Cov}(Y, Z \mid X = x) = E\left[(Y - f_{reg,Y}(X))\,(Z - f_{reg,Z}(X)) \mid X = x\right]$$

ここで，$f_{reg,Y}(x) = E(Y \mid X = x)$ と $f_{reg,Z}(x) = E(Z \mid X = x)$ は回帰関数である．したがって，条件付き共分散を以下のように推定できる．

$$\hat{f}(x) = \sum_{i=1}^{n} p_i(x) \left(Y_i - \hat{f}_{reg,Y}(X_i)\right) \left(Z_i - \hat{f}_{reg,Z}(X_i)\right)$$

ここで，$\hat{f}_{reg,Y}$ と $\hat{f}_{reg,Z}$ は回帰関数の推定量である．$p_i(x)$ は，カーネル重み（定義が (3.7)），リグレッソグラム重み（定義が (3.5)），最近傍重み（定義が (3.30)），これらのいずれかである．以下のようにも書ける．

$$\mathrm{Cov}(Y, Z \mid X = x) = E\left[YZ \mid X = x\right] - f_{reg,Y}(x) f_{reg,Z}(x)$$

したがって，条件付き共分散を以下のように定義できる．

$$\hat{f}(x) = \sum_{i=1}^{n} p_i(x)\, Y_i Z_i - \hat{f}_{reg,Y}(x) \hat{f}_{reg,Z}(x)$$

上と同じ局所平均を用いて，f，$f_{reg,Y}$，$f_{reg,Z}$ を推定できる．その場合，以下が得られる．

$$\hat{f}(x) = \sum_{i=1}^{n} p_i(x) \left(X_i Y_i - \sum_{j=1}^{n} p_j(x)\, X_j \sum_{k=1}^{n} p_k(x)\, Y_k \right)^2$$
$$= \sum_{i=1}^{n} p_i(x)\, X_i Y_i - \sum_{i=1}^{n} p_i(x)\, X_i \sum_{j=1}^{n} p_j(x)\, Y_j$$

3.10.2 GARCH と共分散推定

多変量 GARCH モデルにおいて，確率過程 Y_t は d 個の成分を持つベクトル過程である．Y_t が厳密に定常であることと，以下が成り立つことを仮定する．

$$Y_t = \Sigma_t^{1/2} \epsilon_t, \qquad t = 0, \pm 1, \pm 2, \ldots \tag{3.73}$$

ここで，$\Sigma_t^{1/2}$ は，正定値行列である共分散行列 Σ_t の正の平方根である．Σ_t は，$Y_{t-1}, Y_{t-2}, \ldots$ が生成するシグマ代数の観点から可測である．また，ϵ_t は，d 次元の独立同分布の過程である．その過程において，$E\epsilon_t = 0$，$\mathrm{Var}(\epsilon_t) = I_d$ である．ここで，I_d は $d \times d$ の単位行列である．つまり，ϵ_t は厳密な白色雑音である．

Σ_t の正の平方根は，固有分解 $\Sigma_t = Q_t \Lambda_t Q_t'$ と書くことによって定義できる．ここで，Λ_t は，Σ_t の固有値からなる対角行列である．Q_t は，Σ_t の固有ベクトルを列ベクトルとする直交行列である．したがって，$\Sigma_t^{1/2} = Q_t \Lambda_t^{1/2} Q_t'$ と定義できる．ここで，$\Lambda_t^{1/2}$ は，Λ_t から得られた対角行列において成分ごとに正の平方根をとったものである．$\Sigma_t^{1/2}$ を Σ_t のコレスキー因子として定義することもできる．

多変量 GARCH 過程は McNeil et al. (2005, Section 4.6)，Bauwens, Laurent & Rombouts (2006)，Silvennoinen & Teräsvirta (2009) が概説している．以下では，$d = 2$ の場合のモデルについてのみ記述する．したがって，$Y_t = (Y_{t,1}, Y_{t,2})$ である．多変量 GARCH モデルは MGARCH(p, q) と表記する．$p = q = 1$ という 1 次モデルに限定する．多変量 GARCH モデルは (3.73) に基づいている．しかし，Σ_t に対する再帰的な式の定義が異なる．

MGARCH モデル

VEC モデルとそれに制限を加えた 2 つのモデル（対角 VEC モデルと BEKK モデル）を定義する．次に，定数相関モデルと動的条件付き相関モデルを定義する．

$\sigma_{t,1}^2 = \mathrm{Var}(Y_{t,1})$，$\sigma_{t,2}^2 = \mathrm{Var}(Y_{t,2})$，$\sigma_{t,12} = \mathrm{Cov}(Y_{t,1}, Y_{t,2})$ と定義しよう．

VECモデルと対角VECモデルは，Bollerslev, Engle & Wooldridge (1988) が導入した．VECモデルは以下を仮定している．

$$
\begin{aligned}
\sigma_{t,1}^2 &= a_0 + a_1 Y_{t-1,1}^2 + a_2 Y_{t-1,2}^2 + a_3 Y_{t-1,1} Y_{t-1,2} \\
&\quad + b_1 \sigma_{t-1,1}^2 + b_2 \sigma_{t-1,2}^2 + b_3 \sigma_{t-1,12} \\
\sigma_{t,2}^2 &= c_0 + c_1 Y_{t-1,1}^2 + c_2 Y_{t-1,2}^2 + c_3 Y_{t-1,1} Y_{t-1,2} \\
&\quad + d_1 \sigma_{t-1,1}^2 + d_2 \sigma_{t-1,2}^2 + d_3 \sigma_{t-1,12} \\
\sigma_{t,12} &= e_0 + e_1 Y_{t-1,1}^2 + e_2 Y_{t-1,2}^2 + e_3 Y_{t-1,1} Y_{t-1,2} \\
&\quad + f_1 \sigma_{t-1,1}^2 + f_2 \sigma_{t-1,2}^2 + f_3 \sigma_{t-1,12}
\end{aligned}
$$

このモデルには21個のパラメータ $a_0, \ldots, f_3$ がある．このモデルはパラメータの数が多いので，より小数のパラメータを持つモデルを考える方が便利である．対角VECモデルのパラメータは僅か9つで，以下を仮定している．

$$
\sigma_{t,1}^2 = a_0 + a_1 Y_{t-1,1}^2 + b \sigma_{t-1,1}^2 \tag{3.74}
$$

$$
\sigma_{t,2}^2 = c_0 + c_1 Y_{t-1,2}^2 + d \sigma_{t-1,2}^2 \tag{3.75}
$$

$$
\sigma_{t,12} = e_0 + e_1 Y_{t-1,1} Y_{t-1,2} + f \sigma_{t-1,12} \tag{3.76}
$$

したがって，対角VECモデルにおける Y_t の成分は，一変量GARCHモデルに従う．BEKK(Baba–Engle–Kraft–Kroner) モデルは，Engle & Kroner (1995) が導入した．このモデルには11個のパラメータがある．行列の表記を用いると，以下のように，より簡単に記述できる．

$$
\Sigma_t = G_0 + G' Y_{t-1} Y_{t-1}' G + H' \Sigma_{t-1} H
$$

ここで，G_0 は 2×2 の対称行列で，G と H は 2×2 の行列である．BEKKモデルはVECモデルのパラメータに制限を加えることによって得られる．BEKKモデルのパラメータを用いると，VECモデルのパラメータ $a_1, \ldots, f_3$ を以下のように表現できる．

$$
\begin{aligned}
a_1 &= G_{11}^2, a_2 = G_{12}^2, a_3 = 2G_{11}G_{12}, b_1 = H_{11}^2, b_2 = H_{12}^2, b_3 = 2H_{11}H_{12} \\
c_1 &= G_{22}^2, c_2 = G_{21}^2, c_3 = 2G_{22}G_{21}, d_1 = H_{22}^2, d_2 = H_{21}^2, d_3 = 2H_{22}H_{21} \\
e_1 &= G_{11}G_{21}, e_2 = G_{22}G_{12}, e_3 = G_{11}G_{22} + G_{12}G_{21} \\
f_1 &= H_{11}H_{21}, f_2 = H_{22}H_{12}, f_3 = H_{11}H_{22} + H_{12}H_{21}
\end{aligned}
$$

ここで，G の要素を G_{ij}，H の要素を H_{ij} と表現している．

Σ_t の再帰的表現は相関行列 P_t を使って書ける．Δ_t を Σ_t の標準偏差からなる対角行列とする．Σ_t に対応する相関行列 P_t は $\Sigma_t = \Delta_t P_t \Delta_t$ になる．

定数相関 MGARCH モデル（Bollerslev (1990) が導入した）において，Y_t の成分は一変量 GARCH モデルに従う．相関行列は定数である．すなわち，$\Sigma_t = \Delta_t P \Delta_t$，$\Delta_t = \mathrm{diag}(\sigma_{t,1}, \sigma_{t,2})$ である．ここで，P は定数相関行列である．定数相関 GARCH モデルは，それらの成分に対して一変量 GARCH モデルを仮定している．すなわち，(3.74) と (3.75) のような仮定である．また，以下を仮定している．

$$\rho_t = \rho$$

動的条件付き相関 MGARCH モデル（Engle (2002) が導入した）は，成分 Y_t が一変量 GARCH モデルに従うことを仮定している．以下の式も仮定している．

$$\rho_t = e_0 + e_1 \tilde{Y}_{t-1,1} \tilde{Y}_{t-1,2} + f \rho_{t-1} \tag{3.77}$$

ここで，$\tilde{Y}_t = \Delta_t^{-1} Y_t$，$e_0, e_1, f \geq 0$，$e_1 + f < 1$ である．

MGARCH モデルにおける共分散

定常対角 VEC モデルにおける再帰方程式 (3.76) から以下の式が得られる．

$$\sigma_{t,12} = \frac{e_0}{1-f} + e_1 \sum_{k=1}^{\infty} f^{k-1} Y_{t-k,1} Y_{t-k,2}$$

この式は GARCH(1,1) モデルの場合と同様に得られる．(3.59) を参照せよ．定常動的条件付き相関 GARCH モデルにおける再帰方程式 (3.77) からも，同様に，以下の式が得られる．

$$\rho_t = \frac{e_0}{1-f} + e_1 \sum_{k=1}^{\infty} f^{k-1} \tilde{Y}_{t-k,1} \tilde{Y}_{t-k,2}$$

ここで，$\tilde{Y}_t = (Y_{t,1}/\sigma_{t,1}, Y_{t,2}/\sigma_{t,2})$ である．

観測値 $Y_1 = (Y_{1,1}, Y_{1,2}), \ldots, Y_T = (Y_{T,1}, Y_{T,2})$ が与えられたとき，(3.61) における GARCH(p, q) の場合と同様に，以下の条件付き修正尤度を最大にすることによってパラメータを推定する．

$$\log_e \tilde{L}_r(a_0, a_1, \ldots, e_1, f) = -\frac{1}{2} \sum_{t=r+1}^{T} \log_e |\tilde{\Sigma}_t| + \sum_{t=r+1}^{T} \log f_\epsilon \left(\tilde{\Sigma}_t^{-1/2} Y_t \right)$$

ここで，$r \geq 1$ である．f_ϵ が，標準正規2変量分布 $N(0, I_2)$ の密度である．$\tilde{\Sigma}_t$ は，$\tilde{\sigma}^2_{t,1}$，$\tilde{\sigma}^2_{t,2}$，$\tilde{\sigma}_{t,12}$ を伴う切断共分散である．ここで，以下の式を用いている．

$$\tilde{\sigma}_{t,12} = \frac{e_0}{1-f} + e_1 \sum_{k=1}^{t} f^{k-1} Y_{t-k,1} Y_{t-k,2}$$

$\tilde{\sigma}^2_{t,1}$ と $\tilde{\sigma}^2_{t,2}$ の定義も同様である．

データ $Y_0, \ldots, Y_{t-1}$ を与えると，条件付き分散における MGARCH(1,1) 推定量は以下のものになる．

$$\hat{\sigma}_{t,12} = \frac{\hat{e}_0}{1-\hat{f}} + \hat{e}_1 \sum_{k=0}^{t-1} \hat{f}^k Y_{t-k-1,1} Y_{t-k-1,2} \tag{3.78}$$

ここで，パラメータ推定量 $\hat{e}_0$，$\hat{e}_1$，$\hat{f}$ は，最尤法を用いて計算する．(3.62) の計算と類似している．

3.10.3　移動平均と共分散推定

$Y_t = (Y_{t,1}, Y_{t,2})$ を平均が0の成分を持つベクトル時系列とする．条件付き共分散を以下のように表す．

$$\sigma_{t,12} = E(Y_{t,1} Y_{t,2} \,|\, Y_{t-1}, Y_{t-2}, \ldots)$$

指数移動平均を (3.16) で定義した．観測値 $Y_0, \ldots, Y_{t-1}$ に基づく，条件付き分散の指数移動平均推定量は以下である．

$$\hat{\gamma}_t = \frac{1-\gamma}{1-\gamma^t} \sum_{k=0}^{t-1} \gamma^k Y_{t-k-1,1} Y_{t-k-1,2}$$

ここで，$\gamma = \exp(-1/h)$ である．$h > 0$ は平滑化パラメータである．この移動平均は，条件付き共分散の推定量を与える．それは，MGARCH 推定量 (3.78) に代わるものである．

3.11　リスク管理への応用

カーネル推定を，分散，共分散，分位点の推定に応用する．分位点推定はリスク管理に直接的に応用できる．分位点推定値は，リスク推定値と経済資本推定値において価値を持つからである．1.5.1 項を参照せよ．分散推定値を用いて分位点推定値を作成する．共分散推定値を応用して，ポートフォリオのリターンの分散を推定できる．ポートフォリオのリターンの分散は，個々のポートフォリオ成分の分散に加えて，ポートフォリオ成分のリターンの共分散に関わるからである．

3.11.1　ボラティリティ推定

ボラティリティという用語は，リターンの標準偏差を意味する．しかし，リターンの分散をリターンのボラティリティと呼ぶこともある．S&P 500 リターン・データ（1.6.1 項で記述した）を用いて，条件付き分散と条件付き標準偏差の推定について検討する．純リターンを $Y_t = (P_t - P_{t-1})/P_{t-1}$ と表現する．ここで，P_t は指数の価格である．観測された過去の純リターンを $Y_1, \ldots, Y_T$ と表す．そこで，以下の値を推定したい．

$$\sigma_t^2 = E\left(Y_t^2 \,|\, Y_{t-1}, Y_{t-2}, \ldots\right)$$

Y_t の条件付き期待値が 0 であることを仮定する．したがって，この σ_t^2 が条件付き分散である．図 1.3 は，S&P 500 指数の価格と純リターンを表している．GARCH(1, 1) モデルを S&P 500 リターンにあてはめることは 3.9.2 項で検討した．GARCH(1, 1) と指数移動平均との比較は 3.9.3 項で行った．

第 1 に，指数移動平均推定値と GARCH(1, 1) 推定値を，それぞれの推定値の時系列を視覚化して観察することによって比較する．第 2 に，様々な性能尺度の性質を GARCH(1, 1) 推定値を用いて調べる．第 3 に，2 つの性能尺度を用いて，指数移動平均推定値を GARCH(1, 1) 推定値と比較する．第 4 に，指数重み付き移動平均に対する平滑化パラメータ選択を論じる．第 5 に，状態空間カーネル平滑化推定値と GARCH(1, 1) 推定値を比較する．そして，ニュース影響力曲線のカーネル推定量を作成する．

EWMA によるボラティリティ推定値と GARCH(1, 1) によるボラティリティ推定値

指数移動平均の定義は (3.16) である．条件付き分散推定に対する指数移動平均の定義は (3.68) である．条件付き分散の指数移動平均推定量の式は以下である．

$$\hat{\sigma}_t^2 = \frac{1-\gamma}{1-\gamma^t} \sum_{i=0}^{t-1} \gamma^{t-i-1} Y_i^2 \tag{3.79}$$

ここで，$\gamma = \exp(-1/h)$ である．$h > 0$ は平滑化パラメータである．

GARCH モデルの定義は 3.9.2 項にある．特に，GARCH(1,1) モデルの定義は (3.65) である．条件付き分散を推定するとき，GARCH(1,1) モデルを，1 年間の観測値が得られた後においてのみあてはめる．したがって，分散の最初の推定値は以下の標本分散である．

$$\hat{\sigma}^2_{t_0+1} = \frac{1}{t_0} \sum_{t=1}^{t_0} Y_t^2 \tag{3.80}$$

ここで，$t_0 = 251$ である．この後，以下の再帰的な式を用いる．

$$\hat{\sigma}^2_t = \hat{\alpha}_{t0} + \hat{\alpha}_{t1} Y^2_{t-1} + \hat{\beta}_t \hat{\sigma}^2_{t-1} \tag{3.81}$$

ここで，$t = t_0 + 2, \ldots, T + 1$ である．この場合，パラメータの推定値は逐次的に計算する．つまり，時刻 t においては，観測値 $Y_1, \ldots, Y_t$ のみを用いて推定する．パラメータの逐次的な推定による予測を標本外予測と呼ぶ．

図 3.20 は，S&P 500 リターンの時系列と，逐次的に計算した年率標準偏差の時系列を表している．S&P 500 リターンの年率条件付き標準偏差の指数移動平均推定値の 3 つの時系列も併せて描いている．年率標準偏差とは標準偏差に $\sqrt{250}$ を掛けたものを意味する．(a) は S&P 500 リターンを表している．(b) は逐次的に計算した年率標本標準偏差を表している．(c) は指数移動平均を表している．平滑化パラメータが $h = 1000$ の場合である．(d) は平滑化パラメータが $h = 25$ の場合である．(e) は平滑化パラメータが $h = 0.45$ の場合である．1950 年 1 月 3 日に始まるデータを使って推定値を計算した．しかし，1951 年 1 月 2 日以降の推定値を示している．純リターンの完全な時系列の年率標準偏差は 15.4% である．

指数移動平均を上手く使うと，異なる時間スケールでのボラティリティ推定ができる．それを，図 3.20 に示している．大きいスケールでの現象を表現するためには大きい平滑化パラメータを選び，小さいスケールでの現象を表現するためには小さい平滑化パラメータを選ぶ．図 3.20 の (b) と (c) は長期間に渡るボラティリティの上昇を示している．(d) と (e) は短期間のスケールでのボラティリティの振る舞いを表している．ボラティリティの短期間での一時的急上昇が見られる．

図 3.21 は，$\sqrt{250} \times \hat{\sigma}_t$ の推定値を示している．GARCH(1,1) の式（(3.81) に示した）を用いている．(3.72) で，平滑化パラメータが $h = 11.55$ のときの指数重み付き移動平均は，条件付き分散の GARCH(1,1) 推定値に近いことを指摘した．今度は，指数重み付き移動平均推定値（図 3.20）を，GARCH(1,1) 推定値

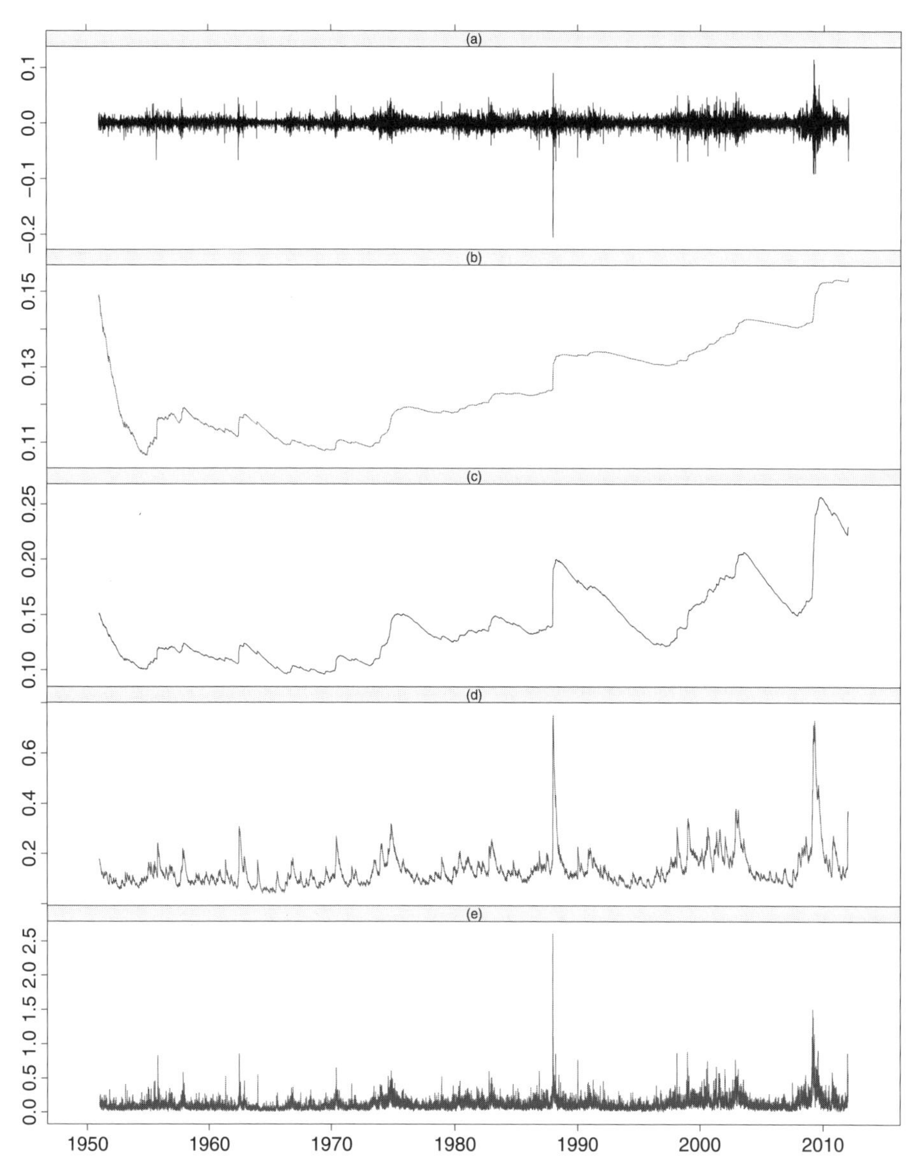

図 3.20　S&P 500 リターンの EWMA ボラティリティ推定値　(a) 年率 S&P 500 リターンの時系列．(b) 逐次的年率標本標準偏差．(c) 条件付き標準偏差の年率指数移動平均推定値（平滑化パラメータは，$h = 1000$）．(d) 移動平均推定値 ($h = 25$)．(e) 移動平均推定値 ($h = 0.45$)．

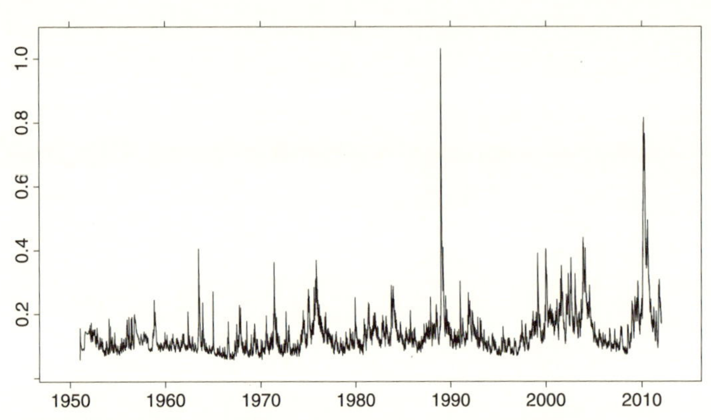

図 3.21 S&P 500 リターンの GARCH(1, 1) ボラティリティ推定値 年率条件付きボラティリティ推定値 $\sqrt{250}\,\hat{\sigma}_t$. GARCH(1, 1) モデルを用いている.

の時系列（図 3.21）と比較できる．その比較により，GARCH(1, 1) による平滑化の程度は，指数移動平均において平滑化パラメータを $h = 0.45$ としたときと $h = 25$ としたときの中間であることが分かる．

後に，条件付き分位点推定とポートフォリオ選択において条件付き標準偏差推定値を応用する．この 2 つの問題において同じ程度の平滑化が最適になるとは限らない．したがって，指数移動平均は便利だと言える．移動平均推定量においては，平滑化の程度は直面する問題に応じて都合よく調整できるからである．

性能尺度

1.9.2 項においていくつかの性能尺度を提示した．それらを使ってボラティリティ推定値を比較できる．まず，いくつかの性能尺度の性質についての知見を得たい．(1.125) において，以下のように書ける性能尺度の集合を定義した．

$$\mathrm{MDE}^{(p,q)} = \frac{1}{T - t_0 + 1} \sum_{t=t_0}^{T} \left| E|Z|^p\, \hat{\sigma}_t^p - |Y_t|^p \right|^{1/q} \tag{3.82}$$

ここで，$p, q > 0$ はパラメータである．MDE は，「mean of deviation errors」の頭字語である．また，$Z \sim N(0, 1)$ である．$E|Z|^p$ の閉形式の式については，(1.126) を参照せよ．

図 3.22 は，(3.82) で定義した性能尺度に対する p と q というパラメータの影響を図示している．時系列 $|E|Z|^p\hat{\sigma}_t^p - |Y_t|^p|^{1/q}$ を描いたものである．ここで，$\hat{\sigma}_t$ は，条件付きボラティリティの逐次的 GRACH(1, 1) 推定値である．(a)

が $p = 2$, $q = 1$ の場合である．(b) が $p = 2$, $q = 2$ の場合である．(c) が $p = 1$, $q = 1$ の場合である．(d) が $p = 1$, $q = 2$ の場合である．予測誤差は，ボラティリティが大きいときに大きい傾向があることが見て取れる．(a) から，$p = 2$ で $q = 1$ のとき，性能尺度においていくつかの大きい誤差が目立つことが分かる．(b)（$p = 2$, $q = 2$ の場合）と (c)（$p = 1$, $q = 1$ の場合）も同様である．(d) は $p = 1$ と $q = 2$ を用いているので，性能尺度における外れ値の影響が小さい．

次に，偏差誤差の平均を使って性能を測るとき，パラメータ値として何らかの p と q を設定した場合の性能は，$\hat{\sigma}_t = 0$ というゼロ推定値を常に用いたときの方が，GARCH(1,1) 推定値あるいは EWMA 推定値を用いた場合より優れていることを示す．この現象について図 3.23 を使って検討する．

図 3.23 は以下の関数の等高線図である．

$$G(p,q) = \frac{\mathrm{MDE}^{(p,q)}(\mathrm{GARCH}(1,1))}{\mathrm{MDE}^{(p,q)}(\mathrm{NULL})} = \frac{\sum_{t=t_0}^{T} \left| E|Z|^p \hat{\sigma}_t^p - |Y_t|^p \right|^{1/q}}{\sum_{t=t_0}^{T} |Y_t|^{p/q}} \tag{3.83}$$

ここで，$\hat{\sigma}_t$ は逐次的標本外 GARCH(1,1) 推定値である．$0.1 \le p, q \le 3$ の場合を示している．濃い灰色で示した領域では関数 G が 1 より大きい．G が 1 より大きい領域では，ゼロ推定量 ($\hat{\sigma}_t \equiv 0$) が GARCH(1,1) 推定量より偏差誤差が小さい．つまり，ゼロ推定量が GARCH(1,1) 推定量より優れていると見なされる．G が 1 より大きい領域は，p と q の両方の値が 1 より大きい領域とほぼ一致している．図 3.23 は，薄い灰色の領域，つまり，G が 1 より小さい領域における p と q の値が好ましいことを表している．例えば，$p = 1$, $q = 2$ は上手くいくだろうけれども，$p = q = 2$ は上手くいかない．

以下の性能尺度は (1.127) で記述した．

$$\mathrm{MARE}^{(p)} = \frac{1}{T - t_0 + 1} \sum_{t=t_0}^{T} \left| \frac{|Y_t|^p}{E|Z|^p \hat{\sigma}_t^p} - 1 \right| \tag{3.84}$$

ここで，$p > 0$ で，$Z \sim N(0,1)$ である．$p = 2$ の $\mathrm{MARE}^{(p)}$ と，$p = 1$, $q = 2$ の $\mathrm{MDE}^{(p,q)}$ の両方を使って，指数重み付き移動平均と GARCH(1,1) を比較しよう．

EWMA と GARCH(1,1) の性能の比較

図 3.24 は，指数重み付き移動平均の性能と，GARCH(1,1) の性能の比較であ

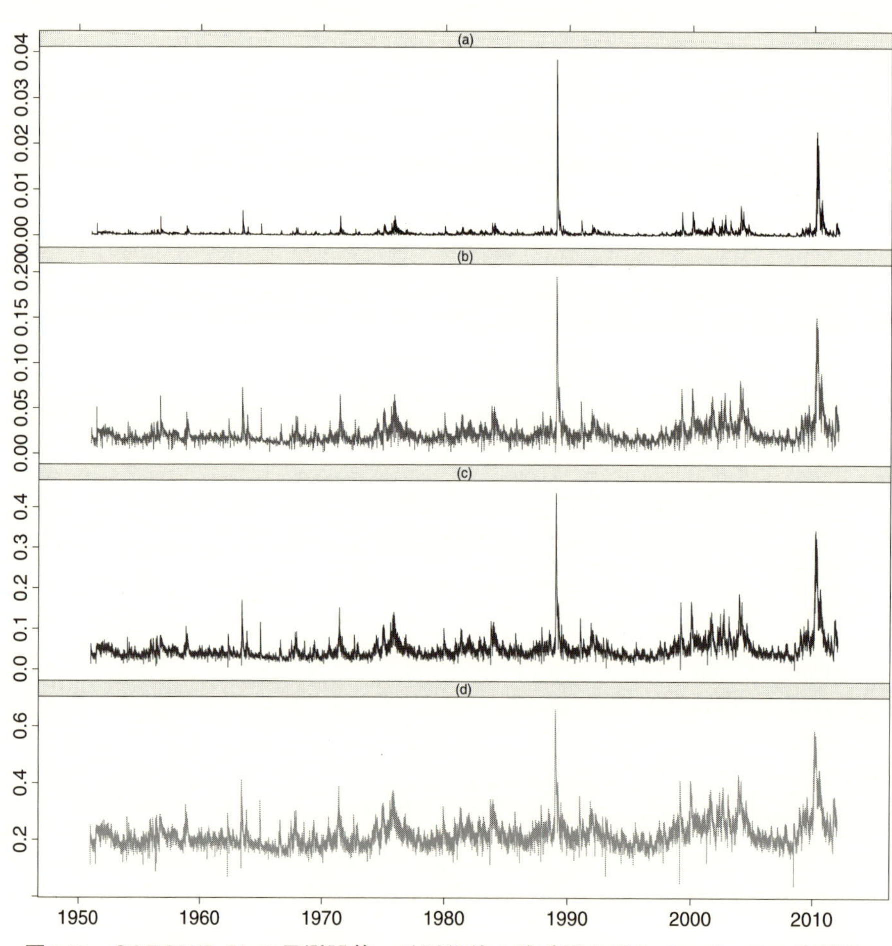

図 3.22 GARCH(1, 1) の予測誤差 予測誤差の時系列を示している．その定義は，$|E|Z|^p\hat{\sigma}_t^p - |Y_t|^p|^{1/q}$ である．ここで，$\hat{\sigma}_t$ が，ボラティリティの GARCH(1,1) 推定値である．(a) $p = 2, q = 1$．(b) $p = 2, q = 2$．(c) $p = 1, q = 1$．(d) $p = 1, q = 2$.

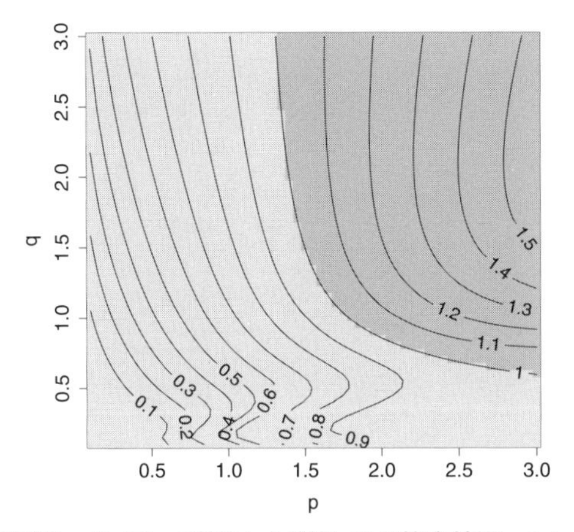

図 3.23　性能尺度の比較　(3.83) で定義した関数 G の等高線図．$0.1 \leq p, q \leq 3$ の範囲である．濃い灰色の領域は，ゼロ推定値 $(\hat{\sigma}_t \equiv 0)$ が GARCH(1,1) 推定値より，性能尺度 $\mathrm{MDE}^{(p,q)}$ の観点で優れていると判定した (p, q) の値の領域である．

る．$p = 1$，$q = 2$ の性能尺度 $\mathrm{MDE}^{(p,q)}$（定義が (3.82)）と，$p = 2$ の性能尺度 $\mathrm{MARE}^{(p)}$（定義が (3.84)）を用いている．

図 3.24(a) は，以下の比率を表している．

$$\frac{\mathrm{MDE}^{(p,q)}(\mathrm{EWMA}(h))}{\mathrm{MDE}^{(p,q)}(\mathrm{GARCH}(1,1))}$$

ここで，$p = 1$，$q = 2$ である．平滑化パラメータ h の値は，$\{1, 2, \ldots, 30, 40\}$ の範囲である[15]．ここで，$\mathrm{MDE}^{(p,q)}(\mathrm{EWMA}(h))$ は，指数重み付き移動平均の平均偏差誤差である．平滑化パラメータは h である．また，$\mathrm{MDE}^{(p,q)}(\mathrm{GARCH}(1,1))$ は，GARCH(1,1) 推定値の平均偏差誤差である[16]．指数重み付き移動平均と GARCH(1,1) 推定値の違いはほとんどないことが見て取れる．水平の線を 1 のところに引いた．この線より下の値は，指数重み付き移動平均の性能の方が優れていることを示している．さらに，指数重み付き移動平均は平滑化パラメータの選択に関して頑健である．指数重み付き移動平均の誤差は，少なくとも $h = 3 - 20$ の範囲のとき，GARCH(1,1) の誤差より小さいからである．誤差が最小になるのは $h = 8$ のときである．

図 3.24(b) は以下の比率を示している．

---

[15] $h \in \{1, 2, 3, 4, 8, 12, 16, 20, 30, 40\}$ である．

[16] $\mathrm{MDE}^{(p,q)}(\mathrm{GARCH}(1,1))$ は，$p = 1$，$q = 2$ のとき，0.06025615 に等しい．

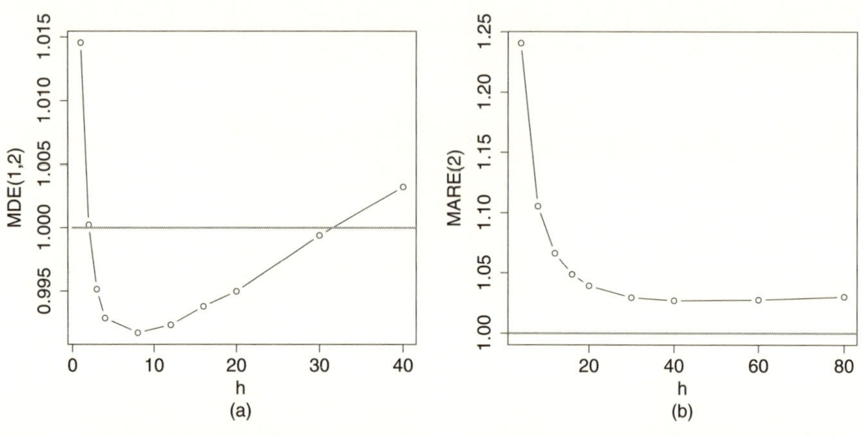

図 3.24 EWMA と GARCH(1, 1) の比較 (a) 指数重み付き移動平均の $\mathrm{MDE}^{(1,2)}$ と，GARCH(1, 1) 推定値の $\mathrm{MDE}^{(1,2)}$ の比率を示している．平滑化パラメータは，$h = 1, \ldots 30, 40$ である．(b) 指数重み付き移動平均の $\mathrm{MARE}^{(2)}$ と，GARCH(1, 1) 推定値の $\mathrm{MARE}^{(2)}$ の比率を示している．平滑化パラメータは，$h = 4, 8 \ldots, 80$ である．両方のグラフにおける水平線は 1 の高さを示している．

$$\frac{\mathrm{MARE}^{(p)}(\mathrm{EWMA}(h))}{\mathrm{MARE}^{(p)}(\mathrm{GARCH}(1,1))}$$

ここで，$p = 2$ である．平滑化パラメータ h の値は $\{4, \ldots, 80\}$ の範囲である[17]．$\mathrm{MARE}^{(p)}$ は (3.84) で定義した[18]．GARCH(1, 1) 推定量は MARE 基準によると僅かながら優れている．つまり，すべての h における誤差曲線は 1 の高さのところに引かれている線より上にある．移動平均推定量の誤差は h の増加に伴ってゆっくり増大する．$h = 40$ のとき誤差が最小になる．

移動平均における平滑化パラメータ選択

図 3.24 を使うと平滑化パラメータを選択できる．$\mathrm{MDE}^{(1,2)}$ 基準が $h = 8$ あたりを推奨し，$\mathrm{MARE}^{(2)}$ 基準が 20–40 の h を推奨すると見られると結論できる．JPMorgan (1996) には，日データに対する平滑化パラメータとして $\gamma = 0.94$ の選択を奨励することが書かれている．$h = -1/\log(\gamma)$ という対応関係があるので，この値は，$h = 16.16$ に対応する．月データに対しては，JPMorgan (1996) は $\lambda = 0.97$ を奨励している．

---

17) $h \in \{4, 8, 12, 16, 20, 30, 40, 60, 80\}$ である．

18) $\mathrm{MARE}^{(p)}(\mathrm{GARCH}(1,1))$ の値は，$p = 2$ のとき 1.08744 に等しい．

ここまでの比較では平滑化パラメータの包括的選択を論じた．つまり，全区間において最適と考えられる平滑化パラメータを探索した（ただし，性能尺度は標本外のデータを使って逐次的に求めた）．しかし，最適な平滑化パラメータは時と共に変化することもあり得る．平滑化パラメータは時に応じて局所的に以下のように選択できる．

$$\hat{h}_t = \mathrm{arqmin}_{h>0}\, \mathrm{MDE}_t^{(p,q)}(h)$$

ここで，以下の式を用いている．

$$\mathrm{MDE}_t^{(p,q)}(h) = \frac{1}{t-t_0+1}\sum_{u=t_0}^{t} \left| E|Z|^p \hat{\sigma}_u^p(h) - |Y_u|^p \right|^{1/q}$$

また，$\hat{\sigma}_u(h)$ はボラティリティ推定値である．平滑化パラメータ h を使い，データ $Y_1,\ldots,Y_{u-1}$ を用いて計算した．Spokoiny (2000) は，局所定数ボラティリティ推定値における，別種の局所適応的平滑化パラメータ選択について論じている．

GARCH モデルにおける対数尤度に -1 を掛けたものは (3.62) が与える．Fan & Gu (2003) は，平滑化パラメータ（指数重み付き移動平均における減衰係数）の選択において擬似対数尤度に -1 を掛けたもの（以下の式）を利用することを提案した．

$$\mathrm{PL}_T = \sum_{t=t_0}^{T}\left(\log \hat{\sigma}_t^2 + Y_t^2/\hat{\sigma}_t^2\right)$$

擬似対数尤度に -1 を掛けたものを最小にする平滑化パラメータを選択する方法である．

ボラティリティ推定における状態空間平滑化

説明変数としての過去のボラティリティ

3.9.1 項において，局所平均を用いる条件付き分散推定量を定義した．ここでは，以下の定義を用いる．

$$Y_t = R_t, \qquad X_t = \left(\sum_{i=t-k_1}^{t-1} R_i^2,\ \sum_{i=t-k_1-k_2}^{t-k_1-1} R_i^2\right) \tag{3.85}$$

ここで，R_t は，S&P 500 の純リターンで，$k_1, k_2 \geq 1$ である．そこで，回帰データ (X_t, Y_t) を使って条件付き分散推定量を以下のように定義する．

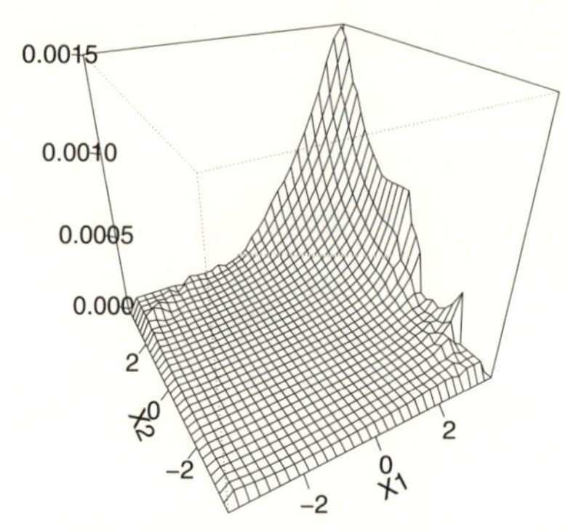

図 3.25　ボラティリティ予測におけるカーネル推定値　カーネル回帰推定値の鳥瞰図.

$$\hat{\sigma}_{t+1}^2 = \sum_{i=1}^{t} p_i(X_t)\, Y_i^2 \tag{3.86}$$

ここで，$p_i(x)$ はカーネル重みである．$k_1 = k_2 = 5$ を選択する．データ X_t に対してコピュラ変換を施すことによってデータ X_t を標準ガウス型周辺分布を持つものにする． 2.5 節において，説明変数を $X_t = (R_{t-1}^2, \ldots, R_{t-p}^2)$ と定義した．そして，最小 2 乗回帰を用いて ARCH モデリングを行った．説明変数を (3.85) のように定義したので説明変数の数が少なくなっている．しかし，それらの説明変数も依然として長い過去における情報を保持している．

図 3.25 は，カーネル推定値の鳥瞰図を表している．平滑化パラメータは $h = 1$ である．標準正規カーネルを用いている．

図 3.26 は状態空間カーネル平滑化を施した年率ボラティリティ推定値である．(a) は平滑化パラメータが $h = 2$ のときの推定値を表している．(b) は $h = 0.5$ のときの推定値である．(c) は $h = 0.1$ のときの推定値である．(b) から，平滑化パラメータが $h = 0.5$ のときに，GARCH(1, 1) 推定値（図 3.21）による時系列に似通った推定値の時系列をもたらすと言える．また，平滑化パラメータが $h = 0.5$ のときの時系列は，$h = 10$ のときの指数重み付き移動平均推定値の時系列（図には描かれていない）にも似ている．しかし，平滑化パラメータの値を $h = 2$ まで大きくすると，平滑化パラメータ $h = 25$ のときの指数重み付き移動平均推定値の時系列（図 3.20(d) の線）とは異なる種類の時系列をもたらす．

図 3.27 は，条件付き分散に対する状態空間平滑化推定量の性能を示している．平滑化パラメータは，$h = 0.1, 0.3, 0.5, 0.8, 1, 2$ である．(a) は，$p = 1$ と $q = 2$ に設定し，平均偏差誤差を使って測定した性能（定義が (3.82)）である．(b) は平均絶対値比率誤差を使って測定した性能である．指数は 2 とした．その定義は

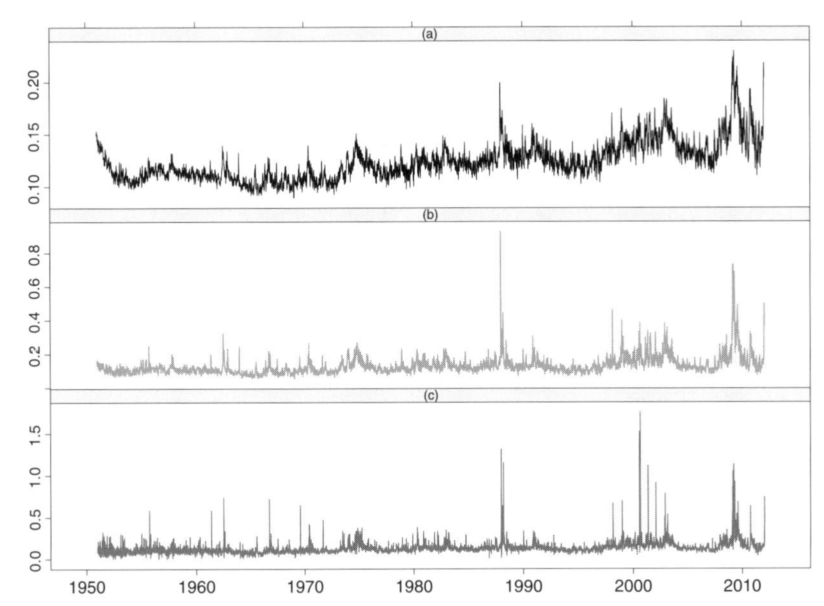

図 3.26 S&P 500 ボラティリティの状態空間カーネル推定値 状態空間カーネル推定量を用いて求めた年率ボラティリティ推定値．平滑化パラメータは，(a) $h = 2$．(b) $h = 0.5$．(c) $h = 0.1$．

(3.84) である．この性能を，GARCH(1,1) 推定値の性能と比較した．最小 2 乗推定量による MDE と MARE の値を，GARCH(1,1) 推定量の MDE と MARE の値で除した．性能の MDE 測度は，平滑化パラメータが $h = 0.5$ のあたりのとき，GARCH(1,1) の性能を上回っていると言える．しかし，MARE 測度を使うと，その性能は，GARCH(1,1) の性能を下回る．この性能を，図 3.24 に示す指数重み付き移動平均推定量の性能と比較すると，状態空間カーネル推定量はやや劣ると言える．

説明変数としての過去のリターン

以下のように選ぶ．

$$Y_t = R_t, \qquad X_t = R_{t-1}$$

また，カーネル推定量を用いた条件付き分散の推定を検討する．1.6.1 項で説明した S&P 500 のデータを用いた．以下の関数をニュース影響力曲線と呼ぶことがある．

$$\sigma^2(x) = \mathrm{Var}(Y_t \mid X_t = x)$$

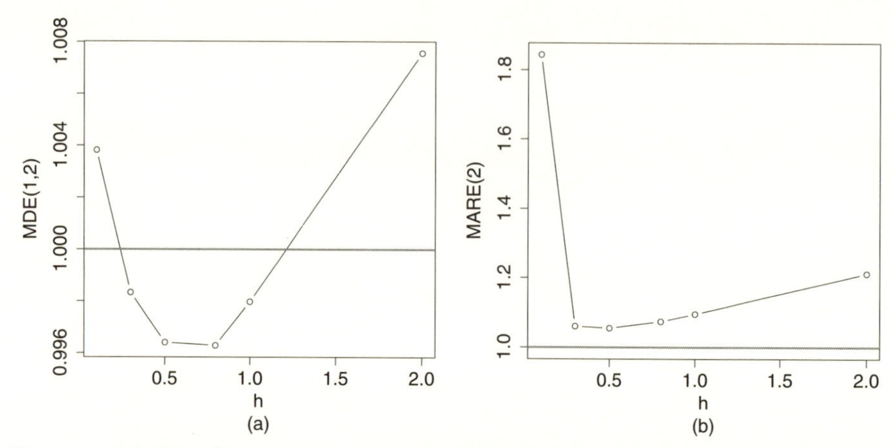

図 3.27　S&P 500 ボラティリティにおける状態空間平滑化の性能　(a) 様々な平滑化パラメータ h における平均絶対値偏差誤差 ($\mathrm{MDE}^{(1,2)}$). (b) 平均絶対値比率誤差 ($\mathrm{MARE}^{(2)}$). この 2 つのグラフにおける誤差は，GARCH(1,1) による $\mathrm{MDE}^{(1,2)}$ と $\mathrm{MARE}^{(2)}$ の相対値である．いずれのグラフにも，水平線が 1 の高さに描かれている．

説明変数が過去の日のリターンだからである．以下の推定量を用いる．

$$\hat{\sigma}^2(x) = \sum_{t=1}^{T} p_t(x) Y_t^2 - \hat{f}_{reg}(x)^2$$

ここで，$p_t(x)$ はカーネル重みである．定義は (3.7) である．$\hat{f}_{reg}$ は，$E(Y_t \mid X_t = x)$ のカーネル回帰推定量である[19]．ニュース影響力曲線の推定における ARCH(∞) モデルについては (3.64) で説明した．ニュース影響力曲線の局所 1 次式推定量を図 5.7 に示している．

図 3.28 はニュース影響力曲線の 2 通りの推定値を示している．(a) は平滑化パラメータが $h = 0.025$ の標準正規カーネルを用いたときのカーネル推定量を示している．(b) もカーネル推定量である．こちらは，まず，データをほぼ標準正規分布に従うように変換し（1.7.2 項のコピュラ変換のように），その後，平滑化パラメータが $h = 1$ の標準正規カーネルによるカーネル推定量を用い，最後に，x 値を元の分布に従うように逆変換した．

3.11.2　共分散と相関の推定

S&P 500 指数リターンとナスダック 100 指数リターンの条件付き共分散を推

19)　$\hat{f}_{reg}(x)^2$ の項は推定量にはっきりした影響を与えない．

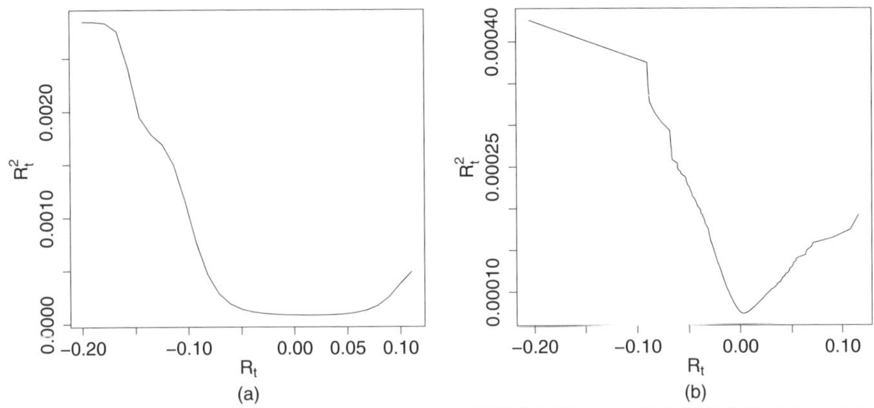

図 3.28　S&P 500 ボラティリティのニュース影響力曲線　(a) 条件付き分散のカーネル推定値．(b) 説明変数の値を変換したときの，条件付き分散のカーネル推定値．

定する．S&P 500 指数とナスダック 100 指数のデータについては 1.6.2 項で説明した．そこでは，図 1.4(b) が指数リターンの散布図を示している．その図から，この 2 つの指数リターンは強く相関していると言える．共分散回帰と相関回帰は 1.1.5 項で導入した．

共分散と相関の EWMA 推定値

観測された指数リターンを $(Y_0, Z_0), \ldots, (Y_T, Z_T)$ で表す．条件付き共分散の指数移動平均推定量は以下である．

$$\hat{\gamma}_t = \frac{1-\gamma}{1-\gamma^t} \sum_{i=0}^{t-1} \gamma^{t-i} Y_i Z_i \tag{3.87}$$

ここで，$\gamma = \exp(-1/h)$ である．$h > 0$ は平滑化パラメータである．純リターンの期待値は 0 であることを仮定している．

図 3.29 は，S&P 500 のリターンとナスダック 100 のリターンの間の条件付き共分散の推定値 $\hat{\gamma}_t$ の時系列を表している．(a) の曲線は逐次的に計算した共分散である．(b) の曲線は平滑化パラメータ $h = 1000$ の移動平均推定量を示している．(c) の曲線は $h = 10$ のときで，(d) の曲線は $h = 1$ のときである．年率の共分散を示しているので，相関推定値に 250 を掛けている．共分散推定値にはかなりの時間変動があると言える．しかし，その時間変動の原因は個別分散の変動かもしれない．したがって，条件付き相関推定値に目を向ける．

1.1.5 項で示したように，条件付き相関を推定するための 2 つの方法がある．

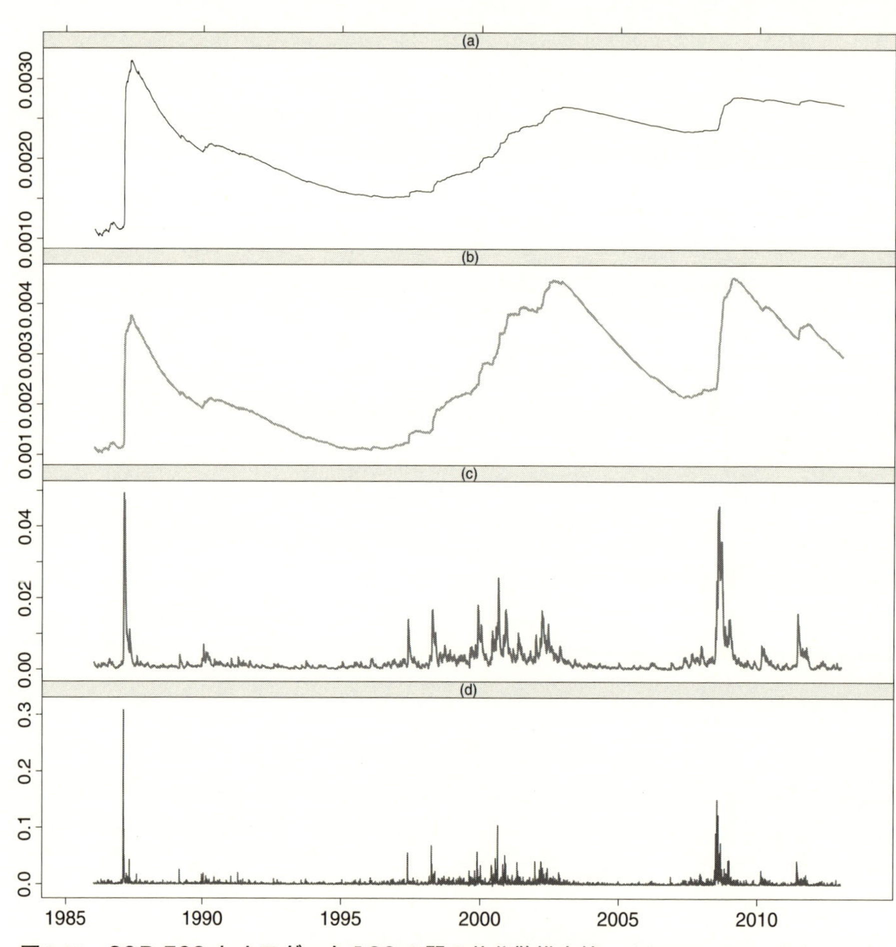

図 3.29　S&P 500 とナスダック 100 の間の共分散推定値　(a)S&P 500 のリターンとナスダック 100 のリターンの共分散推定値を逐次的に計算したもの．(b) 平滑化パラメータ $h = 1000$ の移動平均推定量．(c)$h = 10$ の場合．(d)$h = 1$ の場合．

第1の方法は，まず，条件付き共分散を推定して，得られた推定値を条件付き標準偏差の推定値を使って正規化する方法である．この方法は以下の推定値をもたらす．

$$\hat{\rho}_t = \frac{\hat{\gamma}_t}{\hat{\sigma}_{t,1}\hat{\sigma}_{t,2}} \tag{3.88}$$

ここで，γ_t は，(3.87) で定義した共分散推定値である．$\hat{\sigma}_{t,1}$ と $\hat{\sigma}_{t,2}$ は条件付き標準偏差の推定値である．例えば，3.11.1 項で検討した，指数重み付き移動平均による推定値や GARCH(1,1) による推定値である．第2の方法は，まず，リターンを標準偏差の推定値を使って正規化して，その後に，正規化された時系列から条件付き共分散推定値を計算する方法である．この方法は以下の推定値をもたらす．

$$\hat{\varrho}_t = \frac{1-\gamma}{1-\gamma^t}\sum_{i=0}^{t-1}\gamma^{t-i}\frac{Y_i Z_i}{\hat{\sigma}_{i,1}\hat{\sigma}_{i,2}}$$

ここで，$\hat{\sigma}_{i,1}$ と $\hat{\sigma}_{i,2}$ は条件付き標準偏差の推定値である．

図 3.30 に，条件付き相関推定値 ρ_t（定義が (3.88)）を示している．(a) は条件付き相関推定値である．そこでは，共分散と標準偏差を逐次的に計算した．(b) は条件付き相関推定値を表している．そこでは，共分散と標準偏差は指数重み付き移動平均を用いて計算した．平滑化パラメータは $h = 500$ である．(c) は平滑化パラメータが $h = 50$ の場合である．(d) は平滑化パラメータ $h = 10$ の場合である．

性能尺度

条件付き共分散推定量の性能は，偏差誤差の平均 $\mathrm{MDE}^{(q)}$（定義が (1.128)）を使って測ることができる．この性能尺度の定義は以下である．

$$\mathrm{MDE}^{(q)}(\hat{\gamma}) = \frac{1}{T-t_0+1}\sum_{t=t_0}^{T}|\hat{\gamma}_t - Y_t Z_t|^{1/q}$$

ここで，$q > 0$ である．パラメータ q の妥当な値を選択する必要がある．

図 3.31 は，q の 3 種類の値に対する予測誤差 $|\hat{\sigma}_{t,12} - Y_t Z_t|^{1/q}$ の時系列を表している．(a) は $q = 0.5$ の場合である．(b) は $q = 1$ の場合である．(c) は $q = 2$ の場合である．$q = 0.5$ と $q = 1$ という値のとき，時系列が一様ではないと言える．しかし，$q = 2$ を選択すると，より一様な時系列になる．

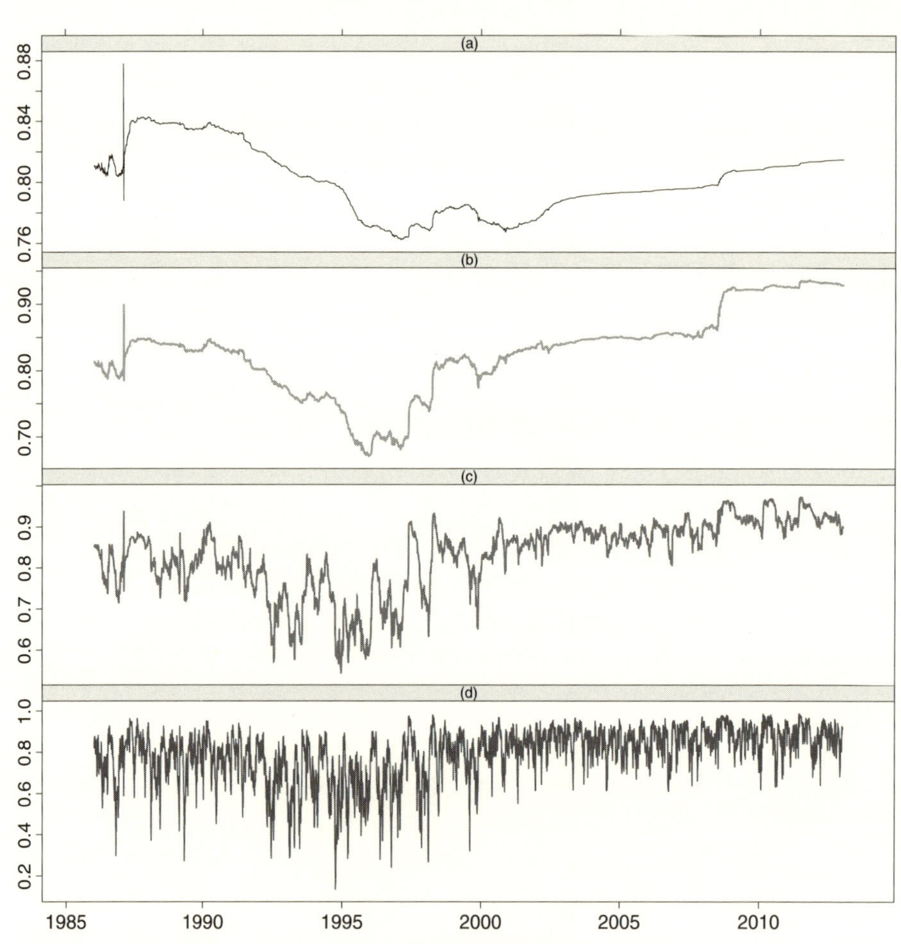

図 3.30 S&P 500 とナスダック 100 の間の相関推定値 (a)S&P 500 リターンとナスダック 100 リターンの間の相関推定値を逐次的に計算した時系列. (b)$h = 500$ のときの移動平均推定量. (c)$h = 50$ の場合. (d)$h = 10$ の場合.

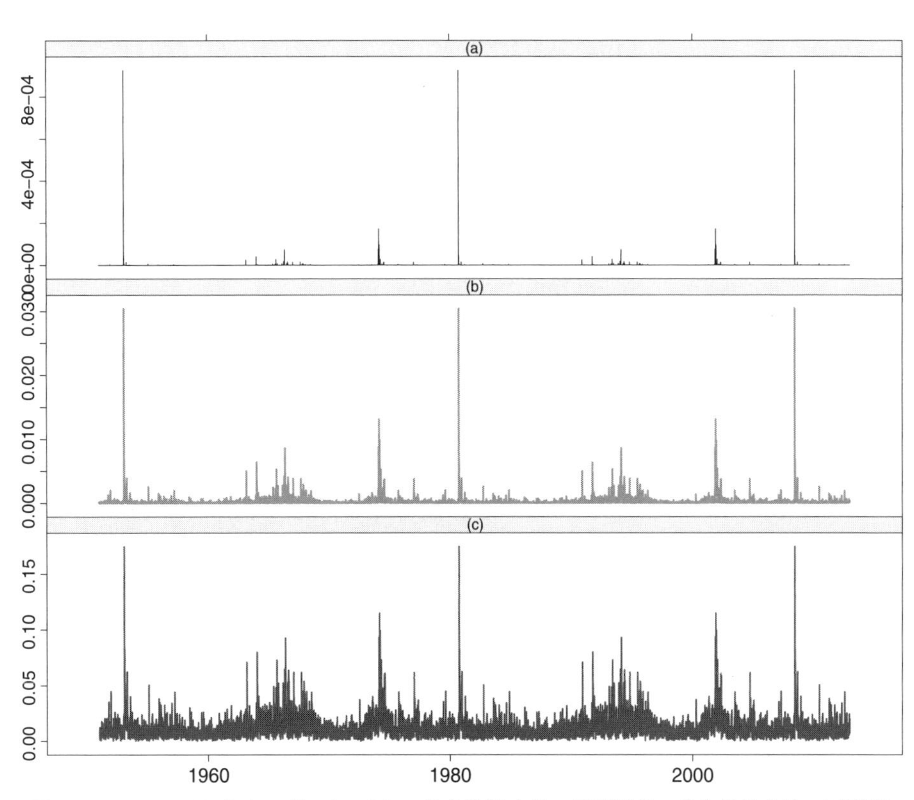

図 3.31 S&P 500 とナスダック 100 の共分散推定値の予測誤差 共分散推定値の予測誤差 $|\hat{\gamma}_t - Y_t Z_t|^{1/q}$ の時系列を示している．(a) $q = 0.5$．(b) $q = 1$．(c) $q = 2$．

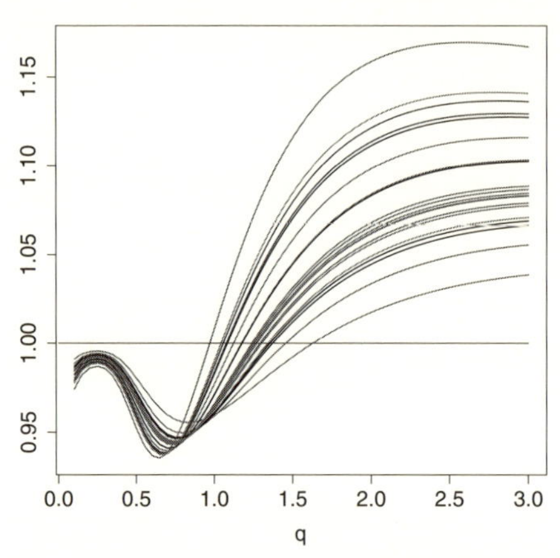

図 3.32　S&P 500 とナスダック 100 の共分散推定値の性能尺度の比較　(3.89) で定義した比率を q の関数として示している．平滑化パラメータの値は 21 種類で，$h \in \{2, 3, \ldots, 30, 40\}$ である．

図 3.32 は，以下の比率を $q \in [0.1, 3]$ の関数として表している．

$$\frac{\mathrm{MDE}^{(q)}(\hat{\gamma})}{\mathrm{MDE}^{(q)}(0)} \tag{3.89}$$

$\mathrm{MDE}_T^{(q)}(0)$ という表現は，常に 0 の推定量による偏差誤差の平均を意味する．ここで，21 本の曲線を示している．21 種類の平滑化パラメータ $h \in \{2, 3, \ldots, 30, 40\}$ から 1 つを選択したことに対応している．q の値が大きいとき，移動平均の性能がゼロ推定の性能を下回ると言える．特に，$q = 2$ とすると，必ず 0 を与える推定量の方が好ましいことを示す性能尺度が得られる．

平滑化パラメータの選択

図 3.33 は，正規化した平均偏差誤差 $\mathrm{MDE}^{(q)}$ を，平滑化パラメータ h の関数として表している．それぞれの曲線は，$q = 0.5$（ラベル「a」），$q = 1$（ラベル「b」），$q = 2$（ラベル「c」）に対応する．平均偏差誤差は，偏差誤差の最小値で割ることによって正規化している．$q = 0.5$ のときの最小値は $h = 13$ のときに得られる．$q = 1$ のときの最小値は $h = 15$ のとき，$q = 2$ のときの最小値は $h = 5$ のときに得られる．h 軸は対数軸である．

3.11.3　分位点推定

1.1.6 項で分位点推定を導入した．分位点推定を，1.6.1 項で説明した S&P

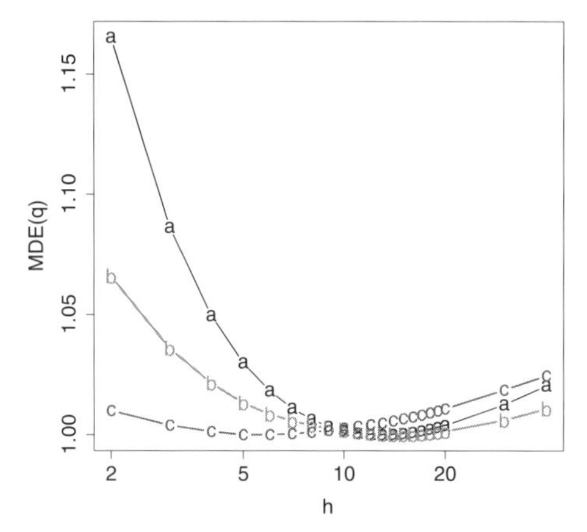

図 3.33 S&P 500 とナスダック 100 の共分散推定値における平滑化パラメータ選択 正規化した平均偏差誤差を，平滑化パラメータ h の関数として示した．3 本の曲線は，それぞれ，$q = 0.5$（ラベル「a」を伴う曲線），$q = 1$（ラベル「b」を伴う曲線），$q = 2$（ラベル「c」を伴う曲線）に対応する．

500 リターンのデータを使って検討した．ここでは，以下の条件付き分位点を推定する．

$$Q_p(Y_t \,|\, Y_{t-1}, Y_{t-2}, \ldots)$$

レベルは $0 < p < 1$ である．観測された過去のリターンを用いている．

分位点推定における GARCH(1,1) ボラティリティ推定値の性能を検討し，移動平均推定量の性能と比較する．逐次的 GARCH(1,1) ボラティリティ推定値 $\hat{\sigma}_t^{garch}$ は，(3.80) と (3.81) で定義した．条件付き分散を推定するための指数重み付き移動平均 $\hat{\sigma}_t^{ewma}$ を (3.68) で定義した．「EWMA(h) 推定量」という用語も使う．平滑化パラメータ h の指数重み付き移動平均推定量を示すものである．

3.9.2 項で S&P 500 データへの GARCH(1,1) モデルのあてはめを検討した．3.9.3 項で，指数重み付き移動平均推定量を GARCH(1,1) と比較した．3.11.1 項で，S&P 500 データのためのボラティリティ推定を検討した．

分位点推定量のいろいろ

条件付き標準偏差推定量に基づく条件付き分位点推定量について検討する．この方法の定義は (1.30) である．ここでは，以下の式になる．

$$\hat{Q}_p(Y_t \,|\, Y_{t-1}, Y_{t-2}, \ldots) = \hat{\sigma}_t \, \hat{F}_{\epsilon_t}^{-1}(p) \tag{3.90}$$

ここで，$\hat{\sigma}_t$ は，条件付き標準偏差の推定量である．$\hat{F}_{\epsilon_t}^{-1}(p)$ は，$\epsilon_t = Y_t/\sigma_t$ の

分布の p 分位点の推定量である．以下では，条件付き標準偏差の推定量 $\hat{\sigma}_t$ は，GARCH(1, 1) 推定量あるいは EWMA(h) 推定量である．$\hat{F}_{\epsilon_t}^{-1}(p)$ の3つの定義について検討する．第1に，以下の式である．

$$\hat{F}_{\epsilon_t}^{-1}(p) = \Phi^{-1}(p) \tag{3.91}$$

ここで，Φ は標準正規分布の分布関数である．第2に，以下の式である．

$$\hat{F}_{\epsilon_t}^{-1}(p) = \sqrt{\frac{\nu-2}{\nu}}\ t_\nu^{-1}(p) \tag{3.92}$$

ここで，t_ν は自由度が ν（$\nu > 2$）の t 分布の分布関数である．$X \sim t_\nu$ であれば，$\mathrm{Var}(X) = \nu/(\nu-2)$ である．したがって，$\sqrt{(\nu-2)/\nu}\ t_\nu^{-1}(p)$ はその t 分布（分散が1になるように標準化されているもの）の p 分位点である．第3に，以下の式である．

$$\hat{F}_{\epsilon_t}^{-1}(p) = \hat{Q}^{res}(p) \tag{3.93}$$

ここで，$\hat{Q}^{res}(p)$ は残差 $Y_t/\hat{\sigma}_t$ の経験分位点である．経験分位点は，(1.26) で定義した．

GARCH(1, 1) 残差 $Y_t/\hat{\sigma}_t$ の分布については 3.9.2 項で検討した．そこでは，図 3.11 と図 3.12 が残差の裾分布と QQ プロットを示している．GARCH(1, 1) モデルの最尤推定量を標準正規分布に従う観測残差を仮定して定義している．しかし，残差は t 分布の方が上手くあてはまることを指摘した．したがって，t 分布の分位点の利用を試みる方が理に適っている．t 分布の自由度を 12 とする．残差の経験分位点を使う方法は Fan & Gu (2003) が提案した．

性能尺度

性能尺度については 1.9.4 項で説明した．分位点推定量の性能を測るために，p が0に近いとき $p - \hat{p}$ という差に注目し，p が1に近いとき $\hat{p} - p$ という差に注目する．ここで，$\hat{p}$ は，(2.6.1) で以下のように定義したものである．

$$\hat{p} = \frac{1}{T-t_0} \sum_{t=t_0+1}^{T} I_{(-\infty, \hat{q}_t]}(Y_t)$$

ここで，$\hat{q}_t = \hat{Q}_p(Y_t \mid Y_{t-1}, Y_{t-2}, \ldots)$ で，$1 \le t_0 \le T-1$ である．また，$t_0 = 250$ とする．1年分の観測値が蓄積した後の性能尺度を求めるからである．

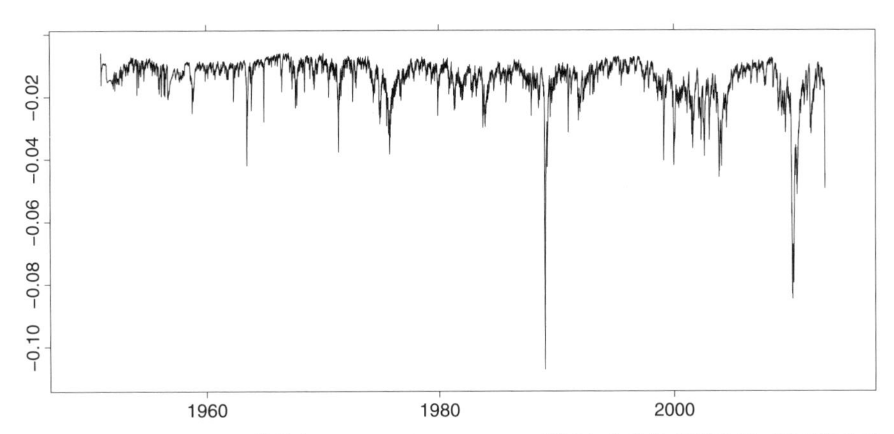

図 3.34 GARCH(1,1) 分位点 レベルを $p = 0.05$ に設定した分位点推定値の時系列を示している．S&P 500 リターンデータを用いている．分位点は，GARCH(1,1) 法を用いて推定した．残差の分布として標準正規分布を用いている．

GARCH(1,1) に基礎を置く分位点推定量

GARCH(1,1) に基礎を置く分位点推定量の定義は (3.90) である．ここで，$\hat{\sigma}_t$ を GARCH(1,1) 法を用いて推定した．また，残差分位点は (3.91)–(3.93) の 3 つの方法のいずれかを用いて決定した．

図 3.34 は，レベルを $p = 0.05$ に設定したときの条件付き分位点推定値の時系列を表している．ここでは，GARCH(1,1) 法を用いて条件付き分散を推定している．また，残差の分布として標準正規分布を選ぶ方法，すなわち，(3.91) を用いている．

図 3.35 は，いくつかの GARCH(1,1) 分位点推定量の比較である．残差分位点は (3.91)–(3.93) の 3 つの方法のいずれかを用いて決定した．(a) は関数 $p \mapsto p - \hat{p}$（範囲は $p \in [0.001, 0.075]$）のグラフである．(b) は関数 $p \mapsto \hat{p} - p$（範囲は $p \in [0.925, 0.999]$）のグラフである．図は，4 つの場合を示している．(1) 残差分散は標準正規分布．(2) 自由度が 12 の標準化された t 分布．(3) 自由度が 5 の標準化された t 分布．(4) 経験分布．実線は標準正規分布を使った場合である．破線は自由度が 12 の標準化された t 分布を使った場合である．濃い実線は自由度が 5 の標準化された t 分布を使った場合である．一点鎖線が経験分布を使った場合である．濃い破線がレベルが $\alpha = 0.05$ の変動幅である．変動幅の定義は (1.130)–(1.131) である．

図 3.35(a) は，ガウス型残差がレベルが $p = 0.05$ のときに上手く機能するこ

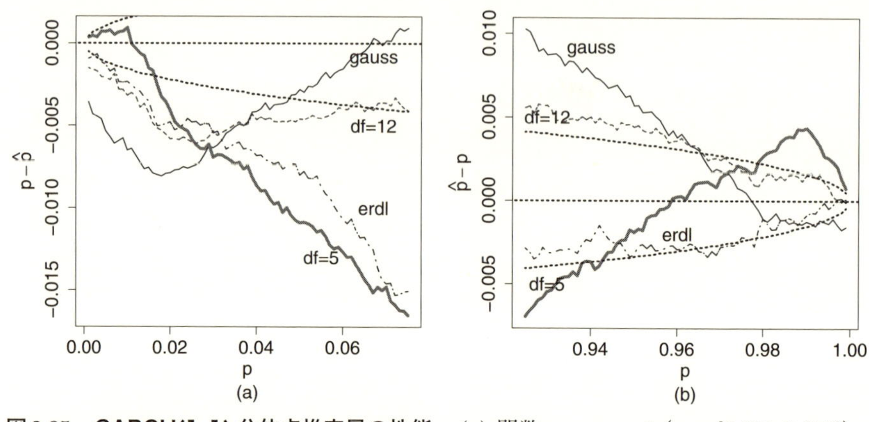

図 3.35　GARCH(1, 1) 分位点推定量の性能　(a) 関数 $p \mapsto p - \hat{p}$ ($p \in [0.001, 0.075]$). (b) 関数 $p \mapsto \hat{p} - p$ ($p \in [0.925, 0.999]$). 実線は標準正規残差を用いた場合の推定量の性能を示している．破線は，自由度が 12 の t 分布を用いた場合である．太い実線が t 分布の自由度を 5 にした場合である．一点鎖線が経験分布を利用した場合である．

とを示している．しかし，レベルが $p = 0.01$ のときは，t 分布あるいは経験分布を使うとより良い推定値を与える．GARCH(1, 1) に基礎を置く分位点推定値は，S&P 500 リターンの分布の左裾が実際よりも軽いかのように推定される．ただし，残差が自由度が 5 の t 分布から得られたものであるときは，$p < 0.01$ のとき，裾が実際より重いかのように推定される． 図 3.35(b) は，分位点推定値が，左裾に比べて右裾に対しての方が正確であることを示している．自由度が 12 の標準化された t 分布は全体的に優れた性能を示す．

EWMA に基礎を置く分位点推定量

指数重み付き移動平均に基礎を置く分位点推定量の定義は (3.90) である．ここで，$\hat{\sigma}_t$ は，EWMA 法を用いて計算する．また，残差分位点は (3.91)–(3.93) の 3 つの方法の内の 1 つを使って決定する．

図 3.36 は，指数重み付き移動平均の性能を示している．平滑化パラメータは，$h = 5$（実線），$h = 10$（太い実線），$h = 30$（破線），$h = 100$（一点鎖線）である．(a) は $p \in [0.001, 0.075]$ の範囲における $p \mapsto p - \hat{p}$ のグラフである．(b) は $p \in [0.925, 0.999]$ の範囲における関数 $p \mapsto \hat{p} - p$ のグラフである．0 の高さに水平線を引いている．$\alpha = 0.05$ の変動幅も併せて描いている．p の値が大きいとき（図 3.36(a)），平滑化パラメータ $h = 10$ あるいは $h = 30$ が最高の結果をもたらす．しかし，p の値が小さいとき（図 3.36(b)），平滑化パラメータ $h = 100$ が最

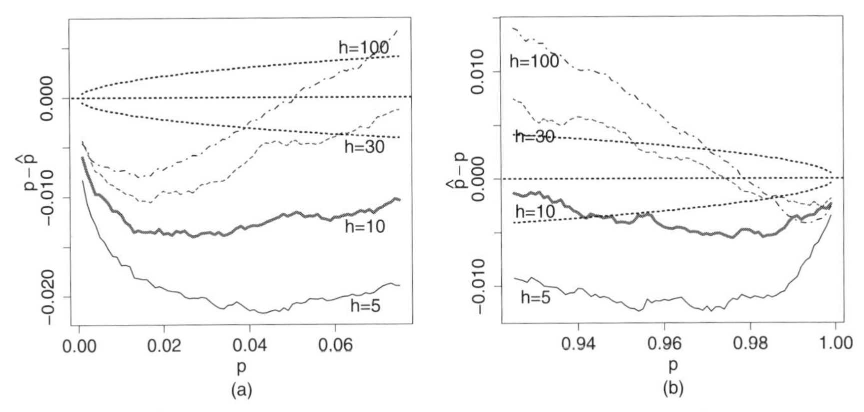

図 3.36 EWMA(h) 分位点推定量における平滑化パラメータ選択 (a) が $p \in [0.001, 0.075]$ のときの $p \mapsto p - \hat{p}$ の曲線を示している．(b) が $p \in [0.925, 0.999]$ のときの $p \mapsto \hat{p} - p$ の曲線を示している．平滑化パラメータ $h = 5, 10, 30, 100$ のときの結果を，それぞれ，実線，太い実線，破線，一点鎖線で描いている．

高の結果を与える．

図 3.37 は，$h = 30$ のときの指数重み付き移動平均推定量の性能を表している．4 種類の残差分散を用いた．(a) は $p \in [0.001, 0.075]$ の範囲における $p \mapsto p - \hat{p}$ の曲線を表している．(b) は $p \in [0.925, 0.999]$ の範囲における $p \mapsto \hat{p} - p$ の曲線を表している．実線は標準正規分布の残差分散を用いた場合である．破線は自由度が 12 の標準化された t 分布を用いた場合である．太い実線は自由度が 5 の標準化された t 分布を用いた場合である．一点鎖線は経験分布を用いた場合である．左裾においては経験分布が最高の結果をもたらす．ただし，$p \geq 0.05$ のときは，ガウス型残差が最高の結果をもたらす．右裾においては経験残差と自由度が 12 の標準化された t 分布が最高の結果をもたらす．

状態空間カーネル平滑化に基礎を置く分位点推定量

(3.86) において条件付き標準偏差を推定するための状態空間平滑化推定量 $\hat{\sigma}_t^{state}$ を定義した．ここでは，この推定量を分位点推定に応用する．

図 3.38 は以下の分位点推定量の性能を示している．

$$\hat{Q}_p(Y_t \,|\, Y_{t-1}, \ldots) = \hat{\sigma}_t^{state} \Phi^{-1}(p)$$

6 種類の平滑化パラメータ $h = 0.1,\ 0.3,\ 0.5,\ 0.8,\ 1,\ 2$ を用いたときの性能を示している．(a) は，$0.001 \leq p \leq 0.075$ のときの $p \mapsto p - \hat{p}$ の曲線である．(b) は，$0.925 \leq p \leq 0.999$ のときの $p \mapsto \hat{p} - p$ の曲線である．左裾では，GARCH(1, 1)

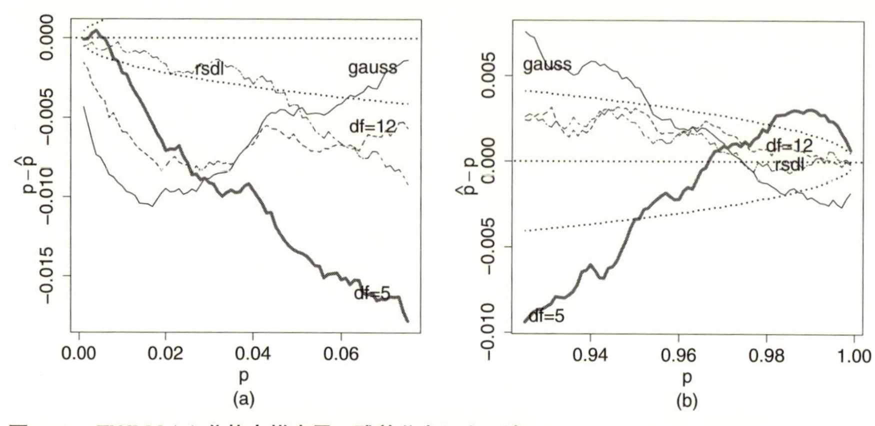

図 3.37　EWMA(h) 分位点推定量の残差分布による違い　(a) $p \in [0.001, 0.075]$ のときの $p \mapsto p - \hat{p}$ の曲線．(b) $p \in [0.925, 0.999]$ のときの $p \mapsto \hat{p} - p$ の曲線．残差分布として，標準正規分布（実線），自由度が 12 の標準化された t 分布（破線），自由度が 5 の標準化された t 分布（太い実線），経験分布（一点鎖線）を用いた．

あるいは指数重み付き移動平均の結果に比べて劣っていると言える．右裾では，$p < 0.97$ の領域で同じ程度の結果である．

図 3.39 は以下の分位点推定量の性能を示している．

$$\hat{Q}_p(Y_t \,|\, Y_{t-1}, \ldots) = \hat{\sigma}_t^{state} \hat{Q}^{res}(p)$$

ここで，$\hat{Q}^{res}(p)$ は残差 $Y_t/\hat{\sigma}_t$ の経験分位点である．その他の設定は図 3.38 と同一である．左裾においては残差の経験分位点を用いたことで遙かに優れた性能が得られている．平滑化パラメータが $h = 1$ と $h = 2$ のとき性能が最高である．これらの場合，GARCH(1,1) と指数重み付き移動平均の結果に比べても優れている．右裾に関してはガウス型の残差分布の方が比較的優れた性能をもたらしている．

3.12　ポートフォリオ選択への応用の数々

1.5.3 項でポートフォリオ選択の基本的な概念を導入した．そして，ポートフォリオ選択において回帰関数推定と分類をどのように使えるかを示した．ここでは，ポートフォリオ選択におけるカーネル推定の 3 つの応用を論じる．3.12.1 項では，カーネル回帰推定量の利用について論じる．3.12.2 項では，カーネル密度推定による分類の利用について論じる．3.12.3 項では，ボラティリティと相関の移動平均推定量の組み合わせによるカーネル回帰推定量の利用について論

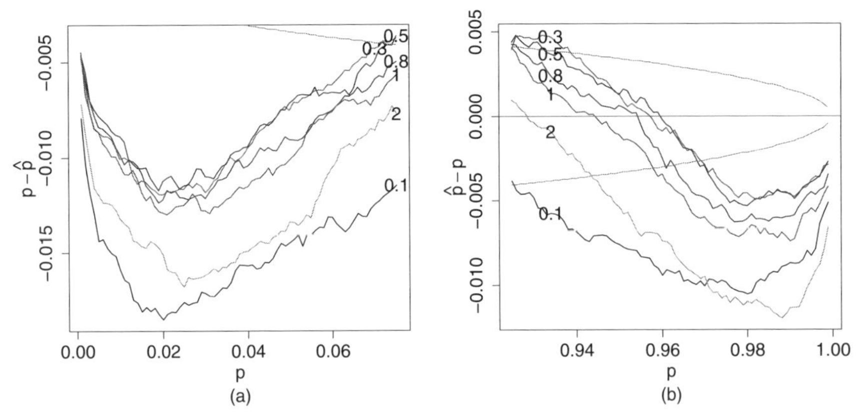

図 3.38　状態空間カーネル分位点推定　ガウス型残差を利用　(a) $p \in [0.001, 0.075]$ のときの $p \mapsto p - \hat{p}$ の曲線．(b) $p \in [0.925, 0.999]$ のときの $p \mapsto \hat{p} - p$ の曲線．平滑化パラメータは $h = 0.1, 0.3, 0.5, 0.8, 1, 2$ である．

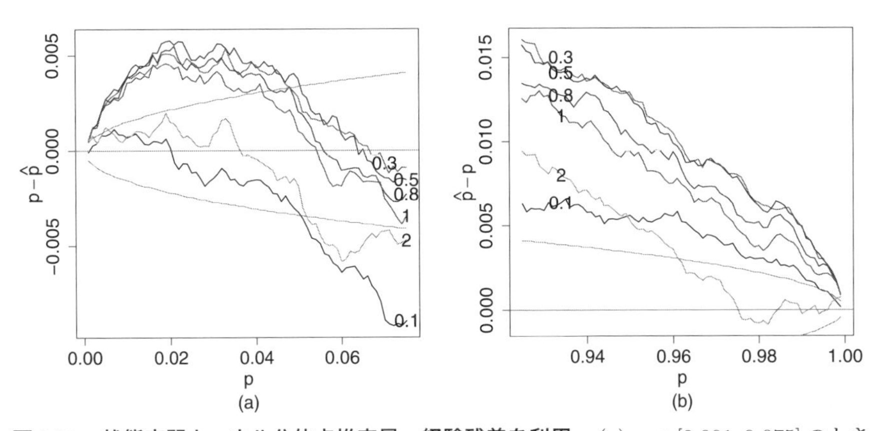

図 3.39　状態空間カーネル分位点推定量　経験残差を利用　(a) $p \in [0.001, 0.075]$ のときの $p \mapsto p - \hat{p}$ の曲線．(b) $p \in [0.925, 0.999]$ のときの $p \mapsto \hat{p} - p$ の曲線．平滑化パラメータは $h = 0.1, 0.3, 0.5, 0.8, 1, 2$ である．

じる.

3.12.1　回帰関数を利用したポートフォリオ

回帰関数推定のポートフォリオ選択への応用を検討する. 回帰関数推定値を用いてポートフォリオ・ベクトルを選択するために (1.98) のルールを応用する. このポートフォリオ選択法においては, 回帰関数推定を用いてポートフォリオ成分のリターン効用を予測する.

ポートフォリオ成分として, S&P 500 指数とナスダック 100 指数を用いる. S&P 500 指数とナスダック 100 指数のデータについては 1.6.2 項で記述した.

回帰関数推定を用いる方法の 2 つの発展型について検討する. (1) ポートフォリオ成分による前日のリターンを説明変数にするもの. (2) ポートフォリオ成分による前日のリターンを変換することによって説明変数を得るもの.

ポートフォリオ・ベクトルの空間として $B = \{(1,0),(0,1)\}$ を選ぶ. これをルール (1.98) で利用する. したがって, すべてを S&P 500 指数に投資するか, すべてをナスダック 100 指数に投資するかのいずれかである. S&P 500 のリターン効用の推定値がナスダック 100 のリターン効用の推定値を上回っているとき, S&P 500 指数に投資する. そうでないとき, ナスダック 100 指数に投資する.

自己回帰

前日のリターンを説明変数として用いる. S&P 500 指数の日次終値を $S_t^{(1)}$ と表す. ナスダック 100 指数の日次終値を $S_t^{(2)}$ と表す. 総リターンを以下のように表そう.

$$R_t^{(1)} = \frac{S_t^{(1)}}{S_{t-1}^{(1)}}, \qquad R_t^{(2)} = \frac{S_t^{(2)}}{S_{t-1}^{(2)}}$$

リターン効用を以下のように表そう.

$$Y_t^{(1)} = u_\gamma\left(R_t^{(1)}\right), \qquad Y_t^{(2)} = u_\gamma\left(R_t^{(2)}\right) \tag{3.94}$$

ここで, 効用関数は, べき型効用関数である. (1.95) で定義したもの ($\gamma \geq 1$) で, $u_\gamma : (0,\infty) \to \mathbf{R}$ である. 以下の 2 つの回帰関数を推定する必要がある.

$$f_{sp500}(x_1,x_2) = E\left(Y_t^{(1)} \,\middle|\, R_{t-1}^{(1)} = x_1, R_{t-1}^{(2)} = x_2\right) \tag{3.95}$$

$$f_{ndx100}(x_1,x_2) = E\left(Y_t^{(2)} \,\middle|\, R_{t-1}^{(1)} = x_1, R_{t-1}^{(2)} = x_2\right) \tag{3.96}$$

カーネル回帰推定量（定義が(3.6)）を用いる．ガウス型カーネルを使い，データを周辺標本標準偏差が1になるように標準化する[20]．

図3.40はカーネル・ポートフォリオにおける年率シャープ比を平滑化パラメータhの関数として示している．リスク回避パラメータγとしていくつかの値を用いている．年率シャープ比を以下の式を用いて計算した．

$$\mathrm{Sharpe}_\gamma(h) = \sqrt{250}\ \frac{\bar{R}_\gamma(h)}{\widehat{\mathrm{sd}}(R_\gamma(h))} \tag{3.97}$$

ここで，$\bar{R}_\gamma(h)$はポートフォリオ純リターンの標本平均である．$\widehat{\mathrm{sd}}(R_\gamma(h))$は，ポートフォリオ純リターンの標本標準偏差である[21]．図3.40は3本の曲線を表している．$\gamma = 1, 25, 50$のときの$h \mapsto \mathrm{Sharpe}_\gamma(h)$である．$h \in [0.01, 10]$とした．ラベル「a」を伴う線は$\gamma = 1$の場合を表している．ラベル「b」を伴う曲線は$\gamma = 25$の場合を表している．ラベル「c」を伴う曲線は$\gamma = 50$の場合を表している．$x$軸は対数軸である．ポートフォリオ・リターンは，標本外で逐次的に計算した．したがって，時刻tにおいては，時刻tにおいて利用できるデータのみを用いた．S&P 500のシャープ比は下の水平線である．ナスダック100のシャープ比は上の水平線である．

図3.40から，カーネル・ポートフォリオのシャープ比は，hの値の広い範囲にわたって，S&P 500のシャープ比よりも，ナスダック100のシャープ比よりも大きいと言える．リスク回避パラメータが$\gamma = 1$のとき，最高のシャープ比は，$h = 0.09$のときの0.75である．リスク回避パラメータが$\gamma = 25$のとき，最高のシャープ比は，$h = 0.08$のときの0.80である．リスク回避パラメータが$\gamma = 50$のとき，最高のシャープ比は，$h = 0.06$のときの0.76である．パラメータを$h = 0.08$，$\gamma = 25$としたとき，全体においての最高の年率シャープ比0.80が得られる．S&P 500指数のシャープ比は0.50，ナスダック100指数のシャープ比は0.56である．

図3.41はカーネル・ポートフォリオの年率平均リターンと標準偏差を平滑化パラメータhの関数として表している．リスク回避パラメータγとしていくつかの値を用いた．(a)は，3つの曲線$h \mapsto 250\,\bar{R}_\gamma(h)$を表している．リスク回避パラメータは$\gamma = 1, 25, 50$で，$h \in [0.01, 10]$とした．(b)は，$h \mapsto \sqrt{250}\,\widehat{\mathrm{sd}}(R_\gamma(h))$の4本の曲線である．$x$軸は対数軸である．S&P 500の平均リターンと標準偏差

[20] 元々の標準偏差は，それぞれ，0.012と0.018.

[21] シャープ比の計算において超過リターンを用いなかった（通常は用いるのだが）．超過リターンとは，ポートフォリオのリターンから無リスク投資のリターンを引いたものである．

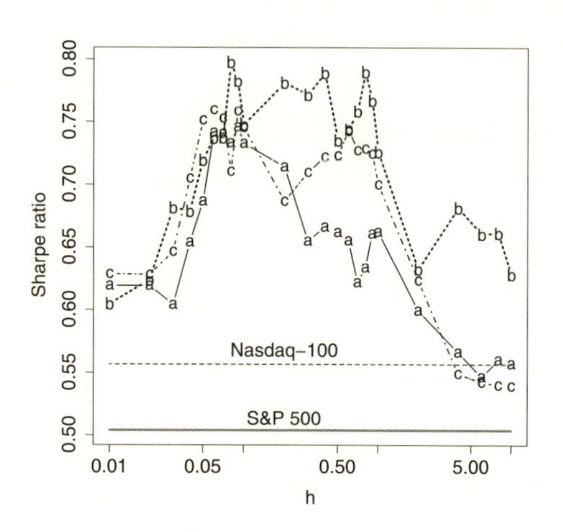

図 3.40 シャープ比 カーネル・ポートフォリオにおける年率シャープ比を平滑化パラメータ $h \in [0.1, 10]$ の関数として示している．リスク回避パラメータを $\gamma = 1, 25, 50$（それぞれを，ラベル「a」，ラベル「b」，ラベル「c」で示している）としている．下の水平線は S&P 500 のシャープ比を示している．他方，上の水平線はナスダック 100 のシャープ比である．x 軸は対数軸である．

は下の水平線である．ナスダック 100 の平均リターンと標準偏差は上の水平線である．

図 3.41 から，ナスダック 100 の平均リターンと標準偏差は，S&P 500 の平均リターンと標準偏差より大きいと言える．S&P 500 のシャープ比とナスダック 100 のシャープ比は近い値であるにもかかわらずである．図 3.41(a) は，カーネル・ポートフォリオ・リターンは，ナスダック 100 のリターンに近いことを示している．図 3.41(b) は，カーネル・ポートフォリオの標準偏差は，h の広い範囲の値において，ナスダック 100 と S&P 500 の中間であることを示している．したがって，カーネル・ポートフォリオは，ナスダック 100 と同じリターンを得ることができるにもかかわらず，ボラティリティが小さい．$h = 0.08$，$\gamma = 25$ を用いた場合，全体の年率シャープ比の最高の値 0.80 が得られた．そのとき，年率平均リターンが 17.6% で，年率標準偏差が 22.1% になった．また，S&P 500 リターンの年率平均は 9.4% である．S&P 500 リターンの年率標準偏差は 18.7% である．ナスダック 100 の場合，平均は 15.4%，標準偏差は 27.8% である．

図 3.42 は，カーネル法が与える累積財産を表している．S&P 500 指数とナスダック 100 指数による累積財産と比較している．この時期の最初の財産を 1 に設

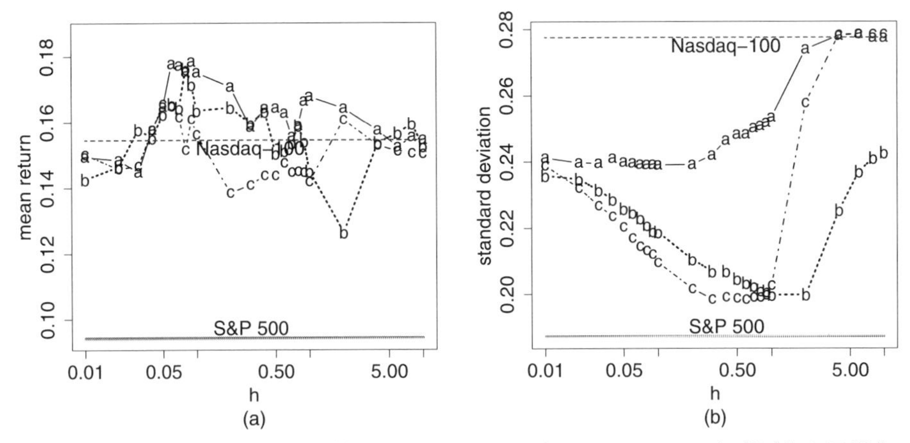

図 3.41　平均リターンと標準偏差　(a) カーネル・ポートフォリオの年率平均を平滑化パラメータ $h \in [0.1, 10]$ の関数として示している．リスク回避パラメータは，$\gamma = 1, 25, 50$ とした（それぞれ，ラベル「a」，ラベル「b」，ラベル「c」）．(b) カーネル・ポートフォリオの年率標準偏差を示している．(a) と (b) の，下の水平線は，S&P 500 の平均と標準偏差である．他方，上の水平線は，ナスダック 100 の平均と標準偏差である．横軸は対数軸である．

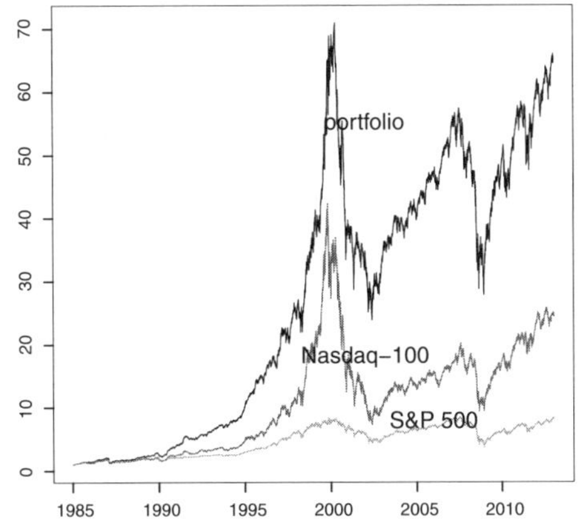

図 3.42　累積財産　カーネル・ポートフォリオの累積財産の時系列を示している．ナスダック 100 の場合と S&P 500 の場合も示している．カーネル法において，平滑化パラメータ $h = 0.08$，リスク回避パラメータ $\gamma = 25$ を用いた．

定している．カーネル法において，平滑化パラメータを $h = 0.08$，リスク回避パラメータを $\gamma = 25$ に設定している．

図 3.43 はカーネル回帰関数推定値の鳥瞰図を表している．(a) は，回帰関数

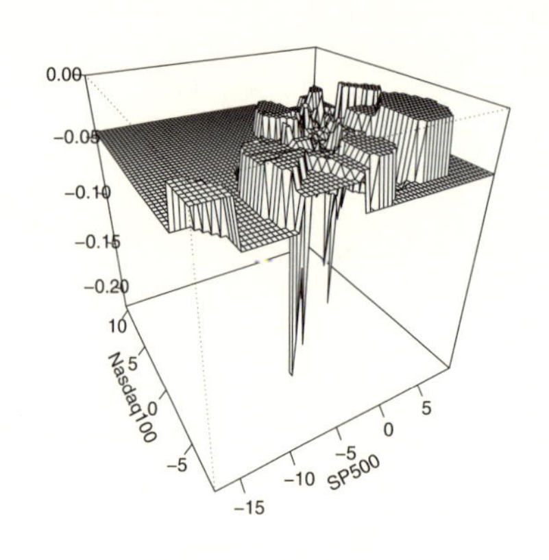

(a) S&P 500 prediction

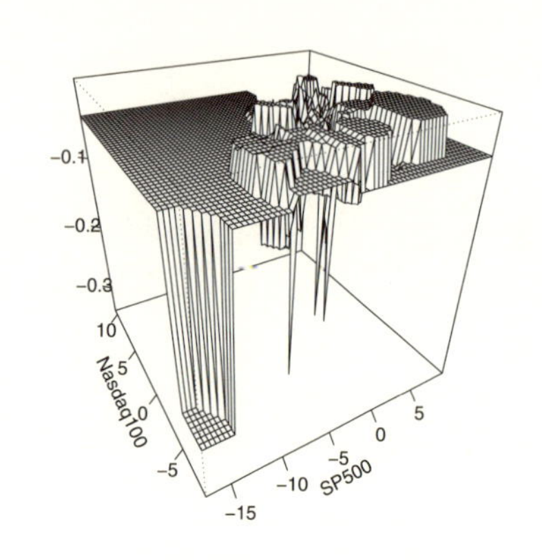

(b) Nasdaq−100 prediction

図 3.43 S&P 500 とナスダック 100 の予測 (a) 回帰関数 f_{sp500} のカーネル推定値. (b) 回帰関数 f_{ndx100} のカーネル推定値. 回帰関数は (3.95) で定義している. 平滑化パラメータは $h = 0.08$, リスク回帰パラメータは $\gamma = 25$ である.

f_{sp500} のカーネル推定値を表している. (b) は, 回帰関数 f_{ndx100} のカーネル推定値を表している. 両方の推定値において, 平滑化パラメータ $h = 0.08$ とリスク回避パラメータ $\gamma = 25$ を用いた. 回帰関数は長方形 $[-17.2, 9.7] \times [-8.5, 10.6]$ において描かれている. この範囲は観測値の範囲である. 回帰推定値を表すこれら2つの鳥瞰図は, この2つの推定値の間に注目に値する違いはないことを示している. 予測変数の観測値は, 対角線のあたりに集中している. 回帰関数の推定値の極大値が角のところにあるけれども, それらは, 統計学的にも実用的にも重要ではない. したがって, これらの回帰関数推定値の比較を示したくなる. 時間の経過に伴って新しい観測値が加わるので, カーネル回帰推定が変化する. しかし, ここではすべてのデータを用いて計算した推定値を表している.

図 3.44 は, f_{sp500} と f_{ndx100} の回帰関数推定値の値 (これらの値は, 図 3.43 に表示されている) を比較している. $\hat{f}_{sp500}(x) > \hat{f}_{ndx100}(x)$ になる点 x を薄い○にした. すなわち, これらの点では, S&P 500 リターン効用の予測値がナスダックリターン効用の予測値より大きい. その他の点, つまり, $\hat{f}_{sp500}(x) < \hat{f}_{ndx100}(x)$ の点は濃い○にしている. (a) は等間隔格子を用いている. (b) は予測変数の観測値を用いている. (b) は長方形の左上と右下の角の辺りには殆ど観測値がないことを示している. ポートフォリオ・ベクトルをルール (1.98) を用いて選択していることを思い出していただきたい. そのときのポートフォリオ・ベクトルの空間は $B = \{(0,1), (1,0)\}$ である. このことは, S&P 500 のリターン効用の推定値

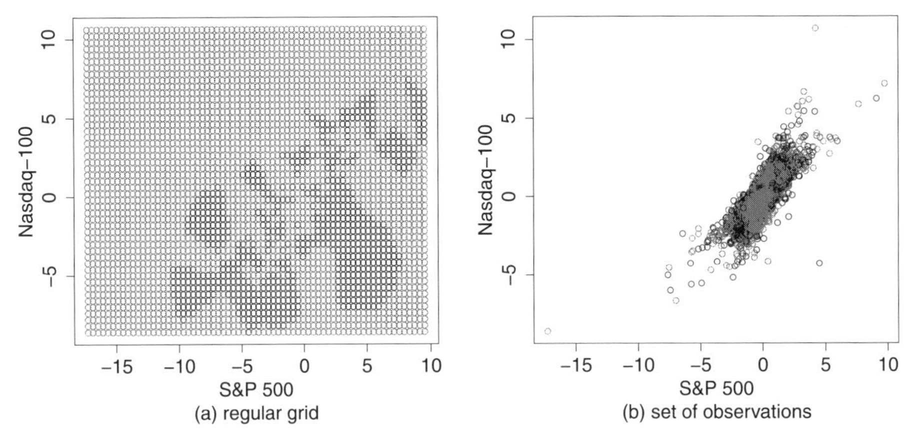

図 3.44 カーネル法における決定ルール (a) 等間隔格子点における回帰関数推定値の比較. (b) 観測された x の値における経験格子点での回帰関数推定値の比較. 薄い○は S&P 500 指数が選択されたことを示している. 濃い○はナスダック 100 指数が選択されたことを示している. 図 3.43 における回帰関数推定値に基づいた比較である.

がナスダック 100 のリターン効用の推定値より大きいとき，すべてを S&P 500 指数に投資することを意味する. 逆の場合は，すべてをナスダック 100 指数に投資する. したがって，薄い○は，すべてを S&P 500 指数に投資するときの説明変数の値を表している. 濃い○は，すべてをナスダック 100 指数に投資するときの説明変数の値を表している. ここに示した決定ルールは，すべてのデータを用いて得られた最終的なルールである. しかし，シャープ比を計算する際に用いた標本外ルールは観測期間において変化する.

次に，シャープ比を最大にする平滑化パラメータが予測誤差を最小にする平滑化パラメータに近いかどうかを調べる. クロスバリデーション基準による予測誤差の最小化については 1.9.1 項（(1.117)–(1.118) を参照せよ）で論じた. 図 3.40 において，いろいろな平滑化パラメータを用いたカーネル法におけるシャープ比を計算することによって，カーネル推定量における平滑化パラメータを診断した.

図 3.45 は絶対値予測誤差の平均を平滑化パラメータ h の関数として表している. リスク回避パラメータは $\gamma = 1, 25, 50$ である. この平均絶対値予測誤差は (1.118) で以下のように定義している.

$$\mathrm{MAPE}(h) = \frac{1}{T - t_0} \sum_{t=t_0}^{T-1} \left| Y_{t+1} - \hat{f}_{t,h}(X_t) \right| \tag{3.98}$$

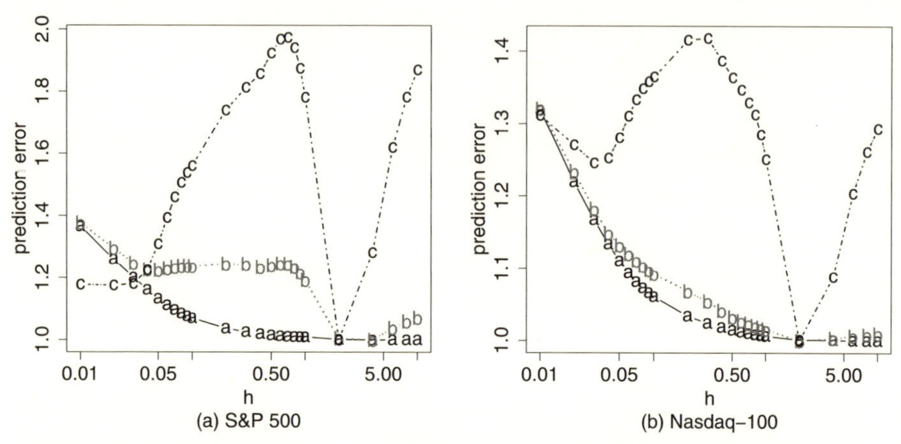

図 3.45　クロスバリデーション　(a) 平滑化パラメータ h の関数としての平均絶対値予測誤差．S&P 500 のリターン効用の予測の場合である．(b) ナスダック 100 のリターン効用の予測の場合の平均絶対値予測誤差．リスク回避パラメータとして，$\gamma=1$（ラベル「a」），$\gamma=25$（ラベル「b」），$\gamma=50$（ラベル「c」）を用いた．

(a) は，S&P 500 のリターン効用の予測に関するものである．(b) は，ナスダック 100 のリターン効用の予測に関するものである．したがって，(a) の $Y_t = Y_t^{(1)}$ と (b) の $Y_t = Y_t^{(2)}$ は，(3.94) が定義するリターン効用である．回帰関数推定値は，(a) では $\hat{f}_{t,h} - \hat{f}_{sp500,t,h}$ で，(b) では $\hat{f}_{t,h} = \hat{f}_{ndx100,t,h}$ である．これらの回帰関数の定義は (3.95)–(3.96) である．h は，カーネル推定量の平滑化パラメータである．この 2 つのグラフは，$h \in [0.01, 10]$ における関数 $h \mapsto \mathrm{MAPE}(h)/\min_h \mathrm{MAPE}(h)$ を表している．リスク回避パラメータは，$\gamma=1$（ラベル「a」を伴う曲線），$\gamma=25$（ラベル「b」を伴う曲線），$\gamma=50$（ラベル「c」を伴う曲線）である．

S&P 500 のリターン効用を予測するために MAPE で最適化した平滑化パラメータは $h=4$（$\gamma=1$ のとき），$h=4$（$\gamma=25$ のとき），$h=2$（$\gamma=50$ のとき）である．ナスダック 100 の予測において，MAPE で最適化した平滑化パラメータは $h=10$（$\gamma=1$ のとき），$h=2$（$\gamma=25$ のとき），$h=2$（$\gamma=50$ のとき）である．クロスバリデーションが推奨する平滑化パラメータは，図 3.40 においてシャープ比が推奨する平滑化パラメータとは異なると結論付けられる．シャープ比の観点からの平滑化パラメータは，$h=0.09$，$h=0.08$，$h=0.06$ である．

変換した説明変数を伴う自己回帰

説明変数の妥当な変換が結果の解釈や改善にどのように役立つ可能性があるか

を例で示す．コピュラ変換を用いる．(1.105) が定義である．

図 3.46 が，カーネル・ポートフォリオによる年率シャープ比を，いくつかのリスク回避パラメータ γ を用いて，平滑化パラメータ h の関数として表したものである．式 (3.97) を用いてシャープ比を計算する．ポートフォリオ・リターンのシャープ比を $\mathrm{Sharpe}_\gamma(h)$ と表す．ポートフォリオ純リターンの標本平均を $\bar{R}_\gamma(h)$ と表す．ポートフォリオ純リターンの標本標準偏差を $\widehat{\mathrm{sd}}(R_\gamma(h))$ と表す．また，平滑化パラメータを h，リスク回避パラメータを γ とする．図 3.46 は，3 本の曲線 $h \mapsto \sqrt{250}\,\mathrm{Sharpe}_\gamma(h)$ を表している．3 本の曲線は $\gamma = 1, 25, 50$ に対応する．$h \in [0.01, 10]$ である．ラベル「a」の曲線は $\gamma = 1$ の場合である．ラベル「b」の曲線は $\gamma = 25$ の場合である．ラベル「c」の曲線は $\gamma = 50$ の場合である．x 軸は対数軸である．ポートフォリオ・リターンを逐次的に計算した．S&P 500 のシャープ比が下の水平線である．ナスダック 100 のシャープ比が上の水平線である．

図 3.46 から，シャープ比の振る舞いは，コピュラ変換を行わないときのカーネル・ポートフォリオの振る舞い（図 3.40）にかなり似ていると言える．ここでは，$h = 0.5$ と $\gamma = 25$ のときに最高の年率シャープ比（0.84）になる．そのときの，年率平均リターンは 17.6% で，年率標準偏差は 21.0% である．このシャープ比は，コピュラ変換を行わないときに得られたシャープ比（0.80）よりやや大きい．$\gamma = 1$ のとき，最大のシャープ比は 0.75（$h = 0.09$ の場合）である．$\gamma = 50$ のとき，最大のシャープ比は 0.83（$h = 0.4$ の場合）である．

図 3.47 は，カーネル・ポートフォリオの平均リターンと標準偏差を，いくつかのリスク回避パラメータ γ に対して，平滑化パラメータ h の関数として示している．(a) はリスク回帰パラメータ $\gamma = 1, 25, 50$ に対する，$h \mapsto 250\,\bar{R}_\gamma(h)$ の 3 本の曲線を表している．ここで，$h \in [0.01, 10]$ である．(b) は $h \mapsto \sqrt{250}\,\widehat{\mathrm{sd}}(R_\gamma(h))$ の 3 本の曲線を表している．x 軸は対数軸である．下の水平線が S&P 500 の平均リターンと標本標準偏差を表している．上の水平線がナスダック 100 の平均リターンと標本標準偏差を表している．図 3.47 は図 3.41 にかなり似ている．図 3.41 は，コピュラ変換を行わないときのカーネル・ポートフォリオの性能を表している．最高の方策による平均リターンは，コピュラ変換を行わない場合と同一である．しかし，標準偏差は 22.1% から 21.0% に減少する．

図 3.48 は，コピュラ変換を伴うカーネル回帰によるポートフォリオ選択を用いたときに得られる累積財産を表している．その財産を，S&P 500 の場合と比較している．ナスダック 100 の場合とも比較している．平滑化パラメータとして

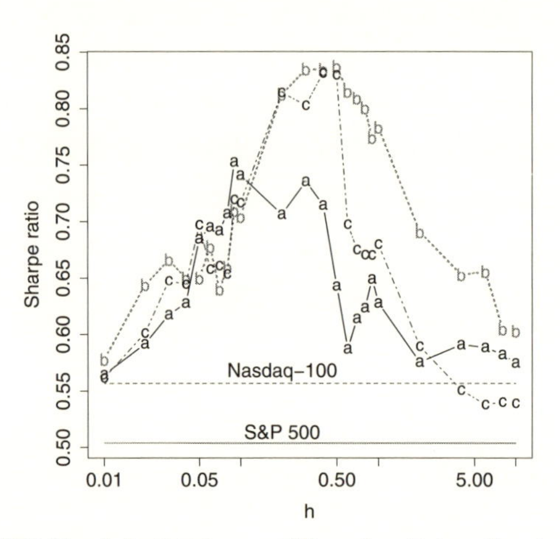

図 3.46　コピュラ変換を行ったときのシャープ比　カーネル・ポートフォリオによる年率シャープ比を，平滑化パラメータ $h \in [0.1, 10]$ の関数として表している．リスク回避パラメータは $\gamma = 1, 25, 50$（それぞれ，ラベル「a」，ラベル「b」，ラベル「c」）である．下の水平線は S&P 500 のシャープ比を表している．他方，上の水平線はナスダック 100 のシャープ比を表している．x 軸は対数軸である．

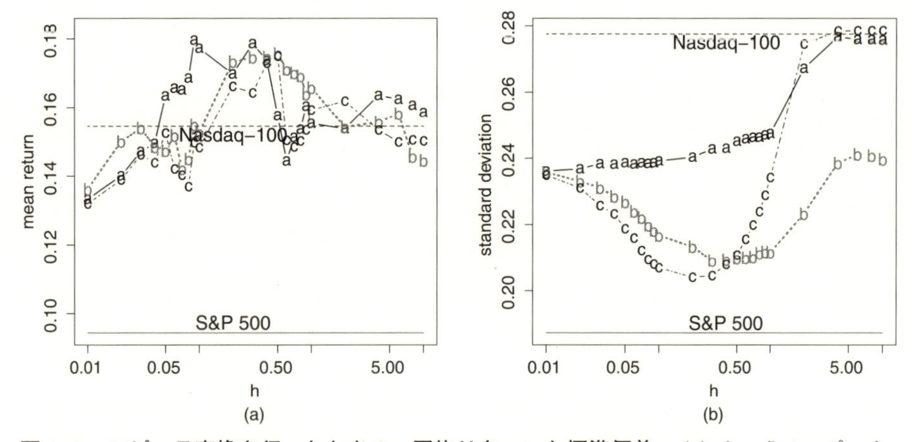

図 3.47　コピュラ変換を行ったときの，平均リターンと標準偏差　(a) カーネル・ポートフォリオの年率平均を平滑化パラメータ $h \in [0.1, 10]$ の関数として表している．リスク回避パラメータは $\gamma = 1, 25, 50$（それぞれ，ラベル「a」，ラベル「b」，ラベル「c」）である．(b) カーネル・ポートフォリオの年率標準偏差．(a) と (b) における下の水平線は，S&P 500 の平均と標準偏差である．他方，上の水平線はナスダック 100 の平均と標準偏差である．x 軸は対数軸である．

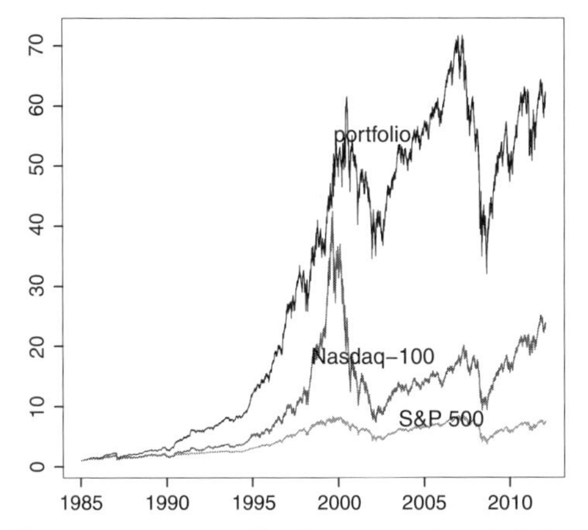

図 3.48　コピュラ変換を行ったときの累積財産　累積財産の時系列を示している．カーネル・ポートフォリオ，ナスダック 100，S&P 500 の場合である．カーネル法においては，平滑化パラメータを $h = 0.5$，リスク回帰パラメータ $\gamma = 25$ とした．

$h = 0.5$，リスク回避パラメータとして $\gamma = 25$ を用いた．

図 3.49 は，コピュラ変換を用いて得られたカーネル回帰関数推定値を表している．(a) は，回帰関数 f_{sp500} の推定値である．(b) は，回帰関数 f_{ndx100} の推定値である．いずれの推定値においても，平滑化パラメータ $h = 0.5$，リスク回帰パラメータ $\gamma = 25$ を用いた．この 2 つの回帰関数は右下の角に大域的な最大値がある．そこは，ナスダック 100 の前日のリターンが低く，S&P 500 の前日のリターンが高い領域である．しかし，回帰関数が最大値をとる領域には説明変数の観測値がほとんど存在しない．回帰関数推定値は，新しい観測値が加わることによって時と共に変化する．しかし，ここでは最終的な推定値を示している．

図 3.50 は，f_{sp500} と f_{ndx100} の回帰関数推定値の値（図 3.49 に示されている）の比較である．$\hat{f}_{sp500}(x) > \hat{f}_{ndx100}(x)$，つまり，S&P 500 のリターン効用の予測値がナスダック 100 のリターン効用の予測値より大きい点 x は薄い○にした．その他の点，つまり，$\hat{f}_{sp500}(x) < \hat{f}_{ndx100}(x)$ の点は濃い○にした．(a) は等間隔格子点における値を示し，(b) は観測された説明変数（コピュラ変換で変換したもの）における値を示している．

図 3.51 は，絶対値予測誤差の平均を平滑化パラメータ h の関数として表している．リスク回避パラメータを $\gamma = 1, 25, 50$ としている．コピュラ変換を用いた場合である．平均絶対値予測誤差 MAPE(h) の定義は (3.98) である．設定は図 3.45 と同一である．つまり，(a) は，S&P 500 のリターン効用の予測を扱っている．(b) は，ナスダック 100 のリターン効用の予測を扱っている．$h \in [0.01, 10]$

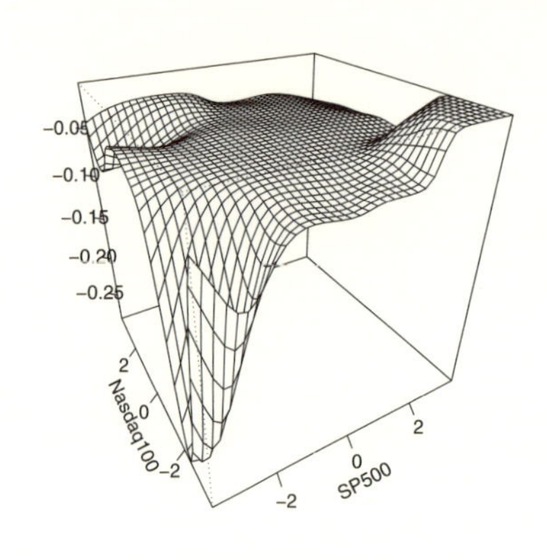

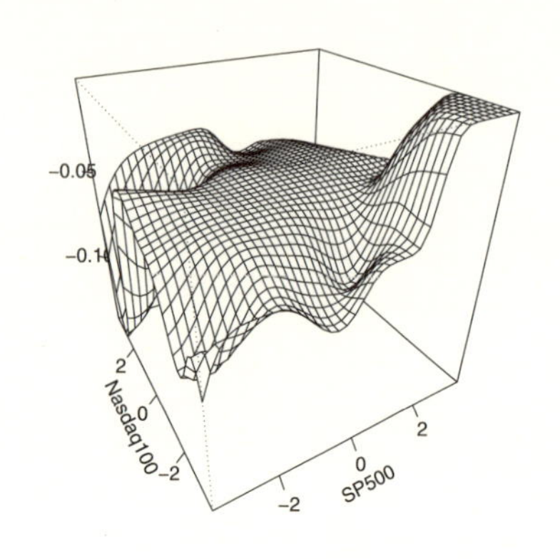

図3.49　コピュラ変換を行ったときの，S&P 500 とナスダック 100 の予測　(a) 回帰関数 f_{sp500} のカーネル推定値．(b) 回帰関数 f_{ndx100} のカーネル推定値．回帰関数の定義は (3.95) である．平滑化パラメータは $h = 0.5$，リスク回避パラメータは $\gamma = 25$ である．

における関数 $h \mapsto \mathrm{MAPE}(h)/\min_h \mathrm{MAPE}(h)$ を表している．リスク回避パラメータは，$\gamma = 1$（ラベル「a」を伴う曲線），$\gamma = 25$（ラベル「b」を伴う曲線），$\gamma = 50$（ラベル「c」を伴う曲線）である．

S&P 500 の予測において MAPE の意味で最適な平滑化パラメータは，$h = 10$ ($\gamma = 1$ のとき)，$h = 2$ ($\gamma = 25$ のとき)，$h = 0.01$ ($\gamma = 50$ のとき) である．ナスダック 100 の予測において MAPE の意味で最適な平滑化パラメータは，$h = 10$ ($\gamma = 1$ のとき)，$h = 2$ ($\gamma = 25$ のとき)，$h = 2$ ($\gamma = 50$ のとき) である．シャープ比の意味での最適な平滑化パラメータは，$h = 0.09$ ($\gamma = 1$ のとき)，$h = 0.5$ ($\gamma = 25$ のとき)，$h = 0.4$ ($\gamma = 50$ のとき) である．

3.12.2　分類を用いたポートフォリオ選択

1.5.3 項に分類をどのように用いてポートフォリオ選択ができるかについての記述がある．特に，(1.100) は，分類の技術をポートフォリオ選択に利用しようとするとき，クラス・ラベルをどのように決定するべきかを示している．ここでは，分類を応用してポートフォリオ選択を行う．ポートフォリオ成分は S&P 500 指数とナスダック 100 指数である．S&P 500 とナスダック 100 のデータについては 1.6.2 項で説明している．

分類データ (X_t, Y_t)，$t = 1, \ldots, n$ の集合を作成する際，時刻 $t+1$ におけるリターンがナスダック 100 指数より S&P 500 指数の方が大きいとき，$Y_t = 0$ とす

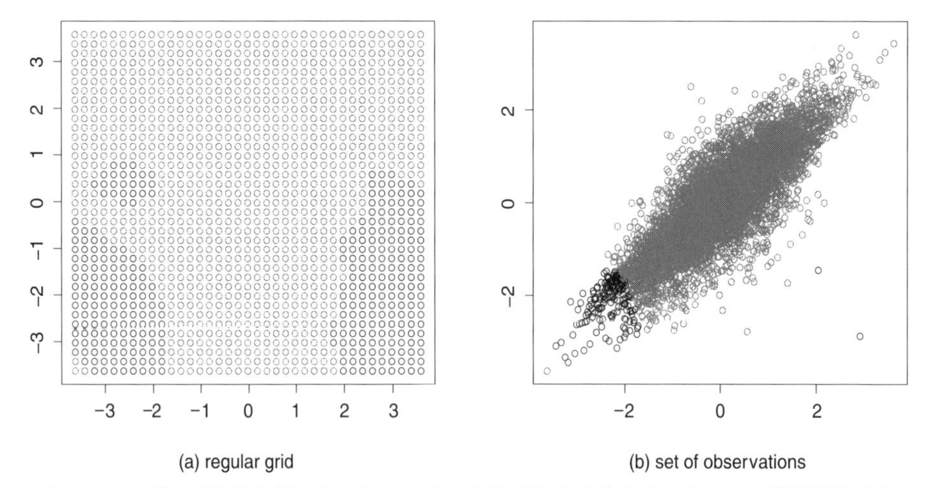

図 3.50　コピュラ変換を行ったときの，カーネル法による決定ルール　(a) 等間隔格子点における回帰関数推定値の比較．(b) 観測された x 値による経験格子点における回帰関数推定値の比較．薄い○が S&P 500 指数が選ばれた点で，濃い○がナスダック 100 が選ばれた点である．この比較は，図 3.49 の回帰関数推定値に基づいている．

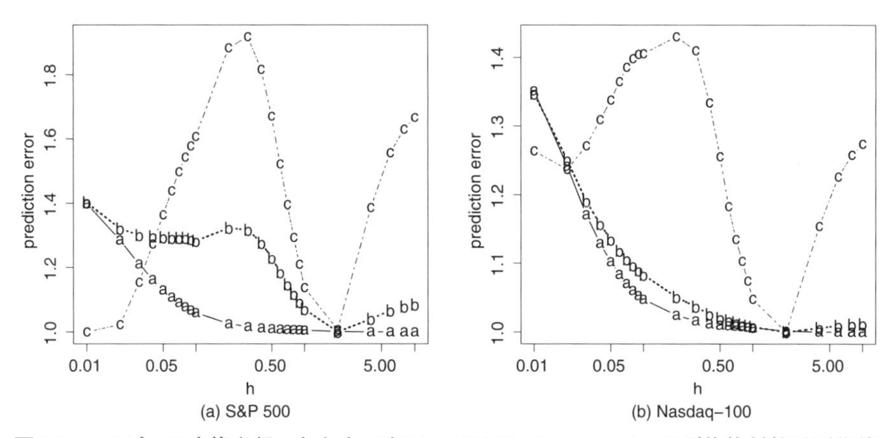

図 3.51　コピュラ変換を行ったときのクロスバリデーション　(a) は平均絶対値予測誤差を平滑化パラメータ h の関数として示している．S&P 500 のリターン効用を用いている．(b) はナスダック 100 のリターン効用の予測における平均絶対値予測誤差を示している．(a) と (b) における，リスク回避パラメータとして，$\gamma = 1$（ラベル「a」），$\gamma = 25$（ラベル「b」），$\gamma = 50$（ラベル「a」）を用いた．横軸は対数軸である．

る．そうでないとき，$Y_t = 1$ とする．説明変数 X_t はS&P 500とナスダック100の前日のリターンである．すなわち，以下のように定義する．

$$X_t = \left(R_t^{(1)}, R_t^{(2)}\right), \qquad R_t^{(i)} = \frac{S_t^{(i)}}{S_{t-1}^{(i)}}, \quad i = 1, 2$$

ここで，$S_t^{(1)}$ は，S&P 500指数の価格である．$S_t^{(2)}$ は，ナスダック100指数の価格である．分類法においては回帰手法を使ってリターン効用を予測する場合のようなリスク回避パラメータを導入することはできないことに注意していただきたい．分類によって得られるポートフォリオは，リスク回避パラメータ $\gamma = 1$ を用いることに相当する．

ポートフォリオ重みの空間を $B = \{(1,0), (0,1)\}$ とする．したがって，すべてをS&P 500指数に投資するか，すべてをナスダック100指数に投資するかのいずれかである．説明変数にコピュラ変換を施す．この変換の定義は(1.105)である．$X_t = (X_t^1, X_t^2)$ からコピュラ変換によって得られた観測値 $Z_t = (Z_t^1, Z_t^2)$ を用いる．

図3.52はベクトル Z_t の散布図である．クラス・ラベルを表している．薄い○は次の日のS&P 500のリターンがナスダック100のリターンより高い日の観測値を表している．濃い○は次の日のS&P 500のリターンがナスダック100のリターンより低い日の観測値を表している．クラスが上手く分離しておらず，薄い○と濃い○が完全に混合している．3319個の薄い○と，3604個の濃い○がある．

1.4節に，分類についての入門的な説明がある．3.4.1項には，カーネル密度推定に基づく分類法とカーネル回帰推定に基づく分類法の定義がある．その2つは同一の分類関数をもたらす．密度に基づく分類ルール（定義は(3.33)）を2クラスの場合に特化すると，以下の分類ルールになる．

$$\hat{g}(x) = \begin{cases} 1, & n_1 \hat{f}_{X|Y=1}(x) \geq n_0 \hat{f}_{X|Y=0}(x) \text{ のとき} \\ 0, & \text{その他のとき} \end{cases} \tag{3.99}$$

ここで，$\hat{f}_{X|Y=0}$ と $\hat{f}_{X|Y=1}$ はクラス密度関数のカーネル推定量である．また，n_0 と n_1 は，それぞれ，クラス0とクラス1の頻度である．(3.35)でクラス・カーネル密度推定量を定義した．(3.36)の回帰ルールは，2クラスの場合に以下のものになる．

$$\hat{g}(x) = \begin{cases} 1, & \hat{p}_1(x) \geq \hat{p}_0(x) \text{ のとき} \\ 0, & \text{その他のとき} \end{cases} \tag{3.100}$$

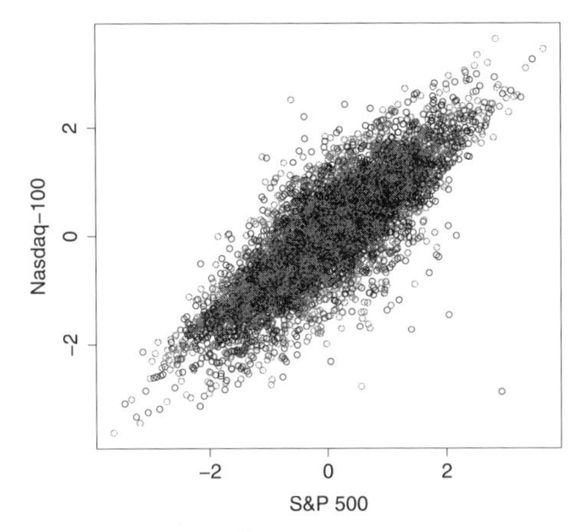

図 3.52 分類データ S&P 500 とナスダック 100 のリターンをコピュラ変換したものの散布図．薄い○は次の日の終値における S&P 500 のリターンが高い日を表し，濃い○は次の日の終値におけるナスダック 100 のリターンが高い日を表している．

ここで，$\hat{p}_0$ と $\hat{p}_1$ は，それぞれ，$P(Y = 0 \mid X = x)$ のカーネル回帰推定値と，$P(Y = 1 \mid X = x)$ のカーネル回帰推定値である．カーネル回帰関数推定値の定義は，(3.6) である． 3.4.1 項で示したように，(3.99) の分類ルールと (3.100) の分類ルールは同一である．

図 3.53 は，クラス密度のカーネル密度推定値の等高線図を表している．(a) は S&P 500 クラスの密度推定値を表している．(b) はナスダック 100 クラスの密度推定値を表している．平滑化パラメータ $h = 0.2$ とガウス型カーネルを用いた．両者の違いは非常に小さいようである．

図 3.54 は，回帰関数 $f(x) = P(Y = 1 \mid X = x)$ のカーネル回帰関数推定値を表している．したがって，$f(x)$ は，次の日のナスダック 100 のリターンが高いときの，条件付き確率を表している．(a) が等高線図で，(b) が鳥瞰図である．平滑化パラメータ $h = 0.2$ とガウス型カーネルを用いた．

図 3.55 が最終的な推定による分類ルール集を表している．(a) は等間隔格子点において計算した分類ルール集である．(b) が説明変数の値を観測した点における経験分類ルールである．薄い○は S&P 500 を選ぶ点である．濃い○はナスダック 100 を選ぶ点である．分類器は時の流れに従い新しい観測値が加わることに伴って変化する．ここでは，完全なデータを用いたときの最終的な推定による分類ルールを示している．

図 3.56 は，カーネル分類ポートフォリオによる年率シャープ比を，平滑化パラメータ h の関数として表したものである．カーネル回帰ポートフォリオによる年

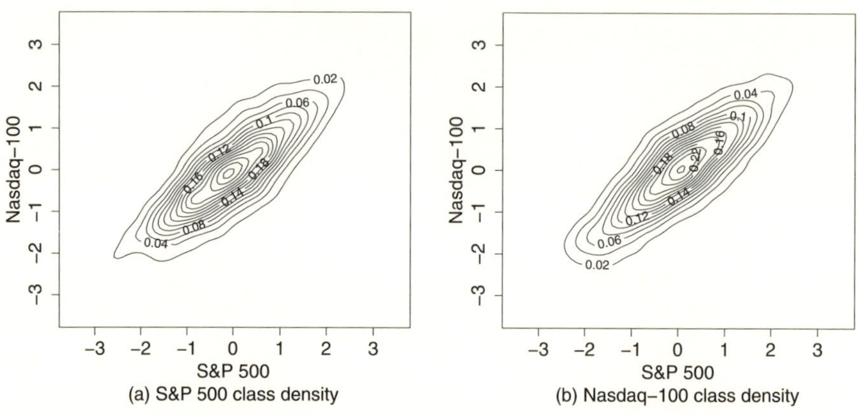

図 3.53　クラス密度関数推定値　クラス密度のカーネル密度推定値の等高線図．(a) S&P 500 クラスの密度推定値．(b) ナスダック 100 クラスの密度推定値．

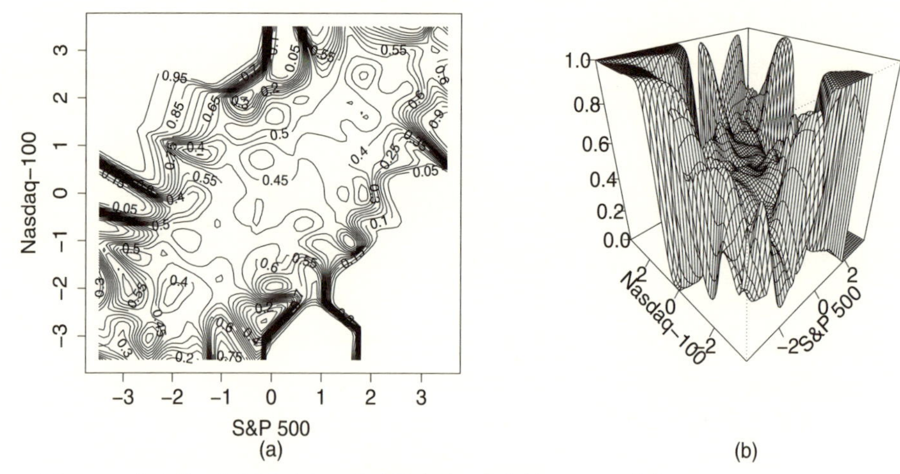

図 3.54　ナスダック 100 クラス確率推定値　条件付きクラス確率 $P(Y=1 \mid X=x)$ のカーネル推定値．(a) 等高線図．(b) 鳥瞰図．

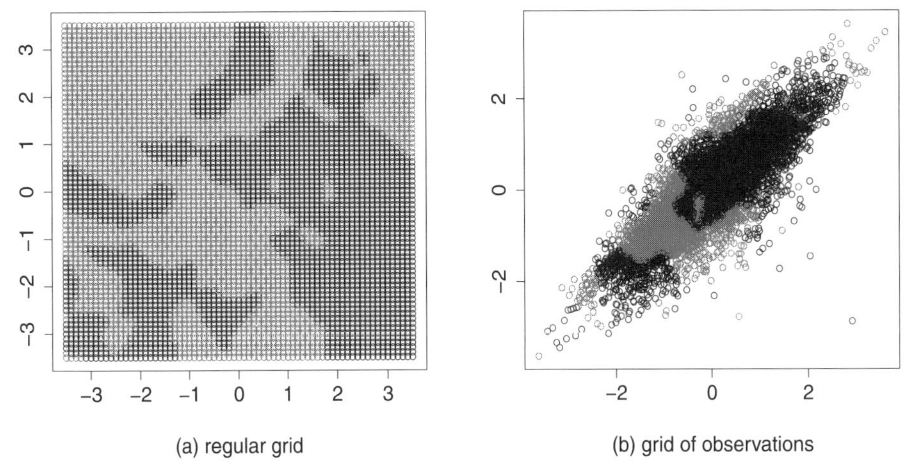

図 3.55　分類ルール　薄い○は S&P 500 に分類された点である．濃い○はナスダック 100 に分類された点である．(a) 等間隔格子点．(b) 観測値の格子点．

率シャープ比と比較できる．回帰ポートフォリオでは，(対数効用関数において) リスク回避パラメータ $\gamma = 1$ を用いた．また，コピュラ変換を行った．「a」を伴う曲線が分類ポートフォリオに対応する．「b」を伴う曲線が回帰ポートフォリオに対応する．図 3.56 は曲線 $h \mapsto \mathrm{Sharpe}(h)$ を表している．$h \in [0.01, 10]$ で，式 (3.97) を用いてシャープ比を計算している．x 軸は対数軸である．ポートフォリオ・リターンは，標本外のサンプルを用いて逐次的に計算している．S&P 500 のシャープ比が下の水平線である．ナスダック 100 のシャープ比が上の水平線である．分類ポートフォリオにおいて，平滑化パラメータ $h = 0.2$ が最高の年率シャープ比 0.75 をもたらす．そのときの年率平均リターンは 17.5% であり，年率標準偏差は 23.3% である．

図 3.56 から，シャープ比は平滑化パラメータの選択の点で頑健であると言える．また，カーネル分類ポートフォリオとカーネル回帰ポートフォリオのシャープ比はかなり似通った振る舞いをしていると言える．しかも，同一の最大値をもたらしている．しかし，カーネル分類の方が平滑化パラメータの選択に関してより頑健なようである．既に図 3.46 がカーネル回帰ポートフォリオによるシャープ比を表している．そのグラフはいくつかのリスク回避パラメータを使ったときのカーネル回帰ポートフォリオも表している．図 3.40 がコピュラ変換を行わないときのカーネル回帰ポートフォリオのシャープ比を示している．

図 3.57 はカーネル分類ポートフォリオによる平均リターンと標準偏差を，平

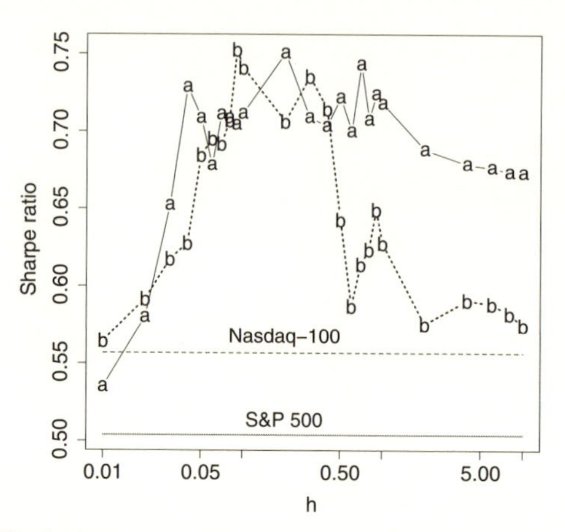

図 3.56　カーネル分類におけるシャープ比　カーネル分類ポートフォリオ（ラベル「a」）とカーネル回帰ポートフォリオ（ラベル「b」）における年率シャープ比を平滑化パラメータ $h \in [0.01, 10]$ の関数として示している．下の水平線は S&P 500 のシャープ比を示している．上の水平線はナスダック 100 のシャープ比を示している．x 軸は対数軸である．

滑化パラメータ h の関数として表したものである．これによって，回帰ポートフォリオによる平均と標準偏差との比較もできる．(a) は曲線 $h \mapsto 250\,\bar{R}(h)$ を表している．ここで，$h \in [0.01, 10]$ で，$\bar{R}(h)$ は平均純リターンである．(b) は曲線 $h \mapsto \sqrt{250}\,\widehat{\mathrm{sd}}(R(h))$ を表している．ここで，$\widehat{\mathrm{sd}}(R(h))$ は，ポートフォリオ・リターンによる標本標準偏差である．x 軸は対数軸である．下の水平線が S&P 500 の平均リターンと標本標準偏差を表している．上の水平線がナスダック 100 の平均リターンと標本標準偏差を表している．既に図 3.47 が回帰ポートフォリオによる平均リターンと標準偏差を表していることに注意していただきたい．また，図 3.41 がコピュラ変換を行わないときの回帰ポートフォリオの場合を表している．分類ポートフォリオと回帰ポートフォリオの平均リターンの振る舞いは似通っていると言える．しかし，標準偏差は分類ポートフォリオの方が小さい．少なくとも，平滑化パラメータの値が大きい場合はそうである．

図 3.58 は，カーネル分類ポートフォリオによる累積財産（上の曲線）を，S&P 500 指数がもたらす累積財産（下の曲線），ナスダック 100 指数がもたらす累積財産（中間の曲線）と比べて表したものである．ここでは，シャープ比が 0.73 で，年率平均が 16.8%，年率標準偏差が 23.1% である．

図 3.59 は，分類エラーを平滑化パラメータ h の関数として表している．1.9.6 項において分類器の評価について論じた．時系列の場合の式については，(1.133)

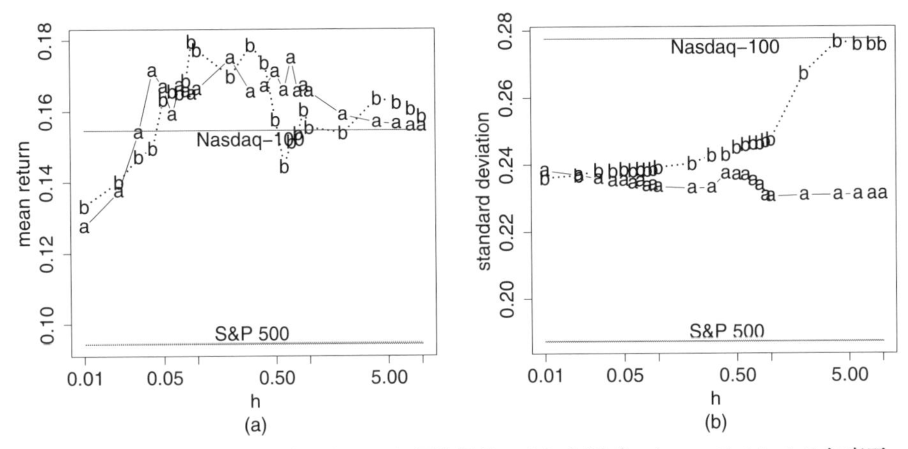

図 3.57 カーネル分類の平均リターンと標準偏差 (a) 分類ポートフォリオによる年率平均と，回帰ポートフォリオによる年率平均を，平滑化パラメータ $h \in [0.01, 10]$ の関数として示している．(b) 分類ポートフォリオによる年率標準偏差と，回帰ポートフォリオによる年率標準偏差を示している．「a」を伴う曲線は分類ポートフォリオに対応する．「b」を伴う曲線は回帰ポートフォリオに対応する．下の水平線は S&P 500 の平均と標準偏差である．上の水平線はナスダック 100 の平均と標準偏差である．

と (1.134) を参照せよ．これらの式を用いて，シャープ比における性能尺度（例えば，図 3.56）が，分類エラーにおける性能尺度と異なる結果をもたらすかどうかを明らかにする．(a) が関数 $h \mapsto P_{error}(h)$ を表している．そこでは以下の式を用いている．

$$P_{error} = \frac{1}{T - t_0} \sum_{t=t_0}^{T-1} I_{\{\hat{g}_t^*(X_{t+1})\}^c}(Y_{t+1})$$

ここで，$\hat{g}_t^*$ はデータ $(X_1, Y_1), \ldots, (X_t, Y_t)$ と $t_0 = 10$ を用いて作成した分類器である．すなわち，エラー確率 $P(\hat{g}(X) \neq Y)$ を様々な h を用いて推定する．(b) は関数 $h \mapsto P_{error}^{(0)}(h)$ と $h \mapsto P_{error}^{(1)}(h)$ を表している．そこでは以下の式を用いている．

$$P_{error}^{(k)}(h) = \frac{1}{T - t_0} \sum_{t=t_0}^{T-1} I_{\{\hat{g}_t^*(X_{t+1})\}^c}(k)\, I_{\{k\}}(Y_{t+1})$$

この式を使って，$P(\hat{g}(X) \neq Y \mid Y = k)\,(k = 0, 1)$ を推定する．すると，$P_{error}^{(0)}(h)$ が，次の日のリターンが S&P 500 の方が優れているときに観測値をナスダック 100 に分類する確率の推定値である．また，$P_{error}^{(1)}(h)$ が，次の日のリターンが

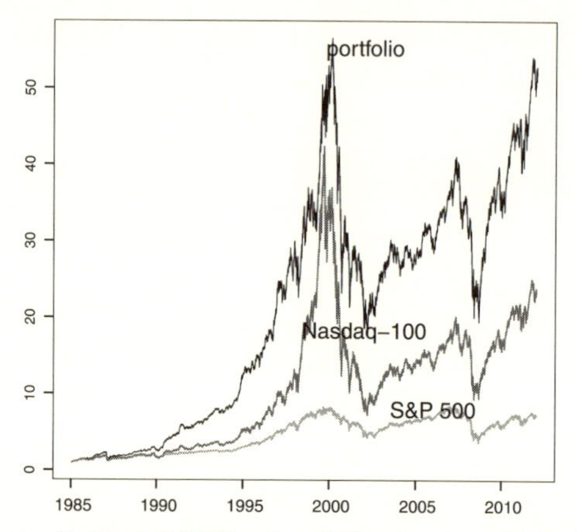

図3.58　分類ポートフォリオによる財産　上の曲線はカーネル分類を使って選択したポートフォリオによる累積財産を示している．下の曲線はS&P 500指数に投資した場合の財産を示している．中間の曲線はナスダック100指数に投資した場合の財産を示している．

ナスダック100の方が優れているときに観測値をS&P 500に分類する確率の推定値である．

図3.59(a)から，エラー確率が0.5より僅かに下回るに過ぎないことが分かる．しかも，分類エラーの点で最適な平滑化パラメータは$h = 0.9$である．これは，シャープ比の点での最適な平滑化パラメータ$h = 0.2$より遙かに大きい．図3.59(b)はエラー成分はhに対して単純に振る舞うわけではないことを表している．

3.12.3　マーコウィッツ基準を用いたポートフォリオ選択

ポートフォリオ成分がS&P 500指数とナスダック100指数のときのポートフォリオ選択の研究を続けよう．S&P 500とナスダック100のデータについては1.6.2項で説明した．

(1.101)で平均分散性向を導入した．そして，(1.102)で2つの危険資産がある場合の最適ポートフォリオ・ベクトルを導出した．条件付き設定のときの最適ポートフォリオ・ベクトルの式は以下である．

$$w(x) = \frac{1}{\gamma}\,\frac{\mu_2(x) - \mu_1(x) - \gamma(\sigma_{12}(x) - \sigma_1^2(x))}{\sigma_1^2(x) + \sigma_2^2(x) - 2\sigma_{12}(x)}$$

ここで，$\gamma > 0$がリスク回避パラメータである．ポートフォリオ重み$w(x)$は負

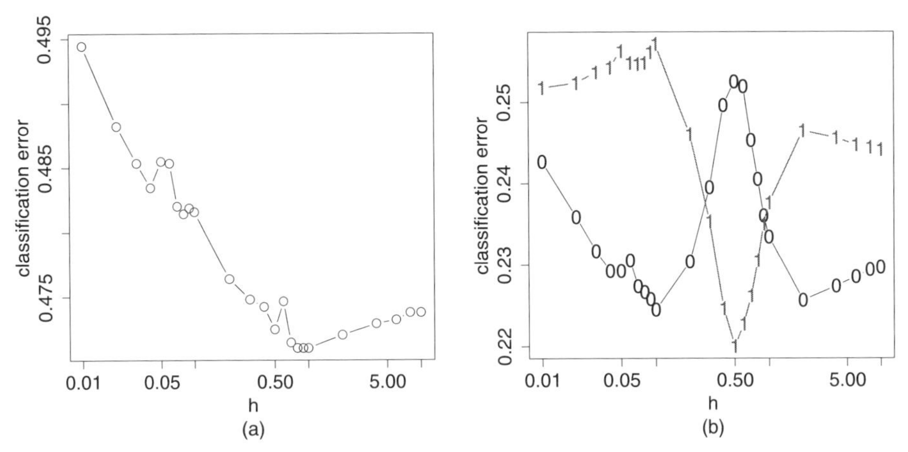

図 3.59　カーネル分類エラー　(a) カーネル分類による分類エラーを平滑化パラメータ $h \in [0.01, 10]$ の関数として示している．(b) カーネル分類による，第 1 種，第 2 種の分類過誤．ラベル「0」を伴う曲線が正しいクラスが S&P 500 のときの分類エラーを示す．ラベル「1」を伴う曲線が正しいクラスがナスダック 100 のときの分類エラーを示す．x 軸は対数軸である．

の値をとることもある．1 より大きいこともある．しかし，ここでの重みは区間 $[0, 1]$ の範囲に限定する．そのため，$\min\{\max\{w(x), 0\}, 1\}$ という重みを用いる．条件付き期待値の定義は以下の 2 つの式である．

$$\mu_1(x) = f_{sp500}(x_1, x_2) = E\Big(R_t^{(1)} \,\Big|\, R_{t-1}^{(1)} = x_1, R_{t-1}^{(2)} = x_2\Big)$$

$$\mu_2(x) = f_{ndx100}(x_1, x_2) = E\Big(R_t^{(2)} \,\Big|\, R_{t-1}^{(1)} = x_1, R_{t-1}^{(2)} = x_2\Big)$$

ここで，$R_t^{(1)}$ は S&P 500 の総リターンである．$R_t^{(2)}$ はナスダック 100 の総リターンである．条件付き分散の定義は以下である．

$$\sigma_k^2(x) = \mathrm{Var}\Big(R_t^{(k)} \,\Big|\, R_{t-1}^{(k)} = x_{t-1}, R_{t-2}^{(k)} = x_{t-2}, \ldots\Big), \qquad k = 1, 2$$

また，条件付き共分散の定義は以下である．

$$\sigma_{12}(x) = \mathrm{Cov}\Big(R_t^{(1)}, R_t^{(2)} \,\Big|\, (R_{t-1}^{(1)}, R_{t-1}^{(2)}) = (x_{t-1}, y_{t-1}), \ldots\Big)$$

カーネル推定（定義は (3.6)）による状態空間平滑化を利用して，条件付き平均 $\mu_1(x), \mu_2(x)$ を推定する．条件付き分散 $\sigma_1^2(x)$，$\sigma_2^2(x)$ と条件付き共分散 $\sigma_{12}(x)$ を，カーネル重み移動平均による時空間平滑化を用いて推定する．その定義は

(3.79) と (3.87) である．5つの関数を推定するので，5つの平滑化パラメータを選択する必要がある．ここでは，この問題を2つの平滑化パラメータの選択に集約する．つまり，2つの平均値の推定のために平滑化パラメータ h_μ を選択する．2つの分散と1つの共分散を推定するために h_σ を選択する．状態空間平滑化におけるカーネルは標準ガウス型カーネルである．時空間平滑化においては指数移動平均を用いる．

図 3.60 はマーコウィッツ・ポートフォリオにおける年率シャープ比を平滑化パラメータ h_μ と h_σ の関数として表現している．リスク回避パラメータ $\gamma = 10$ を用いた．コピュラ変換を行った．(a) は関数 $h_\mu \mapsto \mathrm{Sharpe}(h_\mu, h_\sigma)$ を表している．h_σ として $h_\sigma = 25$ と $h_\sigma = \infty$ の2通りの値を用いた．$h_\mu \in [0.01, 10]$ である．ラベル「1」を伴う曲線は $h_\sigma = 25$ の場合に対応する．ラベル「2」を伴う曲線は $h_\sigma = \infty$ の場合に対応する．平滑化パラメータ $h_\sigma = \infty$ は，分散を逐次的標本分散を用いて推定し，共分散を逐次的標本共分散を用いて推定することを意味する．(b) は関数 $h_\sigma \mapsto \mathrm{Sharpe}(h_\mu, h_\sigma)$ を表している．h_μ として5通りの値（$h_\mu = 0.01, 0.07, 0.4, 0.9, 10$）を用いた．ここで，$h_\sigma \in [1, 1000]$ である[22)]．h_μ の5通りの値を，曲線に伴うラベル「a」-「e」（h_μ の値がこの順で増加する）で示している．シャープ比は式 (3.97) を使って計算する．x 軸は対数軸である．ポートフォリオ・リターンは標本外のサンプルを用いて逐次的に計算している．S&P 500 のシャープ比が下の水平線である．ナスダック 100 のシャープ比が上の水平線である．

図 3.60(a) から，分散と共分散の移動平均推定値を使うことによってシャープ比をかなり改善できると言える．すなわち，「1」というラベルが付いた曲線（$h_\sigma = 25$ に対応する）が示すシャープ比は，「2」というラベルが付いた曲線（逐次的に計算した分散と共分散に対応する）が示すシャープ比を上回る．さらに，平滑化パラメータを $h_\mu = 0.4$ と $h_\sigma = 25$ にすると，年率シャープ比が 0.89 になり，年率平均リターンが 18.3%，年率分散が 20.6% になる．図 3.60(b) から，シャープ比は平滑化パラメータ h_σ（移動平均による平滑化を制御する）の選択に対して頑健であると言える．

図 3.61 は，マーコウィッツ・ポートフォリオによる年率平均リターンと年率標準偏差を平滑化パラメータ h_μ の関数として示している．図 3.60 と同じパラメータを用いた．(a) は関数 $h_\mu \mapsto \bar{R}(h_\mu, h_\sigma)$ を示している．h_σ は，$h_\sigma = 25$ と $h_\sigma = \infty$ の2通りを選択した．ここで，$h_\mu \in [0.01, 10]$ である．(b) は関数

22) より正確には，$h_\sigma \in \{1, 10, 25, 50, 100, 200, 500, 1000\}$ である．

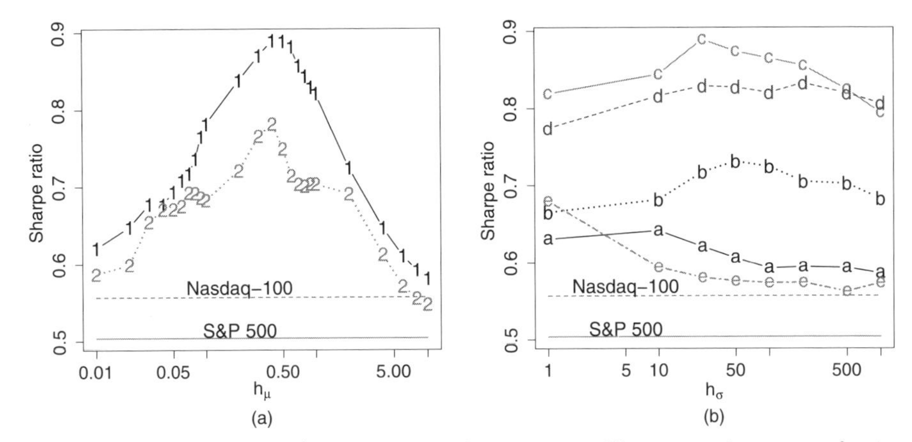

図 3.60　マーコウィッツ・ポートフォリオにおけるシャープ比　マーコウィッツ・ポートフォリオにおける年率シャープ比．(a) 関数 $h_\mu \mapsto \mathrm{Sharpe}(h_\mu, h_\sigma)$．「1」を伴う黒い曲線は $h_\sigma = 25$ の場合を示している．「2」を伴う緑の曲線は $h_\sigma = \infty$ の場合を示している．(b) 関数 $h_\sigma \mapsto \mathrm{Sharpe}(h_\mu, h_\sigma)$．ラベル「a」-「e」を伴う曲線は，$h_\mu = 0.01, \ldots, 10$ を示している．下の水平線は S&P 500 のシャープ比を示している．上の水平線はナスダック 100 のシャープ比を表している．x 軸は対数軸である．

$h_\mu \mapsto \widehat{\mathrm{sd}}(R(h_\mu, h_\sigma))$ を示している．「1」を伴う曲線は $h_\sigma = 25$ の場合を示している．「2」を伴う曲線は $h_\sigma = \infty$ の場合を示している．下の水平線は S&P 500 の平均リターンと標準偏差を示している．上の水平線はナスダック 100 の場合を示している．

図 3.62 は，マーコウィッツ・ポートフォリオによる年率平均リターンと年率標準偏差を平滑化パラメータ h_σ の関数として示している．図 3.60 と同じパラメータを用いた．(a) は，関数 $h_\sigma \mapsto \bar{R}(h_\mu, h_\sigma)$ を示している．h_μ は 5 通り ($h_\mu = 0.01, 0.07, 0.4, 0.9, 10$) の中から選択している．ここで，$h_\sigma \in [1, 1000]$ である．(b) は，関数 $h_\sigma \mapsto \widehat{\mathrm{sd}}(R(h_\mu, h_\sigma))$ である．「a」-「e」のラベルが付いた曲線は $h_\mu = 0.01, \ldots, 10$ の場合を示している．下の水平線が S&P 500 の場合の平均リターンと標準偏差を示している．上の水平線がナスダック 100 の場合の平均リターンと標準偏差を示している．

図 3.63 は，マーコウィッツ戦略によって得られる累積財産を表している．基点である 1985 年 10 月 1 日における財産を 1 とした．上の曲線は，条件付きマーコウィッツ戦略による累積財産を表している．$h_\mu = 0.4$ で $h_\sigma = 25$ の場合である．上から 2 番目の曲線は，$h_\mu = 0.4$ で $h_\sigma = \infty$（分散と共分散を，移動平均ではな

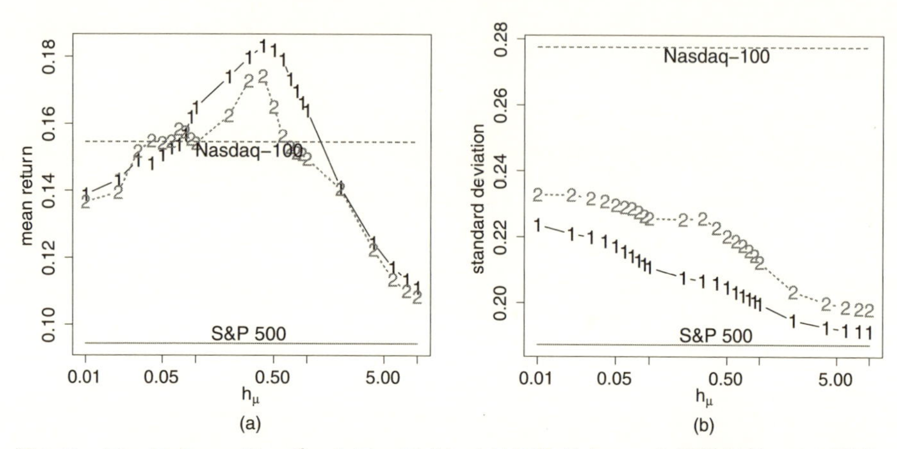

図3.61　マーコウィッツ・ポートフォリオによる平均リターンと標準偏差　(a) 関数 $h_\mu \mapsto 250\,\bar{R}(h_\mu, h_\sigma)$ を示している．ここで $\bar{R}$ が平均リターンである．(b)　関数 $h_\mu \mapsto \sqrt{250}\,\widehat{\mathrm{sd}}(R(h_\mu, h_\sigma))$ を示している．ここで，$\widehat{\mathrm{sd}}(R)$ は，リターンの標本標準偏差である．平滑化パラメータは $h_\sigma = 25$（ラベル「1」），$h_\sigma = \infty$（ラベル「2」）である．下の水平線は S&P 500 の場合の平均と標準偏差を示している．上の水平線はナスダック 100 の場合の平均と標準偏差を示している．x 軸は対数軸である．

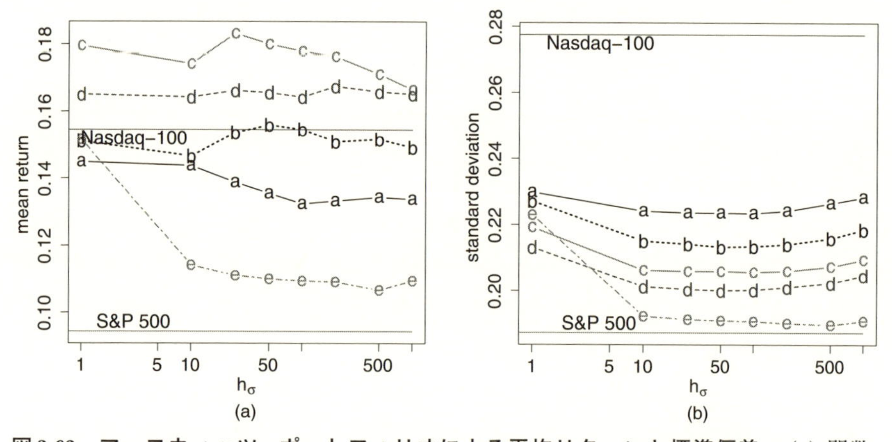

図3.62　マーコウィッツ・ポートフォリオによる平均リターンと標準偏差　(a) 関数 $h_\sigma \mapsto 250\,\bar{R}(h_\mu, h_\sigma)$ を示している．ここで $\bar{R}$ が平均リターンである．(b)　関数 $h_\sigma \mapsto \sqrt{250}\,\widehat{\mathrm{sd}}(R(h_\mu, h_\sigma))$ を示している．ここで，$\widehat{\mathrm{sd}}(R)$ は，リターンの標本標準偏差である．「a」-「e」のラベルが付いた曲線は $h_\mu = 0.01, \ldots, 10$ の場合を示している．下の水平線は S&P 500 の平均と標準偏差を示している．上の水平線はナスダック 100 の平均と標準偏差を示している．x 軸は対数軸である．

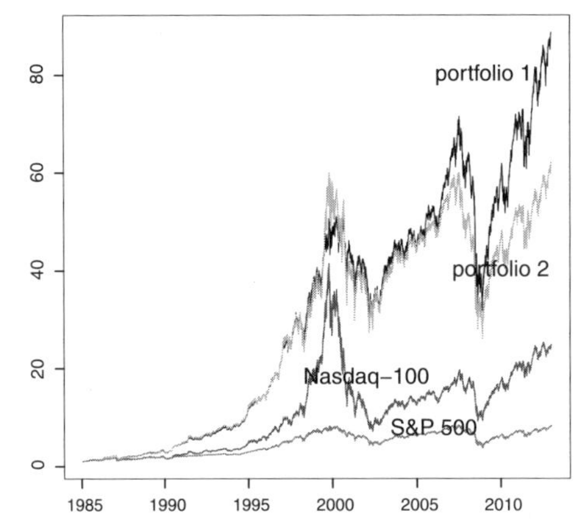

図 3.63 マーコウィッツ・ポートフォリオによる財産 マーコウィッツ・ポートフォリオによる累積財産．$h_\mu = 0.4$，$h_\sigma = 25$（上の曲線）．$h_\mu = 0.4$，$h_\sigma = \infty$（上から2番目の曲線）．下から2番目のはナスダック100指数による累積財産を示している． 下の曲線はS&P 500指数による累積財産を示している．

く逐次的に推定したことを意味する）の場合である．下の曲線はS&P 500指数による累積財産を表している．下から2番目の曲線はナスダック100指数による累積財産を表している．マーコウィッツ・ポートフォリオ ($h_\mu = 0.4$，$h_\sigma = 25$) により，シャープ比が0.90になり，年率平均リターンが18.3%，年率標準偏差20.6%になる．マーコウィッツ・ポートフォリオ ($h_\mu = 0.4$，$h_\sigma = \infty$) によりシャープ比が0.78になり，年率平均リターンが17.4%，年率標準偏差22.3%になる．

第4章

セミパラメトリックモデルと構造モデル

パラメトリックモデルはデータ生成機構に関する限定性の強い仮定を設ける．こうした仮定はパラメータの数を増やすことによって緩和できる．しかし，多数のパラメータを推定することは難しい．一方，完全にノンパラメトリックなモデルは，説明変数の数が多いとき，「次元の呪い」に見舞われる恐れがある．しかし，パラメトリックモデルと完全にノンパラメトリックなモデルの中間に位置するモデルを作成することができる．セミパラメトリックモデルは，パラメトリックな部分とノンパラメトリックな部分を含んでいる．また，構造モデルは，内在するデータ生成機構についての定性的な制約を与える．ここでは，セミパラメトリックモデルと構造モデルの概念についての正確な定義は与えない．しかし，通常の線形モデルでも，誤差項の分布に関するパラメトリックな仮定がないとき，セミパラメトリックモデルと見なせることには注意するべきである．

単一指標モデルについて，4.1節で検討する．単一指標モデルにおいて，回帰関数 $f(x) = E(Y \mid X = x)$ は，線形関数と，一変数のリンク関数の組み合わせである．線形関数がパラメトリックな部分で，リンク関数がノンパラメトリックな部分である．以下で，最小化推定量，疑似最尤法推定量，反復アルゴリズム推定量，微分値推定量，平均微分値推定量，重み付き平均微分値推定量を定義する．

加法モデルについては4.2節で検討する．加法モデルにおいて，回帰関数は一変量成分関数の和である．加法モデルを構造モデルと呼ぶことができる．加法モデルは，パラメータの数を限定してはいないけれども，回帰関数の形に定性的な制限を設けているからである．以下では，後退あてはめ法，スムーズ後退あてはめ法，周辺積分推定量を定義する．

4.3節では，部分線形モデルとその発展型，さらに，単一指標モデル，加法モデル，部分線形モデルを組み合わせたものについて説明する．

セミパラメトリック推定を視覚化法と見なすことができる．つまり，真の回帰関数がモデルが持つ仮定を満たさない場合でも，セミパラメトリックモデルをあてはめることによって，内在する回帰関数についての何らかの情報が得られる．加法モデルにおける周辺積分推定では，それぞれの加法的な成分の推定量についての明確な解釈が得られる．加法的な成分とは，周辺効果，つまり，部分依存関数のことである．付加定数も含む．

単一指標モデルと加法モデルが，何らかの意味で完全にノンパラメトリックなモデルより単純な場合においても，推定量が要求する計算量は，例えば，カーネル法より多くなることがある．セミパラメトリックモデルの推定には反復最適化が必要になることが多いので，計算が複雑になることがあるためである．

4.1 単一指標モデル

4.1.1 単一指標モデルの定義

単一指標モデルにおいて，回帰関数 $f(x) = E(Y \mid X = x)$ が以下の式を満たすことを仮定する．

$$f(x) = g(x'\theta), \qquad x \in \mathbf{R}^d \tag{4.1}$$

ここで，$g : \mathbf{R} \to \mathbf{R}$ は未知のリンク関数である．$\theta \in \mathbf{R}^d$ は未知の指標ベクトルである．一般化線形モデル (2.58) とは異なり，ここでは，リンク関数 g は未知なので推定する必要がある．指標 $x'\theta$ は，説明変数として使われている観測値 $x = (x_1, \ldots, x_d)$ の影響を，1つの数値にまとめたものである．経済の分野におけるこの種の指数の例に，株価指数，インフレ指数，消費者物価指数，物価指数がある．

ベクトル θ は一意的には定義できない．つまり，何らかの $c > 0$ を設定してベクトル $c\theta$ とリンク関数 $g_c(u) = g(u/c)$ を使えば，同一の回帰関数 f が得られる．そこで，一意性を保証するために，$\|\theta\| = 1$ を仮定しよう（その代わりに，例えば，θ の最初の成分が1であることを仮定することもできる）．また，回帰ベクトル θ の符号も一意ではない．ベクトル $-\theta$ とリンク関数 $g_-(u) = g(-u)$ を使えば，同一の回帰関数が得られるからである．単一指標モデルとその同定については Horowitz (2009, Chapter 2) が広範に議論している．

4.1.2 単一指標モデルの推定量

$\theta \in \mathbf{R}^d$ が与えられたとき，リンク関数 g は一変量ノンパラメトリック回帰関数推定を利用すれば推定できる．回帰データ $(X_1, Y_1), \ldots, (X_n, Y_n)$ ($X_i \in \mathbf{R}^d$, $Y_i \in \mathbf{R}$) を観測したとき, リンク関数は一変量回帰データ $(X_1'\theta, Y_1), \ldots, (X_n'\theta, Y_n)$ を使って推定できる．したがって，パラメータ・ベクトル θ をまず推定してからリンク関数 g を推定することによって，単一指標モデルにおける回帰関数が推定できる．ここでは，最小化推定の方法と平均微分値の方法の両方を考える．

最小推定法

最小推定法（M-推定）においては，何らかの固定された θ を与えたとき，回帰関数 $g_\theta(t) = E(Y \mid X'\theta = t)$ に対するノンパラメトリックな推定量 $\hat{g}_\theta$ を見出す．そして，θ の推定量は，以下の 2 乗誤差和を最小にするものとして定義できる．

$$\hat{\theta} = \mathrm{argmin}_\theta \sum_{i=1}^{n} \left(Y_i - \hat{g}_\theta(X_i'\theta)\right)^2 \tag{4.2}$$

この最小化は $\|\theta\| = 1$ という制約を設けずに行うことができる．解が得られてから方向ベクトルを長さが 1 になるように正規化すればいいのである．2 乗誤差の形のコントラスト関数に替えて別のコントラスト関数を用いることもできる．そのときは，以下の定義になる．

$$\hat{\theta} = \mathrm{argmin}_\theta \sum_{i=1}^{n} \psi\left(Y_i, \hat{g}_\theta(X_i'\theta)\right)$$

ここで，ψ がコントラスト関数である．最小 2 乗コントラスト関数は $\psi(y, z) = |y - z|^2$ である．他のコントラスト関数の例は 5.1.1 項で示す．

推定量 $\hat{g}_\theta$ をカーネル推定量にすることもできる．つまり，以下のようにする．

$$\hat{g}_\theta(t) = \sum_{i=1}^{n} p_i(t)\, Y_i$$

ここで，以下の式を用いる．

$$p_i(t) = \frac{K_h(t - X_i'\theta)}{\sum_{i=1}^{n} K_h(t - X_i'\theta)}, \qquad i = 1, \ldots, n \tag{4.3}$$

$K : \mathbf{R} \to \mathbf{R}$ はカーネル関数であり，$K_h(x) = K(x/h)/h$ である．$h > 0$ は平滑化パラメータである．Ichimura (1993) はセミパラメトリック最小 2 乗推定量の性質を研究した．Delecroix & Hristache (1999) はより一般的な最小推定量（M-推定量）について研究した．

疑似最尤法　単一指標モデルの下で $\theta' X = t$ としたときの Y の条件付き密度は以下の式になる．

$$f_{Y \mid \theta' X = t}(y) = f_\epsilon(y - t)$$

ここで，f_ϵ は $\epsilon = Y - X'\theta$ の密度である．したがって，コントラスト関数を以下のようにする．

$$\psi(y, z) = -f_\epsilon(y - z)$$

あるいは，以下である．

$$\psi(y, z) = -\log f_\epsilon(y - z)$$

この式は，セミパラメトリックな最尤推定量をもたらす．一般的に，f_ϵ，つまり，条件付き密度は未知である．しかし，(3.42) が与える条件付きカーネル推定量を使って条件付き密度を推定できる．以下の定義を用いる．

$$\hat{f}_{Y \mid \theta' X = t}(y) = \sum_{i=1}^{n} p_i(t)\, L_g(y - Y_i), \qquad y \in \mathbf{R}$$

ここで，$L : \mathbf{R} \to \mathbf{R}$ はカーネル関数である．$L_g(y) = L(y/g)/g$，$g > 0$ は平滑化パラメータである．重み $p_i(x)$ は (4.3) と同様に定義する．したがって，コントラスト関数を以下のように定義できる．

$$\psi(y, z) = -\log \hat{f}_{Y \mid \theta' X = z}(y) \tag{4.4}$$

Weisberg & Welsh (1994) は最小推定において疑似最尤法を使うものについて研究した．Klein & Spady (1993) は二値反応モデルにおけるセミパラメトリック最尤推定量について研究した．Ai (1997) は疑似最尤法を用い，未知の確率密度関数 f_ϵ をノンパラメトリック推定量に置き換えている．Delecroix, Härdle & Hristache (2003) はコントラスト関数 (4.4) の推定を伴うセミパラメトリック最尤法を用いた．

反復法　先と同様に，それぞれの指標 θ に対して，g の推定量 $\hat{g}_\theta$ が得られる．したがって，セミパラメトリックな最小2乗推定量の最小化問題を反復法を使って解くことができる．つまり，$\hat{\theta}$ の定義が (4.2) のとき，$\hat{\theta}$ を反復的に求めるのである．θ の現在の値を θ_0 とするとき，以下の展開ができる．

$$\hat{g}_{\theta_0}(\theta' X_i) \approx \hat{g}_{\theta_0}(\theta_0' X_i) + \hat{g}'_{\theta_0}(\theta_0' X_i)(\theta - \theta_0)' X_i \tag{4.5}$$

これによって以下が得られる．

$$\sum_{i=1}^{n} \left(Y_i - \hat{g}_{\theta_0}(\theta' X_i)\right)^2 \approx \sum_{i=1}^{n} \left(Y_i - \hat{g}_{\theta_0}(\theta_0' X_i) - \hat{g}'_{\theta_0}(\theta_0' X_i)(\theta - \theta_0)' X_i\right)^2$$

反復を以下のように進める．

1. 初期値 θ_0 を選ぶ．
2. 以下で，$m = 0, \ldots, M-1$ と変化させる．

$$\theta_{m+1} = \operatorname{argmin}_{\theta} \sum_{i=1}^{n} W_i^2 \left(Z_i - \theta' X_i\right)^2 \tag{4.6}$$

ここで，以下の式を用いる．

$$W_i = \hat{g}'_{\theta_m}(\theta_m' X_i)$$

そして，以下を計算する．

$$Z_i = \theta_m' X_i + \frac{Y_i - \hat{g}_{\theta_m}(\theta_m' X_i)}{\hat{g}'_{\theta_m}(\theta_m' X_i)}$$

ここで，$\hat{g}_{\theta_m}$ は回帰関数の推定量である．$\hat{g}'_{\theta_m}$ は回帰関数の微分値の推定量である．いずれも，データ $(\theta_m' X_i, Y_i)$ $(i = 1, \ldots, n)$ を使って計算する．

(4.6) を最小にするのは，以下に示す重み付き最小 2 乗回帰推定量である．

$$\theta_{m+1} = (\mathbf{X}'\mathbf{W}\mathbf{X})^{-1}\mathbf{X}'\mathbf{W}\mathbf{z} \tag{4.7}$$

ここで，$\mathbf{X} = (X_1, \ldots, X_n)'$ は $n \times d$ のサイズの計画行列である．i 番目の行は，X_i' である．$\mathbf{z} = (Z_1, \ldots, Z_n)'$ は $n \times 1$ のサイズの列ベクトルである．$\mathbf{W}$ は $n \times n$ のサイズの対角行列である．対角要素は W_i^2 $(i = 1, \ldots, n)$ である．(4.7) の解は，(2.53) における変動係数線形回帰の解と同様の方法で導くことができる．この反復法は Hastie et al. (2001, p. 349) が提案した．

微分法と平均微分法

単一指標モデル (4.1) において回帰関数の勾配は以下である．

$$Df(x) = \theta g'(x'\theta)$$

ここで，勾配を $Df(x) = ((\partial(\partial x_1)f(x), \ldots, (\partial/\partial x_d)f(x))'$ と表している．g' を g の微分値とする．したがって，勾配は，ベクトル θ と同じ方向，あるいは，逆の方向である．点 x における勾配の推定量 $\widehat{Df}(x)$ があるとすると，$\widehat{Df}(x)$ を長さが 1 になるように正規化することによって θ を推定することができる．あるいは，最初の成分でそれぞれの成分を割ることによって $\theta_1 = 1$ という正規化を行うこともできる．ここでは，$\hat{\theta}$ の長さを 1 にする正規化を行う．そして，点 $x \in \mathbf{R}^d$ において以下を定義する．

$$\hat{\theta} = \hat{\beta}/\|\hat{\beta}\|, \qquad \hat{\beta} = \widehat{Df}(x) \tag{4.8}$$

この推定量を微分値推定量と呼ぶ．

以下の式が得られる．

$$EDf(X) = \theta E[g'(X'\theta)]$$

したがって，$EDf(X)$ はベクトル θ と同じ方向か逆の方向のベクトルである．ベクトル $EDf(X)$ を平均微分値と呼ぶ．これによって，以下の推定量が得られる．まず，観測値 X_i を使った推定量 $\widehat{Df}(X_i)$ を作成する．そして，以下の推定量を定義する．

$$\hat{\theta} = \hat{\beta}/\|\hat{\beta}\|, \qquad \hat{\beta} = \frac{1}{n}\sum_{i=1}^{n} \widehat{Df}(X_i) \tag{4.9}$$

この推定量を平均微分値推定量と呼ぶ．

平均微分値推定量を重み付き平均微分値推定量に拡張できる．$W : \mathbf{R}^d \to \mathbf{R}$ を重み関数とする．そして，重み付き平均推定量を以下のように定義する．

$$\hat{\theta} = \hat{\beta}/\|\hat{\beta}\|, \qquad \hat{\beta} = \frac{1}{n}\sum_{i=1}^{n} W(X_i)\widehat{Df}(X_i)$$

この推定量は以下の式によって正当化できる．

$$E[W(X)Df(X)] = \theta E[W(X)g'(X'\theta)]$$

Powell, Stock & Stoker (1989) は，以下の，密度重み付き平均微分値推定量を定義した．

$$\hat{\theta} = \hat{\beta}/\|\hat{\beta}\|, \qquad \hat{\beta} = -\frac{2}{n}\sum_{i=1}^{n} Y_i D\hat{f}_X(X_i)$$

ここで，$\hat{f}_X$ は密度 f_X の密度推定量である．この推定量において，重みは $W(x) = f_X(x)$ である．この推定量は，まず，以下の式に注目することによって正当化できる．

$$E[f_X(X)Df(X)] = \int_{\mathbf{R}^d} Df(x) f_X^2(x)\,dx$$

f_X が f_X の台の境界において 0 であれば，部分積分によって以下の式が得られる．

$$E[f_X(X)Df(X)] = -2\int_{\mathbf{R}^d} f(x)Df_X(x)f_X(x)\,dx = -2E[YDf_X(X)]$$

Samarov (1991), Samarov (1993), Härdle & Tsybakov (1993) は平均微分値法について検討した．そして，想定密度が非常に滑らかであるとき，θ が $n^{-1/2}$ の収束率で推定できることを示した．Hristache, Juditsky & Spokoiny (2001) は，単一指標モデルにおける指標ベクトルの推定について検討した．そこでは，反復法を用い，Df のパイロット推定を避けている．この推定量は，x が θ に垂直な方向に変化するとき $g(x'\theta)$ が変化しない，という事実に基づいている．したがって，$E(Y \mid X = x)$ の θ の方向の方向微分のみを推定する必要がある．ここでは，X が連続分布を持つことを仮定してきた．しかし，Horowitz (2009, Section 2.6.3, p. 37) は，X が離散分布を持つ場合を論じた．

4.2 加法モデル

4.2.1 加法モデルの定義

加法モデルにおいては，回帰関数 $f(x) = E(Y \mid X = x)$ が以下の形をしていることを仮定する．

$$f(x) = c + \sum_{j=1}^{d} g_j(x_j) \tag{4.10}$$

ここで，$c \in \mathbf{R}$ は切片である．$g_j : \mathbf{R} \to \mathbf{R}$ $(j = 1, \ldots, d)$ は一変量関数である．切片と関数 g_j は同一分布に従う回帰データ $(X_1, Y_1), \ldots, (X_n, Y_n)$ を用いて推定

する．推定量を一意にするために以下の式を仮定する．

$$Eg_j(X_j) = 0, \qquad j = 1, \ldots, d \tag{4.11}$$

ここで，X_j が，$X = (X_1, \ldots, X_d)$ の成分である．したがって，定数 c を以下の式を使って推定できる．

$$\hat{c} = \bar{Y} = \frac{1}{n} \sum_{i=1}^{n} Y_i$$

(4.11) の仮定がなければ，成分 g_j を推定できない．以下の回帰関数によるモデルも，モデル (4.10) による観測値と同じ分布を持つ観測値をもたらすからである．

$$f(x) = (c - a) + (g_1 + a)(x_1) + \sum_{j=2}^{d} g_j(x_j)$$

推定の難しさを収束におけるミニマックス収束率で測る場合，加法モデルの推定の難しさは，一変量回帰モデルの推定の難しさと同じであることを示すことができる．Stone (1985) を参照せよ．加法モデルについての総説と歴史については，Hastie & Tibshirani (1990) と Härdle et al. (2004, Section 8) に書かれている．

4.2.2　加法モデルの推定量

以下で，後進あてはめ法，スムーズ後退あてはめ法，周辺積分推定量を定義する．5.4.2 項において加法モデルの段階的あてはめのためのアルゴリズムを示す．

後進あてはめ法

加法モデルにおいて以下の式を用いる．

$$g_1(X_1) = E\left[Y - c - \sum_{l=2}^{d} g_l(X_l) \,\middle|\, X_1 \right] \tag{4.12}$$

後進あてはめ法のアルゴリズムは反復アルゴリズムである．それは，$g_2, \ldots, g_d$ に対する推定値 $\hat{g}_2, \ldots, \hat{g}_d$ が得られていて，c に対する推定値が $\hat{c}$ のとき，一変量ノンパラメトリック推定量を用いて推定値 g_1 を推定する，という考え方に基づいている．そのとき，以下の式を用いる．

$$\tilde{Y}_i = Y_i - \hat{c} - \hat{g}_2(X_{i2}) - \cdots - \hat{g}_d(X_{id}), \qquad i = 1, \ldots, n$$

ここで，データ $(X_{i1}, \tilde{Y}_i)$ $(i = 1, \ldots, n)$ を，g_1 の推定に用いることができる．以下で，推定値 $\hat{g}_j(x_j)$ $(j = 1, \ldots, d)$ を計算するための後進あてはめアルゴリズムを示す．

1. $n \times d$ のサイズの行列 $\hat{G}$ の要素をすべて 0 に初期化する．
2. 以下の手順を M 回反復する．
   以下の (a) と (b) を，$j = 1, \ldots, d$ のすべての座標軸について計算する．
   (a) 以下の計算を行う．

$$\tilde{Y}_i = Y_i - \bar{Y} - \sum_{l=1, l \neq j}^{d} [\hat{G}]_{il}, \qquad i = 1, \ldots, n$$

   (b) $\hat{g}_j$ を，データ $(X_{ij}, \tilde{Y}_i)$ $(i = 1, \ldots, n)$ に基づく，1 次元の回帰関数推定値とする．
   X_{ij} のそれぞれにおける $\hat{g}_j$ を評価すると $\hat{g}_j(X_{ij})$ $(i = 1, \ldots, n)$ が得られる．
   $[\hat{G}]_{ij} = \hat{g}_j(X_{ij})$ と置く．
3. $\hat{g}_j(x)$ $(j = 1, \ldots, d)$ を，データ $(X_i^j, \tilde{Y}_i)$ $(i = 1, \ldots, n)$ に基づく回帰関数推定値とする．ここで，$\tilde{Y}_i = Y_i - \bar{Y} - \sum_{l=1, l \neq j}^{d} [\hat{G}]_{il}$ である．

手順 1 と手順 2 は，評価行列 $\hat{G} = [\hat{g}_j(X_{i,j})]_{i=1,\ldots,n, j=1,\ldots,d}$ を計算している．手順 3 を使えば，どのような点 $x \in \mathbf{R}$ においても $\hat{g}_j(x)$ $(j = 1 \ldots, d)$ も計算できる．後進あてはめ法の性質は Buja, Hastie & Tibshirani (1989) が研究した．

スムーズ後退あてはめ法

ナダラヤ・ワトソン・スムーズ後退あてはめ推定値は以下の値を最小化するものとして定義できる．

$$\sum_{i=1}^{n} \int \left(Y_i - c - \sum_{j=1}^{d} g_j(x_j) \right)^2 K((X_{i1} - x_1)/h, \ldots, (X_{id} - x_d)/h)\, dx$$

ここで，最小化は，以下の制約を満たす条件の下で，$c \in \mathbf{R}$ と $g_j : \mathbf{R} \to \mathbf{R}$ について行う．

$$\int g_j(x_j) \hat{f}_{X_j}(x_j)\, dx_j = 0, \qquad j = 1, \ldots, d$$

ここで，$\hat{f}_{X_j}$ は，周辺分布 f_{X_j} のカーネル密度推定値である．さらに，$K: \mathbf{R}^d \to \mathbf{R}$ はカーネル関数である．$h > 0$ は平滑化パラメータである．$\hat{c} = \bar{Y} = n^{-1}\sum_{i=1}^n Y_i$ を計算する．すると，最小化の結果 $\hat{g}_j$ は以下のように得られる．

$$\hat{g}_j(x_j) = \tilde{g}_j(x_j) - \sum_{l \neq j} \int \hat{g}_l(x_l) \hat{f}_{X_l|X_j=x_j}(x_k)\, dx_l - \bar{Y}, \qquad j = 1, \ldots, d \quad (4.13)$$

ここで，$\tilde{g}_j$ は，一変量ナダラヤ・ワトソン・カーネル回帰関数推定値である．$\hat{f}_{X_l|X_j=x_j}(x_l)$ は条件付き密度の推定量である．条件付き密度の推定量を，$\hat{f}_{X_j,X_l}(x_j, x_l)/\hat{f}_{X_j}(x_j)$ と定義する．ここで，$\hat{f}_{X_j,X_l}$ は，(X_j, X_l) の密度 f_{X_j,X_l} のカーネル密度推定値である．$\hat{f}_{X_j}$ は，X_j の密度 $\hat{f}_{X_j}$ のカーネル密度推定値である．(4.12) が以下の式を意味していることに注意しよう．

$$g_j(X_j) = E[Y|X_j] - \sum_{l=1, l \neq j}^{d} E[g_l(X_l)|X_j] - c \quad (4.14)$$

また，(4.13) は，(4.14) を標本を用いて表現したものと見なすことができる．反復アルゴリズムは，(4.13) を満たす推定値を見出すために必要である．$k+1$ 回目の手順における推定値は以下のものになる．

$$\hat{g}_j^{(k+1)}(x_j) = \tilde{g}_j(x_j) - \sum_{l \neq j} \int \hat{g}_l^{(k)}(x_l) \hat{f}_{X_l|X_j=x_j}(x_k)\, dx_l - \bar{Y}, \qquad j = 1, \ldots, d$$

ここで，$k = 0, 1, \ldots$ である．スムーズ後進あてはめ推定量は Mammen, Linton & Nielsen (1999) が導入した．スムーズ後進あてはめの実用的な実装について Nielsen & Sperlich (2005) が研究した．

周辺積分推定量

最初の成分 g_1 の周辺積分推定量は2つの手順で求める．まず，回帰関数 $f(x) = E(Y \mid X = x)$ に対する予備的な多変量回帰関数推定量 $\hat{f}: \mathbf{R}^d \to \mathbf{R}$ を，回帰データ $(X_1, Y_1), \ldots, (X_n, Y_n)$ を用いて求める．予備的な回帰関数推定量として，例えば，カーネル回帰関数推定量を用いることができる．次に，g_1 の推定量を以下のように求める．

$$\hat{g}_1(x_1) = \frac{1}{n}\sum_{i=1}^{n} \hat{f}(x_1, X_{i,2}, \ldots, X_{i,d}) - \hat{c} \quad (4.15)$$

ここで，以下の式を用いている．

$$\hat{c} = \frac{1}{n}\sum_{i=1}^{n} Y_i$$

周辺積分は加法モデルが成り立たない場合にも用いることができることに注意しよう．その場合，周辺積分は，ほぼ，部分依存関数の推定量（定義が (7.1)）と見なせる．部分依存関数の推定量は，(7.2) に示すように，定数項 $\hat{c}$ を含まない．

周辺積分推定量は，回帰式の一意性の条件 (4.11) によって以下の式が成り立つことを動機としている．

$$Ef(x_1, X_2, \ldots, X_d) = E\left(c + g_1(x_1) + g_2(X_2) + \cdots + g_d(X_d)\right) = c + g_1(x_1)$$

したがって，(4.15) の推定量は，期待値を標本平均に置き換え，切片 c の推定量を引くことによって得られる．切片項の推定量としては以下の式を用いることができる．

$$\hat{c} = \frac{1}{n}\sum_{i=1}^{n}\frac{1}{n}\sum_{j=1}^{n}\hat{f}(X_{i,1}, X_{j,2}, \ldots, X_{j,d})$$

$n^{-1}\sum_{j=1}^{n}\hat{f}(X_1, X_{j,2}, \ldots, X_{j,d})$ が $g_1(X_1) + c$ の推定値を与え，$Eg_1(X_1) = 0$ だからである．周辺積分推定量は，Tjøstheim & Auestadt (1994) と Linton & Nielsen (1995) が導入した．

4.3 その他のセミパラメトリックモデル

まず，4.3.1 項で部分線形モデルを提示する．そして，4.3.2 項において，単一指標モデル，加法モデル，部分線形モデルに関連するいくつかのモデルを列挙する．

4.3.1 部分線形モデル

(X_i, Z_i, Y_i) $(i = 1, \ldots, n)$ を，(X, Z, Y) の分布に従う，同一分布の回帰データとする．目的変数が $Y \in \mathbf{R}$ である．$(X, Z) \in \mathbf{R}^p \times \mathbf{R}^q$ が説明変数のベクトルである．部分線形モデルにおいては，回帰関数 $f(x, z) = E(Y \mid X = x, Z = z)$ を以下のようにモデル化する．

$$f(x, z) = x'\beta + g(z), \qquad (x, z) \in \mathbf{R}^p \times \mathbf{R}^q$$

ここで，$\beta \in \mathbf{R}^p$ は未知のベクトルである．$g : \mathbf{R}^q \to \mathbf{R}$ は未知の関数である．線形部分が切片を含まないことに注意するべきである．切片を，未知の関数 g から切り離して決定することはできないからである．

パラメトリック成分の推定量

β の推定量を2段階の手順で定義する．最初に，回帰関数 $f_1(z) = E(X_1 \mid Z = z), \ldots, f_p(z) = E(X_p \mid Z = z)$ と $f_0(z) = E(Y \mid Z = z)$ を推定する．$\hat{X}_i = (\hat{f}_1(Z_i), \ldots, \hat{f}_p(Z_i))'$ $(i = 1, \ldots, n)$ を求める．ここで，$\hat{f}_1, \ldots \hat{f}_p$ は回帰関数推定量である．同様に，$\hat{Y}_i = \hat{f}_0(Z_i)$ $(i = 1, \ldots, n)$ とする．ここで，$\hat{f}_0$ は回帰関数推定量である．この推定において，(3.6) で定義したカーネル回帰関数推定量を使うことができる．そして，以下を求める．

$$\hat{\beta} = \left[\sum_{i=1}^{n} \tilde{X}_i \tilde{X}_i' \right]^{-1} \sum_{i=1}^{n} \tilde{X}_i \tilde{Y}_i \tag{4.16}$$

ここで，以下を用いている．

$$\tilde{X}_i = X_i - \hat{X}_i, \qquad \tilde{Y}_i = Y_i - \hat{Y}_i$$

この推定量は，以下の式の条件付き期待値をとると，

$$Y = X'\beta + g(Z) + \epsilon \tag{4.17}$$

以下の式が得られることが動機と言える．

$$E(Y \mid Z) = E(X \mid Z)'\beta + g(Z)$$

上の2つの式の差をとると以下の式になる．

$$Y - E(Y \mid Z) = (X - E(X \mid Z))'\beta + \epsilon$$

この線形回帰モデルを解いて，β の推定量を求めることができる．しかし，$E(Y \mid Z)$ と $E(X \mid Z)$ という条件付き期待値は未知なので推定しなければならない．

ノンパラメトリックな成分の推定量

(4.17) から以下の式が得られる．

$$g(Z) = E(Y - X'\beta \mid Z)$$

(4.16) が与える推定量 $\hat{\beta}$ を代入すると，g の推定量を以下のようにカーネル推定量の形で定義できる．

$$\hat{g}(z) = \sum_{i=1}^{n} p_i(z)(Y_i - X_i'\hat{\beta})$$

ここで，$p_i(z)$ は，(3.7) で定義したカーネル重みである．

4.3.2 関連のあるモデル

以下では，単一指標モデル，加法モデル，部分線形モデルを発展させたり，組み合わせたりしたものを列挙する．

単一指標モデルと関連があるモデル

単一指標モデルを，非線形単一指標モデルに一般化できる．非線形単一指標モデルにおいては，線形指標 $x'\theta$ が，パラメータ θ に依存する非線形指標 $v_\theta(x)$ に置き換わる．したがって，以下の式を仮定する．

$$f(x) = g\left(v_\theta(x)\right), \qquad x \in \mathbf{R}^d$$

ここで，$g : \mathbf{R} \to \mathbf{R}$ である．

多指標モデルにおいては以下を仮定する．

$$f(x) = x_0'\beta_0 + G(x_1'\beta_1, \ldots, x_M'\beta_M), \qquad x \in \mathbf{R}^d$$

ここで，$G : \mathbf{R}^M \to \mathbf{R}$ は未知の関数である．$M \geq 1$ は，既知の整数である．x_k（$k = 0, \ldots, M$）は，$x = (x_1, \ldots, x_d)$ のサブベクトルである．また，β_k（$k = 0, \ldots, M$）は，x_k と同じ長さの未知のベクトルである．Ichimura & Lee (1991)，Hristache, Juditsky, Polzehl & Spokoiny (2001) は多指標モデルについて研究した．Li & Duan (1989)，Duan & Li (1991)，Li (1991) は θ の断面逆回帰推定を検討した．説明変数の分布が楕円対称であることを仮定している．

加法モデルに関連したモデル

一般化加法モデル (GAM, Generalized Aditive Model) において回帰関数は以下の形をとる．

$$f(x) = G\left(c + \sum_{i=1}^{d} g_i(x_i)\right)$$

ここで，G は既知のリンク関数である．$c \in \mathbf{R}$ は未知の切片である．$g_i : \mathbf{R} \to \mathbf{R}$ $(i = 1, \ldots, d)$ は未知の一変量関数である．加法部分線形モデルにおける回帰関数は以下である．

$$f(x, z) = x'\beta + \sum_{i=1}^{q} g_i(z_i), \qquad (x, z) \in \mathbf{R}^p \times \mathbf{R}^q$$

ここで，$\beta \in \mathbf{R}^p$ は未知のベクトルで，$g_i : \mathbf{R} \to \mathbf{R}$ $(i = 1, \ldots, q)$ は未知の一変量関数である．一般化加法部分線形モデルにおける回帰関数は以下である．

$$f(x, z) = G\left(x'\beta + \sum_{i=1}^{q} g_i(z_i)\right), \qquad (x, z) \in \mathbf{R}^p \times \mathbf{R}^q$$

ここで，$G : \mathbf{R} \to \mathbf{R}$ は既知のリンク関数である．

部分線形モデルに関連したモデル

一般化部分線形モデル (GPLM, Generalized Partial Linear Model) は，回帰関数が以下の形をとることを仮定している．

$$f(x, z) = G(x'\beta + g(z)), \qquad (x, z) \in \mathbf{R}^p \times \mathbf{R}^q$$

ここで，$G : \mathbf{R} \to \mathbf{R}$ は既知のリンク関数である．Carroll, Fan, Gijbels & Wand (1997) が一般化部分線形単一指標モデルについて論じている．そこでは，回帰によって以下のようなモデル化を行う．

$$f(x, z) = x'\beta + g(z'\alpha)$$

ここで，$\beta \in \mathbf{R}^p$ と $\alpha \in \mathbf{R}^q$ は，未知のパラメータであり，$g : \mathbf{R} \to \mathbf{R}$ は未知の関数である．Zhang, Lee & Song (2002) は，以下のような半変動型回帰係数モデルを研究した．

$$f(x, z) = x'\beta(u) + z'\alpha$$

ここで，$u \in \mathbf{R}$ は x または z のいずれかの成分のひとつである．Wong, Ip & Zhang (2008) は以下のモデルを研究した．

$$f(x, z) = x'\beta(u) + g(z'\alpha)$$

変動型回帰係数モデルは以下を仮定している．

$$f(x, u) = x'\beta(u)$$

ここでは，観測値は (X_i, U_i, Y_i) （$U_i \in \mathbf{R}$）である．このモデルは Hastie & Tibshirani (1993) が導入した．変動型回帰係数モデルについては 2.2 節で検討している．

第5章

経験的リスク最小化

線形最小 2 乗回帰分析は経験的リスク最小化の例の 1 つである．回帰関数の最小 2 乗推定値による回帰係数として，誤差 2 乗和を最小にするものを選ぶ．最小 2 乗推定値とは以下のものである．

$$\hat{f} = \mathrm{argmin}_{f \in \mathcal{F}} \sum_{i=1}^{n} (Y_i - f(X_i))^2$$

ここで，$\mathcal{F}$ は，以下に示すように，線形関数の集合である．

$$\mathcal{F} = \left\{ f(x) = \alpha + \beta' x : \alpha \in \mathbf{R}, \beta \in \mathbf{R}^d \right\} \tag{5.1}$$

線形最小 2 乗回帰は，$\mathcal{F}$ として他の関数 $f : \mathbf{R}^d \to \mathbf{R}$ の集合を選ぶことによって一般化できる．集合 $\mathcal{F}$ を選ぶにあたって，バイアスと分散の拮抗を考慮する必要がある．すなわち，集合 $\mathcal{F}$ が大きい集合であれば推定量の分散が大きくなるであろう．一方，集合 $\mathcal{F}$ が小さい集合であれば推定量のバイアスが大きくなるであろう．それに加えて，集合 $\mathcal{F}$ の選択は経験的最小化における計算の複雑さにも影響する．

5.1 節は最小 2 乗基準とは異なる基準についての議論から始まる．損失関数を替えることによって，2 乗損失関数を用いて得られた推定量とは性質が異なる推定量が得られる．例えば，絶対値偏差損失関数は外れ値にあまり敏感でない推定量をもたらす．一方，条件付き平均とは異なる方法で分布の汎関数を推定しようとする場合，損失関数を 2 乗損失関数から他のものに変更する必要がある．例えば，分布が条件付き平均と条件付き中央値が同じにならないものであれば，条件付き平均を推定するときは2乗損失を用い，条件付き中央値を推定するときは絶対値偏差損失を用いる必要がある．絶対値偏差損失は中央値以外の分位点の推定に適した損失に一般化できる．条件付き密度を推定するためには，やはり，それに相応しい損失関数を定義する必要がある．

5.2節では局所多項式推定量と局所尤度推定量を導入する．局所多項式推定量と局所尤度推定量は局所平均法と見なすことができる．局所平均法は第3章で扱った．しかし，ここでは，局所多項式推定量と局所尤度推定量を経験的リスクに関する最小化問題の解として定義するので，それらを，他の経験的リスク最小化法と併せて論じる．局所的な経験的リスクの重みがカーネル重みになるように選べば，局所定数推定量はカーネル回帰推定量と同一になる．局所1次式推定量と局所高次多項式推定量は，境界領域と跳躍点においてカーネル回帰推定量より優れていることがある．局所尤度推定量は，二値選択モデル，ポアソン計数モデル，さらに，その他の場合でも，目的変数がパラメトリックな分布に従う場合であれば利用できる．

5.3節はサポート・ベクトル・マシーンを定義する．サポート・ベクトル・マシーンはペナルティ付き経験的リスクの最小化法として定義できる．ペナルティの導入は，高次元の場合，つまり，説明変数の数が多い場合に有益になることがある．サポート・ベクトル・マシーンは，最初は，分類のために定義された．しかし，同様の方法を回帰に対しても定義できる．

5.4節は経験的リスクを最小化するための段階的方法を論じる．そこでは，最小化問題の解として定義することによって推定量を定義できる．あるいは，その計算のためのアルゴリズムを定義することによっても推定量を定義できる．5.4節ではそうした計算のためのアルゴリズムを定義することによっていくつかの推定量を定義する．まず，前進段階的モデル作成アルゴリズムを定義する．それをブースティング・アルゴリズムと呼ぶことがある．次に，加法モデルの段階的あてはめのためのアルゴリズムを定義する．それは，4.2節で提示した，後退あてはめ法やその他の方法の代わりになるものである．最後に，射影追跡回帰アルゴリズムについて記述する．

5.5節は適応的リグレッソグラムについて記述する．適応的リグレッソグラムは，区切りを経験的リスクが最小になるように選択することによるリグレッソグラムである．また，貪欲リグレッソグラム，貪欲分類，回帰木，2分割リグレッソグラムを定義する．リグレッソグラムの区切りの選択法を変数選択法と見なすことができる．区切りは，より重要な変数の方向において，より細分化するべきである．他方，あまり重要ではない変数の方向においては，リグレッソグラムを定数関数にするべきである．

5.1　経験的リスク

条件付き期待値，条件付き分位点，条件付き密度関数の推定に適した経験的リスクを定義する．

5.1.1　条件付き期待値

$(X_1, Y_1), \ldots, (X_n, Y_n)$ を同一分布に従う回帰データとする．ここで，$X_i \in \mathbf{R}^d$，$Y_i \in \mathbf{R}$ である．以下の回帰関数を推定したい．

$$f(x) = E[Y \mid X = x], \qquad x \in \mathbf{R}^d$$

ここで，(X, Y) は (X_i, Y_i) $(i = 1, \ldots, n)$ と同一の分布を持つ．

$\mathcal{F}$ を $\mathbf{R}^d \to \mathbf{R}$ という関数の集合とする．また，$\epsilon > 0$ とする．経験的リスクを最小化する関数 $\hat{f} : \mathbf{R}^d \to \mathbf{R}$ を以下のように定義する．

$$\gamma_n(\hat{f}) \le \inf_{g \in \mathcal{F}} \gamma_n(g) + \epsilon$$

ここで，$\gamma_n(g)$ は，以下のような誤差 2 乗和である．

$$\gamma_n(g) = \sum_{i=1}^{n} (Y_i - g(X_i))^2, \qquad g : \mathbf{R}^d \to \mathbf{R} \tag{5.2}$$

線形最小 2 乗推定量は $\epsilon = 0$ とすることによって得られる．(5.1) における $\mathcal{F}$ と同様である．すると，以下が得られる．

$$\sum_{i=1}^{n} (Y_i - g(X_i))^2 = \sum_{i=1}^{n} Y_i^2 - 2\sum_{i=1}^{n} Y_i g(X_i) + \sum_{i=1}^{n} g(X_i)^2$$

$\sum_{i=1}^{n} Y_i^2$ の項は関数 g に依存しない．したがって，以下の単純化された経験的リスクを最小にすれば十分である．

$$\tilde{\gamma}_n(g) = -\frac{2}{n}\sum_{i=1}^{n} Y_i\, g(X_i) + \frac{1}{n}\sum_{i=1}^{n} g(X_i)^2$$

より一般的には以下のように定義できる．

$$\gamma_n(g) = \sum_{i=1}^{n} \gamma(Y_i, g(X_i))$$

ここで，コントラスト関数γは例えば以下のように選ぶことができる．

1. コントラスト関数を以下のような冪関数にすることができる．

$$\gamma(y,z) = |y-z|^p$$

ここで，$p \geq 1$である．

2. コントラスト関数を以下のようなε-敏感損失関数にすることができる．

$$\begin{aligned}\gamma(y,z) &= (|y-z)| - \varepsilon)\, I_{[\epsilon,\infty)}(|y-z|) \\ &= \begin{cases} 0, & |y-z| < \varepsilon\text{のとき} \\ |y-z| - \varepsilon, & |y-z| \geq \epsilon\text{のとき} \end{cases}\end{aligned}$$

ここで，$\varepsilon > 0$である．

3. コントラスト関数を以下のような頑健損失関数にすることができる．

$$\gamma(y,z) = \begin{cases} \frac{1}{2}(y-z)^2, & |y-z| \leq c\text{のとき} \\ c|y-z| - c^2/2, & |y-z| > c\text{のとき} \end{cases}$$

ここで，$c > 0$である．この損失関数はHuber (1964) が定義した．

図 5.1 は，2乗誤差コントラスト関数$x \mapsto x^2$を実線，絶対値誤差コントラスト関数$x \mapsto |x|$を破線，ε - 敏感コントラスト関数$x \mapsto (|x| - \varepsilon)I_{[\varepsilon,\infty)}(|x|)$を点線，頑健コントラスト関数$x \mapsto (|x|^2/2)I_{[0,c]}(|x|) + (c|x| - c^2/2)I_{(c,\infty)}(|x|)$を一点鎖線で表している．ここでは，$\varepsilon = 0.2$，$c = 0.8$を選んだ．$\varepsilon$ - 敏感コントラスト関数は，誤差が小さいとき，2乗誤差コントラスト関数に近い．しかし，誤差が大きいとき，絶対値誤差コントラスト関数に近い振る舞いをする．したがって，ε - 敏感コントラスト関数は，小さい誤差に対するペナルティが小さく，大きい誤差に対するペナルティが大きい．つまり，2乗誤差コントラスト関数と絶対値誤差コントラスト関数の，中間のコントラスト関数である．大きい誤差に対するペナルティが小さければ大きい偏差に対してより頑健になる．それは，推定量が外れ値だけに引きずられることがないことを意味する．

1.1.7 項で，条件付き中央値$\mathrm{med}(Y \mid X = x)$の推定において絶対値偏差コントラスト関数$\gamma(y,z) = |y-z|$を使うことが自然であることを述べた．

5.1.2 条件付き分位点

(1.23) が分位点の定義である．(1.41) において分位点は以下のように特徴付けられることを述べた．

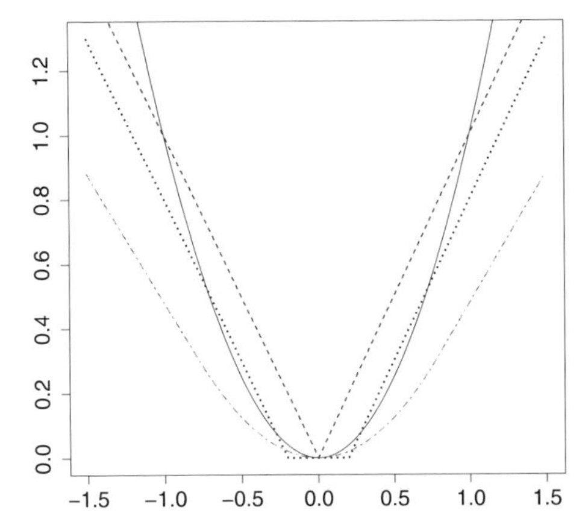

図 5.1 コントラスト関数 2 乗誤差コントラスト関数を実線で示した．絶対値誤差コントラスト関数が破線である．ε-敏感コントラスト関数が点線である．頑健コントラスト関数が一点鎖線である．

$$Q_p(Y) = \mathrm{argmin}_{\theta \in \mathbf{R}} E\rho_p(Y - \theta)$$

ここで，以下の式を用いている．

$$\rho_p(t) = t\,[p - I_{(-\infty,0)}(t))], \qquad t \in \mathbf{R} \tag{5.3}$$

ここで，$0 < p < 1$ である．

$(X_1, Y_1), \ldots, (X_n, Y_n)$ を回帰データとする．そして，以下の形のコントラスト関数を定義する．

$$\gamma(y, z) = \rho_p(y - z)$$

また，$\gamma_n(g) = \sum_{i=1}^n \gamma(Y_i, g(X_i))$ である．条件付き分位点 $f(x) = Q_p(Y \mid X = x)$ の推定量を以下のように定義できる．

$$\hat{f} = \mathrm{argmin}_{g \in \mathcal{G}} \gamma_n(g) = \mathrm{argmin}_{g \in \mathcal{G}} \sum_{i=1}^n \rho_p(Y_i - g(X_i))$$

ここで，$\mathcal{G}$ は，すべての可測関数の集合である．

図 5.2 は，レベルを $p = 0.1, 0.2, \ldots, 0.9$ としたときの線形条件付き分位点推定値を示している．このデータは図 1.1 のものと同一である．つまり，日々の S&P 500 のリターン $R_t = (S_t - S_{t-1})/S_{t-1}$ からなっている．ここで，S_t は指数の価格である．説明変数と目的変数は以下のものである．

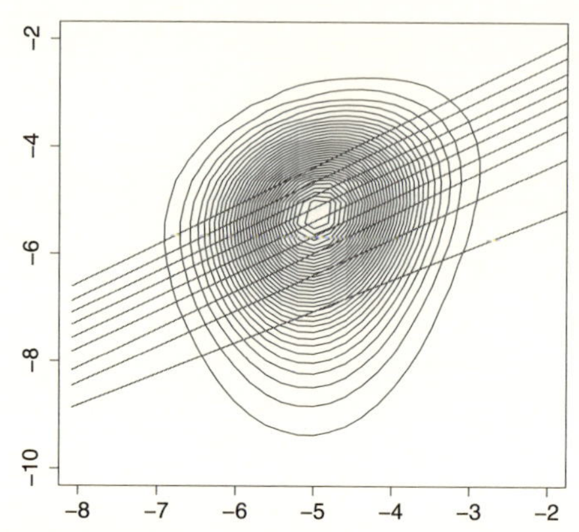

図 5.2　線形条件付き分位点推定値　斜めの線が，レベルを $p = 0, 1, \ldots, 0.9$ としたときの分位点推定値である．(X_t, Y_t) の密度のカーネル推定値の等高線も示している．

$$X_t = \log_e \sqrt{\frac{1}{k} \sum_{i=1}^{k} R_{t-i}^2}, \qquad Y_t = \log_e |R_t|$$

S&P 500 指数については 1.6.1 項でより詳細に記述している．(X_t, Y_t) の密度のカーネル推定値の等高線図も示している．

5.1.3　条件付き密度

1.1.8 項で，条件付き密度関数を導入した．$f_{Y|X=x}(y)$ を，$X = x$ を与えたときの Y の条件付き密度とする．ここで，$y \in \mathbf{R}$，$x \in \mathbf{R}^d$ である．条件付き密度は，同一の分布に従う回帰観測値 $(X_1, Y_1), \ldots, (X_n, Y_n)$ を用いて推定する．その推定量は以下の式である．

$$\hat{f}_{Y|X} = \mathrm{argmin}_{g \in \mathcal{G}} \sum_{i=1}^{n} \gamma_n \left(\hat{f}_{Y|X=X_i}(Y_i) \right)$$

ここで，$\hat{f}_{Y|X} : \mathbf{R} \times \mathbf{R}^d \to \mathbf{R}$，$(y, x) \mapsto \hat{f}_{Y|X=x}(y)$ である．$\mathcal{G}$ は可測関数 $\mathbf{R} \times \mathbf{R}^d \to \mathbf{R}$ の集合である．また，経験的リスクは以下の式である．

$$\gamma_n \left(\hat{f}_{Y|X} \right) = \frac{1}{n} \sum_{i=1}^{n} \left[\int_{-\infty}^{\infty} \hat{f}_{Y|X=X_i}^2(y)\, dy - 2\hat{f}_{Y|X=X_i}(Y_i) \right]$$

この経験的リスクは以下の2つの方法で正当化できる．

第1の方法では，経験的リスクの最小化は L_2 誤差の2乗（以下の式）の最小化にほぼ等しいことを用いる．

$$\left\|\hat{f}_{Y|X} - f_{Y|X}\right\|^2_{dy,dP_X(x)} = \int \left(\hat{f}_{Y|X=x}(y) - f_{Y|x=x}(y)\right)^2 f_X(x)\,dx\,dy$$

この L_2 誤差が $\hat{f}_{Y|X}$ について最小化されるのは，以下の式の値が $\hat{f}_{Y|X}$ について最小化されるときである．

$$\begin{aligned}\int \hat{f}^2_{Y|X=x}(y)\,f_X(x)\,dx\,dy &- 2\int \hat{f}_{Y|X=x}(y) f_{Y|X=x}(y) f_X(x)\,dx\,dy \\ &= E\left[\int \hat{f}^2_{Y|X=X}(y)\,dy - 2\hat{f}_{Y|X=X}(Y)\right]\end{aligned}$$

ここで，期待値は確率変数 (X,Y) についてのものである．期待値は平均を用いて推定できる．それによって $\gamma_n(\hat{f}_{Y|X})$ が得られる．

第2の方法では，(X,Y) についての期待値をとる．(X,Y) は，標本 (X_1,Y_1) $,\ldots,(X_n,Y_n)$ とは独立である．標本 $(X_1,Y_1),\ldots,(X_n,Y_n)$ を用いて以下の推定値を計算する．

$$\begin{aligned}&E\left[\gamma_n(\hat{f}_{Y|X}) - \gamma_n(f_{Y|X})\right] \\ &= E\left[\int \left(\hat{f}^2_{Y|X=X}(y) - f^2_{Y|X=X}(y)\right)dy - 2\left(\hat{f}_{Y|X=X}(Y) - f_{Y|X=X}(Y)\right)\right] \\ &= \int \left(\hat{f}^2_{Y|X=x}(y) - f^2_{Y|X=x}(y)\right) f_X(x)\,dx\,dy \\ &\quad -2\int \left(\hat{f}_{Y|X=x}(y) - f_{Y|X=x}(y)\right) f_{Y|X=x}(y) f_X(x)\,dx\,dy \\ &= \int \left(\hat{f}^2_{Y|X=x}(y) - 2\hat{f}_{Y|X=x}(y) f_{Y|X=x}(y) + f^2_{Y|X=x}(y)\right) f_X(x)\,dx\,dy \\ &= \int \left(\hat{f}_{Y|X=x}(y) - f_{Y|X=x}(y)\right)^2 f_X(x)\,dx\,dy\end{aligned}$$

そして，$\hat{f}_{Y|X} = f_{Y|X}$ と置いてこの値を最小化する．

5.2 局所経験的リスク

2種類の局所経験的リスクについて論じる．つまり，局所多項式推定量をもたらすリスクと，局所尤度リスクである．

5.2.1 局所多項式推定量

局所定数推定量は局所平均推定量と同一である．第 3 章での定義から分かる．局所平均推定量は，重みの選択によって，カーネル推定量，最近傍推定量，リグレッソグラムになり得る．局所 1 次式推定量は，推定量の新たな集合である．局所 1 次式推定量は，ほぼ線形の回帰関数を推定する上ではカーネル推定量より優れていることがある．さらに，回帰関数の跳躍点において優れた挙動を示すことがある．局所 1 次式推定量は局所多項式推定量に一般化できる．局所多項式推定量は状態空間平滑化と時空間平滑化の両方において利用できる．

局所定数推定量

$E(Y \mid X = x)$ の推定について検討しよう．$(X_1, Y_1), \ldots, (X_n, Y_n)$ を回帰データとする．重み付き最小 2 乗基準は以下のものである．

$$\gamma_n(\theta, x) = \sum_{i=1}^{n} w_i(x)\,(Y_i - \theta)^2, \qquad \theta \in \mathbf{R},\ \ x \in \mathbf{R}^d$$

ここで，重み $w_i(x)$ は，$X_1, \ldots, X_n$ に依存する．そのときの重み付き最小 2 乗基準を最小にするものは以下のように書ける．

$$\mathrm{argmin}_{\theta \in \mathbf{R}} \gamma_n(\theta, x) = \sum_{i=1}^{n} p_i(x)\, Y_i$$

ここで，以下の式を用いている．

$$p_i(x) = \frac{w_i(x)}{\sum_{i=1}^{n} w_i(x)}$$

つまり, 重み付き経験的リスクを θ に関して微分して 0 と置くと, $\sum_{i=1}^{n} w_i(x)(Y_i - \theta) = 0$ という式が得られる．それによって上記の解が得られる．

重みが，$\|X_i - x\|$ が小さいとき $w_i(x)$ が大きく，$\|X_i - x\|$ が大きいとき $w_i(x)$ が小さい，という性質を持つとき，$\gamma_n(\theta, x)$ を局所経験的リスクと呼ぶことができる．そして，以下の推定量が局所定数推定量である．

$$\hat{f}(x) = \sum_{i=1}^{n} p_i(x)\, Y_i, \qquad x \in \mathbf{R}^d \tag{5.4}$$

重み $w_i(x)$ として以下に示すカーネル重みを選んだとき，推定量 $\hat{f}(x)$ は，(3.6) で定義したカーネル推定量になる．

$$w_i(x) = K_h(x - X_i) \tag{5.5}$$

ここで，$K : \mathbf{R}^d \to \mathbf{R}$ はカーネル関数 $K_h(x) = K(x/h)/h^d$ である．また，$h > 0$ は平滑化パラメータである．

局所定数推定量は条件付き分位数に対しても定義できる．以下の式のように定義できるのである．

$$\hat{Q}_p(Y \mid X = x) = \mathrm{argmin}_{\theta \in \mathbf{R}} \sum_{i=1}^n w_i(x)\, \rho_p(Y_i - \theta)$$

ここで，ρ_p の定義は (5.3) である．重み $w_i(x)$ として (5.5) を使うことができる．

局所 1 次式推定量

$f(x) = E(Y \mid X = x)$ とする．また，$(X_1, Y_1), \ldots, (X_n, Y_n)$ は，(X, Y) という分布から標本抽出したものとする．$f(x)$ と $Df(x)$ に対する局所 1 次式推定量は，以下の値を $\alpha \in \mathbf{R}$ と $\beta \in \mathbf{R}^d$ について最小化することで $\hat{\alpha}$ と $\hat{\beta}$ を見出すことによって作成する．

$$\sum_{i=1}^n w_i(x) \left[Y_i - \alpha - \beta'(X_i - x) \right]^2$$

ここで，重みは (5.5) で定義したものを用いることができる．条件付き期待値の推定量は以下である．

$$\hat{f}(x) = \hat{\alpha}, \qquad x \in \mathbf{R}^d \tag{5.6}$$

そして，勾配の推定量は以下である．

$$\widehat{Df}(x) = \hat{\beta}, \qquad x \in \mathbf{R}^d$$

この手順の発見過程は以下のテイラー近似に由来する．

$$Y_i \approx f(X_i) \approx f(x) + Df(x)'(X_i - x)$$

ここで，$Df(x) = (\partial f(x)/\partial x_1, \ldots, \partial f(x)/\partial x_d)'$ は $f(x)$ の勾配である

$\hat{\alpha}(x)$ と $\hat{\beta}(x)$ の陽の表現を見出すことができる．その導出は線形回帰の場合と似ている．(2.10) を参照せよ．$n \times (d+1)$ のサイズの行列を $\mathbf{X}$ と表現する．その行列の i 番目の行は，$(1, (X_i - x)')$ である．ここで，$X_i - x$ は長さが d の列ベクトルである．すなわち，以下である．

$$\mathbf{X} = \begin{bmatrix} 1 & (X_1 - x)' \\ \vdots & \vdots \\ 1 & (X_n - x)' \end{bmatrix}$$

$\mathbf{y} = (Y_1, \ldots, Y_n)'$ を長さが n の列ベクトルとする．$W(x)$ が，$n \times n$ のサイズの対角行列で対角要素を $w_i(x)$ とする．すると，以下が得られる．

$$(\hat{\alpha}, \hat{\beta}')' = \left[\mathbf{X}'W(x)\mathbf{X}\right]^{-1} \mathbf{X}'W(x)\mathbf{y}$$

そのとき，以下のように書ける．

$$\hat{f}(x) = \hat{\alpha} = e_1' \left[\mathbf{X}'W(x)\mathbf{X}\right]^{-1} \mathbf{X}'W(x)\mathbf{y} \tag{5.7}$$

ここで，$e_1 = (1, 0, \ldots, 0)'$ は $(d+1) \times 1$ のサイズのベクトルである．さらに，以下のように書ける．

$$\hat{f}(x) = \sum_{i=1}^{n} q_i(x)\, Y_i$$

ここで，以下の式を用いている．

$$q_i(x) = e_1' \left[\mathbf{X}'W(x)\mathbf{X}\right]^{-1} \begin{bmatrix} 1 \\ X_i - x \end{bmatrix} w_i(x)$$

ここで，$X_i - x$ は $d \times 1$ のサイズのベクトルである．

以下の値を最小にするものを局所1次式推定量の定義にできることに注目する必要がある．

$$\sum_{i=1}^{n} p_i(x) \left[Y_i - \alpha - \beta' X_i\right]^2, \;\; \alpha \in \mathbf{R}, \;\; \beta \in \mathbf{R}^d, \;\; x \in \mathbf{R}^d$$

すると，局所1次式推定量は回帰係数が x に依存する線形関数である．すなわち，以下である．

$$\hat{f}(x) = \hat{\alpha}(x) + \hat{\beta}(x)'x, \qquad x \in \mathbf{R}^d$$

ここで，$\hat{\alpha}(x)$ と $\hat{\beta}(x)$ は経験的リスクを最小にする．

1 次元局所 1 次式推定量

1次元の場合，つまり，$d=1$ のとき，(2.6) を修正すると以下の式が得られる．

$$\hat{\beta}=\frac{\sum_{i=1}^n p_i(x)(X_i-\bar{X})(Y_i-\bar{Y})}{\sum_{i=1}^n p_i(x)(X_i-\bar{X})^2}, \qquad \hat{\alpha}=\bar{Y}-\hat{\beta}(\bar{X}-x)$$

ここで，以下の式を用いている．

$$\bar{X}=\sum_{i=1}^n p_i(x)\,X_i, \qquad \bar{Y}=\sum_{i=1}^n p_i(x)\,Y_i$$

以下のように書ける．

$$\hat{\beta}=\frac{\sum_{i=1}^n p_i(x)(X_i-\bar{X})Y_i}{\sum_{i=1}^n p_i(x)(X_i-\bar{X})^2} \tag{5.8}$$

したがって，以下の式が得られる．

$$\hat{\alpha}=\sum_{i=1}^n q_i(x)\,Y_i$$

ここで，以下の式を用いている．

$$q_i(x)=p_i(x)\left(1-\frac{(X_i-\bar{X})(\bar{X}-x)}{\sum_{i=1}^n p_i(x)(X_i-\bar{X})^2}\right) \tag{5.9}$$

以下のようにも書ける．

$$q_i(x)=\frac{w_i(x)[s_2(x)-(X_i-x)s_1(x)]}{\sum_{i=1}^n w_i(x)[s_2(x)-(X_i-x)s_1(x)]} \tag{5.10}$$

ここで，以下の式を用いている．

$$s_1(x)=\sum_{i=1}^n w_i(x)(X_i-x), \qquad s_2(x)=\sum_{i=1}^n w_i(x)(X_i-x)^2$$

(5.10) から $\sum_{i=1}^n q_i(x)=1$ が得られる[1]，ということに注意する必要がある．(5.8) から以下の式が得られる．

$$\hat{\beta}=\sum_{i=1}^n r_i(x)\,Y_i$$

[1] 以下の式が成り立つことにも注意する必要がある．
$\sum_{i=1}^n q_i(x)(X_i-x)=0$

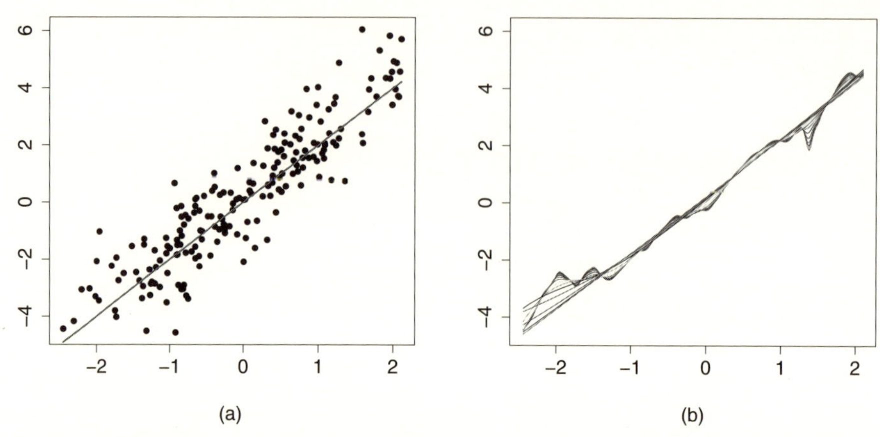

図 5.3　線形の関数に対する局所 1 次式推定値　(a) データと真の回帰関数．(b) 平滑化パラメータを $h = 0.08, \ldots, 5$ としたときの，回帰関数に対する局所 1 次式推定値．

ここで，以下の式を用いている．

$$r_i(x) = \frac{p_i(x)(X_i - \bar{X})}{s_2(x) - s_1^2(x)}$$

$\sum_{i=1}^n r_i(x) = 0$ であることに注意する必要がある．

局所 1 次式推定量の図例

図 5.3 は，1 次元線形回帰関数を推定する様子を図示している．平滑化パラメータの効果が分かる．(a) は真の回帰関数とデータを示している．真の回帰関数は $f(x) = 2x$ という線形関数である．データ $(X_1, Y_1), \ldots, (X_n, Y_n)$ は，$n = 200$，$Y_i = f(X_i) + \epsilon_i$ を用いて生成した．ここで，$\epsilon_i \sim N(0,1)$，$X_i \sim N(0,1)$ である．また，X_i と ϵ_i は相関がない．(b) は，平滑化パラメータを $h = 0.08, \ldots, 5$ としたときの，f の局所 1 次式推定値を示している．カーネルは標準ガウス型密度関数である．(b) は，$h \to \infty$ のとき，回帰関数の推定値が真の線形関数に収束することを示している．他方，図 3.1 においてはカーネル推定値が定数関数に収束している．

図 5.4 は，1 次元の 2 次式回帰関数を推定する様子を表している．(a) が，真の回帰関数とデータを示している．真の回帰関数は 2 次式 $f(x) = x^2$ である．シミュレーションによる回帰において標本の大きさを $n = 200$ とした．また，$Y_i = f(X_i) + \epsilon_i$，$\epsilon_i \sim N(0,1)$，$X_i \sim N(0,1)$ である．そして，X_i と ϵ_i は相関がない．(b) は，平滑化パラメータを $h = 0.08, \ldots, 5$ としたときの，f の局所 1

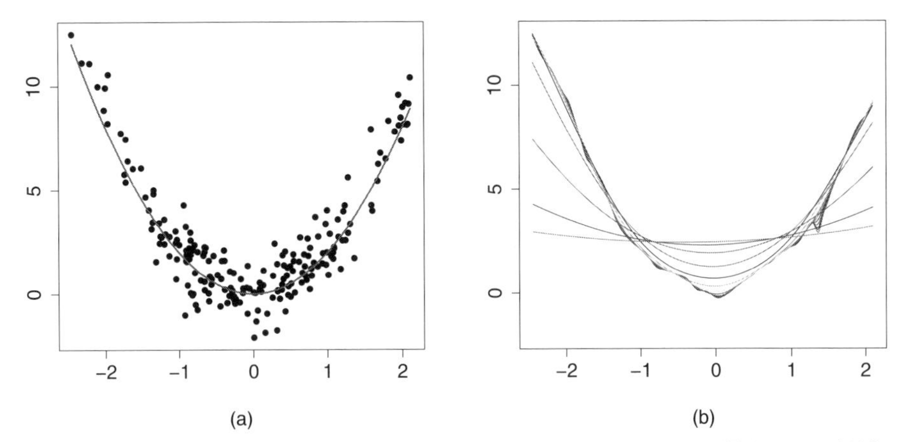

図 5.4 2 次式の関数に対する局所 1 次式推定値 (a) データと真の回帰関数. (b) 平滑化パラメータを $h = 0.08, \ldots, 5$ としたときの, 回帰関数に対する局所 1 次式推定値.

次式推定値を示している. カーネルは標準ガウス型密度関数である. 図 3.2 におけるカーネル推定値とあまり違わない.

図 5.5 は, 回帰関数の微分値の推定値を示している. (a) において $f(x) = 2x$ なので, $f'(x) \equiv 2$ である. (b) において $f(x) = x^2$ なので, $f'(x) = 2x$ である. いずれにおいても, 標本の大きさを $n = 200$ とした. また, $Y_i = f(X_i) + \epsilon_i$, $\epsilon_i \sim N(0,1)$, $X_i \sim N(0,1)$ である. そして, X_i と ϵ_i は相関がない. 平滑化パラメータは $h = 0.08, \ldots, 5$ であり, カーネルは標準ガウス型密度関数である. いずれの場合も, 微分値は h が大きくなるにしたがって定数に収束している.

図 5.6 は, 1 次元の説明変数 X を設定したときの重み $q_i(x)$ である. 標準ガウス型カーネルを用い, 平滑化パラメータを $h = 0.2$ とした. (a) は, $(x, X_i) \mapsto p_i(x)$ の関数を表す鳥瞰図である. ここで, $X_1, \ldots, X_n$ は, 大きさ $n = 200$ で, $[-1, 1]$ の一様分布からのシミュレーションによる標本である. (b) は, $X_i = -1, -0.5, \ldots, 1$ と選んだときの, $x \mapsto p_i(x)$ の 6 つの関数を描いたものである. 局所 1 次式重みを, 図 3.3 のカーネル重みと比較できる. すると, $x = -1$ と $x = 1$ の境界における重みが異なることが分かる. $X_i = -1$ と $X_i = 1$ に対する局所 1 次式重みは, この 2 つの境界において大きい値である. $X_i = -0.5$ と $X_i = 0.6$ に対する局所 1 次式重みは, 境界で負の値である.

局所 1 次式推定量によるボラティリティ推定

R_t を S&P 500 リターンとし, 以下のように設定する.

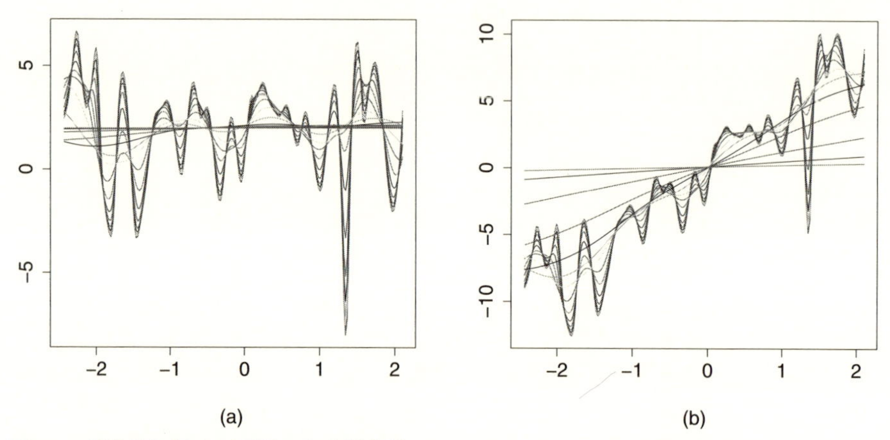

図 5.5 微分値に対する局所 1 次式推定値 (a) $f'(x) \equiv 2$ のときの推定値. (b) $f'(x) = 2x$ のときの推定値. 平滑化パラメータは, $h = 0.08, \ldots, 5$.

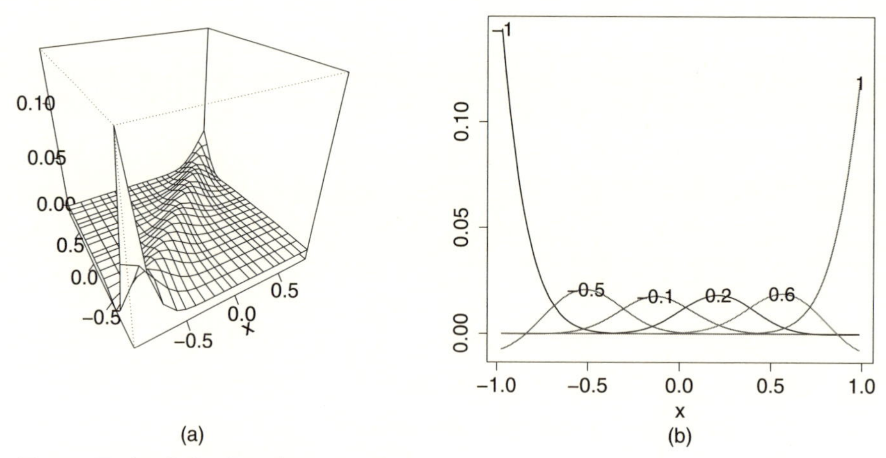

図 5.6 局所 1 次式回帰の重み (a) 関数 $(x, X_i) \mapsto q_i(x)$. (b) $X_i = -1, -0.5, \ldots, 1$ としたときの 6 つの断面 $x \mapsto p_i(x)$.

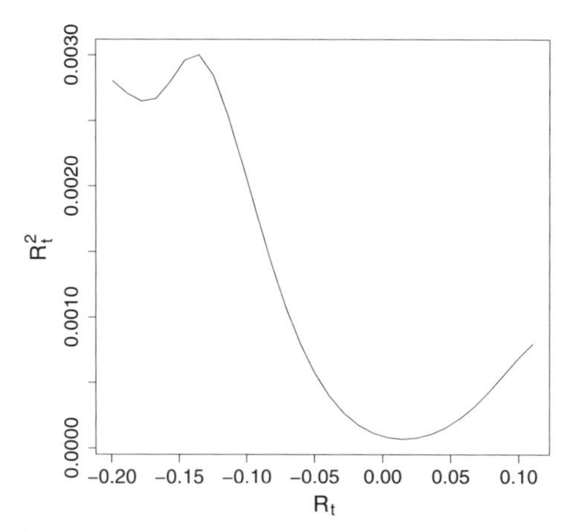

図 5.7 S&P 500 ボラティリティ：ニュース影響力曲線 条件付き分散の局所 1 次式推定値.

$$Y_t = R_t, \qquad X_t = R_{t-1}$$

そして，局所 1 次式推定量を使った条件付き分散の推定を考える． 1.6.1 項で示した S&P 500 データを使う．

$$\sigma^2(x) = E(Y_t^2 \mid X_t = x)$$

ここでは，上の関数をニュース影響力曲線と呼ぶ．

図 5.7 は，平滑化パラメータを $h = 0.04$ とし，標準正規カーネルを用いたときの条件付きボラティリティの局所 1 次式推定量を示している．

ニュース影響力曲線のカーネル推定量を図 3.28 で示した．ニュース影響力曲線を推定するための ARCH(∞) モデルについては (3.64) に書かれている．局所多項式ボラティリティ推定量については Härdle & Tsybakov (1997) が研究した．この著者は条件付き不均一分散自己相関非線形モデル (CHARN, Conditional Heteroskedastic AutoRegressive Nonlinear model) を開発した．以下である．

$$Y_t = f(Y_{t-1}) + \sigma(Y_{t-1})\epsilon_t$$

DM/USD の為替レートのボラティリティの局所 1 次式推定値の例については Härdle et al. (2004, Section 4.4.2) を参照せよ．Y^2 の条件付き期待値 $E(Y^2 \mid X = x)$ の推定においては以下の経験的リスクを使うことができる．

$$\sum_{i=1}^{n} p_i(x) \left[Y_i^2 - \psi(\alpha + \beta'(X_i - x)) \right]^2$$

ここで，$\psi : \mathbf{R} \to \mathbf{R}$ である．したがって，条件付き期待値の推定量は $\hat{f}(x) = \psi(\hat{\alpha}(x))$ である．ここで，$(\hat{\alpha}(x), \hat{\beta}(x))$ が経験的リスクを最小にする．例えば，Ziegelmann (2002) においては，ボラティリティ関数を推定するために，$\psi(x) = \exp(x)$ を使っている．指数関数を使うことによって推定量が正になることが保証される．

局所多項式推定量

$q \geq 1$ 次の局所多項式推定量を定義できる．すなわち，以下を最小にする．

$$\sum_{i=1}^{n} \left(Y_i - \alpha - \sum_{l=1}^{q} \sum_{|j|=l} (X_1 - x_1)^{j_1} \cdots (X_{id} - x_d)^{j_d} \beta_{lj} \right)^2 w_i(x)$$

ここで，和 $\sum_{|j|=l}$ は，$j = (j_1, \ldots, j_d) \in \{0, 1, \ldots\}^d$ という添え字についてのもので，$|j| = j_1 + \cdots + j_d = l$ という制約を持つ．そして，$x = (x_1, \ldots, x_d)$，$X_i = (X_{i1}, \ldots, X_{id})$ と表す．

1次元のとき，つまり，$d = 1$ のとき，(5.7) の定義を拡張することによって局所多項式推定量を定義できる．$n \times (q+1)$ のサイズの行列を以下のように $\mathbf{X}$ と表現する．

$$\mathbf{X} = \begin{bmatrix} 1 & X_1 - x & \cdots & (X_1 - x)^q \\ \vdots & \vdots & \vdots & \vdots \\ 1 & X_n - x & \cdots & (X_n - x)^q \end{bmatrix}$$

以前と同様に，$\mathbf{y} = (Y_1, \ldots, Y_n)'$ を長さが n の列ベクトルとし，$W(x)$ を，サイズが $n \times n$ で対角要素が $w_i(x)$ の対角行列とする．すると，以下が得られる．

$$\hat{f}(x) = e_1 \left[\mathbf{X}' W(x) \mathbf{X} \right]^{-1} \mathbf{X}' W(x) \mathbf{y} \tag{5.11}$$

ここで，$e_1 = (1, 0, \ldots, 0)'$ は，$(q+1) \times 1$ のサイズのベクトルである．

局所多項式移動平均

時系列 $Y_1, \ldots, Y_t$ があるとする．次の値 Y_{t+1} を推定したい．これは，3.2.4 項で論じた移動平均によって行うことができる．この一方向の移動平均の定義は，(3.14) のように以下である．

$$\hat{f}(t) = \sum_{i=1}^{t} p_i(t)\, Y_i$$

ここで，以下を用いている．

$$p_i(t) = \frac{K((t-i)/h)}{\sum_{j=1}^{t} K((t-j)/h)}$$

カーネル関数Kは，実軸の負の部分では0である．例えば，$K(x) = \exp(-x) I_{[0,\infty)}(x)$，あるいは，$K(x) = I_{[0,1]}(x)$ とすることができる．

$q \ge 1$次の局所多項式移動平均は(5.11)に似ている．そこで，$X_i = i$, $x = t+1$ とする．そして，$t \times (p+1)$ のサイズの行列を，以下のように$\mathbf{X}$と表す．

$$\mathbf{X} = \begin{bmatrix} 1 & X_1 - t - 1 & \cdots & (X_1 - t - 1)^q \\ \vdots & \vdots & \vdots & \vdots \\ 1 & X_t - t - 1 & \cdots & (X_t - t - 1)^q \end{bmatrix}$$

$\mathbf{y} = (Y_1, \ldots, Y_t)'$ を長さがtの列ベクトルとする．$W(t)$を$t \times t$のサイズの対角行列 $\mathrm{diag}(w_1(t), \ldots, w_t(t))$ とする．ここで，$w_i(t) = K((t-i)/h)$ である．したがって，以下の式が得られる．

$$\hat{f}(t) = e_1 \left[\mathbf{X}' W(t) \mathbf{X}\right]^{-1} \mathbf{X}' W(t) \mathbf{y}$$

ここで，$e_1 = (1, 0, \ldots, 0)'$ は，$(q+1) \times 1$ のサイズのベクトルである．局所多項式移動平均における平滑化パラメータの選択については，Gijbels et al. (1999) が論じている．

5.2.2 局所尤度推定量

局所尤度を(1.67)で定義した．局所定数尤度推定量を定義しよう．Yの密度関数が以下の式で与えられると仮定する．

$$f(y, \theta), \qquad y \in \mathbf{R},\ \theta \in \mathbf{R}^k$$

ここで，θは，パラメータのk次元ベクトルである．以下のように求める．

$$\theta(x) = \mathrm{argmin}_{\theta \in \mathbf{R}^k} \sum_{i=1}^{n} p_i(x) \log f(Y_i, \theta)$$

ここで，重み $p_i(x)$ は X_i に依存する．ここでも，典型的な例はカーネル重みである．

例えば，以下のモデルを考える．

$$Y_t = \sigma_t \epsilon_t$$

ここで，$\sigma_t^2 = E(Y_t^2 \mid \mathcal{F}_t)$ で，$\mathcal{F}_t$ は，$Y_{t-1}, Y_{t-2}, \ldots$ が生成するシグマ代数である．また，ϵ_t は，$Y_t, Y_{t-1}, \ldots$ に依存しない．そこで，$Y_1, \ldots, Y_T$ を観測しよう．$\epsilon_t \sim N(0,1)$ のようにガウス分布を仮定すると，尤度は (2.80) のように書ける．$Y_1, \ldots, Y_p$ という観測値が与えられたとき，尤度は以下の式になる．

$$\sum_{t=p+1}^{T} \left(\log_e(\sigma_t^2) + \frac{Y_t^2}{\sigma_t^2} \right) \tag{5.12}$$

このときの局所定数推定量を見つけよう．局所尤度の定義は以下の式になる．

$$l_T(\sigma^2) = \sum_{t=p+1}^{T} p_t(T) \left(\log_e(\sigma^2) + \frac{Y_t^2}{\sigma^2} \right)$$

ここで，$p_t(T)$ が重みである．局所尤度を最大にすると以下が得られる．

$$\sum_{t=1}^{T} p_t(T) Y_t^2$$

p_t として，カーネル重み $p_t(T) = K((T-t)/h) / \sum_{i=1}^{T} K((T-i)/h)$ を選択できる．ここで，$K : [0,\infty) \to \infty$ である．これによって，分散の移動平均推定量が得られる．移動平均は (3.14) で定義した．指数移動平均の特別な場合は $K(x) = \exp(-x) I_{[0,\infty)}(x)$ を選ぶことによって得られる．それは，(3.79) が与える分散推定をもたらす．

Fan & Gu (2003) は株リターンの条件付き分散の推定のための局所尤度法を提示した．S_t を時刻 t における資産価格とする．そして，以下を対数リターンとする．

$$Y_t = \log \frac{S_t}{S_{t-1}}$$

そのとき，以下のモデルを考えよう．

$$Y_t = \theta_t S_{t-1}^{\beta_t} \epsilon_t$$

ここで，時間によって変化する分散を $\sigma_t^2 = \theta_t^2 S_{t-1}^{2\beta_t}$ とする．そして，$\epsilon_t \sim N(0,1)$ とする．(5.12) と同様の方法で以下の尤度が得られる．

$$\sum_{t=p+1}^{T} \left(\log_e(\theta_t^2 S_{t-1}^{2\beta_t}) + \frac{Y_t^2}{\theta_t^2 S_{t-1}^{2\beta_t}} \right)$$

θ_t と β_t を ARCH あるいは GARCH のようにパラメトリックな形で与える代わりに，以下の局所尤度を利用する方法がある．

$$l_T(\theta, \beta) = \sum_{t=p+1}^{T} p_t(T) \left(\log_e(\theta^2 S_{t-1}^{2\beta}) + \frac{Y_t^2}{\theta^2 S_{t-1}^{2\beta}} \right)$$

以下のように定義する．

$$(\hat{\theta}_T, \hat{\beta}_T) = \mathrm{argmax}_{\theta,\beta} l_T(\theta, \beta)$$

β を与えたとき，尤度を最大にすると以下が得られる．

$$\hat{\theta}_T^2(\beta) = \sum_{t=1}^{T} p_t(T) Y_t^2 S_{t-1}^{-2\beta}$$

したがって，以下の最大化問題を数値的に解く必要がある．

$$\hat{\beta}_T = \mathrm{argmax}_{\beta} l_T(\hat{\theta}_T(\beta), \beta)$$

最後に，条件付き分散の推定量が以下のように得られる．

$$\hat{\sigma}_t^2 = \hat{\theta}_t^2 S_{t-1}^{2\hat{\beta}_t}$$

Yu & Jones (2004) は，固定設定回帰モデル $Y_i = f(x_i) + \sigma(x_i)\epsilon_i$ における以下の方法を提案した．$\epsilon_i \sim N(0,1)$ であれば，対数尤度は以下のものになる．

$$\sum_{i=1}^{n} \left(\frac{(Y_i - f(x_i))^2}{\sigma^2(x_i)} + \log \sigma^2(x_i) \right)$$

ここで，局所 1 次式尤度を使うことができる．そのとき，$a_0, a_1, v_0, v_1 \in \mathbf{R}$ において，以下を最小にする．

$$\sum_{i=1}^{n} p_i(x) \left(\frac{(Y_i - a_0 - a_1(x_i - x))^2}{\exp\{-v_0 - v_1(x_i - x)\}} + v_0 + v_1(x_i - x) \right)$$

ここで，$p_i(x) = K_h(x - x_i)$，$K_h(x) = K(x/h)/h$，$K : \mathbf{R} \to \mathbf{R}$，$h > 0$ である．

5.3　サポート・ベクトル・マシーン

$(X_1, Y_1), \ldots, (X_n, Y_n)$ を，条件付き期待値 $f(x) = E(Y \mid X = x)$ を推定するための回帰データとする．$\mathcal{K} : \mathbf{R}^d \times \mathbf{R}^d \to \mathbf{R}$ を正定値カーネルとする[2)]．以下のような固有値分解を行う．

$$\mathcal{K}(x, z) = \sum_{i=1}^{\infty} \delta_i \, g_i(x) g_i(z)$$

ここで，$\delta_i > 0$ が固有値で，$g_i : \mathbf{R}^d \to \mathbf{R}$ が固有関数である．サポート・ベクトル・マシーン推定量を $\hat{f}(x) = f(x, \hat{w})$ とする．このとき，$\hat{w}$ が，$w = (w_1, w_2, \ldots)$ において以下の値を最小化する．

$$\sum_{i=1}^{n} \gamma\left(Y_i, f(X_i, w)\right) + \lambda \sum_{i=1}^{\infty} \frac{w_i^2}{\delta_i}$$

ここで，$\lambda \geq 0$ が正則化パラメータであり，以下の式を用いている．

$$f(x, w) = \sum_{i=1}^{\infty} w_i g_i(x)$$

解は以下のように書ける．

$$\hat{f}(x) = \sum_{i=1}^{n} \hat{\pi}_i \mathcal{K}(x, X_i)$$

0でない重み $\hat{\pi}_i$ を伴う観測値の集合 $\{X_i : i = 1, \ldots, n, \ \hat{\pi}_i \neq 0\}$ を，サポート・ベクトルの集合と呼ぶ．同等の手順は以下の定義を用いても得られる．

$$f(x, \pi) = \sum_{i=1}^{n} \pi_i \mathcal{K}(x, X_i)$$

ここで，$\pi = (\pi_1, \ldots, \pi_n)$ である．ここで，以下を π において最小にする．

$$\sum_{i=1}^{n} \gamma\left(Y_i, f(X_i, \pi)\right) + \lambda \sum_{i,j=1}^{n} \pi_i \pi_j \mathcal{K}(X_i, X_j)$$

---

2) 正定値カーネルは，すべての $a_1, \ldots a_k \in \mathbf{R}$ と $x_1, \ldots, x_k \in \mathbf{R}^d$ について，$\sum_{i=1}^{k} \sum_{j=1}^{k} a_i a_j \mathcal{K}(x_i, x_j) > 0$ を満足する．

ここでも，推定量を $\hat{f}(x)=\sum_{i=1}^{n}\hat{\pi}_i\mathcal{K}(x,X_i)$ とする．そして，最小化の結果を $\hat{\pi}=(\hat{\pi}_1,\ldots,\hat{\pi}_n)$ とする．便利なカーネルに，線形カーネル $\mathcal{K}(x,z)=x'z$，多項式カーネル $\mathcal{K}(x,z)=(x'z+a)^p$，シグモイド・カーネル $\mathcal{K}(x,z)=\tanh(x'z+a)$，動径カーネル $\mathcal{K}(x,z)=\exp\{-b\|x-z\|^2\}$ などがある．ここで，$a\in\mathbf{R}$ で，$p\geq 1$ は整数である．また，$b>0$ である．Vapnik (1995) と Vapnik, Golowich & Smola (1997) は回帰関数を推定するためのサポート・ベクトル・マシーンを定義した．Wahba (1990) には再生ヒルベルト空間についての説明が書かれている．サポート・ベクトル・マシーンについての総論には Hastie et al. (2001, Chapters 5.8 and 12.3.7) がある．

1.4 節で分類を導入した．ここでは，分類データ $(X_1,Y_1),\ldots,(X_n,Y_n)$ を用いる 2 クラス分類問題を検討する．ここで，$X_i\in\mathbf{R}^d$，$Y_i\in\{-1,1\}$ である．分類器 $g:\mathbf{R}^d\to\{-1,1\}$ を求めたい．二値分類器は，$g=\mathrm{sign}(h)$ を利用すると，実数値をとる分類器 $h:\mathbf{R}^d\to\mathbf{R}$ から得られる．つまり，以下の関数を考える．

$$h(x,w)=\sum_{i=1}^{\infty}w_ih_i(x)$$

ここで，$w=(w_1,w_2\ldots)$ である．$h_1,h_2,\ldots$ は正定値カーネルの固有関数 $\mathbf{R}^d\to\mathbf{R}$ である．実数値をとる分類関数を $h(x,\hat{w})$ とする．ここで，$\hat{w}$ が以下のペナルティ付き経験的リスクを最小にする．

$$\sum_{i=1}^{n}\gamma\left(Y_i,h(X_i,w)\right)+\lambda\sum_{i=1}^{\infty}\frac{w_i^2}{\delta_i}$$

ここで，δ_i は正定値カーネルの固有値である．$\lambda\geq 0$ は正則化パラメータである．経験的リスクの定義は以下である．

$$\gamma(Y_i,h(X_i))=\phi\left(Y_ih(X_i)\right)$$

ここで，ϕ はヒンジ損失 $\phi(u)=\max\{0,1-u\}$ である．より一般的には，$\phi:\mathbf{R}\to(0,\infty)$ は凸型非増加関数で，$u\in\mathbf{R}$ において，$\phi(u)\geq I_{(-\infty,0]}(u)$ である．ヒンジ損失に加えて，指数損失 $\phi(u)=\exp\{-u\}$ やロジット損失 $\phi(u)=\log_2(1+e^{-u})$ も利用できる．Koltchinskii (2008) は，$h\in\mathcal{H}$ における経験的リスクの最小化を，ラージ・マージン・分類器と呼んだ．積 $Yh(X)$ は，(X,Y) におけるマージンである．$h(X)Y\geq 0$ のとき，h が (X,Y) を正しく分類している．そうでないときは (X,Y) が誤分類されている．

5.4 段階的方法

5.4.1項で，通常の前進段階的モデル化アルゴリズムを提示する．これらのアルゴリズムに手を加えて，加法モデルを段階的にあてはめるアルゴリズムにすることができる．それを5.4.2項で提示する．射影追跡回帰を得るためのアルゴリズムにすることもできる．それを5.4.3項で提示する．

5.4.1 前進段階的モデリング

前進段階的加法モデリングは基底関数の和の形の推定量を作成する．そのときの推定量は以下のように書ける．

$$\hat{f}(x) = \sum_{m=1}^{M} \hat{w}_m g(x, \hat{\theta}_m)$$

ここで，基底関数 $g(\cdot, \theta) : \mathbf{R}^d \to \mathbf{R}$ は多変量関数で，θ でパラメータ化されている．重み $\hat{w}_m$ と，パラメータ $\hat{\theta}_m$ は，回帰データ $(X_1, Y_1), \ldots, (X_n, Y_n)$ を使って計算する．前進段階的加法モデリングをブースティングと呼ぶことがある．Tukey (1977) は，$M = 2$ として2乗誤差コントラスト関数を用いる前進段階的加法モデリングに対して，トゥワイスィング（2回法）という名前を用いた．

以下では，3つのアルゴリズムを示す．1番目のアルゴリズムは通常の段階的経験的リスク最小化アルゴリズムである．2番目のアルゴリズムは2乗誤差コントラスト関数に特化したものである．2乗誤差損失に特化することは，3番目のアルゴリズムを得るために役立つ．3番目のアルゴリズムにおいては，経験的リスク最小化を，カーネル回帰推定量のような，閉形式の推定量に置き換える．

段階的加法モデリングのためのアルゴリズム

展開式に新しい項を加えていくことによって推定量を作成する．それぞれの段階で誤差基準を最小化する．誤差基準はコントラスト関数 $\gamma : \mathbf{R} \times \mathbf{R} \to \mathbf{R}$ の形で定義する．コントラスト関数の例については5.1.1項を参照せよ．コントラスト関数は損失関数とも呼べる．以下のアルゴリズムは，Hastie et al. (2001) におけるアルゴリズム10.2である．

1. $f_0 = 0$ に初期化する．
2. $m = 1$ から M まで以下を実行する．
   (a) 以下の計算を行う．
   $(\hat{w}_m, \hat{\theta}_m) = \mathrm{argmin}_{w,\theta} \sum_{i=1}^{n} \gamma\left(Y_i, f_{m-1}(X_i) + wg(X_i, \theta)\right)$

(b) 以下の計算を行う．$f_m(x) = f_{m-1}(x) + \hat{w}_m g(x, \hat{\theta}_m)$

3. 最終推定値を $\hat{f}(x) = f_M(x)$ とする．

基底関数 $g(x, \theta)$ の例に，ツリー表現を持つ区分的定数関数がある．その例では，パラメータ θ が，分割点，分割変数，関数の値を決める．最も単純な例は，2つの部分に分ける区切りを持つリグレッソグラムである．区切りは座標軸に平行になっているとする．その種のリグレッソグラムをスタンプ（stump，切り株の断面）と呼ぶ．ツリー表現を伴うリグレッソグラムについては 5.5.1 項で論じる．

2乗誤差コントラスト関数を用いる段階的加法モデリングのアルゴリズム

2乗誤差コントラスト関数を $\gamma(y, f(x)) = (y - f(x))^2$ とする．このコントラスト関数を用いるとき，前進段階的加法推定のためのアルゴリズムは以下のように書ける．

1. $f_0 = 0$ に初期化する．
2. $m = 1$ から M まで以下を実行する．
   (a) 以下の残差を計算する．$r_i = Y_i - f_{m-1}(X_i)$，$i = 1, \ldots, n$
   (b) 以下の計算を行う．$(\hat{w}_m, \hat{\theta}_m) = \mathrm{argmin}_{w,\theta} \sum_{i=1}^n (r_i - wg(X_i, \theta))^2$
   (c) 以下の計算を行う．$f_m(x) = f_{m-1}(x) + \hat{w}_m g(x, \hat{\theta}_m)$
3. 最終的な推定値を $\hat{f}(x) = f_M(x)$ とする．

ノンパラメトリックな学習基底を伴う段階的加法モデリングのアルゴリズム

上記のアルゴリズムを一般化できる．それぞれの段階において，任意の関数推定量を，そのときの関数データ（残差誤差を目的変数の値にしたもの）にあてはめるのである．この一般化を行えば，段階的あてはめにおいてカーネル回帰推定量を使うことができる．つまり，新しい加法成分を選ぶために，経験的リスク最小化を用いる代わりに，カーネル推定量を使うことができるのである．ここでは，回帰データ (X_i, r_i)（$i = 1, \ldots, n$，$r_i \in \mathbf{R}$，$X_i \in \mathbf{R}^d$）に基づいて推定量 $\hat{g}$ を作成する回帰関数推定法があると仮定する．

1. $f_0 = 0$ に初期化する．
2. $m = 1$ から M まで以下を実行する．
   (a) 以下の残差を計算する．$r_i = Y_i - f_{m-1}(X_i), i = 1, \ldots, n$
   (b) (X_i, r_i)，$i = 1, \ldots, n$ を用いて推定値 $\hat{g}_m$ を求める．
   (c) 以下の計算を行う．$f_m = f_{m-1} + \hat{g}_m$

3.　最終推定量を $\hat{f} = f_M = \sum_{m=1}^{M} \hat{g}_m$ とする．

上記のアルゴリズムを修正すると，加法モデルの段階的あてはめができる．

5.4.2　加法モデルの段階的あてはめ

4.2 節において加法モデルを定義した．そこで，後退あてはめ法アルゴリズムについて記述した．5.4.1 項のアルゴリズムは加法構造を持つ推定値 $\hat{f}$ をもたらす．そのときの学習基底は 1 つの変数の関数である．ここで，回帰関数推定値 $\hat{f} : \mathbf{R}^d \to \mathbf{R}$ が以下のように書けるとき，回帰関数推定値が加法構造を持つ，と言う．

$$\hat{f}(x) = \sum_{k=1}^{d} \hat{f}_k(x_k), \qquad x \in \mathbf{R}^d \tag{5.13}$$

この $\hat{f}_k : \mathbf{R} \to \mathbf{R}$ は，一変量関数である．学習基底が 1 つの変数だけに依存する例に，スタンプ（2 つの部分に分ける区切りを持つリグレッソグラム）がある．そのときの区切りは，座標軸と平行の分割線で与えられる．4.2 節における後退あてはめ法による加法推定値との違いは，以前の成分を置き換えることによってではなく，以前の成分に新たな項を加えることによって加法成分を作成することである．以下に，加法構造を持つ推定量を作成するためのもう 1 つのアルゴリズムを示す．

一変量の学習基底を持つ段階的加法モデリングのアルゴリズム

次のアルゴリズムは Bühlmann & Yu (2003) が提案したものである．一変量平滑化スプラインを学習基底として用いる．1 次元カーネル推定量を学習基底として利用することもできる．

1.　$f_0 = 0$ に初期化する．
2.　$m = 1$ から M まで以下を実行する．
    (a)　以下の残差を計算する．$r_i = Y_i - f_{m-1}(X_i)$, $i = 1, \ldots, n$
    (b)　回帰データ (X_{ik}, r_i)，$i = 1, \ldots, n$ を用いて，1 次元のカーネル推定量 $\hat{g}_m^{(k)}$, $k = 1, \ldots, d$ を計算する．ここで，$X_i = (X_{i1}, \ldots, X_{id})$ としている．
    (c)　以下のように定義する．$\hat{d}_m = \operatorname{argmin}_{k=1,\ldots,d} \sum_{i=1}^{n} \left(r_i - \hat{g}_m^{(k)}(X_{ik}) \right)^2$
    (d)　以下のように定義する．$\hat{g}_m = \hat{g}_m^{(\hat{d}_m)}$

(e) 以下の計算を行う．$f_m = f_{m-1} + \hat{g}_m$

3. 最終推定量を $\hat{f} = f_M = \sum_{m=1}^{M} \hat{g}_m$ とする．

このアルゴリズムを，アルゴリズムの中の M 番目のステップを実行するとき，数列 $\hat{d}_1, \ldots, \hat{d}_M$（変数の指標）と数列 $r^{(1)}, \ldots, r^{(M)}$（長さが n の残差ベクトルの数列）を保存するように実装すると便利である．このアルゴリズムの副産物として，$X_1, \ldots, X_n$ における推定量の評価値が得られる．

次に，任意の点 $x \in \mathbf{R}^d$ における評価値を求める．まず，点 $x_{\hat{d}_m}$ と，数列 $Z^{(m)} = (X_{1,\hat{d}_m}, \ldots, X_{n,\hat{d}_m})$ $(m = 1, \ldots, M)$ を得る．そして，$x_{\hat{d}_m}$ におけるカーネル推定量を評価する．そのとき，カーネル推定量を回帰データ $(Z_i^{(m)}, r_i^{(m)})$ $(i = 1, \ldots, n)$ を使って作成する．最後に，これらの評価値を $m = 1, \ldots, M$ において足し合わせる．

5.4.3 射影追跡回帰

射影追跡回帰は以下の形の推定値を求める．

$$\hat{f}(x) = \sum_{m=1}^{M} \hat{h}_m(\hat{\theta}'_m x), \qquad x \in \mathbf{R}^d \tag{5.14}$$

ここで，$\hat{h}_m : \mathbf{R} \to \mathbf{R}$ は一変量関数である．$\hat{\theta}_m \in \mathbf{R}^d$ は射影ベクトルで，$\|\hat{\theta}_m\| = 1$ である．関数 $x \mapsto \hat{h}_m(\theta'_m x)$ をリッジ関数と呼ぶ．5.4.1 項における段階的加法モデリングのアルゴリズムを応用して修正すると，いろいろな射影追跡推定量を作成できる．これらのアルゴリズムでは，新しい項 $h_m(\theta'_m x)$ を前進段階的な方法で加える．一般的な意味での射影追跡は Friedman & Tukey (1974) に遡る．射影追跡回帰については Friedman & Stuetzle (1981) が研究した．

(5.14) の形の推定量は 4.1 節で論じた単一指標モデルを一般化したものと考えられる．単一指標モデルにおける推定量は $\hat{f}(x) = \hat{g}(\hat{\theta}' x)$ である．しかし，ここでは，そういう関数の和になる．(5.14) の形の推定量は，(5.13) のような加法構造を持つ推定量の一般化と考えることもできる．実際，加法構造を持つ推定量を以下のように書くことができる．

$$\hat{f}(x) = \sum_{k=1}^{d} \hat{f}_k(e'_k x), \qquad x \in \mathbf{R}^d$$

ここで，$e_k \in \mathbf{R}^d$ は，k 番目の成分が1で他の成分が0のベクトルである．ベクトル e_k は座標軸への射影を行う．射影追跡の形をした推定量（(5.14) の形の推定量）は，ベクトル e_k を何らかの射影ベクトルに置き換えることによって得られる．そのとき，付け加える項の数は d 個より多いことも少ないこともある．

射影追跡回帰のアルゴリズム

このアルゴリズムは，5.4.1 項で示した段階的加法モデリングのアルゴリズムに似ている．

1. $f_0 = 0$ に初期化する．
2. $m = 1$ から M まで以下を実行する．
   (a) 以下の残差を計算する．$r_i = Y_i - f_{m-1}(X_i), i = 1, \ldots, n$
   (b) 単一指標モデルの推定と回帰データ (X_i, r_i)（$i = 1, \ldots, n$）を用いて $\hat{\theta}_m$ を推定する．
   (c) $Z_i = \hat{\theta}'_m X_i$ と置き，回帰データ (Z_i, r_i)（$i = 1, \ldots, n$）を利用して，1次元回帰関数 $\hat{h}_m$ を計算する．
   (d) $\hat{g}_m(x) = \hat{h}_m(\hat{\theta}'_m x)$ と定義する．
   (e) 以下を計算する．$f_m = f_{m-1} + \hat{g}_m$
3. 最終的な推定量は以下である．

$$\hat{f}(x) = f_M(x) = \sum_{m=1}^{M} \hat{g}_m(x) = \sum_{m=1}^{M} \hat{h}_m(\hat{\theta}'_m x)$$

上記のアルゴリズムは，それぞれの段階における射影ベクトル $\hat{\theta}_m$ の推定に単一指標モデルの推定を利用する．$\hat{\theta}_m$ を推定するいくつかの方法を 4.1.2 項で提示した．それらは，最小推定量，微分値推定量，平均微分値推定量である．上記のアルゴリズムは，それぞれの段階で一変量回帰を利用する．例えば，カーネル回帰推定量を選ぶことができる．

このアルゴリズムを実装するにあたって，アルゴリズムの中の M ステップのそれぞれを実行するとき，数列 $\hat{\theta}_1, \ldots, \hat{\theta}_M$（射影ベクトル）と，数列 $r^{(1)}, \ldots, r^{(M)}$（長さが n の残差ベクトル）を保存すると便利である．それにより，副産物として，観測値 $X_1, \ldots, X_n$ における推定量の評価値が得られる．

次に，任意の点 $x \in \mathbf{R}^d$ における評価を行うことができる．まず，点 $\hat{\theta}'_m x$ を計算し，ベクトル $Z^{(m)} = \mathbf{X}\hat{\theta}_m$（長さが n で，$m = 1, \ldots, M$）を計算する．ここで，$\mathbf{X}$ は，説明変数の観測値からなる，$n \times d$ のサイズの行列である．次に，

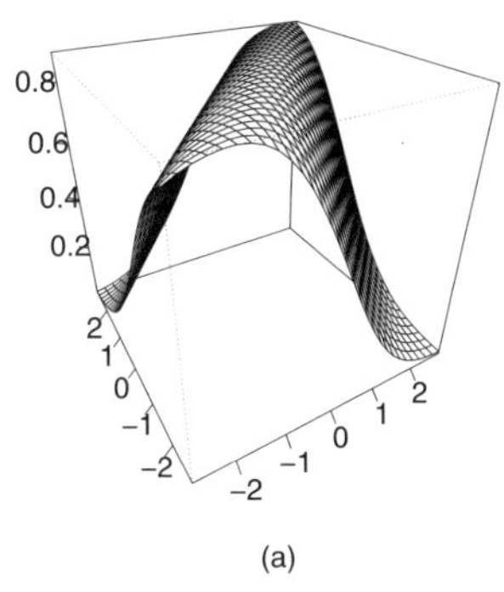

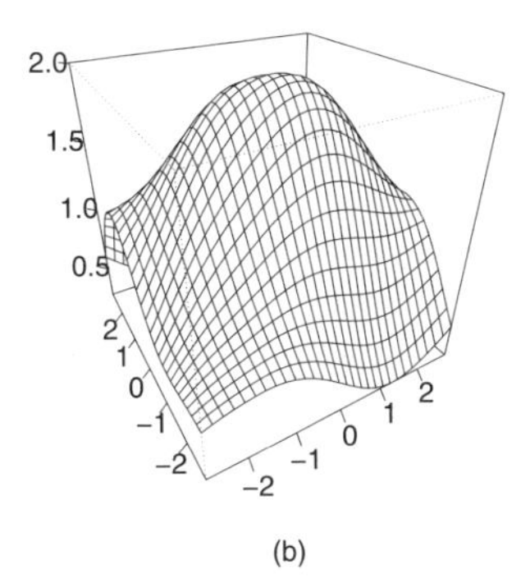

図 5.8　射影追跡推定値　(a) $M=1$ のステップにおける射影追跡推定値．(b) $M=2$ のステップにおける射影追跡推定値．

点 $\hat{\theta}'_m x$ におけるカーネル推定量を評価する．そのときのカーネル推定量は回帰データ $(Z_i^{(m)}, r_i^{(m)})$ $(i=1,\ldots,n)$ を用いて作成する．最後に，$m=1,\ldots,M$ における観測値を足し合わせる．

図 5.8 は，ステップ番号 $M=1$ と $M=2$ における，射影追跡推定値を示している．回帰関数は標準 2 次元正規密度関数である．説明変数 $X=(X_1,X_2)$ のベクトルは標準正規分布に従う．また，$Y=f(X)+\epsilon$ $(\epsilon \sim N(0,0.1^2))$ である．$n=1000$ の観測値があるとする．ここでは，射影追跡回帰を用いている．その際，(4.8) の方法で，微分法を用いて方向ベクトルを見出している．微分法においては，説明変数を構成している観測値から無作為に選んだ点における微分値を推定すると好都合である．$M=1$ のとき，推定値が単一指標モデルの構造をしているのに対して，$M=2$ のときは，推定値が既に球対称関数に近い．

5.5　適応的リグレッソグラム

リグレッソグラムとは区分的定数による回帰関数推定値である．3.1 節で定義した．リグレッソグラムは，まず，説明変数の空間の区切りを見つけることによって作成する．そして，推定値の値は該当する区切りの集合における y の値の平均とする．適応的リグレッソグラムにおいては，リグレッソグラムの説明変数の空間の区切りを経験的に選択する．ここでは，再帰的な分割方法で見出す区切りについて主に考察する．

$(X_1,Y_1),\ldots,(X_n,Y_n)$ が同一の分布に従う回帰データとする．リグレッソグラムは以下である．

$$\hat{f}(x, \mathcal{P}) = \sum_{R \in \mathcal{P}} \hat{Y}_R I_R(x), \qquad x \in \mathbf{R}^d \tag{5.15}$$

ここで，$\mathcal{P}$ は $\mathbf{R}^d$ の区切りである．説明変数に対応する目的変数（R に存在する）の平均値 $\hat{Y}_R$ が以下である．

$$\hat{Y}_R = \frac{1}{\#\{X_i \in R\}} \sum_{i: X_i \in R} Y_i \tag{5.16}$$

5.5.1 項で貪欲リグレッソグラムについて考察する．それは，予測変数の空間の区切りを場当たり的なステップワイズ・アルゴリズムを使って見出すものである．つまり，予測変数の空間を再帰的に小さい集合に分割する．ここでは，2つの推定問題を扱う．局所的推定問題と大域的推定問題である．局所的推定問題では1つの点における回帰関数の値を推定する．大域的推定問題ではすべての点の推定値を同時に推定する．再帰的分割法は局所的推定問題でも大域的推定問題でも同一である．しかし，分割の停止ルールは異なるのが普通である．したがって，局所推定値のすべてを集めたものは，大域的推定値とは異なる推定値になることが多い．

5.5.2 項では，CART 法について記述する．CART 法は，貪欲リグレッソグラムを作成することから始める．しかし，剪定された部分木の列から，区切りの最終的な選択を行う． 5.5.3 項は，2 進木 CART 法について記述する．この方法では，決定論的に得られた区切りの列から区切りを選択する． 5.5.4 項はブートストラップ集合について記述する．

5.5.1　貪欲リグレッソグラム

貪欲区切りは説明変数の空間を区切ったものである．その区切りはステップワイズ・アルゴリズムを使って見出す．つまり，空間を再帰的により小さい集合に分割する方法である．そのアルゴリズムを，貪欲あるいはステップワイズと呼ぶ．最適化問題における大域的な最小値を見出そうとはせず，1つのステップにおけるその場での最適化を行うからである．Morgan & Sonquist (1963) がこの種のアルゴリズムを提示した．しかし，2分割に限定したわけではなく，同時に多くの数の分割を行うことを許容した．

まず，最適な分割を探索する際の候補となる分割点を定義する．その際，座標軸に平行に分割する．したがって，それぞれの方向における分割点候補が構成する格子点を定義する必要がある．分割点候補の集合を以下のように表そう．

$$\mathcal{G}_1, \ldots, \mathcal{G}_d \tag{5.17}$$

ここで，$\mathcal{G}_k \subset \mathbf{R}$ は，方向 k における分割点が構成する，有限の格子である．$\mathcal{G}_k$ を選ぶための普通に考えられる方法は，分割点の集合を観測値の座標点の中点の集合にすることである．つまり，$\mathcal{G}_k = \{Z_1^k, \ldots, Z_{n-1}^k\}$ $(k = 1, \ldots, d)$ とする．ここで，Z_i^k は，$X_{(i)}^k$ と $X_{(i+1)}^k$ の中点である．すなわち，以下のように書ける．

$$Z_i^k = \frac{1}{2}\Big(X_{(i)}^k + X_{(i+1)}^k\Big)$$

ここで，$X_{(1)}^k, \ldots, X_{(n)}^k$ は，観測値 $X_1, \ldots, X_n$ の k 番目の座標点の順序統計量である．分割点候補からこのように選択することによって，最も細かく分割した場合でも全部のセルに何らかの観測値が含まれていることが保証される．

長方形 $R \subset \mathbf{R}^d$ が，点 $s \in \mathbf{R}$ によって $k = 1, \ldots, d$ の方向に分割されたものであるとき，以下の集合が得られる．

$$R_{k,s}^{(0)} = \{(x_1, \ldots, x_d) \in R : x_k \le s\} \tag{5.18}$$

以下も得られる．

$$R_{k,s}^{(1)} = \{(x_1, \ldots, x_d) \in R : x_k > s\} \tag{5.19}$$

分割点 s は以下を満たす．

$$s \in S_{R,k} \stackrel{def}{=} \mathcal{G}_k \cap \mathrm{proj}_k(R) \tag{5.20}$$

ここで，$R = R_1 \times \cdots \times R_d$ のとき，$\mathrm{proj}_k(R) = R_k$ である．

点別推定量

ここでは，点 $x \in \mathbf{R}^d$ のみにおいて回帰関数の値を推定する場合について考える．$x \in R_x$ になる長方形 $R_x \subset \mathbf{R}^d$ を見つけたい．そのときの推定値として以下を使う．

$$\hat{f}(x) = \hat{Y}_{R_x}$$

ここで，$\hat{Y}_{R_x}$ の定義は (5.16) である．近傍 R_x は，以下の手順によって得られた長方形の列の中の 1 つを選んだものである．

- 全空間を出発点として分割を始める．そして，得られた長方形が充分な数の観測値を含んでいる限り分割を行う．

- それぞれのステップにおいて，対応するリグレッソグラムの経験的リスクが最小になるように長方形を分割する．経験的リスクとは，リグレッソグラムの2乗残差の和である．
- それぞれのステップでは，すべての方向を選択肢とし，それぞれの方向におけるすべての分割点を選択肢として最小化を行う．

以下の定義は，分割手順をより正確に表現したものである．これは，長方形に含まれる観測値の数が与えられた最小観測値数 m を下回っているときは分割しない，という制限を伴う分割である．

貪欲近傍の列 $\mathbf{R}^d \supset R_0 \supset R_1 \supset \cdots \supset R_M$ を求める．最小観測値数を $m \geq 1$ とする．この列を，以下のルールに沿って再帰的に求める．集合 $R_0 = \mathbf{R}^d$ から始める．$R_0, \ldots, R_L$（$L \geq 0$）が既に得られていることを仮定する．

1. $\#\{X_i \in R_L\} \leq m$ であれば，$M = L$ として分割を終える．
2. $\#\{X_i \in R_L\} > m$ であれば，R_L を以下の方法で分割する．まず，以下のように置く．

$$I_{R_L} = \{(k,s) : k = 1, \ldots, d,\ s \in S_{R_L,k}\}$$

ここで，$S_{R,k}$ は (5.20) で定義した分割点の集合である．次に，新しい集合 $R^{(0)}_{\hat{k},\hat{s}}$ と $R^{(1)}_{\hat{k},\hat{s}}$ を作成する．ここで，(5.18) と (5.19) で定義した表記を用いる．そして，以下のように置く．

$$\left(\hat{k}, \hat{s}\right) = \mathrm{argmin}_{(k,s)\in I_{R_L}} ERR\,(R_L, k, s) \tag{5.21}$$

ここで，以下を用いている．

$$\mathrm{ERR}(R,k,s) = \sum_{i:X_i\in R^{(0)}_{k,s}} \left(Y_i - \hat{Y}_{R^{(0)}_{k,s}}\right)^2 + \sum_{i:X_i\in R^{(1)}_{k,s}} \left(Y_i - \hat{Y}_{R^{(1)}_{k,s}}\right)^2 \tag{5.22}$$

$\hat{Y}_R$ は (5.16) で定義している．最後に，新しい集合を，$x \in R^{(0)}_{\hat{k},\hat{s}}$ であれば，$R_{L+1} = R^{(0)}_{\hat{k},\hat{s}}$，その他の場合は，$R_{L+1} = R^{(1)}_{\hat{k},\hat{s}}$ とする．

$x \in \mathbf{R}^d$ における貪欲点別リグレッソグラムを，以下の貪欲近傍を選ぶことによって求める．

$$R_x \in \{R_0, \ldots, R_M\}$$

ここで，$R_0,\ldots,R_M$ は貪欲近傍の列である．貪欲リグレッソグラムの定義は以下である．

$$\hat{f}(x)=\frac{1}{\#\{X_i\in R_x\}}\sum_{i:X_i\in R_x} Y_i,\qquad x\in\mathbf{R}^d$$

大域的推定量

今度は，$x\in\mathbf{R}^d$ の全部の点における回帰関数を大域的に推定する場合を考える．$\mathbf{R}^d$ における区切り $\mathcal{P}$ を見出して，リグレッソグラム $\hat{f}(x,\mathcal{P})$ を用いたい．貪欲区切り $\mathcal{P}$ は，以下の手順によって見出される区切り列の中の，1つの区切りである．

- 区切り $\{\mathbf{R}^d\}$ から始める．充分な数の観測値を含む長方形がある限り，区切りの長方形を分割する．
- 対応するリグレッソグラムの経験的リスクが最小になるように分割する．最小化は，そのときの区切りにおける，全部の長方形と全部の方向について行う．さらに，与えられた長方形と与えられた方向における，全部の区切り点について行う．

以下で，この手順をより詳細に記述する．まず，区切りを増やす際に，1つの長方形に含まれる観測値の数が与えられた閾値より少ないときは，長方形の分割を行わない，という制約を設ける．また，推定量の経験的リスクが最小になるように区切りを増やす．そのときの経験的リスクの定義は，推定量 $\hat{f}$ の2乗誤差の和とするのが普通である．区切り $\mathcal{P}$ が以下の区切りに置き換わるとき，$\mathcal{P}$ が増大したと言う．

$$\mathcal{P}_{R,k,s}=\mathcal{P}\setminus\{R\}\cup\left\{R_{k,s}^{(0)},R_{k,s}^{(1)}\right\}\tag{5.23}$$

ここで，長方形 $R\in\mathcal{P}$ は，$k=1,\ldots,d$ の方向に分割点 $s\in S_{R,k}$ を用いて分割される．

最小観測値数 $m\geq 1$ を与えたとき，貪欲分割の列 $\mathcal{P}_1,\ldots,\mathcal{P}_M$ を，以下のルールを使って再帰的に定義する．区切り $\mathcal{P}_1=\{R\}$（$R=\mathbf{R}^d$）から始める．分割 $\mathcal{P}_1,\ldots,\mathcal{P}_L$（$L\geq 1$）が作成できていると仮定する．

1. すべての $R\in\mathcal{P}_L$ が $\#\{X_i\in R\}\leq m$ を満たすとき，$\mathcal{P}_L$ を最終的な分割とする．
2. それ以外の場合は，次の分割 $\mathcal{P}_{\hat{R},\hat{k},\hat{s}}$ を作成する．そのとき，以下を用いる．

$$\left(\hat{R},\hat{k},\hat{s}\right)=\mathrm{argmin}_{(R,k,s)\in I}\sum_{i=1}^{n}\left(Y_i-\hat{f}(X_i,\mathcal{P}_{R,k,s})\right)^2 \tag{5.24}$$

ここで，以下を用いている．

$$I=\{(R,k,s):R\in\mathcal{P}_L,\ \#\{X_i\in R\}\geq m,\ k=1,\ldots,d,\ s\in S_{R,k}\}$$

$S_{R,k}$ は，(5.20) が定義する分割点の集合である．$\mathcal{P}_{R,k,s}$ が，(5.23) が定義する分割である．そして，$\hat{f}(\cdot,\mathcal{P})$ は，(3.4) が定義するリグレッソグラムである．

以下を貪欲分割とする．

$$\hat{\mathcal{P}}\in\{\mathcal{P}_1,\ldots,\mathcal{P}_M\}$$

ここで，$\mathcal{P}_1,\ldots,\mathcal{P}_M$ は貪欲分割の列である．この貪欲分割の定義は以下である．

$$\hat{f}=\hat{f}\left(\cdot,\hat{\mathcal{P}}\right)$$

ここで，$\hat{f}$ の定義は (3.4) である．優れた分割 $\hat{\mathcal{P}}$，ひいては優れたリグレッソグラムを見つけるために標本分割を利用できる．$n^*=[n/2]$ とし，データ (X_i,Y_i) $(i=1,\ldots,n^*)$ を使って，分割の列 $\mathcal{P}_1,\ldots,\mathcal{P}_M$ と，対応する推定量の列 $\hat{f}_1,\ldots,\hat{f}_M$ を作成する．したがって，それぞれの推定値に対して，以下のような，データの後半の部分を用いた2乗残差の和を計算する．

$$\mathrm{SSR}_m=\sum_{i=n^*+1}^{n}\left(Y_i-\hat{f}_m(X_i)\right)^2,\qquad m=1,\ldots,M$$

最終的な推定値を $\hat{f}_{\hat{m}}$ とする．ここで，$\hat{m}=\mathrm{argmin}_{m=1,\ldots,M}\mathrm{SSR}_m$ である．

5.5.2 CART

CART (Classification And Regression Trees, 分類回帰木) の手順は，Breiman et al. (1984) が導入した．5.5.1 項において，区切りの列はステップワイズな方法で作成した．そして，この列の中から標本分割を用いて1つの区切りを選んだ．CART は，これとは異なる方法で区切りの列を作成する．まず，ステップワイズな最適化によって細かな区切りを作成する．そして，複雑度ペナルティ剪定を使って区切りの列を作成する．これは，区切りの列を作成する新しい方法である．この方法を使うと，最終的な区切りを選択するために，標本分割の代わりにクロスバリデーションを使うことが可能になる．また，複雑度ペナルティ剪定を使うため，区切りの列におけるそれぞれの区切りの質が向上することがある．2分割CARTとは異なり，ここでの細かな区切り $\mathcal{P}^*$ はデータに依存する．それ以外の点では，最終的な推定値を2分割CARTと同様の方法で得る．そのとき，複雑度ペナルティを伴う残差2乗和を最小にする．CART列は以下の手順で求める．

1. 細かな区切り $\mathcal{P}^*$ を得る．この区切りは，5.5.1項で大域的推定を目的として定義した貪欲区切りの列の中で最も細かな区切り $\mathcal{P}_M$ である．
2. $\alpha \geq 0$ に対して以下を定義する．

$$\mathcal{P}_\alpha = \mathrm{argmin}_{\mathcal{P}\subset\mathcal{P}^*}\left[\sum_{i=1}^{n}\Big(Y_i - \hat{f}(X_i,\mathcal{P})\Big)^2 + \alpha\cdot\#\mathcal{P}\right] \tag{5.25}$$

ここで，$\hat{f}$ は (3.4) で定義したリグレッソグラムを表す．$\alpha = 0$ のとき，$\mathcal{P}_\alpha = \mathcal{P}^*$ になる．また，α が充分に大きいとき，$\mathcal{P}_\alpha = \{\mathbf{R}^d\}$ になる．$\mathcal{P}^*$ の部分集合の数は有限なので，以下の式を満たす $0 = \alpha_1 < \cdots < \alpha_M$ という値も有限個ある．

$$\mathcal{P}_\alpha = \mathcal{P}_{\alpha_i}, \alpha_i \leq \alpha < \alpha_{i+1} \text{のとき} \tag{5.26}$$

$i = 1,\ldots,M$ である．$\alpha_{M+1} = \infty$ と表す．すると，$\mathcal{P}_{\alpha_1} = \mathcal{P}^*$，$\mathcal{P}_{\alpha_M} = \{\mathbf{R}^d\}$ になる．

以下の，CART区切りの列を定義する．

$$\mathcal{P}_1,\ldots,\mathcal{P}_M \tag{5.27}$$

表記を簡略にするために，$\mathcal{P}_i = \mathcal{P}_{\alpha_i}$ $(i = 1,\ldots,M)$ とした．ここで，$\alpha_1,\ldots,\alpha_M$ の定義は (5.26) である．

優れた区切り，ひいては優れたリグレッソグラムを見出すために，クロスバリデーションを用いることができる．貪欲分割においては，標本分割，つまり，2-群クロスバリデーションを用いなければならなかった．しかし，CARTにおいては，平滑化パラメータ α を，異なる区切りを関連付けるために利用できる．そのため，K-群クロスバリデーション（$2 \leq K \leq n$）を使うことができる．指標集合 $\{1,\ldots,n\}$ を区切ったものを $I_1,\ldots,I_K$（$2 \leq K \leq n$）で表す．例えば，観測値を $K = 10$ の部分集合（10-群クロスバリデーションを行う場合）に分割することがある．観測値を，最大 n 個，最小 2 個の部分集合に分割できる．観測値 (X_i, Y_i) ($i \notin I_k$) を用いて，列 $\hat{f}_{\alpha_{1,k}}, \ldots, \hat{f}_{\alpha_{M_k,k}}$ を作成する．ここで，$\alpha_{1,k} < \cdots < \alpha_{M_k,k}$ ($k = 1, \ldots, K$) である．この列における，それぞれの推定値に対し，$(X_i, Y_i), i \in I_k$ を用いて，以下のように，2 乗残差平均 (ASR, average of squared residual) を計算する．

$$\mathrm{ASR}_{j,k} = \frac{1}{\# I_k} \sum_{i \in I_k} \left(Y_i - \hat{f}_{\alpha_{j,k}}(X_i) \right)^2, \qquad j = 1, \ldots, M_k,\ k = 1, \ldots, K$$

最後に，すべてのデータを用いて列 $\hat{f}_{\alpha_1}, \ldots, \hat{f}_{\alpha_M}$ と列 $\alpha_1, \ldots, \alpha_M$ を作成する．$(0, \infty) = U_{m=1}^{M} A_m$ に対して列を作成する．ここで，$\alpha_m \in A_m$ である．そして，以下の推定値を計算する．

$$\mathrm{ASR}_{\alpha_m} = \frac{\sum \{SSR_{j,k} : \alpha_{j,k} \in A_m\}}{\#\{(j,k) : \alpha_{j,k} \in A_m\}}, \qquad m = 1, \ldots, M$$

最終的な推定値を $\hat{f}_{\alpha_{\hat{m}}}$ とする．ここで，$\hat{m} = \mathrm{argmin}_{m=1,\ldots,M} \mathrm{ASR}_{\alpha_m}$ である．

列 $\mathcal{P}_1, \ldots, \mathcal{P}_M$ を作成するための 2 つのアルゴリズムがある．1 つは成長アルゴリズムである．細かな区切り $\mathcal{P}^*$ に成長させるものである．もう 1 つは剪定アルゴリズムである．先の方法で得られた細かな区切りから出発して列を作成するものである．いずれのアルゴリズムも，ここで考えている区切りは 2 進木で表現され，区切りを構成する長方形は木のノードであることを利用している．2 進木として表現されるのは，ステップワイズな分割手順に従っているためである．まず，全空間を木の根と考える．そして，ノード（つまり，長方形）を分割する．得られる 2 つの長方形を，ノードの分割によって得られる，子ノードと考える．

5.5.1 項において広域推定量を得るために定義した貪欲区切りの列から，最大限に細かな区切り $\mathcal{P}_M$ を選んで $\mathcal{P}^*$ とする．ここでは，$\mathcal{P}^*$ を得るために，5.5.1 項に記述したアルゴリズムに比べて高速のアルゴリズムを使うことができる．5.5.1 項のアルゴリズムは，区切りが成長する順序を最適化するための不必要な時間を使うからである．つまり，重要なのは，最終的な区切りである．途中における区切りではない．したがって，再帰アルゴリズム（以下に示したもの）に基づくアルゴリズムを利用できる．最小観測値数を $m \geq 1$ としよう．

1. $\mathcal{P} = \{\mathbf{R}^d\}$ という区切りから出発する．長方形 $\mathbf{R}^d$ を最初の 2 進木のルート・ノードとする．
2. 区切り $\mathcal{P}$ を既に作成していると仮定する．この区切りを 2 進木と見なす．

(a) すべての子ノード $R \in \mathcal{P}$ が $\#\{X_i \in R\} \le m$ を満たすとき，分割を終了する．

(b) (a) の条件を満たさないとき，$\#\{X_i \in R\} > m$ を満たす子ノード $R \in \mathcal{P}$ を選ぶ．そして，新しい区切り $\mathcal{P}_{R,\hat{k},\hat{s}}$ を作成する．ここで，以下を用いる．

$$\left(\hat{k}, \hat{s}\right) = \mathrm{argmin}_{(k,s)\in I_R} \sum_{i=1}^{n} \left(Y_i - \hat{f}(X_i, \mathcal{P}_{R,k,s})\right)^2$$

ここで，$I_R = \{(k,s) : k = 1, \ldots, d,\ s \in S_{R,k}\}$ であり，$S_{R,k}$ は，(5.20) が定義する分割点の集合である．$\mathcal{P}_{R,k,s}$ は，(5.23) が定義する区切りである．そして，$\hat{f}(\cdot, \mathcal{P})$ は，(3.4) が定義するリグレッソグラムである．区切り $\mathcal{P}_{R,\hat{k},\hat{s}}$ を 2 進木と見なせる．ここで，長方形 $R^{(0)}_{\hat{k},\hat{s}}$ は，ノード R の左の子ノードである．長方形 $R^{(1)}_{\hat{k},\hat{s}}$ は，ノード R の右の子ノードである．ここで，(5.23) の表記を用いた．

成長によって細かな区切り $\mathcal{P}^*$ を得てから，(5.27) に示す CART 列を見出すアルゴリズムが必要になる．与えられた α に対して複雑度ペナルティ最小化問題 (5.25) を解くために，$\mathcal{P}^*$ に対応する 2 進木 T^* の葉から始める，動的計画法アルゴリズムを使うことができる．t が T^* のノードであれば，このノードに伴う 2 乗残差の和を以下のように書ける．

$$\mathrm{ssr}(t) = \sum_{i:X_i \in R_t} \left(Y_i - \bar{Y}_{R_t}\right)^2$$

ここで，R_t はノード t に伴う長方形である．$Q(t)$ は，部分木 T_t（そのルートが t）のすべての葉 t' における $\mathrm{ssr}(t')$ の和を表している．ターミナルノード（葉ノード）から始めて，それぞれのノード t において以下の式が成り立つかどうかを調べる．

$$Q(t) + \alpha \cdot \#T_t < \mathrm{ssr}(t) + \alpha \tag{5.28}$$

ここで，$\#T_t$ は部分木 T_t における葉の数である．上の式が成り立つとき，ルートが t の部分木は維持されるべきである．複雑度ペナルティ誤差が，t をターミナルノード（葉ノード）としたときより小さいからである．そうでないとき，木をノード t で剪定する．つまり，t をターミナルノード（葉ノード）にする．値 $Q(t)$ は剪定過程の段階ごとに計算できる．

この考え方を拡張して完全なCART列とそれらに対応する値 $\alpha_1, \ldots, \alpha_M$ を見出すために，T^* のターミナルでないノード t のすべてにおいて，$Q(t) < \mathrm{ssr}(t)$ になることに注意しよう．(5.28) が成り立つとき，枝 T_t の複雑度ペナルティ誤差が，単一のノード $\{t\}$ より小さい．しかし，α がある閾値と一致するとき，2つの複雑度ペナルティ誤差が等しくなる．部分枝 $\{t\}$ が T_t より単純で，複雑度ペナルティ誤差が等しいとき，部分枝 $\{t\}$ の方が好ましい．このときの α を求めるために (5.28) を解く．すると，以下の式が得られる．

$$\alpha < \frac{\mathrm{ssr}(t) - Q(t)}{|T_t| - 1}$$

このアルゴリズムは「最弱リンク」を見つけるという考えに基づいている．「最弱リンク」は以下の値を最小にするノードである．

$$g_k(t) = \begin{cases} \frac{\mathrm{ssr}(t)-Q(t)}{|T_t|-1}, & t\,\text{は}\,T_k\text{のターミナルノード（葉ノード）ではない} \\ \infty, & t\,\text{は}\,T_k\text{のターミナルノード（葉ノード）である} \end{cases} \tag{5.29}$$

ここで，$k = 1, \ldots, K$ である．$t_1 = \mathrm{argmin}_{t \in T_0} g_0(t)$，$T_0 = T^*$ としよう．すると，t_1 がルート・ノードで，$\alpha_1 = g_0(t_1) = 0$ である．T_1 を，t_1 をターミナルノード（葉ノード）とすることによって得られる，T^* の部分木とする．この作業を，$t_k = \mathrm{argmin}_{t \in T_{k-1}} g_{k-1}(t)$，$\alpha_k = g_{k-1}(t_k)$（$k = 1, \ldots, M$）というふうに続ける[3)]．$\alpha_1 = 0$ とするとCART列が得られる．そして，$\alpha_k \le \alpha < \alpha_{k+1}$ とすると，対応する区切り $\mathcal{P}_{\alpha_k}$ が，木 T_k のターミナルノード（葉ノード）のそれぞれに対応する長方形によって構成される集合になる．

2次元のボラティリティ予測推定量におけるCART推定量を例として取り上げる．以下を定義する．

$$Y_t = R_t^2, \qquad X_t = \left(\sum_{i=t-k_1}^{t-1} R_i^2, \sum_{i=t-k_1-k_2}^{t-k_1-1} R_i^2 \right)$$

ここで，R_t をS&Pの純500リターン，$k_1 = k_2 = 5$ とする．データ X_t に対して，標準ガウス分布の周辺分布をもたらすコピュラ変換を行う．S&P 500データについては 1.6.1 項で記述した．

---

3) どの段階でも，「最弱リンク」の多重性があり得る．例えば，$g_{k-1}(t_k) = g_{k-1}(t'_k)$ である．そのときは，$T_k = T_{k-1} - T_{t_k} - T_{t'_k}$ と定義する．

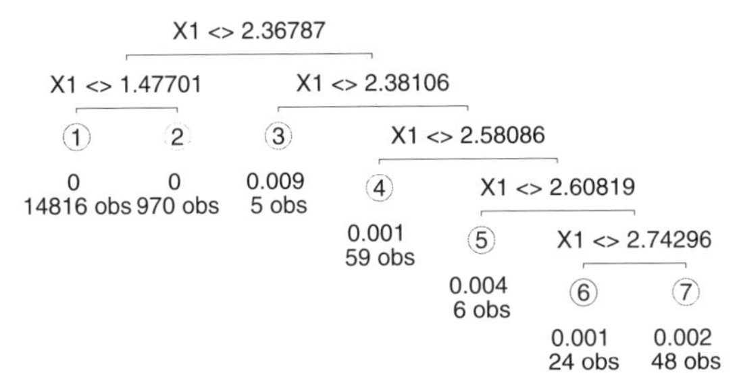

図 5.9　ボラティリティ予測における CART 推定値　CART 推定値のツリー図．目的変数が S&P 500 リターンの 2 乗で，説明変数が 2 つある．

図 5.9 は回帰データ (X_t, Y_t) に基づく CART 推定値を示している[4]．この推定値は X_1 に関してのみ区切られている．ターミナルノードの下の数字は，推定値と，その推定値に該当するターミナルノードに対応する観測値の数を表している．図 3.25 は，同じ回帰データを用いたときのカーネル密度推定値（(3.86) で定義した）の鳥瞰図である．

5.5.3　2 分割 CART

2 分割 CART は，2 次元（つまり，$d = 2$）の場合で，固定設定で等間隔のときに関して，Donoho (1997) が導入した．$f : [0,1]^2 \to \mathbf{R}$ とする．そして，以下を仮定する．

$$Y_i = \bar{f}(i) + \sigma\,\epsilon_i \tag{5.30}$$

ここで，$i = (i_1, i_2)$ は固定設定で等間隔の点である．$i_1, i_2 = 0, \ldots, m-1$ である．m は 2 の整数乗である．$\bar{f}(i)$ は，セル C_i におけるセル平均である．$C_i = [i_1/m, (i_1+1)/m) \times [i_2/m, (i_2+1)/m)$ において，$\bar{f}(i) = \int_{C_i} f/\mathrm{volume}(C_i)$ である．さらに，ϵ_i は，平均が 0 で，分散が 1 の同一分布に従う．また，$\sigma > 0$ である．観測値の数は，$n = m^2$ である．

2 進木 CART は以下の 2 段階の手順で定義できる．

1. $\mathcal{P}^*$ を最大限に細かな 2 進木区切りとする．2 進木区切りは $[0,1]^2$ の中点での分割によって作成する．1 つの長方形の横幅が m^{-1} のとき，その方向の分割は行わない．したがって，最大限に細かな 2 進木区切りは面積が m^{-2} の長方形からなっている．

4) R のパッケージ「tree」に所収されている関数「tree」を用いた．図を描くために，R のパッケージ「maptree」に所収されている関数「draw.tree」を用いた

2. $\mathcal{P}_\alpha$ を，以下を最小にする，$[0,1]^2$ の区切りとする．

$$\sum_{i_1,i_2=1}^{m} \left(Y_i - \hat{f}_n(x_i, \mathcal{P})\right)^2 + \alpha \cdot \#\mathcal{P}$$

その際，$\mathcal{P}^*$ の2進木部分区切りのすべてから選択する．ここで，x_i は，セル C_i の中点である．$\hat{f}(\cdot, \mathcal{P})$ は，区切り $\mathcal{P}$ を持つリグレッソグラムである．また，$\alpha > 0$ である．$\#\mathcal{P}$ は区切り $\mathcal{P}$ の濃度である．2進木CART推定量を以下のように定義する．

$$\hat{f}_n(x) = \hat{f}_n(x, \mathcal{P}_\alpha)$$

Donoho (1997) は最適な区切りを求めるための $O(n)$ 手順のアルゴリズムを提案した．ここで，$n = m^2$ は観測値の数である．2進木CART推定量は，異方性ニコルスキー平滑度を持つ集合において最適な収束率を与える．このことは，Donoho (1997) が ϵ_i が独立同一分布のガウス型確率変数のときについて証明した．Kohler (1999) は確率変数設定の回帰における回帰推定値を一変量のデータを使って分析した．それは，2進木CART推定値に類似した考えに基づいているけれども区分的多項式を用いている．

5.5.4　ブートストラップ集合

適応的リグレッソグラム（貪欲リグレッソグラムとCARTリグレッソグラム）は，あまり細分化されていない，区分的定数推定値を与える．ブートストラップ集合を利用すれば，細分化の程度を高めることができる．ブートストラップ集合においては，元標本 $(X_1, Y_1), \ldots, (X_n, Y_n)$ から B 組のブートストラップ標本を生成する．例えば，以下の方法の内の1つを利用できる．

1. n **から** n **復元抽出ブートストラップ**においては，元標本 $(X_1, Y_1), \ldots, (X_n, Y_n)$ から，復元を伴う大きさが n のブートストラップ標本を B 組作成する．いくつかの標本は1つのブートストラップ標本の中に2回以上現れるかもしれない．また，いくつかの標本は1つのブートストラップ標本の中には現れないかもしれない．
2. n **から** $0.5n$ **非復元抽出ブートストラップ**においては，復元を伴わずに大きさが $[n/2]$ のブートストラップ標本を B 組作成する．どの観測値も，1つのブートストラップ標本に最大限1回しか現れない．

以下の手順をブートストラップ集合と呼ぶ．

1. 元標本から B 組のブートストラップ標本を生成する．
2. それぞれのブートストラップ標本に基づいて適応的リグレッソグラム（$\hat{f}_j$, $j = 1, \ldots, B$）を計算する．適応的リグレッソグラムとして，5.5.1 項で定義した貪欲リグレッソグラム，あるいは，5.5.2 項で定義した CART リグレッソグラムを選択できる．
3. 回帰関数推定量 $\hat{f}$ を以下のように推定量 $\hat{f}_j$ の算術平均で定義する．

$$\hat{f}(x) = \frac{1}{B}\sum_{j=1}^{B}\hat{f}_j(x), \qquad x \in \mathbf{R}^d$$

この方法を最初に提起したのは Breiman (1996) である．そこでは，n から n 復元抽出ブートストラップを提案した．Breiman (2001) はいくつかの手順を検討した．それらは，(a) 最適な区切りの中からのランダムに区切りを選択するもの，(b) 観測値にランダムな摂動を与えるもの，などである．ブートストラップ集合は，適応的リグレッソグラムのような不安定な推定量の分散を減少させる方法の 1 つと解釈されてきた．

第II部

視覚化

第6章

データの視覚化

6.1 節では散布図について論じる．散布図は 2 次元データを視覚化するための自然な方法である．1 次元，3 次元や高次元の場合は 2 次元データへ変換することにより散布図を利用することができる．

6.2 節では 1 次元データを視覚化するためにカーネル推定値とヒストグラム推定値の使い方を説明する．カーネル推定値とヒストグラム推定値は平滑化に基づいているので，それらは 1 次元の散布図のように生データを視覚化することはない．むしろ，平滑化は観測値の数が大きいときの 2 次元散布図を描く際にも有用である．

6.3 節では射影追跡法と多次元尺度構成法を定義する．この 2 つの手法はデータの次元を削減する方法として解釈できる．射影追跡法は最適線形射影を探索する．多次元尺度構成法はデータ点の距離が元の距離と等しくなるような 2 次元のデータ配置を探索する．

6.4 節ではグラフ行列，並行座標プロット，アンドルーズ曲線と顔グラフを導入する．これらの視覚化の方法のすべては観測値をグラフ化オブジェクトにしている．グラフ行列の場合はデータ行列はグラフ化オブジェクトからなる行列として表されている．並行座標プロットの場合は観測値は区分線形関数として表現されている．アンドルーズ曲線は観測値を関数として表している．そして，顔グラフは人間の顔の模式図として表している．

6.1　散布図

はじめに2次元散布図を定義する．そして次に1次元散布図を定義する．この順序で定義するのは，1次元の散布図を定義して解釈するより，2次元散布図を定義して解釈することの方が簡単であるためである．また，1次元散布図を定義する方法は確立されていなく，ここでは，2つの有用な定義である裾プロットとQQプロットを与える．

6.1.1　2次元散布図

2次元散布図は2次元点集合 $\{x_1, \ldots, x_n\} \subset \mathbf{R}^2$ のデカルト座標系におけるプロットである．例えば図 1.1(a) や図 1.4(b) などから分かるように，すでにいくつかの散布図を見ている．

標本サイズが大きくなると，散布図の大部分が黒くなってしまう．なので異なる領域における点の密度の視覚的な違いが曖昧になってしまう．この場合は，平滑化を使って密度を視覚化することが可能である．

図 6.1 は データ (X_t, Y_t) の散布図を表している．ここで，

$$X_t = \log_e |R_{t-1}|, \qquad Y_t = \log_e |R_t|$$

であり $R_t = (S_t - S_{t-1})/S_{t-1}$ はS&P 500指数における日次の純リターンである．そのデータは1.6.1項で導入されている．15000個以上の観測値が存在する．(a)が散布図を示している．(b) は80区切りのヒストグラムを示してる．その区切りはグレースケールで色付けされている[1]．ヒストグラムは (3.49) で定義している．ヒストグラムのプロット作成に関する研究は Carr, Littlefield, Nicholson & Littlefield (1987) を参照せよ．

6.1.2　1次元散布図

$x_1, \ldots, x_n \in \mathbf{R}$ を視覚化したい実数列とする．1次元散布図は点

$$(x_i, \mathrm{level}(x_i)), \qquad i = 1, \ldots, n \tag{6.1}$$

の2次元散布図である．ここで，$\mathrm{level} : \{x_1, \ldots, x_n\} \to \mathbf{R}$ は実数値とそれぞれのデータ点を結びつける写像である．それゆえ，1次元散布図は，適切な方法でそれぞれの観測値に高さ（レベル）を与えることによってデータを視覚化する．

[1] はじめに区切りの数 n_i の平方根 $f_i = \sqrt{n_i}$ をとった．そして $g_i = 1 - (f_i - \min_i(f_i) + 0.5)/(\max_i(f_i) - \min_i(f_i) + 0.5)$ のように定義した．だから，$g_i \in [0, 1]$ となる．値 g_i の内1に近い値は淡いグレーで，値 g_i の内0に近い値は濃いグレーで示されている．

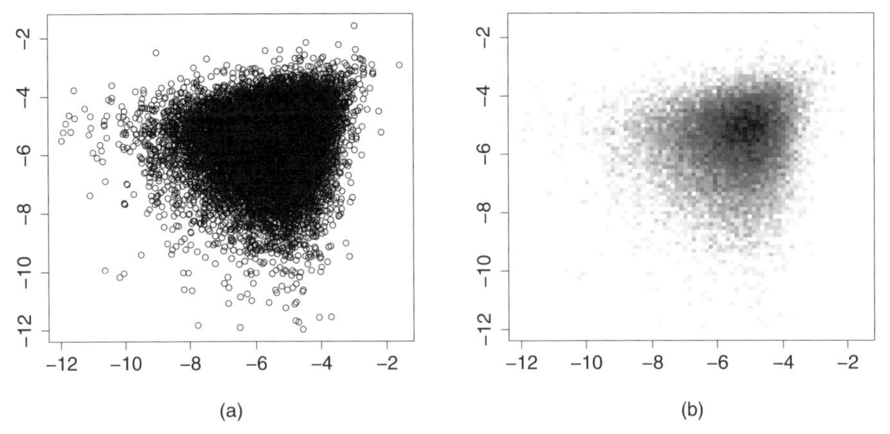

図 6.1 散布図 (a) 2 次元散布図．(b) グレースケールのヒストグラム．

左右の裾プロット

左右の**裾プロット**を使って内在している分布の裾の重さを視覚化することができる．GARCH(1, 1) や EWMA がもたらす残差における左と右の裾プロットが図 3.11 と図 3.18 で示されている．

データを左裾と右裾に分割する．2 つの裾を別々に視覚化する．右の裾は，

$$\mathcal{R} = \{x_i : x_i > \mathrm{med}_n,\ i = 1, \ldots, n\}$$

となる．ここで $\mathrm{med} = \mathrm{median}(x_1, \ldots, x_n)$ は (1.10) で定義されているように標本中央値である．レベルを以下のように選択する．

$$\mathrm{level}(x_i) = \#\{x_j : x_j \geq x_i, x_j \in \mathcal{R}\}, \qquad x_i \in \mathcal{R}$$

x_i のレベルは x_i 以上の値をとる観測値の数である．それゆえ，最も大きな観測値はレベル 1 をとり，2 番目に大きな観測値はレベル 2 をとりと続く．右裾プロットは点 $(x_i, \mathrm{level}(x_i))$, $x_i \in \mathcal{R}$ の 2 次元の散布図である．右裾プロットは右裾の重さを視覚化している．左裾は

$$\mathcal{L} = \{x_i : x_i < \mathrm{med}_n,\ i = 1, \ldots, n\}$$

である．左裾に対してはレベルを以下のように選択する．

$$\mathrm{level}(x_i) = \#\{x_j : x_j \leq x_i, x_j \in \mathcal{L}\}, \qquad x_i \in \mathcal{L}$$

したがって，最も小さい観測値はレベル 1 をとり，2 番目に小さい観測値はレベル 2 をとりと続く．左裾，右裾の両方において y 軸に対して対数軸を使うのは

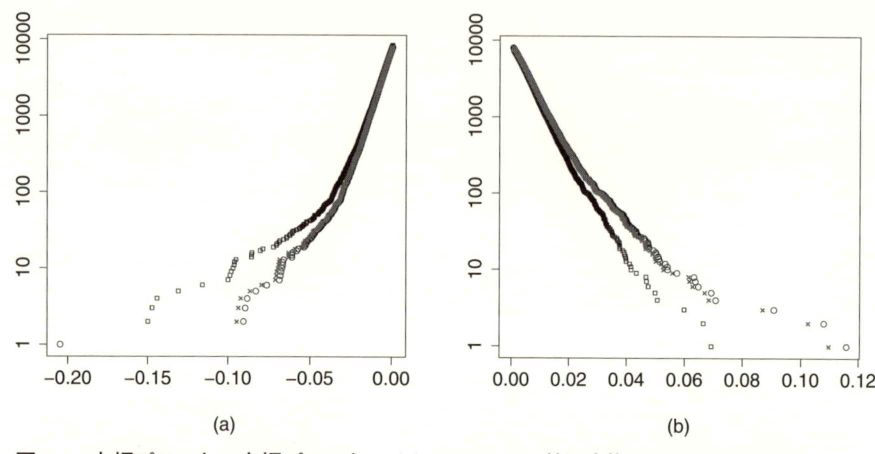

図 6.2　左裾プロット，右裾プロット　(a) S&P 500 の効用変換リターンの左裾プロット．(b) S&P 500 の効用変換リターンの右裾プロット．データは S&P 500 リターン：純リターン（○），対数リターン（×），リスク回避度 $\gamma = 10$ のべき型効用変換リターン（□）．

有用である．裾プロットは Mandelbrot (1963), Bouchaud & Potters (2003) や Sornette (2003) で応用されている．

図 6.2 は S&P 500 リターンの裾プロットと S&P 500 効用変換リターンの裾プロットを示している．S&P500 指数のデータは 1.6.1 項で説明されている．(a) は左裾プロットを示し，(b) は右裾プロットを示している．「○」は，純リターン $X_t = (S_t - S_{t-1})/S_{t-1}$ を示している．「×」は，対数リターン $Y_t = \log(S_t/S_{t-1})$ を示している．「□」はべき型効用変換リターン $Z_t = (S_t/S_{t-1})^{1-\gamma}/(1-\gamma)$ を表している．ここで $\gamma = 10$ である．ポートフォリオ選択における効用関数の利用は (1.95) で導入している．y 軸に対数目盛りを用いている．左の裾プロットにおいて，2 つの外れ値（×でプロットすべきものが 1 つと，□でプロットすべきものが 1 つ）はプロットしていない．□は，○や×に比べて左裾が重いこと分かる．また，右裾においてはこの関係は反転することに注目していただきたい．

QQ プロット

QQ プロットは 2 つの分布の裾の重さを比較する方法である．QQ プロットは分位点プロットまたは分位点—分位点プロットとも呼ばれる．GARCH(1, 1) の残差における QQ プロットは図 3.12 で示されている．

データ $x_1, \ldots, x_n \in \mathbf{R}$ とデータ $y_1, \ldots, y_n \in \mathbf{R}$ の QQ プロットはデータ点

$$\left(x_{(i)}, y_{(i)}\right), \qquad i=1,\ldots,n$$

の2次元散布図である．ここで $x_{(1)} \le \cdots \le x_{(n)}$ と $y_{(1)} \le \cdots \le y_{(n)}$ は順序標本である．QQプロットは(6.1)で定義されている1次元プロットの特殊な場合である．QQプロットでは，$\mathrm{level}(x_{(i)}) = y_{(i)}$ となる．

データ $x_1,\ldots,x_n$ の経験分布関数 $\hat{F}_X$ は(1.25)で定義されていた．(1.27)で記述したように，

$$\hat{F}_X^{-1}(p) = \inf\{t \in \mathbf{R} : \hat{F}_X(t) \ge p\} = \begin{cases} x_{(1)}, & 0 < p \le 1/n \\ x_{(2)}, & 1/n < p \le 2/n \\ \vdots & \end{cases}$$

が成立する．それで，QQプロットは点

$$\left(\hat{F}_X^{-1}(p_i), \hat{F}_Y^{-1}(p_i)\right), \qquad i=1,\ldots,n$$

のプロットである．ここで，$p_i = (i-1/2)/n$ で $\hat{F}_Y$ は データ $y_1,\ldots,y_n$ の経験分布関数である．データ $x_1,\ldots,x_n \in \mathbf{R}$ のQQプロットは，参照分布関数 $F : \mathbf{R} \to [0,1]$ と関連付けることによって，より一般性が高い形で定義できる．以下に示す点がもたらす2次元散布図である．

$$\left(x_{(i)}, F^{-1}(p_i)\right), \qquad i=1,\ldots,n$$

これは，QQプロットを一般的したものである．しかし，(6.1)で定義した1次元散布図の特殊な場合とも言える．すなわち，$\mathrm{level}(x_{(i)}) = F^{-1}(p_i)$ とした場合である．

図6.3はS&P 500リターンとS&P 500リターン効用のQQプロットを示している．図6.2で示されたデータを続けて用いる．S&P指数のデータは1.6.1項で説明されている．(a)は，x-観測値は純リターンで，y-観測値は対数リターンのQQプロットである．(b)は，x-観測値はここでも純リターンで，y-観測値はリスク回避度 $\gamma = 10$ のべき型リターン効用のQQプロットである．直線 $y = x(x_1 = x_2)$ のグラフも図に含めた．両方のQQプロットで点が斜めの線 $y = x$ の下にあることが見て取れる．両方の場合で y-観測値の左裾が x-観測値の左裾より重く，y-観測値の右裾が x-観測値の右裾より軽いということを意味する．(b)の左裾の1つの外れ値は除いた．

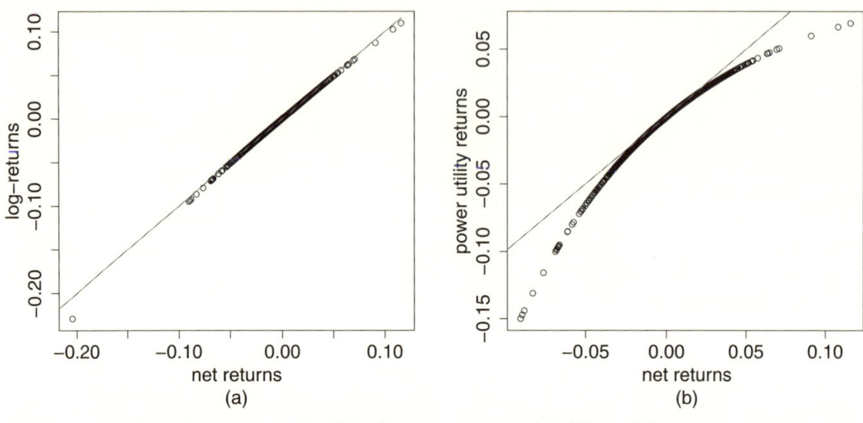

図6.3　QQプロット　(a) x-観測値は純リターンで y-観測値は対数リターンである．(b) x-観測値は純リターンで y-観測値はリスク回避度 $\gamma = 10$ のべき型リターン効用．直線 $y = x$ のグラフは斜めの直線で示している．

6.1.3　3次元または高次元散布図

データ $x_1, \ldots, x_n \in \mathbf{R}^d$ の次元 d が3次元または高次元であれば，データを2次元に射影して2次元散布図を適用することができる．射影 $g : \mathbf{R}^d \to \mathbf{R}^2$ は $g(x) = Ax$ で定義することができる．ここで，A は $A'A = I_2$ を満たす $2 \times d$ 行列である．

射影は，はじめに回転 $(x_1, \ldots, x_d) \mapsto (y_1, \ldots, y_d)$ を行い，次に $(y_1, \ldots, y_d) \mapsto (y_1, y_2)$ に射影するという2段階で構成されている．回転行列は行列式が1になる直交行列である．任意の2次元回転行列は

$$\begin{bmatrix} \cos\theta & -\sin\theta \\ \sin\theta & \cos\theta \end{bmatrix}$$

で表すことができる．さらに，任意の3次元回転行列は $R = R_x(\theta_1)R_y(\theta_2)R_z(\theta_3)$ で与えられる．ここで，

$$R_x(\theta) = \begin{bmatrix} 1 & 0 & 0 \\ 0 & \cos\theta & -\sin\theta \\ 0 & \sin\theta & \cos\theta \end{bmatrix}, \quad R_y(\theta) = \begin{bmatrix} \cos\theta & 0 & \sin\theta \\ 0 & 1 & 0 \\ -\sin\theta & 0 & \cos\theta \end{bmatrix}$$

であり，

$$R_z(\theta) = \begin{bmatrix} \cos\theta & -\sin\theta & 0 \\ \sin\theta & \cos\theta & 0 \\ 0 & 0 & 1 \end{bmatrix}$$

である．

データを2次元に写像した後，図 6.1 のようにヒストグラム平滑化を用いることができる．これは結果的に2次元の周辺密度を推定することになる．

2つ目の手法は (3.49) で定義されるような通常のヒストグラムを推定する方法である．そのとき，区切りの中心点を新しいデータ点と考えることによって，ヒストグラムからデータセットを生成する．その新たなデータセットは2次元に射影できる．それぞれの新しいデータ点は頻度を伴っている．しかしながら，このように作成された新たなデータを使ったヒストグラムは，図 6.1 のようにプロットすることはできない．図 6.1 では元々のデータが2次元である．高次元の頻度の射影より得られた2次元のデータセットは，多くのデータが他のデータ点によって覆われている．それゆえ，前景のデータ点が背景のデータ点を覆い，その逆にはならない手法を用いて新しいデータをプロットしなければならない．

図 6.4 にデータ (X_i, Y_i, Z_i) の散布図を示す．ここで，以下を用いている．

$$X_t = \log_e |R_{t-2}|, \qquad Y_t = \log_e |R_{t-1}|, \qquad Z_t = \log_e |R_t|$$

そして，$R_t = (S_t - S_{t-1})/S_{t-1}$ は S&P 500 指数の日次の純リターンである．データは 1.6.1 項で導入されている．観測値は 15000 個以上存在する．$80^3 = 512,000$ 区切りで3次元ヒストグラムを計算する．11810 個の空ではない区切りが存在する．そして，これは新しい観測値の数である．(a) は，回転 $R_x(\theta_1)R_y(\theta_2)R_z(\theta_3)$ を示している．ただし，$\theta_1 = \theta_2 = \pi$ で $\theta_3 = 0$ である．その後，写像 $(x, y, z) \mapsto (x, y)$ を行っている．(b) は断面図を示している．ここで背後に位置している 6000 個の観測値のみが示されている．このグラフでは，点集合の中心に高密度領域が見られる．

6.2 ヒストグラムとカーネル密度推定量

ヒストグラムとカーネル密度推定値は 6.1.2 項で議論した1次元散布図の代替手段として1次元データを視覚化するための有用な手法である．裾プロットや QQ プロットのような1次元散布図は，分布の裾を視覚化するために有用であるが，これらの手法は分布の中心領域（裾ではない領域）に現れる多峰性を視覚化

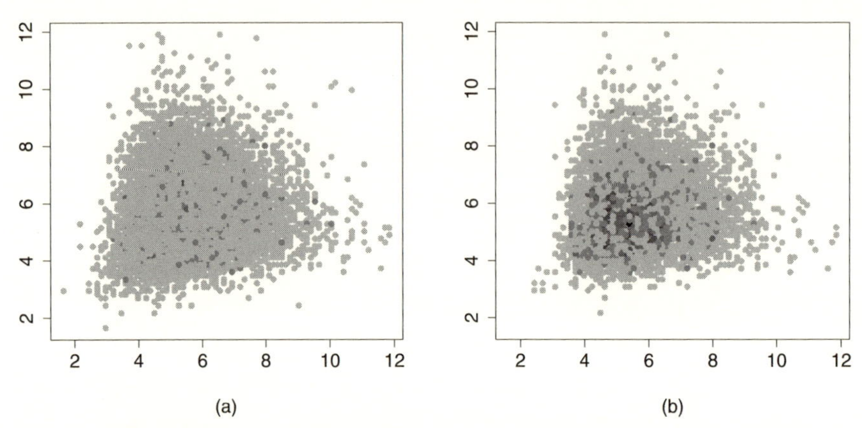

図6.4 3次元散布図 (a) 2次元に射影されたグレースケールの3次元ヒストグラム. (b) 背後に位置している観測値が示されている断面図.

するためにはあまり役立たない. カーネル密度推定量は (3.39) で定義されており, ヒストグラムは (3.49) で定義されている.

図 6.5 はカーネル密度推定値の数列を示している. データはポートフォリオ・リターンからなっている.

$$X_t^{(b)} = bR_t^{bond} + (1-b)R_t^{sp500}$$

と置く. ここで, R_t^{bond} はアメリカ10年国債月次リターンであり, R_t^{sp500} は S&P 500月次リターンである. そして, $b \in [0,1]$ はポートフォリオにおける債券の配分である. リターンは年率に変換した. 期間 1953-03 から 2011-12 までの月次データを用いる. このデータは704個の観測値を持つ[2]. カーネル密度推定量において, 平滑化パラメータを $h = 0.08$ と設定し, 標準正規カーネルを用いた. 債券の配分 b を $b = 0, 0.2, \ldots, 1$ の範囲にした. 小さい b においては, 分布が大きな分散を持つことが分かる (密度推定が平らである). 大きな b においては, 分布が小さな分散を持つことが分かる (密度推定値が尖っている).

図 6.6 はコール・オプションの支払いから計算されたヒストグラムを示している. データが連続分布でも離散分布でもない分布に由来しているため, これらのデータに対しては, カーネル密度推定量の代わりにヒストグラムを使う方がより自然である. データは 1953-05 から 02012-12 までの間の月次 S&P 500 リター

[2] 債権データはセントルイスの連邦準備銀行から取得しており, S&P 500 データは Yahoo から取得している. 配当 y_t は公式 $R_t^{bond} = 120(y_{t-1} - y_t) + y_t$ で年率リターン R_t^{bond} に変換されている.

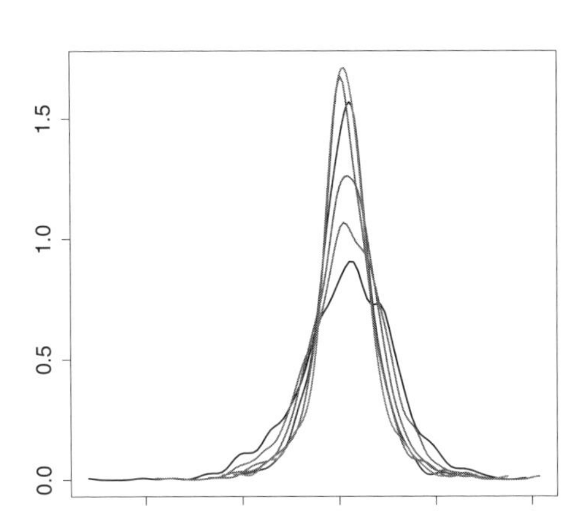

図 6.5 カーネル密度推定値 債権の配分 b が範囲 $b = 0.2, \ldots, 1$ で S&P 500 の配分が $1 - b$ のときの，ポートフォリオリターンにおける分布のカーネル密度推定値である．

ンで 704 個の観測値がある．各月のはじめに現在の価格と同等の権利行使価格を伴うコール・オプションを買うというオプション戦略は，支払いが

$$X_t = \max\{S_t - S_{t-1}, 0\}$$

で与えられる．ここで S_t は時刻 t における S&P 指数の値で，オプションのプレミアムは考慮していない．ヒストグラムの総和が 1 となるように正規化してはいない．すなわち y 軸が区切りの頻度を表している．区切りの数によってヒストグラムは大きく変化する．(a) は 20 区切りのヒストグラムを示し，(b) は 150 区切りのヒストグラムを示す．0 で満了した数である $\#\{X_t = 0\}$ は 288 個である．区切りの数を小さくした場合でも，最も左の区切りは 0 で満了した数の情報を与えているわけではない．区切りの数が多い場合は最初の区切りの頻度が 0 で満了した数に近づくけれども，その他の領域の分布が正確に表現されなくなってしまう．

6.3 次元削減

6.3.1 射影追跡法

射影追跡法は，射影指数を最大化することによって，高次元データの注目度が高い低次元射影を見つけようとする方法である．理論的な方法による射影追跡法においては，$Q(A'X)$ を最大化する $d \times d$ の射影行列 A を求める．ここで

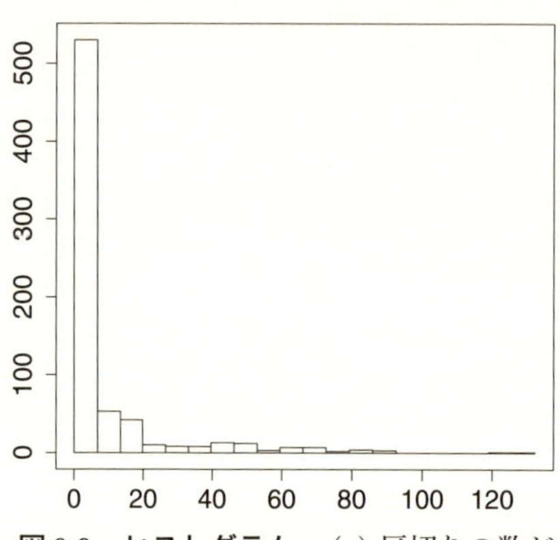

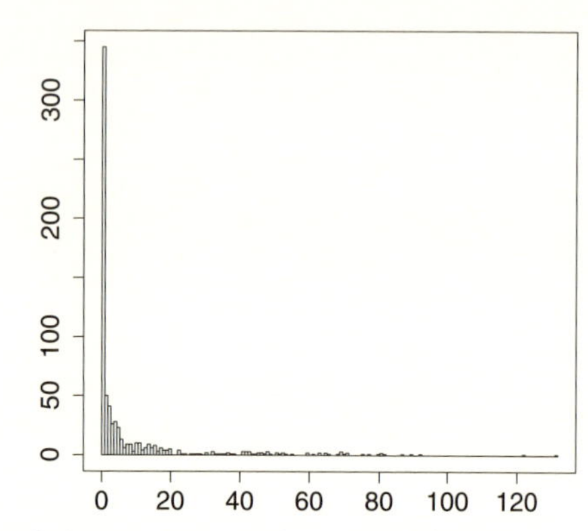

図 6.6 ヒストグラム (a) 区切りの数が 20 のときのコール・オプションの支払いのヒストグラム推定値. (b) 区切りの数が 150 のとき.

$X \in \mathbf{R}^d$ は確率変数ベクトルで Q は射影指数である. 射影行列は対称な冪等行列 A である. つまり $A' = A$ であり $A^2 = A$ である.

以下の逐次的な手順で進めていく. 射影指数を一変量の確率変数 Y で定義した $Q(Y)$ と置く. 射影ベクトル $a_1 \in \mathbf{R}^d$ は射影指数

$$a_1 = \mathrm{argmax}_{a:\|a\|=1} Q(a'X)$$

を最大化するものとする. $k = 2, \ldots, d_0$ において, $a_k \in \mathbf{R}^d$ を射影ベクトルとする. a_k は, $a_1, \ldots, a_{k-1}$ のすべてに対して垂直であり, 射影指数を最大化する
つまり,

$$a_k = \mathrm{argmax}_{a:\|a\|=1, a\perp a_1, \ldots, a\perp a_{k-1}} Q(a'X)$$

である. 列ベクトル $a_1, \ldots, a_d$ を求め, 射影行列 $A = (a_1, \ldots, a_d)$ が定義される.

Huber (1985) は1次元の確率変数 Y に対して, 射影指数を次のように定義している. すべての場合で $Q(Y) \leq 0$ であり, もし Y が正規分布に従っていれば, $Q(Y) = 0$ が成り立つ.

1. **キュミュラント**

$$Q(X) = |c_m(X)|/c_2(X)^{m/2}, \qquad m > 2$$

と置く. ここで, c_m は m 階のキュミュラント:

$$c_m = \frac{1}{i^m} \frac{\partial^m}{\partial t^m} \log E \exp\{itX\}\Big|_{t=0}, \qquad m \geq 2 \tag{6.2}$$

である．ただし，i は虚数単位である．上の式で $m=3$ と置くと絶対歪度が得られる，$m=4$ と置くと絶対尖度が得られる．

2. **フィッシャー情報量**

$$Q(X) = \mathrm{Var}(X)I(X) - 1$$

と置く．ここで $I(X)$ はフィッシャー情報量，

$$I(X) = \int_{-\infty}^{\infty} \frac{(f'_X)^2}{f_X}$$

である．ただし，f_X は X の密度である．

3. **シャノン・エントロピー**

$$Q(X) = -S(x) + \log\left(\mathrm{std}(X)\sqrt{2\pi e}\right)$$

と置く．ここで $S(X)$ はシャノン・エントロピー

$$S(X) = -\int_{-\infty}^{\infty} f_X \log f_X$$

である．ただし，f_X は X の密度である．

射影指数として，分散

$$V(X) = \mathrm{Var}(Y)$$

も考えることができる．この場合，A は X の分散共分散行列 $\Sigma = \mathrm{Cov}(X) = E[(X-EX)(X-EX)']$ の固有ベクトルの行列となる．これは主成分分析を導く．主成分分析においては，Σ のスペクトル表現と固有分解は同義であり，これは

$$\Sigma = A\Lambda A'$$

となる．ここで Λ は Σ の固有値の $d \times d$ 対角行列であり A の列は固有ベクトル（主成分）である．主成分変換は

$$A'(X - EX) \in \mathbf{R}^d \tag{6.3}$$

で定義される．

Huber (1985) は射影追跡法に関する総論である．Friedman & Tukey (1974) は「射影追跡法」という用語を作った．また，Cook, Buja & Cabrera (1993) と Cook, Buja, Cabrera & Hurley (1995) などによって射影追跡法の研究がされている．

6.3.2　多次元尺度構成法

多次元尺度構成法はデータ $X_1,\ldots,X_n \in \mathbf{R}^d$ から $\mathbf{R}^2$ への，または任意の空間 $\mathbf{R}^k$，$2 \le k < d$ への非線形写像である．多次元尺度構成法の写像 $Q : \{X_1,\ldots,X_d\} \to \mathbf{R^2}$ は以下の2段階で定義される．

1. 対距離 $\|X_i - X_j\|$, $j \neq i$ を計算することによって，データの情報を削減する．
2. $i \neq j$ において $\|Q(X_i) - Q(X_j)\| = \|X_i - X_j\|$ となる集合 $Q_1(X_1),\ldots,Q(X_n) \in \mathbf{R}^2$ を見つける．

ユークリッド距離以外の距離を用いることも可能である．また実際は，距離を厳密に保つ写像を見つけられないおそれがあるのでストレス汎関数

$$\sum_{1\le i<j\le n} (\|X_i - X_j\| - \|Q(X_i) - Q(X_j)\|)^2$$

を最小とするような写像 $Q : \{X_2,\ldots,X_n\} \to \mathbf{R}^2$ を求める．サモンの写像はストレス汎関数

$$\sum_{1\le i<j\le n} \frac{(\|X_i - X_j\| - \|Q(X_i) - Q(X_j)\|)^2}{\|X_i - X_j\|}$$

を使う．このストレス汎関数は距離が短いときを重要視する．最小化問題を解くのに，数値的最小化が使われる．

多次元尺度構成法を使って異なる時系列の相関関係を視覚化することができる．$x_i = (x_{i1},\ldots,x_{iT})$ を会社 i の時系列リターンとする．ここで $i = 1,\ldots,n$ である．リターンのベクトルが標本平均0，標本分散1となるようにリターンの時系列を正規化した場合，ユークリッド距離は相関距離を用いることと等しくなる．実際に，

$$y_i = \frac{x_i - \bar{x}_i}{\mathrm{s}(x_i)}$$

と置く．ここで，$\bar{x} = T^{-1}\sum_{t=1}^{T} x_{it}$ で $s^2(x_i) = T^{-1}\sum_{t=1}^{T} x_{it}^2 - \bar{x}_i^2$ である．そして，

$$\frac{1}{T}\|y_i - y_j\|^2 = 2[1 - \rho(x_i, x_j)]$$

とする．ここで，$\rho(x_i,x_j) = \gamma(x_i,x_j)/[s(x_i)s(x_j)]$ であり，$\gamma(x_i,x_j) = T^{-1}\sum_{t=1}^{T} x_{it}x_{jt} - \bar{x}_i\bar{x}_j$ である．それゆえ，ノルム

$$\|y_i - y_j\|_{2,T}^2 = \frac{1}{T}\|y_i - y_j\|^2 = \frac{1}{T}\sum_{t=1}^{T}(y_{it} - y_{jt})^2$$

について，多次元尺度構成法を応用する．このノルムはユークリッドノルムを $\sqrt{T}$ で除することによって得られる．$-1 \le \rho(x_i, x_j) \le 1$ なので，$0 \le \|y_i - y_j\|_{2,T} \le 2$ である．無相関では $\|y_i - y_j\|_{2,T} = \sqrt{2}$ となり，正の相関では $0 < \|y_i - y_j\|_{2,T} < \sqrt{2}$ となる．そして，負の相関では $\sqrt{2} < \|y_i - y_j\|_{2,T} < 2$ となる．

2003-01-02 から 2013-02-08 のすべての期間における DAX 30 の会社の日次リターンを分析する．全部で 2568 個の観測値を用いており，データは Yahoo から取得している[3]．

図 6.7 は多次元尺度構成法を示す．(a) は 2003-01-02 から 2013-02-08 のすべての期間を示している．(b) は 2010-12-01 から 2011-11-22 の 1 年間の期間を示している．例えば，フォルクスワーゲン (VOW) は BMW と，長い期間では相関がみられないが，その 1 年間では高い相関が見られることがわかる．どちらの期間でもフレゼニウス・メディカル・ケア (FME) とフレゼニウス (FRE) は高い相関があることがわかる．

6.4 グラフ化オブジェクトとしての観測値

グラフ行列では，行列のグラフ要素でそれぞれの観測値で表現していた．平行座標プロットでは，部分線形関数でそれぞれの観測値を表現していた．一方で，グラフ化オブジェクトで観測値を表現するための方法は他にも存在する．アンドルーズ曲線や顔グラフがあげられる．

[3] DAX 30 の会社に対して以下のシンボルを用いている．ADS アディダス，ALV アリアンツ，BAS ビーエーエスエフ，BAY バイエル，BEI バイヤスドルフ，BMW バイエルン発動機株式会社，CBK コメルツ銀行，CON コンチネンタル，DAI ダイムラー，DB1 ドイツ証券取引所，DBK ドイツ銀行，DPW ドイツポスト，DTE ドイツテレコム，EON エーオン，FME フレゼニウス・メディカル・ケア，FRE フレゼニウス，HEI ハイデルベルグセメント，HEN ヘンケル，IFX インフィニオン・テクノロジー，LHA ルフトハンザ・ドイツ航空，LIN リンデ，LXS ランクセス，MRK メルク，MUV ミュンヘン再保険，RWE RWE，SAP SAP，SDF K+S，SIE シーメンス，TKA ティッセンクルップ，VOW フォルクスワーゲン．

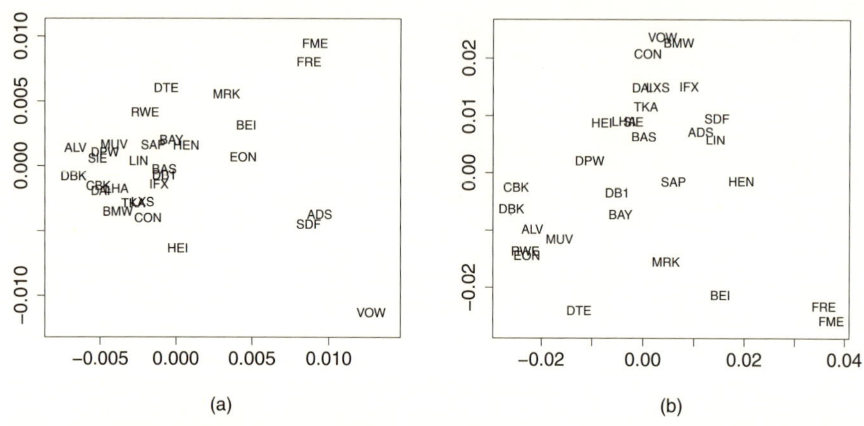

図 6.7　多次元尺度構成法：時系列相関　散布図に示された DAX 30 の会社間の距離は会社間の時系列リターンの相関と反比例している．(a) は始点 2003-01-02 から終点 2013-02-08 までを示している．(b) は始点 2010-12-01 から終点 2011-11-12 までを示している．

6.4.1 グラフ行列

データ行列は $n \times d$ の実数の行列である．ここで n は標本抽出されたグラフ化オブジェクトの数，そして d は変数の数である．つまり i 行 j 列の値は j 番目の変数における i 番目のグラフ化オブジェクトの測定値である．

グラフ行列はグラフ要素の $n \times d$ の行列である．つまり，実数の $n \times d$ データ行列は，それぞれの実数をグラフ要素の形式で表現することによって変換したものと言える．グラフ行列は Bertin (1967, 1981) によって研究されている．グラフ行列に関連のある視覚化のための方法に Minnotte & West (1999) が開発したデータ・イメージ (Data Image) が存在する．

データが二値のみで構成される場合，白と黒の矩形でこれらのデータ行列の値を表現することがある．その他の場合は，グレースケール，色，大きさの変わる記号を使い表現することがある．例えば，実数値を長さが値に比例した棒あるいは線で表現で表現する．Bertin (1981) は，7つの視覚変数を使って数値をコード化する方法について述べている．7つの視覚変数とは，形，場所，大きさ，値，質感，色，方向である．

有用なグラフ行列にするために，行列の行と列は意味のあるパターンが見て取れるように並べられなければならない．回帰データの場合は，つまり変数の1つが目的変数で他の変数が説明変数であるとき，行（観測値）の上手い並べ替えを探索するための2つの自然な方法がある．

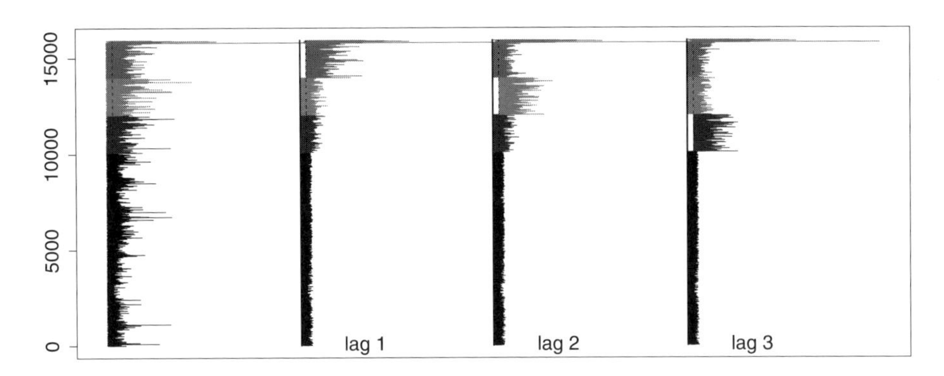

図 6.8 グラフ行列 一番左の列は目的変数である．これは S&P 500 リターンの絶対値である．次の 3 つの列は，3 つの説明変数，つまり，S&P 500 リターンの絶対値の 3 つの以前値である．k 平均法アルゴリズムによって 3 つの説明変数のデータより計算した 5 つのクラスターに色分けされている．（口絵 1 参照）

1. 1 つ目の方法は目的変数の値に沿って観測値を並べることである．
2. 2 つ目の方法は (a) 説明変数のみを用いて観測値をクラスターに分けて，(b) 同じクラスターの中にある観測値に対応する行がひとまとまりになるように行を並べる．この規則ではクラスター内の観測値の順序を特定しない．

図 6.8 は S&P 500 リターンにおける絶対リターンのグラフ行列を示している．S&P 指数のデータは 1.6.1 項で登場している．4 つの変数でデータ行列を作成する．つまり，目的変数として純リターンの絶対値をとり，純リターンの絶対値の 3 つの以前値を説明変数とする．すなわち，以下の式のようになる．

$$Y_t = |R_t|, \qquad X_{t,1} = |R_{t-1}|, \qquad X_{t,2} = |R_{t-2}|, \qquad X_{t,3} = |R_{t-3}|$$

ここで，$R_t = (S_t - S_{t-1})/S_t$ は純リターンであり S_t は S&P 500 指数の価格である．k 平均法を用いて 3 次元データ $(X_{1,t},\ X_{2,t},\ X_{3,t}), t = 1, \ldots, T$ を $k = 5$ クラスターに分類する．k 平均法は例えば Klemelä (2009, Section 8.2) が解説している．黒いクラスターは低いボラティリティのクラスターで，赤いクラスターは高いボラティリティのクラスターである．緑のクラスターは 1 つ以前値における高いボラティリティのクラスターである．水色のクラスターは 2 つ以前値における高いボラティリティのクラスターであり，青いクラスターは 3 つ以前値における高いボラティリティのクラスターである．緑色のクラスターより水色のクラスターの方が目的変数のボラティリティが高いようである．

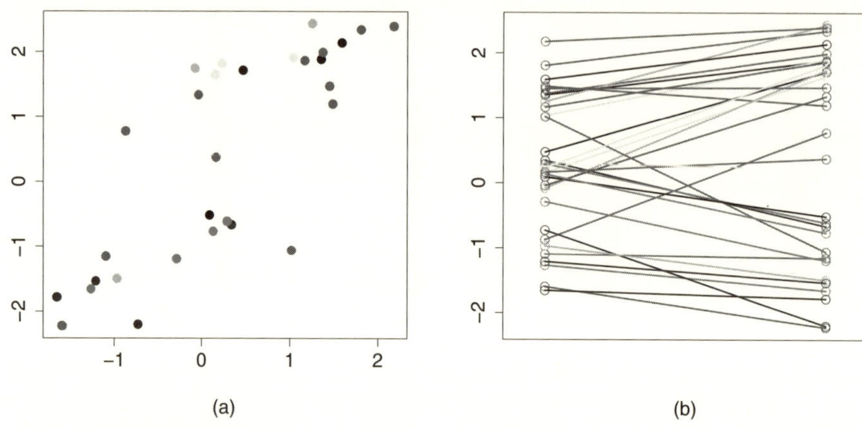

図 6.9 平行座標プロット：例 (a) 散布図，(b) 平行座標プロット（(a) の散布図に相当する）（口絵 2 参照）

6.4.2 平行座標プロット

平行座標プロットでは，データ点 $x_1, \ldots, x_n \in \mathbf{R}^d$ を区分線形曲線で描く．観測値 $x_i = x_i^1, \ldots, x_i^d \in \mathbf{R}^d, i = 1, \ldots, n$ を点

$$(1, x_i^1),\ (2, x_i^2), \ldots,\ (d, x_i^d)$$

で線形内挿した曲線で表現している．それゆえ，平行座標プロットでは，座標軸の数を横軸に位置付けて，値を縦軸に位置付けている．そして，これらの点は線形内挿される．平行座標プロットは，Inselberg (1985) が導入した．Inselberg & Dimsdale (1990)，Wegman (1990) と Inselberg (1997) も参照せよ．

図 6.9 は平行座標プロットの定義を例示している．(a) は散布図を示し，(b) は平行座標プロットを示している．標本サイズは $n = 30$ であり，次元は $d = 2$ である[4)]．

図 6.10 は時系列ベクトルの典型的なプロットが平行座標プロットと一致することを示している．この例は平行座標プロットが上手くいく場合を描いている．つまり事例の数が少なく，変数の数が多く，そして変数が自然な順序を持っている場合である．時点 1990-11-26 から 2013-06-07 の期間における株価指数，DAX 30（黒），MDAX 50（赤），FTSE 100（青）そして CAC 40（緑）の日次

4) データは株価指数 DAX 30 と MDAX 50 の日次リターンである．期間は 2009-04-22 と 2009-06-05 の間の間における取引日（30 日）である．1.7.2 項で定義した標準ガウス型周辺分布を用いたコピュラ変換を施し作成した．

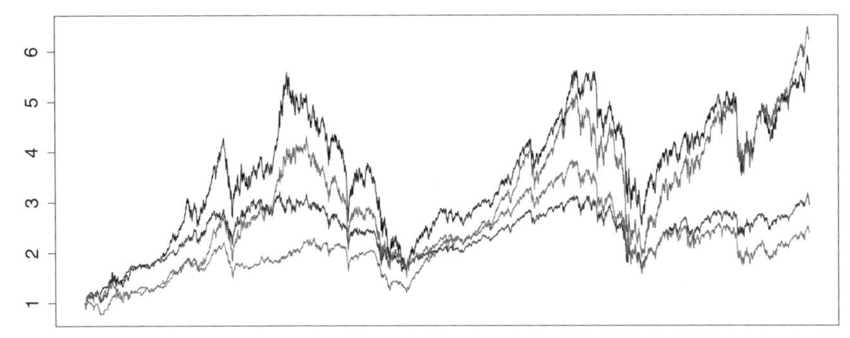

図 6.10 株価の平行座標プロット 1990-11-26 から 2013-06-07 までの 4 つの株価指数の価格である．DAX 30 (黒)，MDAX 50 (赤)，FTST 100(青) そして CAC 40(緑) である．(口絵 3 参照)

指数を示している．日が変数の種類に相当し，株の種類が事例に相当する．つまり， $n = 4$, $d = 4602$ になる．この株価の最初の値が 1 になるように正規化されている．

図 6.11 は，最近傍法におけるデータ点の平行座標プロットによる視覚化の例である．最近傍回帰推定値は (3.29) で重み付き平均の形で定義した．すなわち，以下の式

$$\hat{f}(x) = \sum_{i=1}^{n} p_i(x)\, Y_i \tag{6.4}$$

で表される．ここで，$\sum_{i=1}^{n} p(x) = 1$ で $p_i(x) = 0$ もしくは $p_i(x) = 1$ である．近傍

$$\{X_i : p_i(x) = 1,\ i = 1, \ldots, n\}$$

を視覚化する意義があるとする．ここで，$x \in \mathbf{R}^d$ は予測を行うために与えた点である．データは連続な 2 乗リターン $(R_t^2, \ldots, R_{t-9}^2)$ となっている．ここで R_t は S&P 指数の純リターンである．データをコピュラ変換して標準正規周辺分布になるようにした．S&P 500 指数のデータは 1.6.1 項で説明されている．さて，$n = 15929$ の観測値と $d = 10$ の次元がある．15 個の近傍点（つまり，$k = 15$）に注目する．中心 x は赤色で示されて，近傍 15 点は黒色で示されている．そして残りのデータはグレーで示されている．

図 6.12 は，平行座標プロットを使ってカーネル重みが定義する近傍データを視覚化した例である．カーネル回帰推定量の定義は (3.6) である．カーネル回帰推定量は (6.4) の重み付き平均である．重み $p_i(x)$ は $\sum_{i}^{n} p(x_i) = 1$ と $p(x_i) \geq 0$

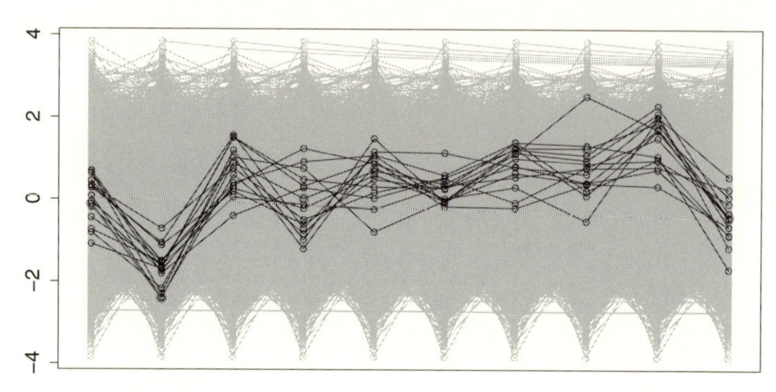

図 6.11　最近傍法の平行座標プロット　15 点における最近傍点の平行座標プロット．中央の点は赤で塗られている．(口絵 4 参照)

を満たす．重み $p_i(x)$ は X_i が x に近い点 Y_i により大きな重みを与える．もしガウス型カーネルのようなすべての点で正のカーネル関数を用いた場合，すべての重みは正となる．それゆえ，平行座標プロットを直接応用することはできない．最近傍法による推定値の場合は重みが 0 か 1 となるからである．そこで，観測値に対応する線の濃さをグレー・スケールにした平行座標プロットを描く．最も x に近い観測値が対応する線が最も暗い色で示されている．グレー・スケールによるコード化を用いた．白が 1 で黒が 0 である．それゆえ，すべてのデータ値 X_i に対して値

$$1 - \frac{p_i(x)}{\max_{i=1,\ldots,n} p_i(x)}$$

を求めることが重み $p_i(x)$ を用いたグレー・スケールを求めることである．データは図 6.11 と同一のものである．平滑化パラメータは $h = 1.5$ であり，標準正規カーネルを用いている．

6.4.3　その他の方法

アンドルーズ曲線

アンドルーズ曲線は Andrews (1972) が導入した．これは観測値を 1 次元の曲線として表現する．その曲線はフーリエ係数が観測値に等しいフーリエ級数である．$i = 1, \ldots, n$ において，i 番目のアンドルーズ曲線の定義は，下記の式

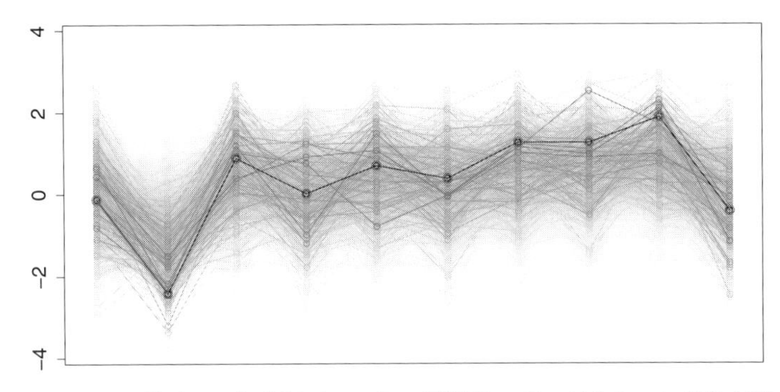

図 6.12 カーネル近傍法の平行座標プロット 観測値の重みが大きいほど色が濃い．中央の点は赤で塗られている．（口絵 5 参照）

$$f_i(t) = \begin{cases} 2^{-1/2}x_{i1} + x_{i2}\sin(t), & d = 2\text{のとき} \\ 2^{-1/2}x_{i1} + x_{i2}\sin(t) + x_{i3}\cos(t), & d = 3\text{のとき} \\ 2^{-1/2}x_{i1} + x_{i2}\sin(t) + x_{i3}\cos(t) + x_{i4}\sin(2t), & d = 4\text{のとき} \\ \vdots \end{cases}$$

である．ここで，$t \in [-\pi, \pi]$ で観測値は $x_i = (x_{1i}, \ldots, x_{id})$ と記述した．$\int_{-\pi}^{\pi} \sin^2(t)dt = \int_{-\pi}^{\pi} \cos^2(t)dt = \pi$ であることに注意する．

グラフ行列や平行座標プロットの場合のように，変数の順序付けが視覚化に影響する．つまり，後尾の変数は視覚化にほんの少ししか影響を与えない．Andrews (1972) は主成分分析によって得られる変数とその順序を用いることを提案している．主成分分析の定義は 6.3.1 項を見よ．

顔グラフ

顔グラフはデータ行列のグラフ表現である．顔の要素の数は変数（データ行列の列）に対応する．Chernoff (1973) が顔グラフを導入したので，「チャーノフの顔グラフ」という名前がよく用いられる．Flury & Riedwyl (1981) や Flury & Riedwyl (1988) が顔グラフの手法をさらに発展させ，次の特徴で定義している．右目の大きさ，右の瞳孔の大きさ，右の瞳孔の位置，右の目尻，右目の水平方向の位置，右眉の曲率，右眉の濃さ，右眉の水平方向の位置，右眉の垂直方向の位置，右の上部の髪の生え際，右の下部の髪の生え際，右のフェイスライン，右の髪の濃さ，右の髪の傾斜，鼻の右の輪郭，口の右側の大きさ，口の右側の曲率である．また，顔の左側も同様に定義している．

1つの顔はそれぞれの観測値を表す．1つの顔の36個の特徴をまとめて定義したからである．それゆえ，最大36個の変数のデータを視覚化できる．しかし，顔グラフはたくさんの観測値の視覚化には適さない．この顔グラフを用いて，同じような顔のグループを見つけることでクラスターを発見することができる．Härdle & Simar (2003) では平行座標プロットとアンドルーズ曲線，チャーノフの顔グラフについて議論している．

第7章

関数の視覚化

7.1 節では多変量関数の断面図を定義する．1 次元断面図は自由変数を 1 つ選択しその他の変数の値を固定することによって得られる．2 次元断面図は自由変数を 2 つ選択しその他の変数の値を固定することによって得られる．

7.2 節では回帰関数から得られる部分依存関数を定義する．部分依存関数を限界効果と呼ぶことがある．なぜならば，ある点での限界効果の値は，説明変数の内の 1 つか 2 つを除いた変数の分布について平均をとることによって得られるからである（限界効果という言葉は回帰関数の偏微分値を参照するために用いることに注目していただきたい）．部分依存関数は，データを 1 次元あるいは 2 次元に射影することと類似した視覚化の方法である．

7.3 節では有限個の点を使って集合を再構築する方法を論じる．集合を再構築するための 3 つの方法について述べる．等間隔格子を使う方法，球体の和集合を使う方法，そして，多面体の和集合を使う方法である．レベル集合ツリーの作成を行うとき，これらの再構築法が役に立つ．

7.4 節ではレベル集合ツリーに基づく方法を示す．多変量関数の視覚化のための方法である．レベル集合ツリーは関数のレベル集合のツリー構造である．レベル集合の体積を用いて，ツリー構造から一変量関数を導き出すことができる．この一変量関数を体積関数と呼ぶ．レベル集合の位置を用いてレベル集合ツリー（位置情報の表現を含むもの）を描くことができる．位置情報を示すプロットを重心プロットと呼ぶ．

レベル集合ツリーの計算は，関数の近似とそのレベル集合を必要とする．等間隔格子を用いると正確なレベル集合ツリーが得られる．しかしながら，次元が増加すると格子が急速に大きくなってしまう．等間隔の格子点を，観測値に中心がある球体の和集合に置き換えることができる．これを使うと，レベル集合ツリーを高速に作成できる．しかし，この方法は等間隔格子の手法に比べ正確さを欠き，レベル集合の体積の計算がさらなるいくつかの問題を引き起こす．

レベル集合ツリーに基づく視覚化を密度推定値と回帰関数推定値の視覚化に応用できる．密度推定値の視覚化はレベル集合ツリーと相性がいい．なぜならば，レベル集合ツリーは関数の極大値の構造を表現するからである．回帰関数の場合は，極小値と極大値の両方が重要である．極小値は分離したレベル集合ツリーごとに視覚化する必要がある．回帰関数の視覚化の場合は，説明変数の限界効果が関心事である．これらは回帰関数における偏微分値の推定値を用いたレベル集合ツリーを用いて視覚化できる．

7.1　断面図

関数 $f : \mathbf{R}^d \to \mathbf{R}$ の断面図はいくつかの変数が定数になるように固定し，その他の変数は自由変数のままにすることによって得られる．例えば，$d \geq 3$ のときに，2次元断面図は

$$g(x_1, x_2) = f(x_1, x_2, x_{30}, \ldots, x_{d0}), \qquad (x_1, x_2) \in \mathbf{R}^2$$

である．ここで，$(x_{30}, \ldots, x_{d0}) \in \mathbf{R}^{d-2}$ は固定された点である．

断面図の問題は，数多くの断面図が考えられることである．1次元もしくは2次元断面図に着目することは道理にかなっている．2次元断面図は等高線図または鳥瞰図で描くことができる．すべての2次元断面図を網羅するためには，まず2つの変数を選択しなければならない．これは $d(d-1)/2$ 通りが考えられる．2つの変数を選択した後に，$\mathbf{R}^{d-2}$ 上に格子を作り，各格子点ごとに2次元関数を描く．

図 7.1 では，回帰関数とそのカーネル推定値が示されている．$n = 100$ 個の観測値 (X, Y) をシミュレーションにより作成した．ここで，$Y = f(X) + \sigma\epsilon$，$X$ は $[-2, 6]^2$ 上で一様分布する確率変数，$\epsilon \sim N(0, \sigma^2)$，で $\sigma = 0.01$ である．平滑化パラメータが $h = 0.5$ の標準ガウス型カーネルを用いた．図 7.2 は図 7.1(b) で示されている鳥瞰図をもたらす推定値の1次元断面図を示している．(a) は 80 個の断面図 $x_1 \mapsto f(x_1, x_{20})$ を示している．ここで，第1座標 x_1 を自由変数とし，第2座標 x_{20} を 80 個の異なる値に固定している．(b) は 80 個の断面図 $x_2 \mapsto f(x_{10}, x_2)$ を示している．

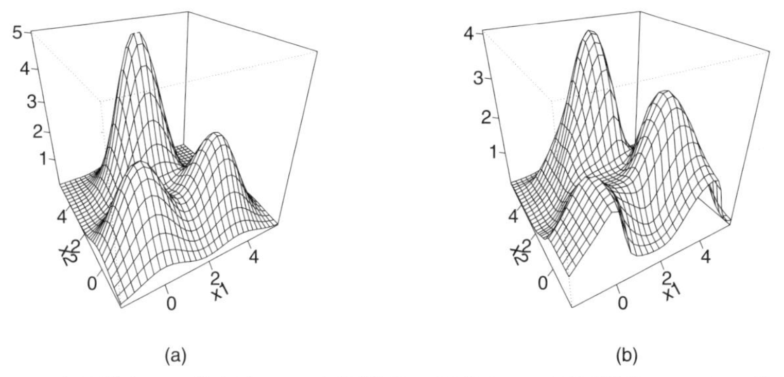

図 7.1 回帰関数とその推定値 (a) 回帰関数の鳥瞰図. (b) 回帰関数のカーネル推定値.

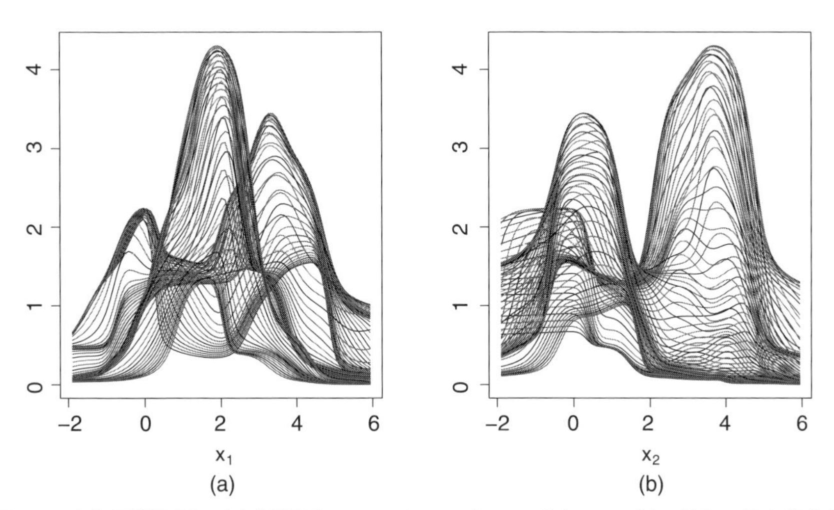

図 7.2 1 次元断面図 (a) 断面図 $x_1 \mapsto f(x_1, x_{20})$. x_{20} として 80 個の異なる値を設定したときの断面図. (b) 断面図 $x_2 \mapsto f(x_{10}, x_2)$. いずれも図 7.1(b) の推定値から得られる断面図.

7.2　部分依存関数

部分依存関数を用いて，回帰関数を視覚化できる．部分依存関数は，回帰関数の周辺平均として定義される．部分依存関数は，多変量密度関数の周辺密度関数と類似している．部分依存関数は，限界効果や平均依存関数と呼ばれることがある．部分依存プロットは，部分依存関数のプロットである．

$f(x) = E(Y \mid X = x)$ を連続説明変数 $X = (X_1, \ldots, X_d)$ を伴う回帰関数とする．X_1 の部分依存関数は

$$\begin{aligned} g_{X_1}(x_1) &= Ef(x_1, X_2, \ldots, X_d) \\ &= \int_{\mathbf{R}^d} f(x_1, x_2, \ldots, x_d)\, f_{X_2,\ldots,X_d}(x_2, \ldots, x_d)\, dx_2 \cdots dx_d \end{aligned} \quad (7.1)$$

である．ここで，$f_{X_2,\ldots,X_d} : \mathbf{R}^{d-1} \to \mathbf{R}$ は説明変数 $X_2, \ldots, X_d$ の同時密度である．同様に (X_1, X_2) の部分依存関数を

$$g_{X_1,X_2}(x_1, x_2) = Ef(x_1, x_2, X_3, \ldots, X_d)$$

と定義できる．部分依存関数は $\{X_1, \ldots, X_d\}$ の任意の部分集合に対しても同様に定義できる．

回帰関数の部分依存関数は周辺密度に類似している．$f_X : \mathbf{R}^d \to \mathbf{R}$ を確率ベクトル $X = (X_1, \ldots, X_d)$ の分布に対する密度関数とすると，いくつかの変数について積分することによって周辺密度が得られる．例えば，2次元周辺密度は

$$f_{X_1,X_2}(x_1, x_2) = \int f_X(x_1, \ldots, x_d)\, dx_3 \cdots dx_d$$

である．ここで，$d \geq 3$ と仮定している．

条件付き期待値を，

$$\bar{f}_{X_1}(x_1) = E\left[f(X_1, \ldots, X_d) \mid X_1 = x_1\right] = E(Y \mid X_1 = x_1)$$

と書ける．それゆえ，条件付き期待値は $X_2, \ldots, X_d$ の影響を考慮しない．部分依存関数が変数 $X_2, \ldots, X_d$ の平均的な影響を考慮に入れるのとは対照的である．部分依存プロットは Hastie et al. (2001, Section 10.3.2) で議論されている．

$\hat{f} : \mathbf{R}^d \to \mathbf{R}$ を回帰データ $(X_1, Y_1) \ldots, (X_n, Y_n)$ に基づく回帰関数の推定量とするとき，部分依存関数の推定量

$$\hat{g}_{X_1}(x_1) = \frac{1}{n}\sum_{i=1}^{n} \hat{f}(x_1, X_{i,2}, \ldots, X_{i,d}) \tag{7.2}$$

が与えられる．例えば，$\hat{f}$ を (3.6) で定義されたカーネル回帰推定量とすると，その 2 次元部分依存関数の推定量は

$$\hat{g}_{X_1}(x_1) = \sum_{i=1}^{n} q_i(x)\, Y_i$$

となる．ここで，

$$q_i(x) = \frac{1}{n}\sum_{j=1}^{n} p_i(x_1, X_{j,2}, \ldots, X_{j,d})$$

である．ただし，$p_i(x)$ はカーネル回帰の重みである．(7.2) の推定量は加法モデルの推定のために (4.15) で定義された周辺積分推定量とほとんど等しい．加法モデル

$$E(Y \mid X = x) = c + f_1(X_1) + \cdots + f_d(X_d)$$

の場合は，X_1 の部分依存関数 g_{X_1} は $g_{X_1}(x_1) = c + f_1(x_1)$ である．

図 7.3 は 2 次元回帰関数の 1 次元部分依存関数の推定値を示している．その 2 次元回帰関数の鳥瞰図が図 7.1(a) である．(a) は関数 $x_1 \mapsto Ef(x_1, X_2)$ の推定値を示しており，(b) は関数 $x_2 \mapsto Ef(X_1, x_2)$ の推定値を示している．図 7.1 (b) の推定値で用いられたシミュレーションデータと同一のデータを用いた．平滑化パラメータ $h = 0.5$ の標準ガウス型カーネルによるカーネル回帰推定量を用いた．

7.3 集合の再構築

有限個のデータ点 $x_1, \ldots, x_n \in \mathbf{A}$ を用いて集合 $\mathbf{A} \subset \mathbf{R}^d$ を再構築するという問題を考える．関数のレベル集合の近似が主な関心事である．それについては，7.3.1 項で論じる．ただし，点集合データに関しては，7.3.2 項で説明する．

7.3.1 関数のレベル集合の推定

$f : \mathbf{R}^d \to \mathbf{R}$ を関数とする．レベル集合

$$\Lambda(f, \lambda) = \{x \in \mathbf{R}^d : f(x) \geq \lambda\}$$

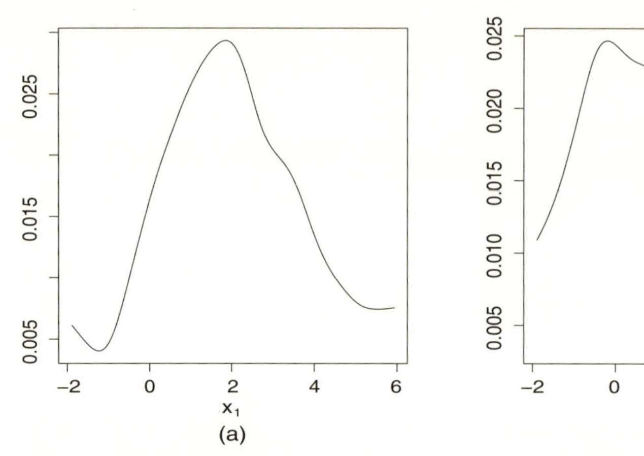

図 7.3　1 次元部分依存関数　(a) $x_1 \mapsto Ef(x_1, X_2)$ の推定値．(b) $x_2 \mapsto Ef(X_1, x_2)$ の推定値．

を近似することを考える．ここで，$\lambda \in \mathbf{R}$ である．f が回帰関数の推定値か密度の推定値の場合に関心があるとする．$\Lambda(f, \lambda)$ の 3 つの近似を説明する．1 つ目は長方形の区切りを用いた方法，2 つ目は球体の群を用いた方法，3 つ目は単体の群を用いた方法である．

格子による近似

1 つ目の近似は格子を用いて行う．座標軸に平行で $\Lambda(f, \lambda) \subset R$ となるような辺を持つ長方形 $R \subset \mathbf{R}^d$ を見つけることができると仮定する．$R_1, \ldots, R_M$ を R における小さい長方形の区切りとする．$i = 1, \ldots, M$ において，μ_i を R_i の中心とする．レベル集合の近似を

$$\tilde{\Lambda}(f, \lambda) = \bigcup \{R_i : f(\mu_i) \geq \lambda,\ i = 1, \ldots, M\}$$

と定義する．この近似の方法は次元の呪いの問題を抱える．区切り R に必要とされる小さい長方形の数 M は関数の次元 d に比例して指数関数的に増加する．この点については 3.2.6 項を参照せよ．

図 7.4 はレベル集合を近似する方法を示すために用いる例を導入している．この例では 3 つの極大値を持つ密度分布から抽出された標本サイズ $n = 200$ の標本 $X_1, \ldots, X_n \in \mathbf{R}^2$ を用いている．(a) はこのデータの散布図を示している．(b) は平滑化パラメータ $h = 0.4$ の標準ガウス型カーネルを用いたカーネル密度推定値の鳥瞰図を示している．

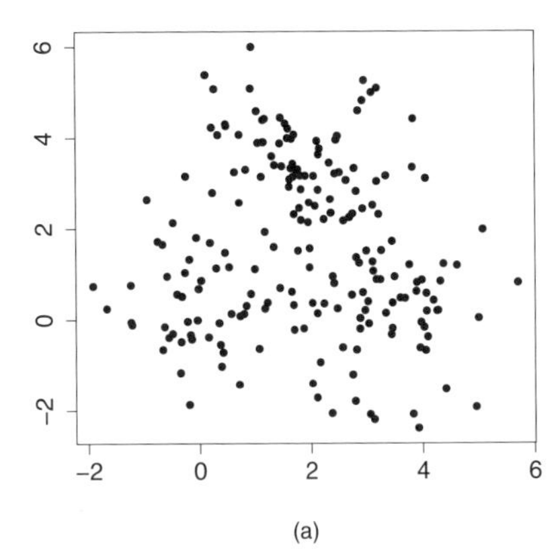

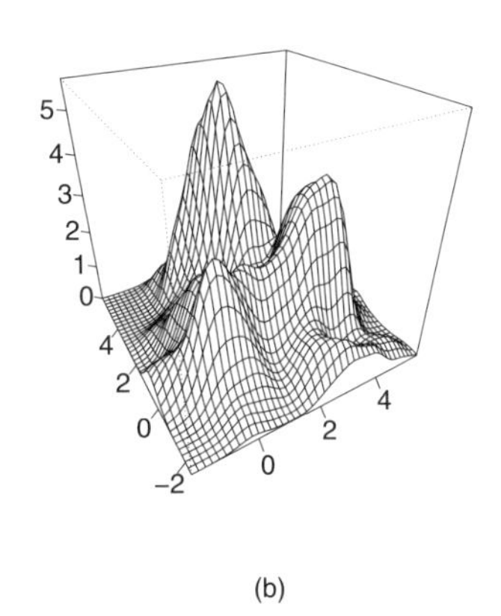

図 7.4　レベル集合の推定：データと密度推定値　(a) 3 つの極大値を持つ分布から標本抽出されたサイズ $n = 200$ のデータ．(b) カーネル密度推定値の鳥瞰図．

図 7.5 は図 7.4 で導入したデータを例として用いたときのレベル集合の推定値を示している．レベル集合 $\tilde{\Lambda}(\hat{f}, \lambda)$ の近似を得たいとする．ここで，$\hat{f}$ はカーネル密度推定値である．$\hat{f}$ の台の上にある格子を用いた．その格子には 100^2 個の格子点がある．(a) はカーネル密度推定値の等高線図を示している．(b) は $\lambda = 0.04$ を用いたカーネル密度推定値のレベル集合を示している．

球体による近似

レベル集合 $\Lambda(f, \lambda)$ を近似するための 2 つ目の方法は球体の和集合を使う方法である．$\mathcal{X} = \{x_1, \ldots, x_n\} \subset \mathbf{R}^d$ とする．$\rho > 0$ を半径とし，$\Lambda(f, \lambda)$ の近似を

$$\tilde{\Lambda}(f, \lambda) = \bigcup \{B_\rho(x_i) : f(x_i) \geq \lambda,\ i = 1, \ldots, n\} \tag{7.3}$$

と定義する．ここで，$B_\rho(x) \subset \mathbf{R}^d$ を半径が ρ で中心が $x \in \mathbf{R}^d$ の球体とする．

図 7.6 は図 7.4 の例で用いたデータに対して球体の和集合を用いた近似を行った結果を示している．$\lambda = 0.04$ を用いた．(a) は半径が $\rho = 0.2$ の場合を示している．(b) は半径が $\rho = 0.4$ の場合を示している．

球体の和集合を用いることは計算量の点では魅力的と言える．球体の数は最大で n であり，n は次元の数に従って増加するわけではないからである．しかしながら，この方法を使うとバイアスが付加される．球体はレベル集合の境界の外にまで広がっているのが普通だからである．さらに，半径 ρ は推定値に影響を与える付加的な平滑パラメータである．次元 d が大きいとき，半径 ρ が非常に大きくない限り，すべての球体が離れた状態になりがちである．

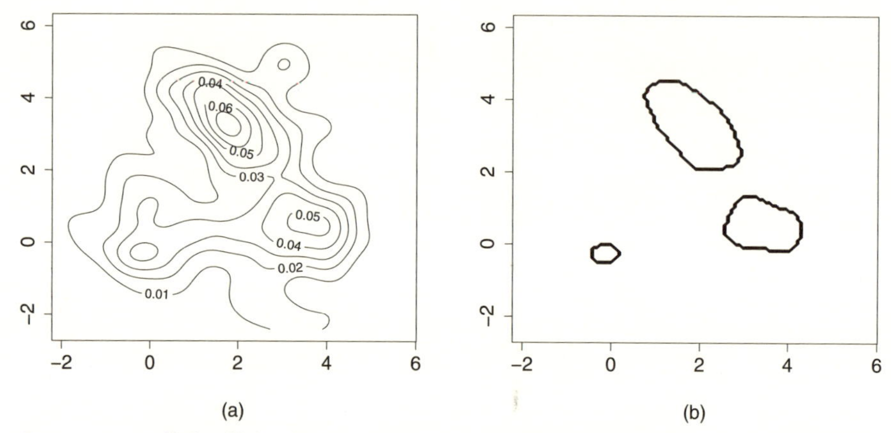

図 7.5　レベル集合の推定：格子　(a) カーネル密度推定値の等高線図．(b) 密度推定値のレベル集合（レベル $\lambda = 0.04$ を利用）．

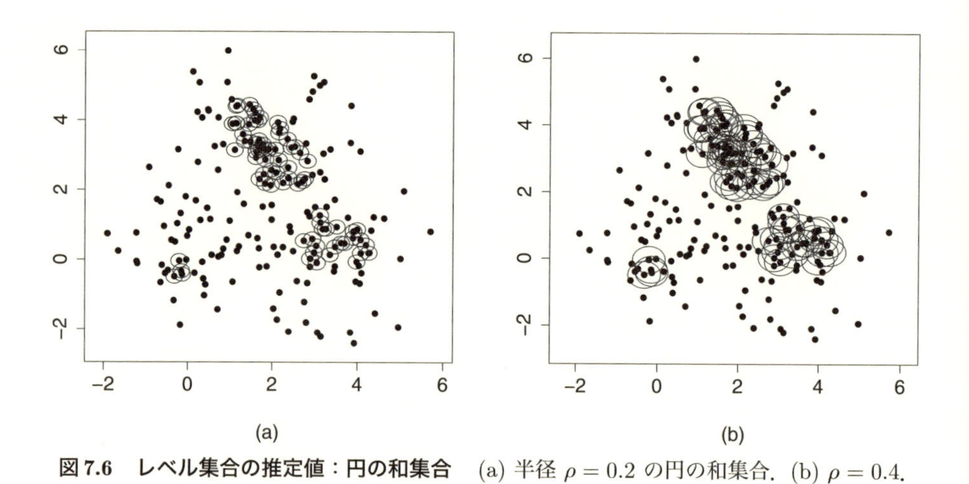

図 7.6　レベル集合の推定値：円の和集合　(a) 半径 $\rho = 0.2$ の円の和集合．(b) $\rho = 0.4$．

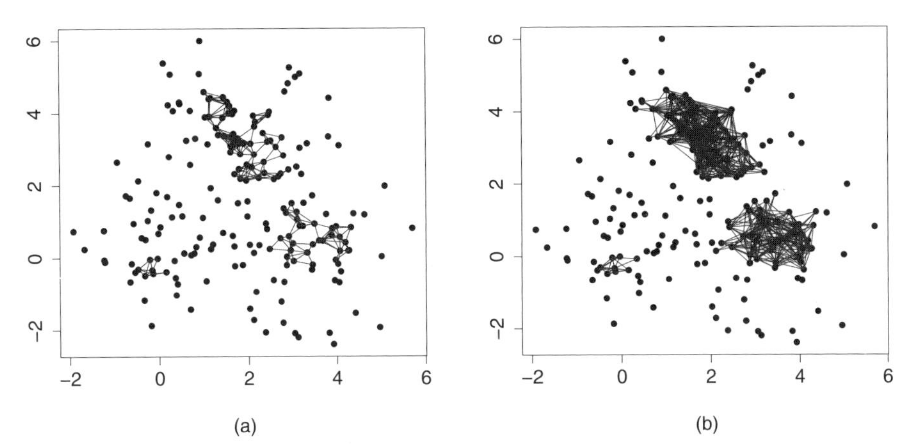

図 7.7 レベル集合の推定：三角形の和集合 (a) 最大の辺の長さが $\rho = 0.4$ の三角形の和集合．(b) $\rho = 1$.

単体による近似

3つ目の方法は単体の凸包群としてどのようなものが適切かを検討することである．$\mathcal{X} = \{x_1, \ldots, x_n\} \subset \mathbf{R}^d$ とする．ここでは集合 $\sigma \subset \mathcal{X}$ を次元 d の単体と呼ぶ．ただし，その単体は，$d+1$ 個のデータ点によって構成されているとする．また，点 $x_{i_1}, \ldots, x_{i_{d+1}}$ を σ の頂点と呼ぶ．$\mathcal{U}_\rho(\mathcal{X})$ は次元 $d+1$ のすべての単体の群である．ただし，この単体の頂点は $\mathcal{X}$ に含まれており，頂点と頂点の最大距離は少なくとも以下の式を満たす（$\rho > 0$ である）．

$$\mathcal{U}_\rho(\mathcal{X}) = \left\{\sigma = (x_{i_1}, \ldots, x_{i_{d+1}}) : \|x_{i_j} - x_{i_k}\| \leq \rho,\ x_{i_1}, \ldots, x_{i_{d+1}} \in \mathcal{X}\right\}$$

さて，$\Lambda(f, \lambda)$ の近似は，

$$\tilde{\Lambda}(f, \lambda) = \bigcup \{\mathcal{H}(\sigma) : \sigma \in \mathcal{U}_\rho(\mathcal{X}),\ \mathrm{mean}(f(\sigma)) \geq \lambda\} \tag{7.4}$$

と定義できる．ここで，$\mathcal{H}(\sigma)$ は σ の凸包であり，$\mathrm{mean}(f(\sigma)) = \sum\{f(x) : x \in \sigma\}/(d+1)$ となる．Aaron (2013) は，多面体を確率的に利用して密度関数の台を推定する方法について分析した．

図 7.7 は，図 7.4 の例を用いて，三角形の集合によってレベル集合を近似したものである．$\lambda = 0.04$ としている．(a) は三角形の一辺の長さの最大値が $\rho = 0.5$ の場合である．(b) は三角形の一辺の長さの最大値が $\rho = 1$ の場合である．

レベル集合を近似するために単体の集合を利用することは，球体の利用に比べると計算量の点では魅力的ではない．なぜならば，構築するのに用いられる単体の数はとても大きくなり得るからである．その一方で，近似はより正確になり得る．

7.3.2　点集合データ

点集合データは集合 $A \subset \mathbf{R}^d$ における一様分布から抽出した標本である．さらに一般的に，点集合データを A と近似的に等しくなる台を持つ分布から抽出した標本にすることができる．点集合データを，コンピュータにおいてソリッド・オブジェクトを表現し蓄積するためのデータ構造として利用できる．

点集合は位相データ分析を用いて分析する．これらのデータで集合 A の位相的性質を推論することが目的である．集合 A の位相的性質の例を挙げると A における繋がりのある成分の数であり（0 次のベッティ数）や A における穴の数（1 次のベッティ数）などである．この点については Carlsson (2009) を参照せよ．

標本 $x_1, \ldots, x_n \in A$ からソリッド・オブジェクト $\hat{A} \subset \mathbf{R}^d$ を再構築することによって点集合データが分析できるかもしれない．この再構築は，単体複体における集合の和集合になるかもしれない．もし，$\sigma \subset \mathcal{X}$ の群 K が，$\sigma \in K$ かつ $\tau \subset \sigma$ ならば $\tau \in K$ となるとき，K を $\mathcal{X} = \{x_1, \ldots, x_n\} \subset \mathbf{R}^d$ の単体複体における集合の和集合と呼ぶことができる．

集合 $\sigma \in K$ を単体集合と呼ぶ．$\#\sigma$ を σ の濃度とする．$\#\sigma = 1$ のとき σ を頂点と呼び，$\#\sigma = 2$ のとき σ を辺と呼び，$\#\sigma = 3$ のとき σ を三角形と呼び，$\#\sigma = 4$ のとき σ を四面体と呼ぶ．$\#\sigma = k+1$ のとき σ の次元は k である．k 次元単体の $k+1$ 個の点は単体の頂点と呼ばれる．

大きさ $\rho > 0$ の $\mathcal{X}$ のヴィエトリス・リップス複体を $\mathcal{V}_\rho(\mathcal{X})$ で表す．ヴィエトリス・リップス複体は，すべての $\sigma \in \mathcal{V}_\rho(\mathcal{X})$ において，σ の中の一対の頂点の間の距離が高々 ρ になる単体複体である．つまり，

$$\mathcal{V}_\rho(\mathcal{X}) = \{\sigma \subset \mathcal{X} : \text{すべての } u, v \in \sigma \text{ に対して } \|u - v\| \leq \rho\}$$

である．$\sigma \in \mathcal{V}_\rho(\mathcal{X})$ の部分複体の内，k-スケルトンと呼ばれるものは特に関心の対象になる．k-スケルトン $\mathcal{U}_\rho(\mathcal{X})$ とは，σ の一組の頂点の間の距離が高々 ρ で，単体集合の次元が高々 k であるという性質を持つ単体複体である．例えば，$\mathbf{R}^2$ で $\mathcal{V}_\rho(\mathcal{X})$ の 2-スケルトンは辺の長さが高々 ρ の三角形の群になる．(7.4) では，基本的に d-スケルトンを使ってレベル集合を近似した．定義とアルゴリズムは Zomorodian (2010) と Zomorodian (2012) を参照せよ．

7.4 レベル集合ツリー

7.4.1 項でレベル集合ツリーを定義する．7.4.2 項でレベル集合ツリーを計算するためのアルゴリズムについて論じる．7.4.3 項でレベル集合ツリーを有益な形で表現するための体積関数を定義する．7.4.4 項で位置情報を示すための重心プロットを定義する．7.4.5 項でボラティリティの予測におけるニュース影響力曲線の推定を例として，回帰関数の視覚化について説明する．

7.4.1 定義といくつかの例

レベル $\lambda \in \mathbf{R}$ における関数 $f : \mathbf{R}^d \to \mathbf{R}$ の**レベル集合** $\Lambda(f, \lambda)$ は，f が λ 以上となる点の集合として定義される．つまり，下記の式

$$\Lambda(f, \lambda) = \left\{ x \in \mathbf{R}^d : f(x) \geq \lambda \right\}$$

となる．関数の**レベル集合ツリー**は，その関数が与えるレベル集合の非連結成分がノードになっているツリーである．

レベル集合ツリーを構築するために有限個のレベル $\lambda_1 < \cdots < \lambda_L$ を選択する．$l = 1, \cdots, L$ におけるそれぞれのレベル集合 $\Lambda(f, \lambda_l)$ が 1 つの連結集合であることを仮定する．そうでないときは，レベル集合を有限個の連結集合（お互いに分離している集合）に分解できると仮定する．そのとき，有限個のノードでレベル集合ツリーが構築できる．レベル集合ツリーのルートは最下方レベルのレベル集合である．しかし，このレベル集合に多くの非連結成分があるときは，レベル集合ツリーに多くのルートがあることになる．レベル集合ツリーのノードが与えられたとすると，そのノードの子ノードは，与えられたノードより 1 つ高いレベルにあるレベル集合における非連結成分のいずれかである．子ノードに関連する集合が親ノードに関連する集合の部分集合であるとき，親ー子関係が成立する．

関数 $f : \mathbf{R}^d \to \mathbf{R}$ がもたらす**レベル集合ツリー**は，$\mathcal{L} = \{\lambda_1 < \cdots < \lambda_L\}$ ($\lambda_L \leq \sup_{x \in \mathbf{R}^d} f(x)$) というレベル集合が生み出す．このツリーのノードは，$\mathbf{R}^d$ の部分集合と $\mathcal{L}$ というレベル集合を使って，以下のように作成する．

1. 最下方レベル集合を

$$\Lambda(f, \lambda_1) = A_1 \cup \cdots \cup A_K$$

と書く．ここで，集合 A_i を任意に 2 つ選ぶと，その 2 つは分離している．また，A_i のそれぞれは連結集合である．レベル集合ツリーには，K 個のルー

ト・ノードがある．それらのルート・ノードは，集合 A_i ($i = 1, \ldots, K$) が生み出す．また，それぞれのルート・ノードは，同じレベル λ_1 が生み出す．

2. ノード m は，集合 $B \cap \Lambda(f, \lambda_{l+1}) = \emptyset$ とレベル $\lambda_l \in \mathcal{L}, 1 \le l < L$ が生み出したものとする．
   (a) もし $B \cap \Lambda(f, \lambda_{l+1}) = \emptyset$ ならば，ノード m はターミナル・ノード（リーフ・ノード）である．
   (b) それ以外のとき，

$$B \cap \Lambda(f, \lambda_{l+1}) = C_1 \cup \cdots \cup C_M$$

と書く．ここで，集合 C_i を任意に2つ選ぶと，その2つは分離している．それぞれは連結集合である．それらの子ノードは，集合 C_i ($i = 1, \ldots, M$) が生み出したものである．また，それぞれの子ノードは，同じレベル λ_{l+1} が生み出したものである．

Klemelä (2004) でレベル集合ツリーを定義した．レベル集合ツリーの概念はリーブグラフが元になっている．リーブグラフは Reeb (1946) が初めて定義した．レベル $\lambda \in \mathbf{R}$ を用いたときの関数 $f : \mathbf{R}^d \to \mathbf{R}$ のレベル曲線は $\Gamma(f, \lambda) = \left\{ x \in \mathbf{R}^d : f(x) = \lambda \right\}$ である．レベル曲線のグラフをリーブグラフあるいはリーブ曲線グラフと呼ぶ．

レベル集合ツリーは，密度関数の極大値を表現し視覚化する目的に適った概念である．ここで，極大値とは，関数の局所的な最大値を意味する，図 7.8 は3つの極大値を持つ1次元の密度関数を示している．(a) は関数のグラフを示している．(b) はこの関数のレベル集合ツリーを示している．図 7.9 は3つの極大値を持つ2次元の密度関数を示している．(a) は関数の鳥瞰図を示している．(b) は (a) の関数のレベル集合ツリーを示している．

関数の極大値を表現し視覚化することに加え，関数の極小値を表現し視覚化することも必要である．これは**下方レベル集合ツリー**によってできる．そのツリーのノードは，下方レベル集合の中の非連結成分である．レベル $\lambda \in \mathbf{R}$ における関数 $f : \mathbf{R}^d \to \mathbf{R}$ の**下方レベル集合**は下記の式で定義される．

$$\Lambda(f, \lambda) = \left\{ x \in \mathbf{R}^d : f(x) \le \lambda \right\}$$

下方レベル集合ツリーの定義はレベル集合ツリーの定義と類似している．下方レベル集合ツリーのルート・ノードはレベルが最高のときのレベル集合である．下

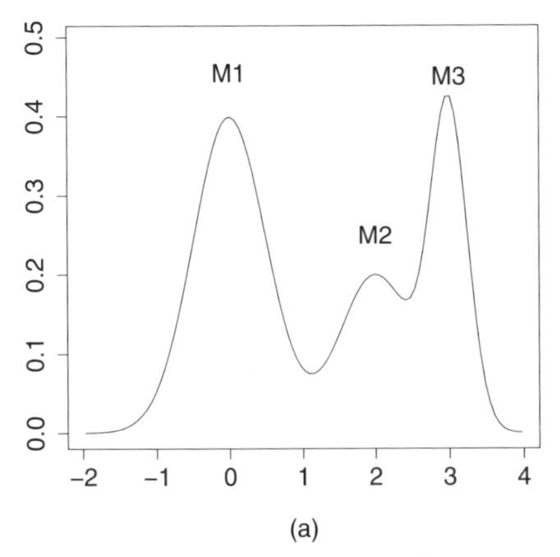

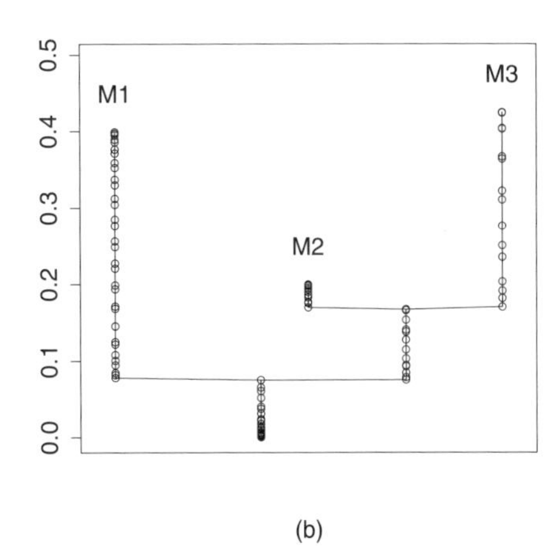

図 7.8 1 次元密度関数のレベル集合ツリー (a) M1，M2，M3 でラベル付けされた 3 つの極大値を持つ 1 次元密度関数．(b) 密度関数のレベル集合ツリー．

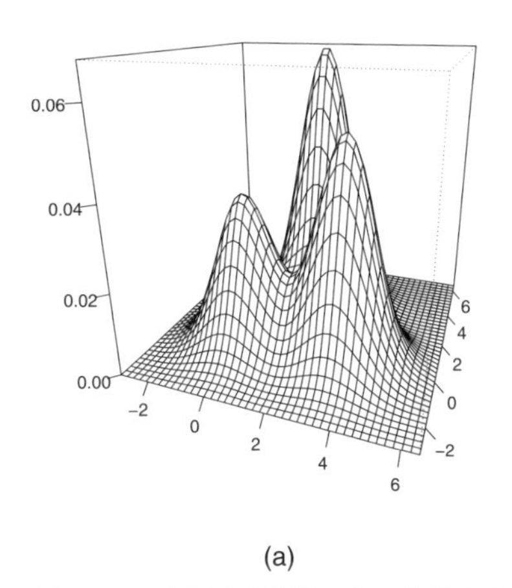

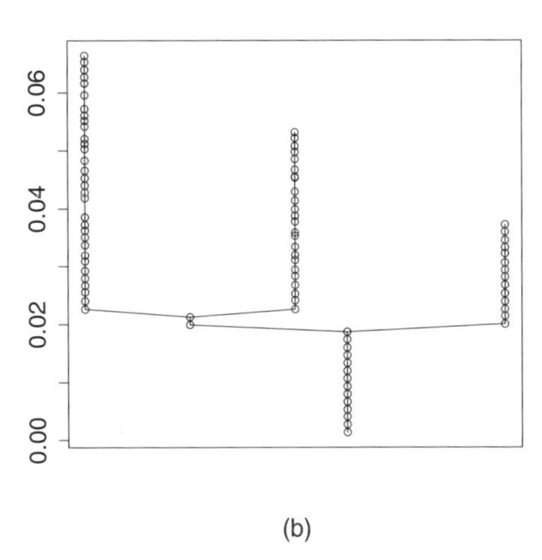

図 7.9 2 次元密度関数のレベル集合ツリー (a) 3 つの極大値を持つ 2 次元密度関数．(b) 密度関数のレベル集合ツリー．

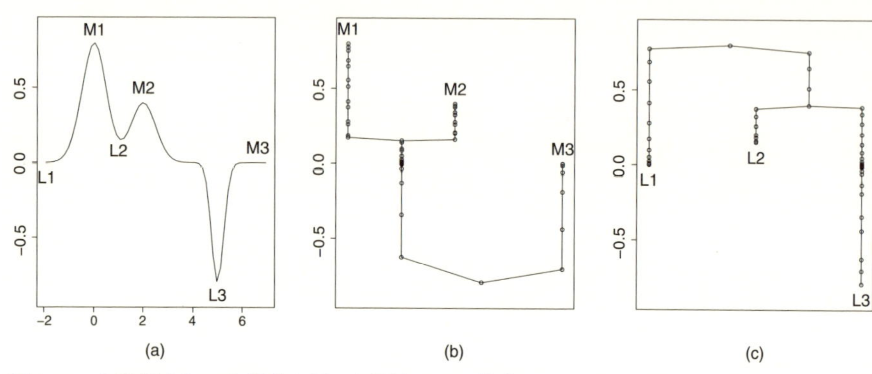

図 7.10　1次元のレベル集合ツリーと下方レベル集合ツリー　(a) M1，M2，M3 でラベル付けされた3つの極大値と，L1，L2，L3 でラベル付けされた3つの極小値．(b) 関数のレベル集合ツリー．(c) 関数の下方レベル集合ツリー．

方レベル集合ツリーのノードの子ノードは親ノードよりも一段下方のレベルにあるレベル集合の非連結成分である．したがって，子ノードは親ノードの部分集合である．

図 7.10 は3つの極大値と3つの極小値を持つ1次元関数を示している．(a) はこの関数のグラフを示している．(b) はこの関数のレベル集合ツリーを示している．(c) はこの関数の下方レベル集合ツリーを示している．図 7.11 は3つの極大値と2つの極小値を持つ2次元関数を示している．(a) は関数の鳥瞰図を示している．(b) はこの関数のレベル集合ツリーを示している．(c) はこの関数の下方レベル集合ツリーを示している．

2次元の場合，1つの鳥瞰図だけでは，すべての極大値と極小値を示すことはできないことがある．前景を覆う面が極値を隠してしまうかもしれないからである．それゆえ，2次元の場合であっても，レベル集合ツリーと下方レベル集合ツリーは，極小値と極大値の概要を示すために有用である．ただ，レベル集合ツリーは，高次元の場合の利用が主である．

図 7.10 と図 7.11 はレベル集合ツリーまたは下方レベル集合ツリーは関数の極値の直感的な理解をもたらす視覚化と言えるとは限らないことを示している．しかしながら，多くの場合に関数を正の部分と負の部分に分解し，レベル集合ツリーを用いて正の部分と負の部分を別々に視覚化することは自然である．7.4.5 項ではこの技巧を用いて回帰関数の偏微分値を視覚化する．回帰関数の偏微分値が正になる部分と負になる部分について自然な解釈ができる．回帰関数の偏微分値が正の部分は，説明変数が及ぼす影響が正である範囲を示す．回帰関数

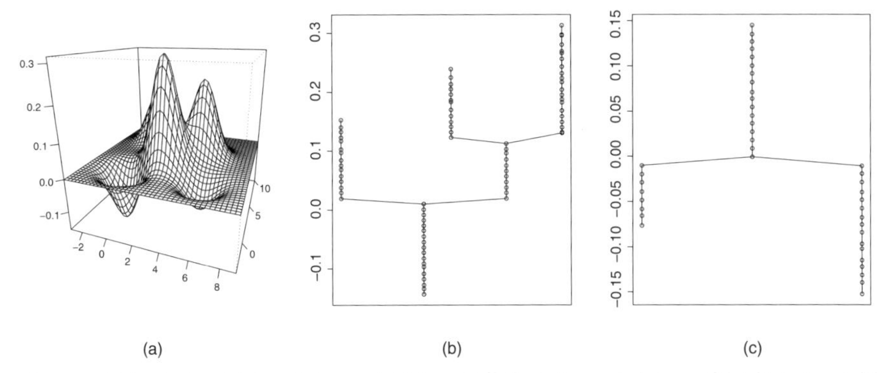

図 7.11　2次元のレベル集合ツリーと下方レベル集合ツリー　(a) 3つの極大値と2つの極小値を持つ2次元関数．(b) この関数のレベル集合ツリー．(c) この関数の下方レベル集合ツリー．

の偏微分値が負の部分は，説明変数が及ぼす影響が負である範囲を示す．関数 $f : \mathbf{R}^d \to \mathbf{R}$ の正の部分は $f_+(x) = \max\{f(x), 0\}$ と定義する．また，負の部分は $f_-(x) = -\min\{f(x), 0\}$ で定義する．$f = f_+ - f_-$ が成立する．

7.4.2　レベル集合ツリーの計算

レベル $\lambda_1 < \cdots < \lambda_L$ において，関数 $f : \mathbf{R}^d \to \mathbf{R}$ のレベル集合ツリーの計算をしたいとする．$l = 1, \ldots, L$ において，以下のようにレベル集合 $\Lambda(f, \lambda_l)$ についての仮定を置く．レベル集合が

$$\Lambda(f, \lambda_l) = \bigcup_{j=l}^{L} A_j \tag{7.5}$$

と書けるような集合 $A_1, \ldots, A_L \subset \mathbf{R}^d$ の群が存在すると仮定する．性質 (7.5) は「初等集合」の群 $A_1, \ldots, A_L$ が存在することを意味する．つまり，すべてのレベル集合が初等集合の和集合となる．最下方のレベル集合は初等集合の和集合であり，高位のレベル集合のそれぞれは初等集合の部分集合である．関数 f のレベル集合が性質 (7.5) を満たさないときは，近似によって，レベル集合がこの性質を満たす関数が得られることがある．2つの近似の例：(1) 区切りを使う近似と (2) レベル集合を使う近似である．両者の方法は区分的な定数による近似を与える．アルゴリズムを示した後に，補間の方法について詳細に論じる．

レベル集合ツリーを計算するための以下のアルゴリズムをリーフズ・ファースト・アルゴリズムと呼ぶ．上方レベル集合ツリーを計算するためのアルゴリズム

を説明する．下方レベル集合ツリーの計算は同様の方法で行うことができる．

リーフズ・ファースト・アルゴリズム：

1. アルゴリズムに入力するのは (7.5) で提示されているようなレベル $\lambda_1, \ldots, \lambda_L$ と集合 $A_1, \ldots, A_L$ である．はじめにレベルを昇順に並べる．これ以降，$\lambda_1 < \cdots < \lambda_L$ と仮定する．
2. 最も高位のレベルからはじめる．レベル λ_L と集合 A_L が一番目のターミナル・ノードを生み出す．このノードを「テンポラリー・ルート・ノード」とする．なぜならば，このノードは，この段階では親ノードがないからである．
3. $l = L - 1$ から 1 まで，レベル λ_l と集合 A_l を考える．該当するレベル集合ツリーに対して新しいノードを作る．このノードのレベルは λ_l である．このノードを生み出す集合を見つけ，その新しいノードの子ノードを見つける必要がある．これは以下の手法に従い実行する．

   テンポラリー・ルート・ノード（まだ親ノードをもっていないノード）を生み出した集合の中から集合 A_l に接する集合を見つける．このステップでは，境界ボックス法を応用する．この手法は以下で説明する．2つの場合が考えられる．

   (a) 集合 A_l が，テンポラリー・ルート・ノードを生み出した集合 $B_1, \ldots, B_M$ と接するとき，A_l と $B_1, \ldots, B_M$ を連結する．つまり，この新しい親ノードを生み出した集合は，$A_l \cup B_1 \cup \cdots \cup B_M$ である．

   (b) A_l がテンポラリー・ルート・ノードを生み出したどの集合とも接しないとき，新しいノードはツリーのターミナル・ノードであり，子ノードを持たない．このノードを生み出した集合は A_l である．

   この新しいノードは新たな「テンポラリー・ルート・ノード」となる．
4. すべてのレベルが計算されたとき，残された「テンポラリー・ルート・ノード」は最終ルート・ノードとなる．

アルゴリズムの項目1における並べ替えに $O(L \log L)$ ステップを要する．最悪の場合，このアルゴリズムの項目3で，すべての集合 $A_1, \ldots, A_L$ を用いた対比較が必要になる．これには，$O(dL^2)$ ステップを要するのが普通である．なぜならば，2つの長方形と接するかどうか，または2つの球体と接するかどうかを計算するために $O(d)$ ステップが必要になるからである．それゆえ，最悪の場合，アルゴリズムの複雑性は

$$O\Big(L \log L + dL^2\Big) = O\Big(dL^2\Big) \tag{7.6}$$

である．ここで L は (7.5) に表れる初等集合の数であり，d は，関数の次元（つまり，関数が定義されている空間の次元）である．

境界ボックス法でアルゴリズムを向上させる．境界ボックス法は，ノードを，ノードを生み出した集合の境界ボックスに関連付ける．集合 $A \subset \mathbf{R}^d$ の境界ボックスとは，A を含む最小の長方形である．その長方形の辺は座標軸と平行である．アルゴリズムの項目3では，現在のルート・ノードを生み出した集合の中のどの集合が集合 A_l と接しているかを見つける．集合 A_l がそれらの集合の境界ボックスと接していないのであれば，境界ボックスの内部にあるどの集合とも接していない．境界ボックスに本当に接する場合に限って，A_l がより小さい境界ボックスのいずれかに接しているかどうかを知るために，ターミナル・ノードに向けてさらに進まなければならない．境界ボックスを使ってアルゴリズムを向上させても，最悪の場合の項目3の複雑さは依然として $O(dL^2)$ である．しかし，この方法を使えば，たいていの場合かなりの向上が実現する．

リーフズ・ファースト・アルゴリズムは Klemelä (2006) が導入した．そして，その方法を規則的な等間隔格子における区分定数を用いた近似に応用した．

区切りを用いた近似

$f_0 : \mathbf{R}^d \to \mathbf{R}$ を初期関数とする．その関数のレベル集合ツリーを計算したい．f_0 のレベル集合は条件 (7.5) を満たさないと仮定する．性質 (7.5) が成立するような f_0 の近似を行うために区切りを使うことができる．

はじめに，f_0 を近似する範囲を含む長方形 $R \subset \mathbf{R}^d$ を選ぶ．R の区切りを $\{A_1, \ldots, A_L\}$ と定義する．ここで A_l は長方形である．これは，$\cup_{l=1}^{L} A_l = R$ と $A_l \cap A_m = \emptyset$ $(l \neq m)$ を意味する．x_l を A_l $(l = 1, \ldots, L)$ の中心点とする．初期関数 $f_0 : \mathbf{R}^d \to \mathbf{R}$ を点 x_l で評価する．下記の式

$$f(x) = \sum_{l=1}^{L} f_0(x_l)\, I_{A_l}(x) \tag{7.7}$$

を定義する．このとき，$\lambda_l = f_0(x_l)$ とすると，f は性質 (7.5) を満たす．また，一般性を失わずに $f_0(x_1) < \cdots < f_0(x_L)$ と仮定できる．

例えば，f_0 が密度関数のとき，f_0 の台を含む長方形 R を選ぶ．また，f_0 が回帰関数のとき，説明変数の密度 f_X の台を含む R を選ぶ．もし，f_0 または f_X の台が有界でない（例えば，台が $\mathbf{R}^d$）とき，台における広い部分を占める適切な領域を選ぶ（それは，大きな長方形 R で，f_0 あるいは f_X がある小さな $\epsilon > 0$ より大きい領域を含んでいる）．

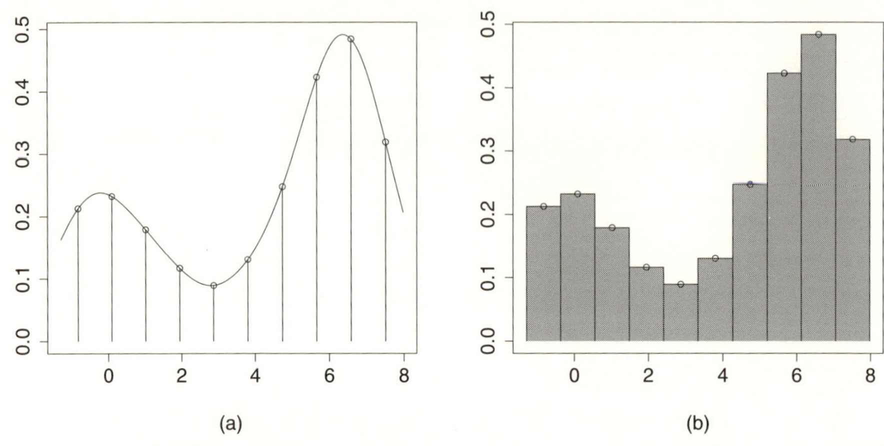

図 7.12 区切りを用いた近似 (a) 等間隔の格子点において評価された関数. (b) 値を補間して得た区分的な定数関数.

実際には，R という区切りを作成するために長方形を使う必要はなく，どのような種類の集合を使った区切りでも性質 (7.5) をもたらすと考えられる．しかしながら，長方形は便利である．なぜならば，2 つの長方形が互いに接しているかどうかを確認することが容易であり，この確認を行うことは，レベル集合のためのツリーの計算のためのアルゴリズムにおいて必要だからである．規則的な区切りとは，1 つの区切りの中のすべての集合が同じ大きさで同じ形のものであることを意味するのであれば，長方形をもたらす区切りが規則的な区切りである必要はないことに注意する必要がある．すなわち，貪欲リグレッソグラムから得られる区切りや， 5.5 節で論じた CART 手順から得られる区切りも利用できる．これらの区切りは，区切りの中のすべての長方形が異なる大きさと異なる形になり得るという意味で規則的ではない．

図 7.12 は 1 次元の場合の区切りを用いた近似を示している．公式 (7.7) を用いて近似を行っている．(a) は 1 次元の関数と，10 個の点の等間隔格子で評価した関数の値である．(b) は，等間隔の格子点がどのように規則的な区切りをもたらすかを示している．ここでは，規則的な格子点を使って区分的な定数関数による補間を行っている．

リーフズ・ファースト・アルゴリズムのステップ数が $O\left(dL^2\right)$ であると (7.6) で述べた．ここで L は近似に使われた集合の数であり，d は関数が存在する範囲の次元である．区切りを使った近似の場合は，数 L はかなり大きくなることがある．長方形 $R \subset \mathbf{R}^d$ による規則的な等間隔の区切りを使うと，d の指数関数

的に L が増加してしまう．例えば，それぞれの方向において $[0,1]^d$ を 10 個の部分に区切るとする．これによって，この区切りの中に合計 $L = 10^d$ 個の集合ができる．これは次元の呪いの例となる．したがって，レベル集合を用いた近似方法と呼ぶべき，別の近似方法を考える必要がある．

レベル集合を用いた近似

7.3.1 項でレベル集合を近似するための 3 つの手法を定義した．1 つ目は格子を使った近似である．これは前に記述した区切りの方法の特殊な場合である．次に他の 2 つの方法について議論した．7.3 節での球体の和集合で近似する方法，7.4 節での多面体の和集合で近似する方法である．

$f_0 : \mathbf{R}^d \to \mathbf{R}$ をレベル集合を計算したい初期関数とする．ここで，f_0 のレベル集合は条件 (7.5) を満たさないと仮定する．性質 (7.5) を満たすように近似関数のレベル集合を直接的に定義すると，f_0 を近似できる．評価値 $f_0(X_1), \ldots, f_0(X_n)$ だけを使い，関数 $f_0 : \mathbf{R}^d \to \mathbf{R}$ のレベル集合ツリーを近似する．ここで，$X_1, \ldots, X_n \in \mathbf{R}^d$ とする．この方法による基本的な例として，f_0 が，データ $(X_1, Y_1), \ldots, (X_n, Y_n)$ で計算された回帰関数推定値の場合がある．また，f_0 が，データ $X_1, \ldots, X_n$ を用いて計算された密度関数の推定値の場合もその例である．

1. $\lambda_1 = f_0(X_1), \ldots, \lambda_n = f_0(X_n)$ とする．$\lambda_1 < \cdots < \lambda_L$ と仮定する．$f : \mathbf{R}^d \to \mathbf{R}$ は，以下の式のような有限個の多くの異なるレベル集合をもたらす関数である．

$$\Lambda(f, \lambda_j) = \bigcup_{i=j}^{n} B_\rho(X_i), \qquad j = 1, \ldots, n \tag{7.8}$$

ここで，$B_\rho(X_i)$ は半径 ρ で中心が X_i の球体である．$B_\rho(X_i) = \{x \in \mathbf{R}^d : \|x - X_i\| \le \rho\}$ である．

2. d 次元の単体 σ は $d+1$ 個の点の群である．これらの点を σ の頂点と呼ぶ．$\mathcal{X} = \{X_1, \ldots, X_n\} \subset \mathbf{R}^d$ とする．$\mathcal{U}_\rho(\mathcal{X})$ を d 次元の単体すべての群とする．ここで，単体の頂点は $\mathcal{X}$ に含まれており，単体は頂点の間の最大距離は大きくても $\rho > 0$ であるとする．つまり，下記の式

$$\mathcal{U}_\rho(\mathcal{X}) = \left\{\sigma = (x_{i_1}, \ldots, x_{i_{d+1}}) : \|x_{i_j} - x_{i_k}\| \le \rho,\ x_{i_1}, \ldots, x_{i_{d+1}} \in \mathcal{X}\right\}$$

であり．$\sigma \in \mathcal{U}_\rho(\mathcal{X})$ のレベルの定義を，σ の頂点における f_0 の最小値とする．つまり，

$$\lambda(\sigma) = \min\{f_0(x) : x \in \sigma\}$$

である．$\mathcal{U}_\rho(\mathcal{X}) = \{\sigma_1, \ldots, \sigma_L\}$ とする．$\lambda_i = \lambda(\sigma_i)$ とする．$\lambda_1 < \cdots < \lambda_L$ と仮定する．

$$\Lambda\left(f, \lambda_l\right) = \bigcup_{i=l}^{L} \mathcal{H}(\sigma_i), \qquad l = 1, \ldots, L \tag{7.9}$$

と定義する．ここで，$\mathcal{H}(\sigma_i)$ は σ_i の凸包である．

どちらの近似も性質 (7.5) を満たす関数をもたらす．そのことは，リーフズ・ファースト・アルゴリズムを応用できるようにするために必要である．f による f_0 の近似はかなり複雑になり得るが，f のレベル集合は (7.8) や (7.9) に示すように単純な表現を持つ．f のレベル集合ツリーは，対応する f_0 のレベル集合ツリーの近似になる．

図 7.13 は 1 次元の場合のレベル集合を用いた近似を例示している．レベル集合を用いて関数を定義し，式 (7.8) を用いる．(a) は図 7.12(a) と同じ 1 次元関数を示している．しかし，ここでは，関数を不規則な間隔の点において評価している．この関数はカーネル推定値である．それらの推定値を求めるために用いたデータ点は，元々の関数の値を評価した点と同一である．(b) は，近似において不規則な間隔の点における評価値を用いて，どのように区分的な定数関数を作成するかを示している．それぞれの点は，長さが 2.2 の区間の中心である．大きい値に対応する区間が，小さい値に対応する区間の上に上書きされている．

図 7.14 では 2 次元の場合にレベル集合の近似を行うことによって関数を近似する様子を示している．(a) は，球体の和集合を使ってレベル集合を近似する様子を示している．(b) は，三角形の和集合を使ってレベル集合を近似する様子を示している．濃い色が関数 f の大きな値を表すように球体と三角形はグレー・スケールで色分けされている．

(7.6) で示されているように，リーフズ・ファースト・アルゴリズムは，最悪の場合，$O\left(dL^2\right)$ ステップを必要とする．ここで，L は近似に用いた集合の数であり，d は関数が存在する範囲の次元である．f_0 は密度推定値または回帰関数推定値とする．球体の和集合を用いた近似 (7.8) において，f_0 が密度推定値または回帰関数推定値とすると，$L = n$ になる．ここで，n は標本サイズである．それ

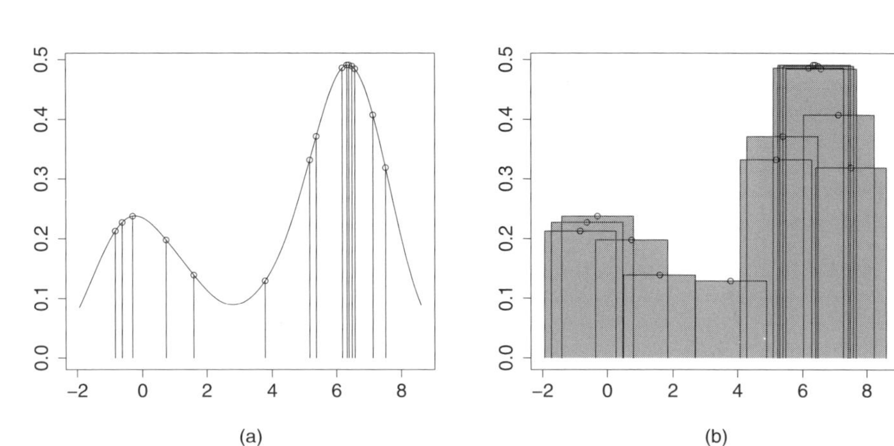

図 7.13 1 次元でのレベル集合を用いた近似 (a) 関数が不規則な間隔の点で評価されている．(b) (a) で得られた値が補間されて，区分的な定数関数が得られている．

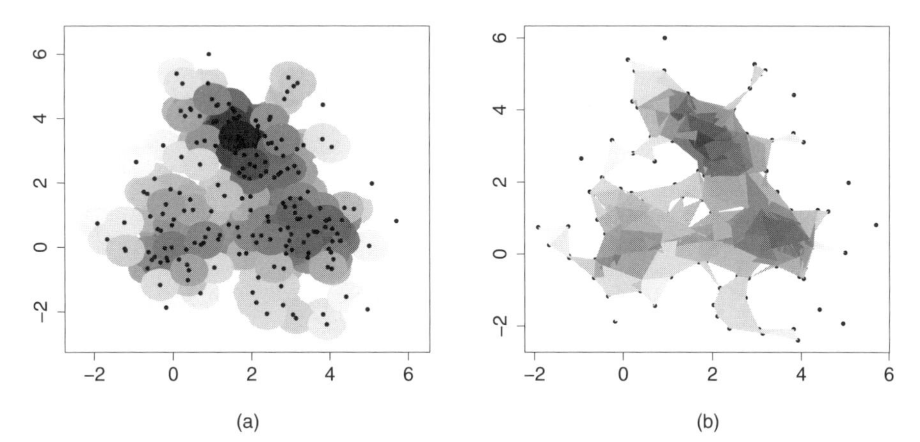

図 7.14 2 次元のレベル集合を用いた近似 (a) レベル集合を球体の和集合を用いて推定した．(b) レベル集合を三角形の和集合を用いて推定した．

故，この近似 (7.8) を使えば，かなりの高次元空間の場合でもリーフズ・ファースト・アルゴリズムが計算可能な手順になる．

手順 (7.8) の正確さは区切りや単体を用いた近似ほどではないかもしれない．球体を用いた近似は関数のバイアス推定量を導いてしまう．レベル集合が必要以上に大きく推定されてしまうという意味のバイアスである．推定誤差は図 7.13(b) で見て取れる．2 つの極大値は元々の関数ほど明瞭に分離していない．

7.4.3 体積関数

体積関数の定義

体積関数は関数のレベル集合ツリーを使って構築する．レベル集合ツリーの体積関数はレベル集合ツリーとその元になった関数の視覚化のための道具である．ツリー構造に加えて体積関数を用いると，レベル集合の中の連結していないものの体積についての情報が得られる．4つのステップに分け，体積関数の構築を説明する．

1つ目は，ツリーは常に入れ子になっている集合の群で表現できることに注目する．つまり，親—子関係を集合の包含関係で表現する．ルート・ノードはすべての集合を含む集合である．親ノードの子ノードは，親ノードを表す集合の内部にある，より小さい集合である．図 7.15 は入れ子になっている集合でツリーを表現している例を示している．(a) は通常のツリー表現である．ここで，ノードを小さな円で示しており，親—子関係を2つのノードを結ぶ線で表現している．親ノードは常に子ノードの下にある．(b) は入れ子になっているベクトルで同じツリーを表現している．1次元での表現が有用になるように，子ノードがその親ノードより高い位置にあるようにベクトルを描いた．さもなければ1次元の集合の包含関係を明確に示すことは難しいと思われる．(c) は，同じツリーを入れ子になった2次元の円を使って描いたものである．

2つ目に，入れ子になっている集合を用いたツリーの表現は関数として解釈することができる．例えば，図 7.15(c) は入れ子になっている集合としてツリーを示している．これは，2次元等高線図として解釈できる．また，図 7.15(b) は入れ子になっているベクトルとしてツリーを示している．このグラフは，ベクトルの端点をその下に位置するベクトルと繋ぎ，ベクトル自身を消去することによって1次元関数のグラフが得られるように改良できる．それによって，区分的な定数関数の形でツリーが表現される．

体積関数を得るための3つ目のステップは，図にレベルについての情報を加えることである．レベル集合ツリーのそれぞれのノードはレベルに関連している（つまり，そのノードに関連する集合を含むレベル集合のレベルである）．それゆえ，ノードのレベルを使って，ベクトルの高さがレベルと等しくなるように図 7.15(b) にベクトルを描いている．図 7.15(c) でもノードのレベルと等しくなるように等高線のレベルを選択している．

体積関数を得るための4つ目のステップは，図に体積についての情報を加えることである．そのために，入れ子になっている集合の体積が，レベル集合ツリー

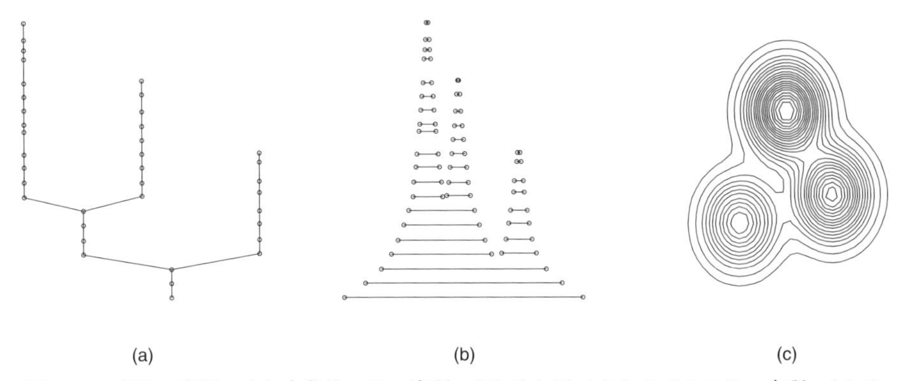

図 7.15 ツリー表現 (a) 古典的ツリー表現. (b) 入れ子ベクトルでのツリー表現. (c) 入れ子円でのツリー表現.

の中の対応する集合の体積と同じになるようにする. レベル集合ツリーのそれぞれのノードはそれぞれ1つの集合に関連している. (この集合は, 1つのレベル集合における, 連結していない, ある1つの領域である.) ノードを生み出した集合の体積と長さが等しいベクトルを選ぶ. 他方, 等高線図においては, 1つの集合の体積を, それぞれのノードに対応する集合の体積に等しくなるようにする.

体積関数という用語は, 上記の変換によって得られる関数を表すために用いる. **体積変換**という用語は変換自体を表現することに用いる. **体積図**という用語は, 体積関数のグラフを表すために用いる.

体積関数に関する注意点

次元が元の次元より等しいか小さくなるように体積関数を定義した. この本では, 多変量関数から一変量関数への変換を使う. しかしながら, 多変量関数から2次元関数への変換も幾らか重要である.

1つの多変量関数が与えられたとき, 様々なレベル集合ツリーが得られる. なぜならば, レベル集合ツリーは, レベルの格子点を使って作成され, その格子点をいろいろな方法で作成できるからである. さらに, 1つのレベル集合ツリーが与えられたとき, 様々な体積関数が得られる. 体積関数を構築するために, ここで以下の3つの選択肢がある. (1) レベル集合ツリーは兄弟ノードの順序を特定しない. それゆえ, 兄弟ノード間の入れ替えによって得られるそれぞれの体積関数はそれぞれの極値を持つ. (2) 集合の包含関係を用いて親—子関係を表現するとき, 子集合の位置は正確には特定できない. しかし, 子集合が親集合の内側にあることだけが必要とされる. 1次元の体積関数の場合は, 子集合を親集合の内側に対称に置くことが自然である．しかし，2次元関数の場合は子集合の位置を選ぶ自然な方法がたくさんある．(3) 体積関数の位置を特定しない．1次元の体積関数では，関数の位置を台の左端が原点になるようにする．

レベル集合ツリーの定義においては，レベル集合の体積が有限とは限らない．しかし，体積関数を定義する際にはこの仮定を設定する．この仮定は，通常は強い制限ではない．例えば，ガウス型密度は有限の台を持つ関数を使って高い精度で近似できる．

体積関数の解釈

体積関数の主な利点は高次元の関数をより低次元の関数を用いて表現できることである．そして，そのより低次元の関数は元の関数と類似性を持つ．要するに，元の関数とその体積関数は極値の構造が同一である．体積変換で変化しない性質について以下で詳細に議論する．

はじめに，元の関数における極値の数と体積関数における極値の数は等しい．上方レベル集合ツリーからの体積関数は元の関数と極大値の数が同じである．下方レベル集合ツリーからの体積関数は元の関数と極小値の数が同じである．

2つ目に，ツリーが同じレベル格子を用いて構築されたとき，元関数のレベル集合ツリーと体積関数のレベル集合ツリーは同じツリー構造を持つ．同じツリー構造とは，ツリーが同じ数のノードを持っていて，ノード間の写像（写像の前後で，ノード間の親子関係が変化しない）が存在することである．元の関数のレベル集合ツリーのノードと関連するレベルと，体積関数のレベル集合ツリーのノードと関連するレベルが等しい．しかしながら，ノードと関連する集合は異なる．なぜならば，元の関数のレベル集合ツリーのノードと関連する集合は，体積関数のレベル集合ツリーのノードと関連する集合に比べて高次元空間だからである．

3つ目に，体積関数のレベル集合における分離している領域のそれぞれの体積は，元の多変量関数における分離しているそれぞれの対応する領域の体積と同一である．

4つ目に，前の類似点から推測できるように，元の関数の超過質量と体積関数の超過質量が等しい．つまり，任意の $\lambda \in \mathbf{R}$ において，

$$\int (f-\lambda)_+ = \int (\mathrm{vf}(f)-\lambda)_+$$

である．ここで， $\mathrm{vf}(f)$ は f の体積関数で $(x)_+ = \max\{0, x\}$ である．実際は，より強い性質

$$\int_A (f-\lambda)_+ = \int_{\mathrm{vf}(A)} (\mathrm{vf}(f)-\lambda)_+$$

が成り立つ．ここで，A はレベルが λ のレベル集合ツリーと関連する集合である．$\mathrm{vf}(A)$ は，$\mathrm{vf}(f)$ という体積関数のレベル集合ツリーにおける，そのレベルに対応するノードに関連する集合である．

体積関数の実例

図 7.16 は 1 次元の関数とその体積関数を示している．(a) は関数のグラフを示している．(b) は体積関数のグラフを示している．対応するレベル集合ツリーは図 7.8 に示されていることに注目していただきたい．体積関数は区分的な定数関数であると考えられる．100 個のレベル集合を使って体積関数を作った．レベルの数を増加させることによって，より平滑に見える体積関数が得られる．台の左端点が原点と等しい体積関数を用いたので，元の関数の台は $[-2,4]$ に含まれているが，体積関数の台は $[0,6]$ に含まれている．

図 7.17 は 2 次元関数と，その体積関数を示している．(a) は関数の鳥瞰図を示している．(b) は 1 次元体積関数である．この関数に対応するレベル集合ツリーが図 7.9 に示されていることに注目していただきたい．

図 7.18 は 2 次元標準ガウス型密度関数とその体積関数である．(a) はガウス型密度関数の鳥瞰図を示す．(b) はその体積関数を示す．密度は単峰型である．しかし，この体積関数は，むしろ，この関数の裾における振る舞いを視覚化して

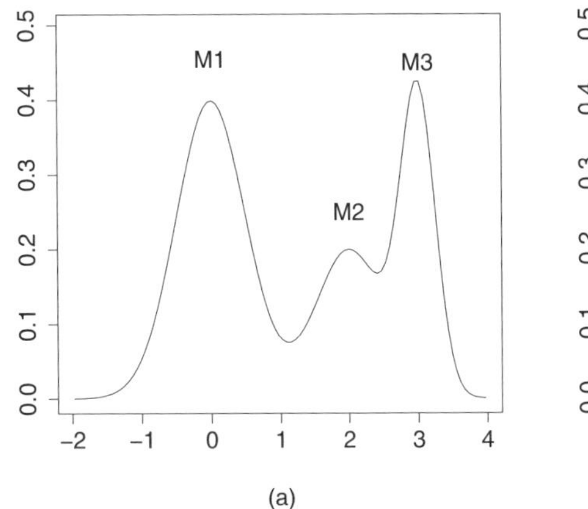

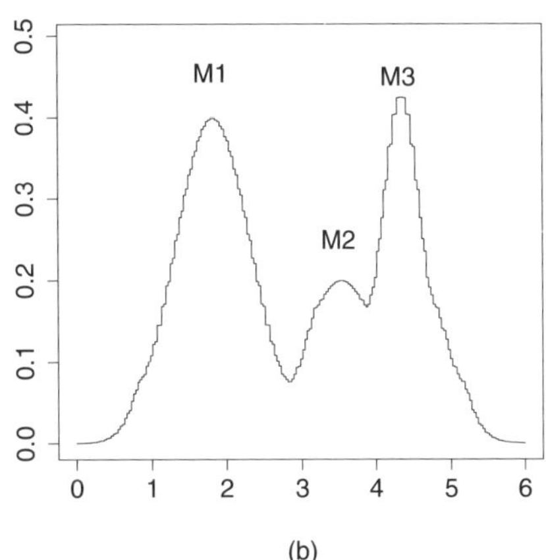

図 7.16　1 次元の体積関数　(a) M1，M2，M3 でラベル付けされた 3 つの極大値を持つ 1 次元関数．(b) その体積関数．

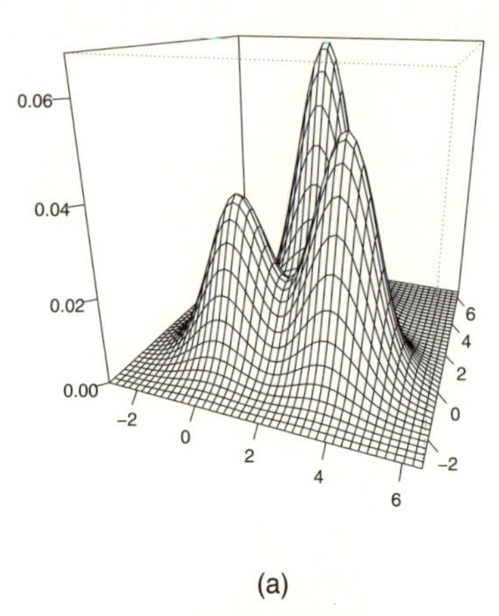

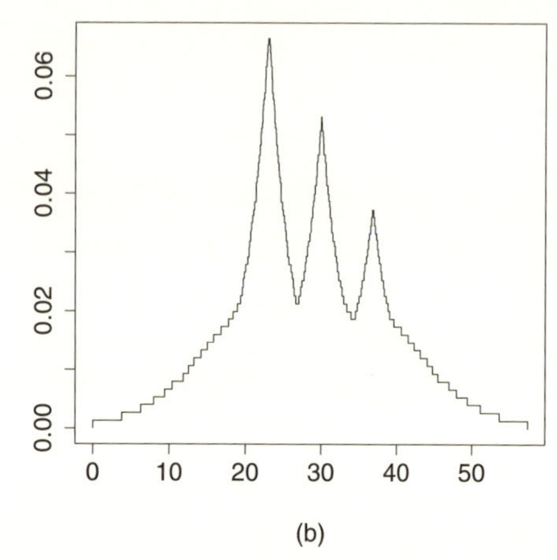

図 7.17　2 次元の体積関数　(a) 3 つの局所極大値を持つ 2 次元関数．(b) 関数のレベル集合ツリーの体積関数．

いる．

図 7.19 は 2 次元線形関数とその体積関数を示している．(a) は関数の鳥瞰図を示している．(b) は体積関数を示している．関数は四角形 $[-3,3] \times [-3,3]$ 上で単峰型をしている．

体積関数の計算

体積関数は単純とも言える構造を持つレベル集合ツリーから得られる．しかし，体積関数の計算には，それに加えて，レベル集合の分離しているそれぞれの部分のすべての体積の計算が必要になる．これには多大な計算量が要求されることがある．

レベル集合ツリーを構築するために，関数の 2 つの近似方法を示した．(1) 区切りを用いた近似，(2) レベル集合を用いた近似である．レベル集合において分離している領域の体積関数の計算は，これら 2 つの関数近似では異なる．

(7.7) のように区切りを用いた近似を応用すると，レベル集合における非連結成分の体積の計算は単純である．なぜならば，レベル集合のそれぞれの非連結成分は，重なり合わない長方形の和集合だからである．したがって，レベル集合における非連結成分の体積は，この非連結成分を構成する長方形の体積の和である．

近似関数のレベル集合が (7.8) あるいは (7.9) で定義されるものになるように，レベル集合を用いた近似を行うと，レベル集合における非連結成分の体積の計算

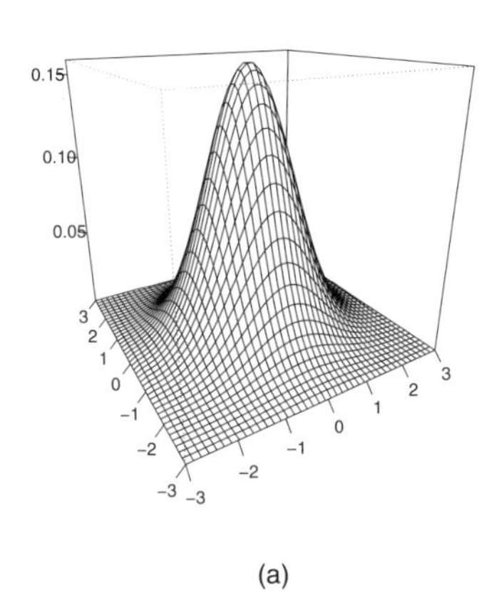

(a)

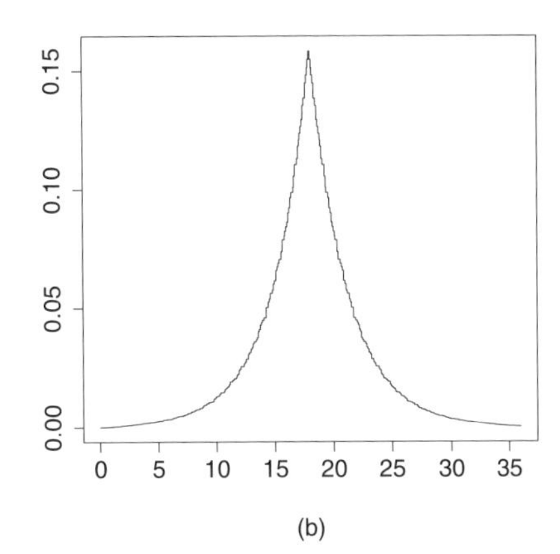

(b)

図 7.18　ガウス型関数の体積関数　(a) 標準ガウス型密度関数の鳥瞰図. (b) 標準ガウス型密度関数の体積関数.

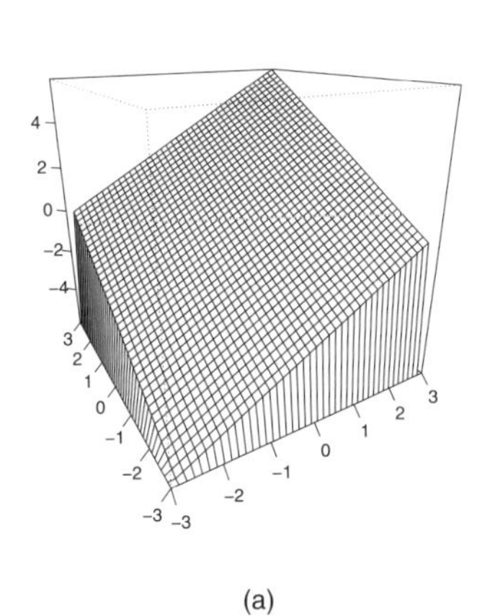

(a)

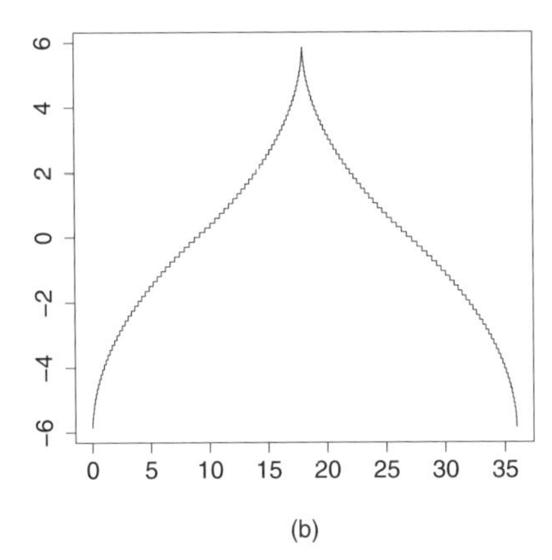

(b)

図 7.19　線形関数の体積関数　(a) 線形関数 $f(x) = x_1 + x_2$ の鳥瞰図. (b) 線形関数の体積関数.

は複雑になる．そのため，これらの体積を計算するために数値的な手法を用いる．球体の和集合を用いた場合における体積の近似を下記のように定義する．多面体の和集合を用いた場合も同様である．以下のように表現される集合が占める体積を計算する必要がある．

$$A = \bigcup_{j=1}^{n_A} B_\rho(X_{i_j}) \tag{7.10}$$

ここで $i_1, \ldots, i_{n_A} \subset \{1, \ldots, n\}$ は指標群を表す．これらの体積はモンテカルロ積分を用いて近似的に計算できる．特に，排除法を用いる[1]．高次元空間の場合，モンテカルロ積分は数値計算が膨大になることがある．しかし，モンテカルロ積分は，レベル集合における小数の非連結成分に対してのみ使う．レベル集合におけるその他の非連結成分に対しては，補間法を用いて体積を近似する．

補間法は以下のように機能する．レベル集合ツリーにおけるすべてのレベルの群 $\{\lambda_1, \ldots, \lambda_n\}$ からレベル $l_1, \ldots, l_m$ を選択する．レベル集合 $A_1, \ldots, A_m$ における非連結成分を見つける．ここで，A_i は，レベル l_i のレベル集合の1つである．集合 $A_1, \ldots, A_m$ のそれぞれの体積を推定する．それぞれの集合に対応する体積の推定値を $v_1, \ldots, v_m$ とする．A をレベル集合ツリーのノードと関連する集合としよう．すると，A は (7.10) で書ける．

$$\kappa_A = \frac{\text{volume}(A)}{n_A \cdot \text{volume}(B_\rho(0))}$$

と定義する．λ を，A を一部分とするレベル集合のレベルとする．$l_i < \lambda < l_{i+1}$ となるようなレベル l_i と l_{i+1} を見つける．κ_A を

$$\hat{\kappa}_A = \kappa_i + \frac{\lambda - l_i}{l_{i+1} - l_i}(\kappa_i - \kappa_{i+1})$$

を用いて推定する．ここで，

$$\kappa_i = \frac{v_i}{n_i \cdot \text{volume}(B_\rho(0))}, \qquad \kappa_{i+1} = \frac{v_i}{n_{i+1} \cdot \text{volume}(B_\rho(0))}$$

[1] 排除法では，最初に，小さいいくつかの球体の和集合を含む最小の球体 $B_r(\mu)$ を見つける．2つ目に球体 $B_r(\mu)$ 上の一様分布から標本サイズ M のモンテカルロ標本を作り出す．（この標本は，標準正規分布から生成した M 個の確率ベクトル標本 $z_1, \ldots . z_M$ と，$[0,1]$ 上の一様分布からの生成した標本 $u_1, \ldots, u_M$ を使って得られる．最終的な標本は，$\mu + r\sqrt{u_i}z_i/||z_i||$ である．ただし $i = 1, \ldots, M$ である．）3つ目に，ある小さな球体の内部にあるモンテカルロ標本における観測値の数 n_{inside} を計算する．小さな球体の和集合の体積の推定値は $\text{volume}(B_r(\mu)) \cdot n_{inside}/M$ と等しくなる．

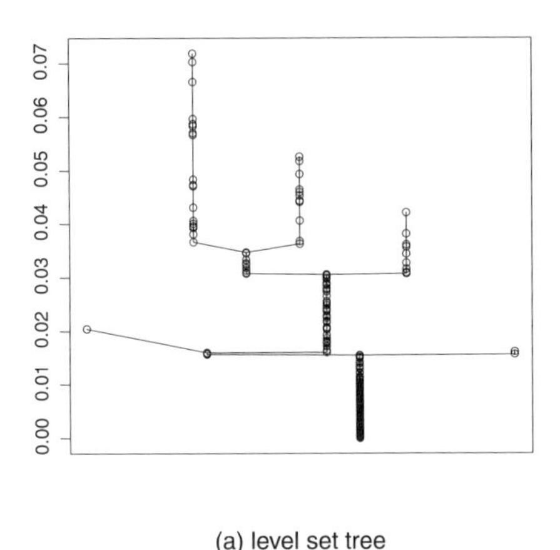

(a) level set tree

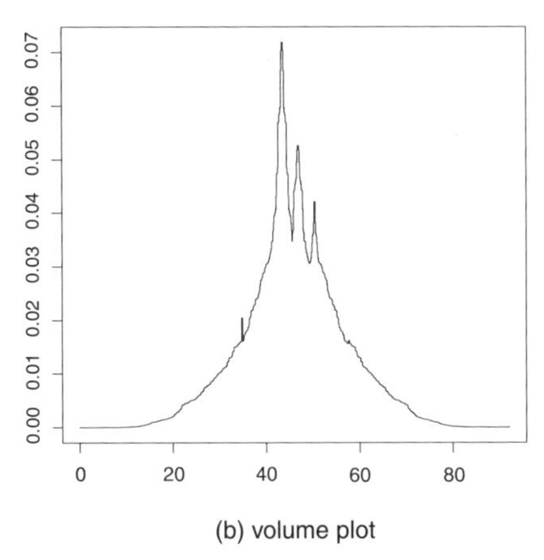

(b) volume plot

図 7.20 カーネル密度推定値 (a) カーネル密度推定値のレベル集合ツリー．(b) カーネル密度推定値の体積関数．

であり，n_i と n_{i+1} は，$A_i = \bigcup_{j=1}^{n_i} B_\rho(X_{k_j})$ と $A_{i+1} = \bigcup_{j=1}^{n_{i+1}} B_\rho(X_{l_j})$ という表現に表れる数である．最後に

$$\mathrm{volume}(A) \approx \hat{\kappa}_A \cdot n_A \cdot \mathrm{volume}(B_\rho(0)) \tag{7.11}$$

を推定する．

図 7.20 は，図 7.17 が示す三峰性関数のカーネル密度推定値における，レベル集合ツリーと体積関数を表している．平滑化パラメータ $h = 0.4$ の標準ガウス型カーネルによるカーネル密度推定量を用いて密度を推定をした．標本は 200 個の観測値である．

図 7.21 は球体の和集合によるレベル集合の近似を示している．図 7.20 で示したカーネル密度推定値を近似している．式 (7.8) において半径 $\rho = 0.55$ を用いた．(a) は密度推定値のレベル集合ツリーを示している．(b) は密度の体積関数を示している．$m = 20$ 個のレベルとモンテカルロ標本による $M = 200$ 個の観測値を使って補間法 (7.11) を実行した．このレベル集合ツリーは，近似の結果には 2 つの偽の極大値が含まれていることを示している．偽の極大値は体積関数には見られない．推定されたレベル集合ツリーの体積関数を真の体積関数 (図 7.17(b)) と比較することによって，推定されたレベル集合が真のレベル集合を膨らませたものであることが分かる．近似によるレベル集合は，真のレベル集合に比べてレベルの値が大きいときに分離している．もし，平滑化パラメータ h または ρ を大きくすれば，偽の極大値は消滅させることができるが，レベル集合はさらに膨らんだものになってしまう．

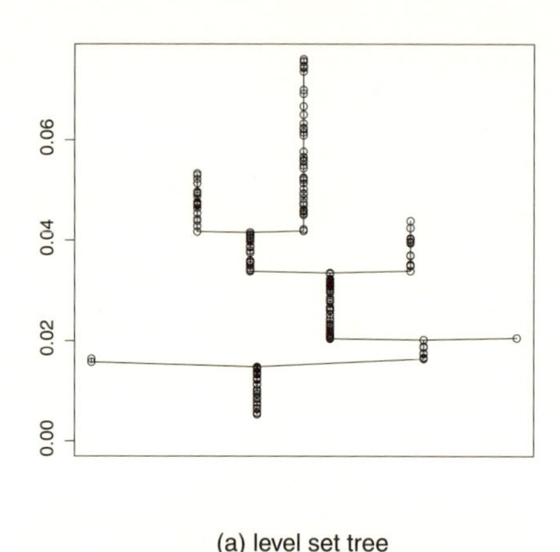

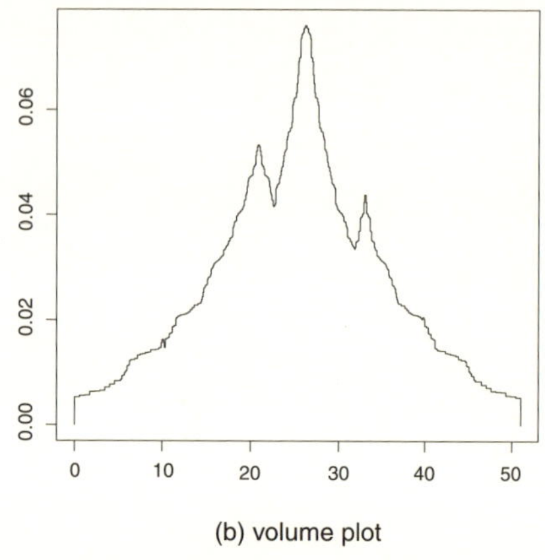

図 7.21 球体の和集合を用いた近似 (a) レベル集合を球体の和集合を用いて近似したときの，カーネル密度推定値のレベル集合ツリー．(b) 体積をモンテカルロ積分と補間を用いて計算したときの体積関数．

7.4.4 重心プロット

重心プロットは関数におけるレベル集合における分離している成分の重心の位置を視覚化するために使われる．重心プロットは特に極大値の位置を視覚化する．

集合 $A \subset \mathbf{R}^d$ の**重心**は

$$\text{barycenter}(A) = \frac{1}{\text{volume}(A)} \int_A x \, dx \tag{7.12}$$

で定義される．重心は集合における質量の中心を与える d 次元ベクトルである．それは集合上に一様に分布している確率変数ベクトルの期待値である．重心は，集合 A の外にある可能性もある．

レベル集合ツリーにおいて，それぞれのノードは集合と関連している．集合の重心を計算し，その情報を使ってレベル集合ツリーをプロットする．

関数が d 次元ユークリッド空間で定義されるとき，重心プロットは d 枚の窓によって構成される．つまり，1つの集合の重心が d 次元の実数からなるベクトルである．1枚の窓が1つの座標軸に対応する．それぞれの窓は，様々なレベルを設定したときに得られる重心の1つの座標軸における位置を示す．ツリーのノードは以下のような方法を用いて点で描く．

1. i 番目の窓にあるノードの水平位置をノードと関連する集合の重心の i 番目の座標軸の値に等しくする．ここで $i = 1, \ldots, d$ である．

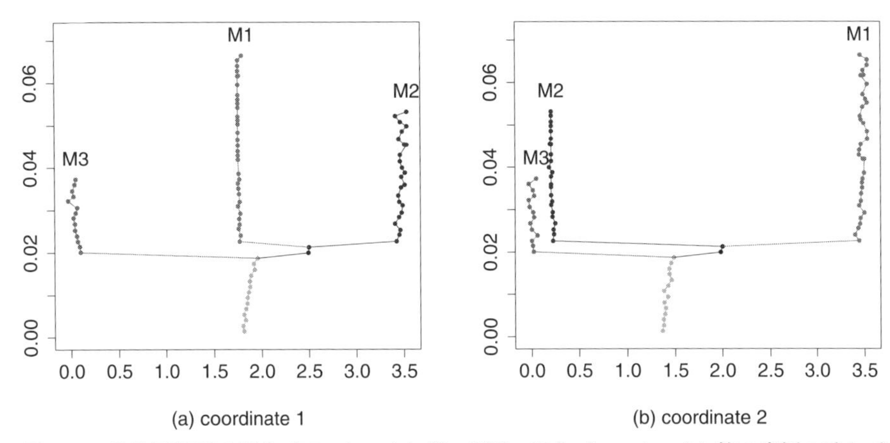

図 7.22　2 次元密度の重心プロット　(a) 第 1 座標の重心プロット．(b) 第 2 座標の重心プロット．

2.　ノードの垂直位置をノードと関連する集合のレベルと等しくする．
3.　親—子関係を，子と親を結ぶ線で表現する．

重心プロットは関数の「スケルトン」を視覚化する．重心プロットは，レベル集合のすべての分離している成分の重心を通る 1 次元の曲線を示す．

重心プロットにおける異なる窓の相互と，体積関数と重心プロットの相互においてノードを識別するために，極大値をラベル付けする．極大値をラベル付けすることによって，異なる窓におけるすべてのノードの対応関係が一意的に決定される．異なる窓でのノードと枝を容易に識別するために，ノードに色も付ける．そこで，リーフズ・ファースト・色付けを使う．すなわち，まず，リーフ・ノードのそれぞれに対して個別の色を選ぶ．そして，2 つの枝が結合するごとに色を変えながらルート・ノードに向かって進んでいく．子ノードと親ノードを繋げる線にも色を付ける．線の色は子ノードと同じ色にする．つまり，線の色はその線の出発点にあるノードの色と同じ色になる．関数の極大値を強調したい，つまり，極大値のそれぞれを容易に区別できるように極大値の色を選びたいので，リーフズ・ファースト・色付けは適切である．

図 7.22 は図 7.17 で示されている 2 次元の三峰型の関数がもたらす重心プロットを示している．(a) は重心プロットの第 1 座標を示している．(b) は重心プロットの第 2 座標を示している．密度関数のレベル集合ツリーは図 7.9(b) で示されている．密度関数の体積関数が，図 7.17(b) で示されている．

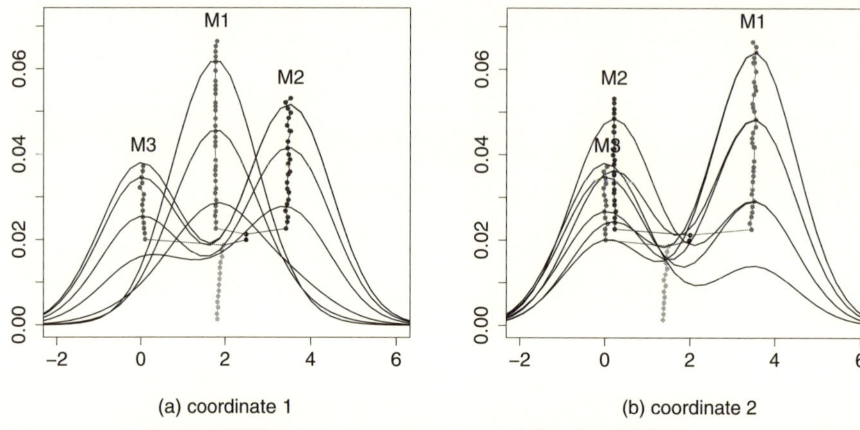

図 7.23　2次元の密度関数の重心プロットと，その密度関数の断面図　(a) 第1座標の重心プロットと，密度関数の断面図．(b) 第2座標の重心プロットと，密度関数の断面図．

図 7.23 には，重心プロットが 7.1 節で定義した断面図と一緒に描かれている．他の可能性としては，密度推定の場合には，周辺密度と共に重心プロットを描くことが考えられる．回帰関数の推定の場合には，部分依存関数と共に重心プロットを描くことも考えられる．これは，Karttunen, Holmström & Klemelä (2014) で述べられている．

7.4.5　回帰関数推定でのレベル集合ツリー

R_t を S&P 500 リターンとし

$$Y_t = R_t, \qquad X_t = (R_{t-1}, R_{t-2})$$

とする．カーネル推定量による条件付き分散の推定を考える． 1.6.1 項で記述された S&P 500 データを用いる．ニュース影響力曲線を

$$\sigma^2(x) = E(Y_t^2 \mid X_t = x)$$

と定義する．はじめに，コピュラ変換によって標準ガウス型周辺分布にする．1.7.2 項で定義されている方法である．カーネル推定量

$$\hat{\sigma}^2(x) = \sum_{t=1}^{T} p_t(x)\, Y_t^2$$

を用いる．ここで，$p_t(x)$ は (3.7) で定義されたカーネル重みである．

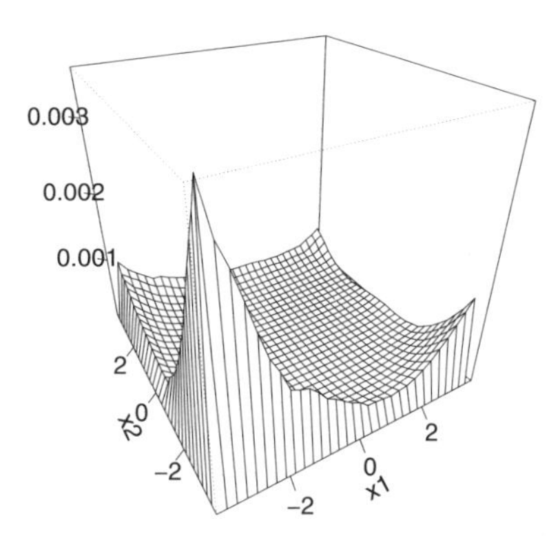

図 7.24 ニュース影響力曲線 S&P 500 リターンにおけるニュース影響力曲線のカーネル密度推定値.

図 7.24 は，平滑化パラメータ $h = 0.9$ を使ったときの推定値を示している．1 次元のニュース影響力曲線のカーネル推定値が図 3.28 で示されていて，局所 1 次式推定値が図 5.7 で示されていることを思い出していただきたい．ニュース影響力曲線の推定における ARCH(∞) モデルについては (3.64) で述べている．

極大値と極小値は説明変数の限界効果を明らかにしない． 1.1.3 項で限界効果について論じた．説明変数の限界効果を示すために，回帰関数の偏微分値を推定する．これまでに，限界効果の推定のための 2 つの方法を与えた．(1) 3.2.9 項でのカーネル推定量の偏微分であり，(2) 5.2.1 項での局所 1 次式推定量である．限界効果に注目する前に，微分の概念を思い出していただきたい．図 7.25 は微分の概念を示している．(a) は標準ガウス分布の密度関数を示している．その密度関数は

$$\phi(x) = (2\pi)^{-1/2} \exp\{-x^2/2\}, \qquad x \in \mathbf{R}$$

である．(b) は標準ガウス型密度関数の微分値

$$\phi'(x) = -x\phi(x), \qquad x \in \mathbf{R}$$

を示している．関数が増加しているとき微分値は正である．関数の最大値で 0 をとる．関数が減少しているときは微分値は負である．微分値が最大になるのは，引数が関数に最大の増加をもたらす点においてである．微分値が最小になるのは，引数が関数に最大の減少をもたらす点においてである．

図 7.26 はニュース影響力関数における偏微分値のカーネル推定量を示している．(a) は 1 階の偏微分値の推定値を示している．(b) は 2 階の偏微分値の推定値を示している．平滑化パラメータ $h = 0.9$ の標準正規カーネルを用いた．

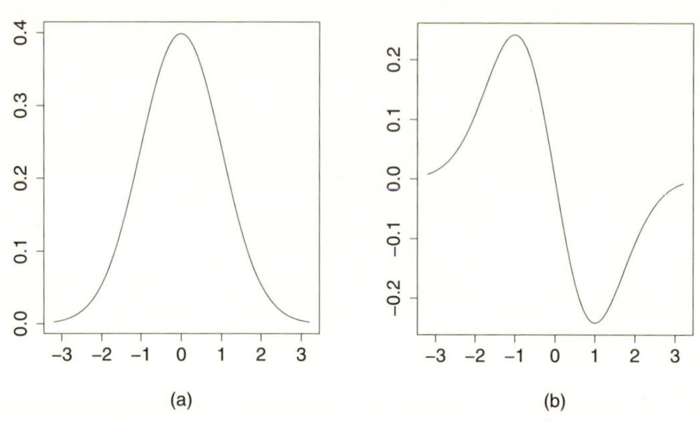

図 7.25　関数とその微分値　(a) 標準ガウス型密度関数.(b) 標準ガウス型密度関数の微分値.

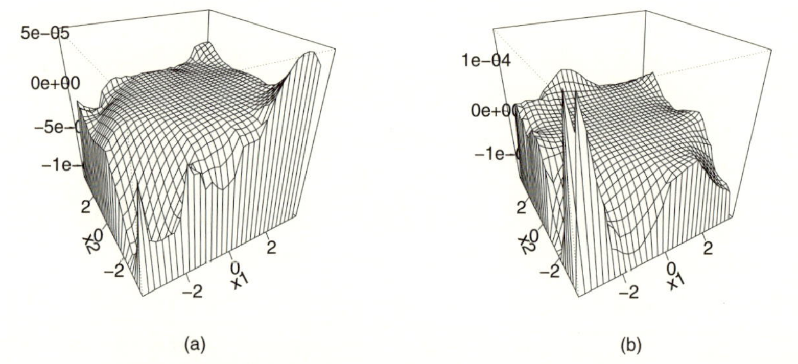

図 7.26　ニュース影響力曲線の偏微分値　S&P 500 リターンにおけるニュース影響力曲線における偏微分値のカーネル推定値.

レベル集合ツリーに基づく方法で限界効果を視覚化できる.偏微分値を正の部分と負の部分に分解すると便利である.関数 $g : \mathbf{R}^d \to \mathbf{R}$ の正の部分と負の部分を

$$g_+(x) = \max\{g(x), 0\}, \qquad g_-(x) = -\min\{g(x), 0\}$$

と定義する.これにより,関数の正の部分も負の部分も非負になる.つまり $g_+(x) \geq 0$ と $g_-(x) \geq 0$ である.

図 7.27 は 1 階の偏微分値のカーネル推定値が正になる部分を視覚化している.その偏微分値は,図 7.26 (a) で示されている.(a) は体積関数を示している.(b) は重心プロットの第 1 座標を示している.(c) は重心プロットの第 2 座標を示している.体積関数は,限界効果が大きい主な領域が 2 つあることを示している.

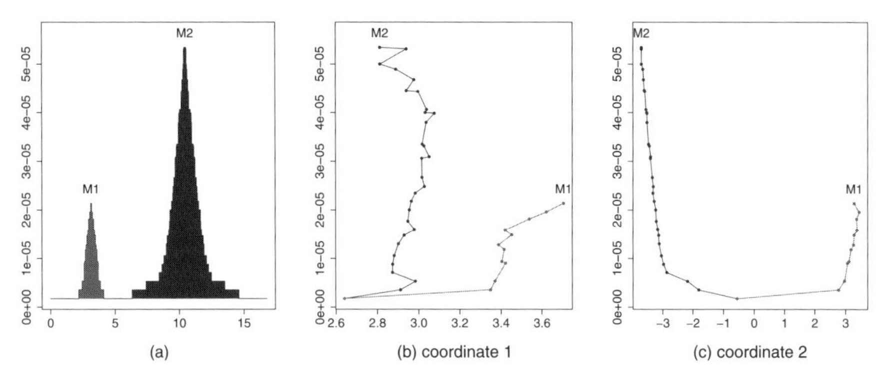

図 7.27　1 階の偏微分値の正の部分　S&P 500 リターンにおけるニュース影響力曲線の 1 階の偏微分の正の部分のカーネル推定値．(a) 体積関数．(b) 第 1 座標の重心プロット．(c) 第 2 座標の重心プロット．

重心プロットからその 2 つの領域が 2 つの隅にあることが分かる．限界効果が最大になるのは，第 1 の以前値が大きく，第 2 の以前値が小さい領域（ラベル M2）である．それよりは限界効果が小さいのは，第 1 の以前値が大きく，第 2 の以前値も大きい領域（ラベル M1）である．

図 7.28 は 1 階の偏微分値のカーネル推定値における負の部分を視覚化している．偏微分値は，図 7.26 (a) で示されている．(a) は体積関数を示している．(b) は重心プロットの第 1 座標を示している．(c) は重心プロットの第 2 座標を示している．体積関数は，限界効果が負で，その絶対値が大きい主な領域が 1 つあることを示している．重心プロットから，第 1 の以前値が小さく，第 2 の以前値も小さい値をとる隅にその領域があることが分かる（ラベル M3）．

7.5　単峰型の密度

回帰関数の推定においても密度の視覚化は有用である．回帰関数の推定では，回帰関数 $f(x) = E(Y \mid X = x)$ を推定する．しかし，説明変数 $X \in \mathbf{R}^d$ がどのように分布しているかを知ることも重要である．回帰データ $(X_i, Y_i), i = 1, \ldots, n$ があるとする．X の密度関数を推定するために $X_i, i = 1, \ldots, n$ を用いる．レベル集合ツリーは多峰型の密度を視覚化するために有用である．しかし，単峰型の密度を視覚化するためにはより簡単な方法が使える．

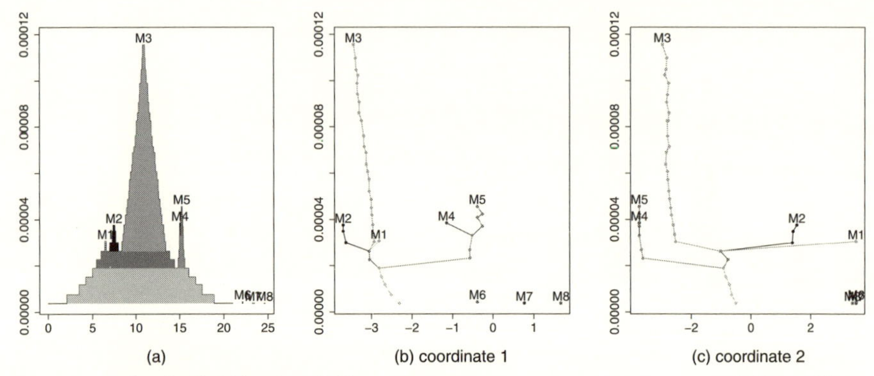

図 7.28　1階の偏微分値の負の部分　S&P 500 リターンにおけるニュース影響力曲線の1階の偏微分値の負の部分のカーネル推定値．(a) 体積関数．(b) 第1座標の重心プロット．(c) 第2座標の重心プロット．

7.5.1　レベル集合の確率体積

レベル集合の確率体積

$$\Lambda(f,\lambda)=\left\{x\in\mathbf{R}^d : f(x)\geq\lambda\right\},\qquad \lambda\in\mathbf{R}$$

に着目することによって，密度関数 $f:\mathbf{R}^d\to\mathbf{R}$ の分布の裾の重さを表現できる．関数

$$h(p)=P_f\left(\Lambda\left(f,p\,\|f\|_\infty\right)\right),\qquad p\in[0,1]$$

を定義する．一様分布において，関数 h は常に1である．他の分布において関数 h は減少関数である．下記の式

$$\hat{h}(p)=\frac{1}{n}\#\left\{X_i:\hat{f}(X_i)\geq pM_n\right\}$$

を用いることにより，密度関数の推定量 $\hat{f}:\mathbf{R}^d\to\mathbf{R}$ の助けを借りて関数 h を推定できる．ここで，

$$M_n=\max\left\{\hat{f}(X_i):i=1,\ldots,n\right\}$$

である．推定値を計算するためには，密度推定値 $\hat{f}$ をデータ点 $X_1,\ldots,X_n$ で評価すれば十分である．

所与の点 $x \in \mathbf{R}^d$ において，その点が分布の中心の領域にあるか，分布の裾の領域にあるかを知ることに関心があるとする．これは，

$$P(x) = \frac{1}{n} \# \left\{ X_i : \hat{f}(X_i) \geq \hat{f}(x) \right\}$$

を計算することによって分かる．$P(x)$ が 1 に近いとき，点 x は裾の領域にあり，$P(x)$ が 0 に近いとき，点 x は中央の領域にある．

$$P(x) = \hat{h}\left(\hat{f}(x)/M_n\right)$$

であることに注目していただきたい．

7.5.2 集合の視覚化

密度における最大値の構造の視覚化に加えて，密度の裾の振る舞いの特徴を把握することも重要である．Klemelä (2006) や Klemelä (2007) が導入した，形状ツリーや裾ツリーのようなレベル集合ツリーに基づく方法を改良したいくつかの方法を使えば裾の振る舞いを分析できる．形状ツリーは，関数のレベル集合の形状を視覚化する．裾ツリーは点集合を視覚化する．

集合の視覚化は関数の視覚化に還元できる．$A \subset \mathbf{R}^d$ とする．$f_A : A \to \mathbf{R}$ を A 上で定義される関数とする．そこで，関数 f_A を視覚化することによって集合 A を視覚化できる．例えば，f_A を距離関数とすると

$$f_A(x) = \|x - \mu\|$$

とすることができる．ここで，$\mu \in A$ は中心点である．代わりに，f_A を

$$f_A(x) = Px$$

を満たすような高さ関数にすることもできる．ここで，$P : \mathbf{R}^d \to \mathbf{R}$ は一次元への射影である．

付録

Rについての手引き

Rについての手引きの最初は，QQプロット，裾プロット，平滑化散布図のような，データの視覚化方法である．次に，線形回帰，カーネル回帰，局所1次式回帰，加法モデル，単一指標モデル，前進段階的回帰における推定量の計算に関する入門的な説明を行う．最後に線形分位点回帰推定量とカーネル分位点回帰推定量の計算について紹介する．Rのパッケージ「regpro」に所収されている関数が利用できる．このパッケージを使って回帰手法を学び実装することができる．パッケージ「denpro」のプログラムも紹介する．このパッケージは，データの視覚化，関数の視覚化，密度推定のための道具を含んでいる．

A.1　データの視覚化

A.1.1　QQプロット

QQプロットは6.1.2項で定義されている．はじめにt分布からデータを生成する．関数「set.seed」を用いて乱数生成器のシードを設定することは有用である．すると後で結果を再現できる．この手引き以降の節では，紙面を節約するために関数「set.seed」の利用については省略した．

```
set.seed(1); dendat<-rt(1000,df=6)
```

正規分布と標本を比較した．さてQQプロットは点

$$\left(x_{(i)}, F^{-1}(p_i)\right), \qquad i = 1, \ldots, n$$

のプロットである．ここで，$x_{(1)} \le \cdots \le x_{(n)}$ は順序標本である．$p_i = (i - 1/2)/n$ である．また，F は標準正規分布の分布関数である．関数「segments」で直線 $x = y$ もプロットする．

```
x<-dendat[order(dendat)]; n<-length(x)
p<-(seq(1:n)-1/2)/n
y<-qnorm(p,mean=mean(x),sd=sd(x))
plot(x,y); segments(-6,-6,6,6)
```

A.1.2 裾プロット

裾プロットは6.1.2項で定義されている．どのように左裾プロットを作ることができるか示す．同様の方法で右裾プロットを作ることができる．左裾プロットは中央値から左の観測値から構成されている．プロットする前にデータを順序化する．左裾プロットは左裾の観測値とそのレベルの散布図である．レベルは観測値の順序統計量として定義されている．y 軸に対数目盛を用いている．

```
split<-median(dendat)
left.tail<-dendat[(dendat<split)]
ord<-order(left.tail,decreasing=TRUE)
ordered.left.tail<-left.tail[ord]
level<-seq(length(left.tail),1)
plot(ordered.left.tail,level,log="y")
```

A.1.3 2次元散布図

関数「plot」を使うと2次元散布図をプロットできる．

```
n<-20000; dendat<-matrix(rnorm(2*n),n,2); plot(dendat)
```

標本サイズ n が大きいとき，図 6.1(b) のように，区切られたデータのプロットが有用である．頻度はパッケージ「denpro」の関数「pcf.histo」で計算することができる．パラメータ `N` はそれぞれの方向の区切りの数を与える．

```
N<-c(100,100); pcf<-pcf.histo(dendat,N)
```

次に頻度を区間 $[0, 1]$ に変換し，グレー濃度スケールの値を作成し，パッケージ「denpro」に所収されている関数「plot.histo」を使う．

```
f<-sqrt(pcf$value)
colo<-1-(f-min(f)+0.5)/(max(f)-min(f)+0.5)
col<-gray(colo); plot.histo(pcf,col=col)
```

(a) R パッケージ「hexbin」に所収されている関数「hexbin」（六角形区切りを使っている）も利用できる．(b) R パッケージ「gplots」に所収されている関数「hist2d」も利用できる．

A.1.4　3 次元散布図

3 次元データをシミュレーションする．

```
dendat<-matrix(rnorm(3*20000),20000,3)
```

次に 3 次元ヒストグラムを計算する．

```
N<-c(100,100,100); pcf<-pcf.histo(dendat,N)
```

ヒストグラムからデータ点を作成するために関数「histo2data」使う．区切りの中心を新たなデータ点にする．新たなデータを回転し 2 次元へ写像する．データ点をプロットする前に，第 3 座標軸の値が最大となる観測値が最後にプロットされるようにデータを並べる．

```
hd<-histo2data(pcf)
alpha<-pi; beta<-pi; gamma<-0
rotdat<-rotation3d(hd$dendat,alpha,beta,gamma)
i1<-1; i2<-2; i3<-3
ord<-order(rotdat[,i3]); plotdat<-rotdat[ord,c(i1,i2)]
plot(plotdat,col=hd$col[ord])
```

A.2　線形回帰

2 次元の線形モデルでは，目的変数 Y は

$$Y = \beta_0 + \beta_1 X_1 + \beta_2 X_2 + \epsilon$$

を満たす．ここで，X_1 と X_2 は説明変数であり，ϵ は誤差項である．

はじめに線型モデルを使ってデータをシミュレーションする．回帰関数の回帰係数を $\beta_0 = 0$, $\beta_1 = 2$, で $\beta_2 = -2$ とする．説明変数 $X = (X_1, X_2)$ は $[0,1]^2$ 上

を一様に分布しているとし，誤差項は $\epsilon \sim N(0, \sigma^2)$ とする．標本サイズは n で説明変数の数は $d = 2$ である．

```
n<-100; d<-2; x<-matrix(runif(n*d),n,d)
y<-matrix(x[,1]-2*x[,2]+0.1*rnorm(n),n,1)
```

線形回帰係数の最小 2 乗推定量は

$$\hat{\beta} = (\mathbf{X}'\mathbf{X})^{-1}\mathbf{X}'\mathbf{y}$$

と (2.10) で定義されていた．ここで，$\mathbf{X}$ は $n \times (d+1)$ の行列であり，第 1 列は要素がすべて 1 のベクトルからなり，その他の列は d 個の説明変数の観測値である．$\mathbf{y}$ は目的変数の観測値を表す $n \times 1$ ベクトルである．下記の R プログラムでは，すべて 1 の列ベクトルを $n \times d$ の行列 x に接合している．行列の転置は関数 t() で計算し，行列の掛け算は演算子 %*% を用いて計算し，逆行列は関数「solve」で計算している．

```
X<-matrix(0,n,d+1); X[,1]<-1; X[,2:(d+1)]<-x
XtX<-t(X)%*%X; invXtX<-solve(XtX,diag(rep(1,d+1)))
beta<-invXtX%*%t(X)%*%y
```

リッジ回帰推定量は

$$\hat{\beta} = (\mathbf{X}'\mathbf{X} + \lambda I)^{-1}\mathbf{X}'\mathbf{y}$$

と (2.32) で定義されていた．ここで，I は $d \times d$ の単位行列であり，$\lambda \geq 0$ である．リッジ回帰では，データを平均が 0 で分散が 1 となるように正規化している．

```
Y<-(y-mean(y))/sd(c(y))
X<-(x-colMeans(x))/sqrt(colMeans(x^2)-colMeans(x)^2)
lambda<-10; XtX<-t(X)%*%X+lambda*diag(rep(1,d))
invXtX<-solve(XtX,diag(rep(1,d)))
beta<-invXtX%*%t(X)%*%Y
```

上記の R プログラムはパッケージ「regpro」に所収されている関数「linear」に含まれている．

A.3　カーネル回帰

(3.6) でカーネル回帰推定量を定義していた．カーネル推定量は

$$\hat{f}(x) = \sum_{i=1}^{n} p_i(x) Y_i$$

である．ここで，

$$p_i(x) = \frac{K_h(x - X_i)}{\sum_{i=1}^{n} K_h(x - X_i)}, \qquad i = 1, \ldots, n$$

であり，$K : \mathbf{R}^d \to \mathbf{R}$ はカーネル関数である．$K_h(x) = K(x/h)/h^d$ であり，$h > 0$ は平滑化パラメータである．

A.3.1　1次元カーネル回帰

はじめにデータをシミュレーションする．回帰関数を

$$f(x) = \phi(x) + \phi(x - 3)$$

とする．ここで，ϕ は標準正規分布の密度関数である．説明変数 X は $[-1, 4]^2$ 上の一様分布で，誤差項は分布 $\epsilon \sim N(0, \sigma^2)$ を持つとする．また標本サイズは n である．

```
n<-500; x<-5*matrix(runif(n),n,1)-1
phi1D<-function(x){ (2*pi)^(-1/2)*exp(-x^2/2) }
func<-function(t){ phi1D(t)+phi1D(t-3) }
y<-matrix(func(x)+0.1*rnorm(n),n,1)
```

$x_0 = 0.5$ とし $\hat{f}(x_0)$ を計算する．カーネル K はバートレット・カーネル関数 $K(x) = (1 - x^2)_+$ を選択する．下記の R プログラムはパッケージ「regpro」に所収されている関数「kernesti.regr」で実装されている．

```
arg<-0.5; h<-0.1
ker<-function(x){ (1-x^2)*(x^2<=1) }
w<-ker((arg-x)/h); p<-w/sum(w)
hatf<-sum(p*y)   # the estimated value
```

格子点上に推定値をプロットし，真の回帰関数とデータも描く．N 個の評価点を用いる．

```
N<-40; t<-5*seq(1,N)/(N+1)-1
hatf<-matrix(0,length(t),1); f<-hatf
for (i in 1:length(t)){
  hatf[i]<-kernesti.regr(t[i],x,y,h=0.2)
  f[i]<-func(t[i])
}
plot(x,y)                                     # data
matplot(t,hatf,type="l",add=TRUE)            # estimate
matplot(t,f,type="l",add=TRUE,col="red") # true function
```

関数「pcf.kernesti」と関数「draw.pcf」も使うことができる．すると，関数をより自動的にプロットしてくれる．関数「draw.pcf」はパッケージ「denpro」に所収されている．

```
pcf<-pcf.kernesti(x,y,h=0.2,N=N)
dp<-draw.pcf(pcf)
plot(x[order(x)],y[order(x)])                 # data
matplot(dp$x,dp$y,type="l",add=TRUE)          # estimate
matplot(dp$x,func(dp$x),type="l",add=TRUE) # true func.
```

A.3.2 移動平均

3.2.4 項で時系列の移動平均を定義していた．(3.12) で両方向移動平均を定義し，(3.14) で一方向移動平均を定義している．これらの計算は，関数「kernesti.regr」を使うと下記のように実行できる．両方向移動平均の場合は，両方向対称カーネル $K : \mathbf{R} \to \mathbf{R}$ を使う．一方向移動平均の場合は，一方向非対称カーネル $K : [0, \infty) \to \mathbf{R}$ を使う．

GARCH(1, 1) モデルからデータをシミュレーションする．GARCH(1, 1) モデルを 3.9.2 項（(3.65) を参照せよ）で

$$Y_t = \sigma_t \epsilon_t, \qquad \sigma_t^2 = \alpha_0 + \alpha_1 Y_{t-1}^2 + \beta \sigma_{t-1}^2$$

と定義していた．ここで，(3.66) が与えるパラメータ値（S&P 500 リターンを用いて得られたもの）を使う．

```
a0<-7.2*10^(-7); a1<-0.0077; b<-0.92
n<-1000      # sample size
```

```
y<-matrix(0,n,1); sigma<-matrix(a0,n,1)
for (t in 2:n){
   sigma[t]<-sqrt( a0+a1*y[t-1]^2+b*sigma[t-1]^2 )
   y[t]<-sigma[t]*rnorm(1)
}
```

一方向指数重み付き移動平均を用いて，条件付き分散を逐次的に推定する．

```
ewma<-matrix(0,n,1)
for (i in 1:n){
   ycur<-matrix(y[1:i]^2,i,1)
   xcur<-matrix(seq(1:i),i,1)
   ewma[i]<-kernesti.regr(i,xcur,ycur,h=10,kernel="exp")
}
plot(ewma,type="l")
```

一方向移動平均を計算するために，パッケージ「regpro」に所収されているより高速なプログラム「ma」を利用できる．

```
ewma<-matrix(0,n,1)
for (i in 1:n) ewma[i]<-ma(y[1:i]^2,h=10)
plot(ewma,type="l")
```

A.3.3　2次元カーネル回帰

2次元回帰関数の推定値を鳥瞰図や等高線図によって視覚化できる．加えて，レベル集合ツリーに基づく方法を使うことができる．

はじめにデータをシミュレーションする．回帰関数は

$$f(x) = \sum_{i=1}^{3} \phi(x - m_i) \tag{A.1}$$

である．ここで，$m_1 = (0,0)$, $m_2 = D \times (0,1)$, $m_3 = D \times (1/2, \sqrt{3}/2)$, $D = 3$ で ϕ は標準正規分布の密度関数である．説明変数 $X = (X_1, X_2)$ の分布は $[-3,5]^2$ 上の一様分布で，誤差項 ϵ は分布 $N(0,\sigma^2)$ を持つ．

```
n<-1000; d<-2
x<-8*matrix(runif(n*d),n,d)-3
```

```
C<-(2*pi)^(-d/2)
phi<-function(x){ return( C*exp(-sum(x^2)/2) ) }
D<-3; c1<-c(0,0); c2<-D*c(1,0); c3<-D*c(1/2,sqrt(3)/2)
func<-function(x){phi(x-c1)+phi(x-c2)+phi(x-c3)}
for (i in 1:n) y[i]<-func(x[i,])+0.01*rnorm(1)
```

$\hat{f}(x_0)$ を計算する．ここで $x_0 = (0.5, 0.5)$ である．カーネル K として標準正規密度関数を選択する．下記のRプログラムはパッケージ「regpro」に所収されている関数「kernesti.regr」で実装されている．

```
arg<-c(0.5,0.5); h<-0.5
ker<-function(x){ return( exp(-rowSums(x^2)/2) ) }
argu<-matrix(arg,dim(x)[1],d,byrow=TRUE)
w<-ker((argu-x)/h); p<-w/sum(w)
hatf<-sum(p*y)  # the estimate
```

鳥瞰図と等高線図

格子点上で推定値をプロットする．2次元関数は鳥瞰図や等高線図を用いてプロットすることができる．以下のRプログラムは，真の回帰関数もプロットする

```
num<-30  # number of grid points in one direction
t<-8*seq(1,num)/(num+1)-3; u<-t
hatf<-matrix(0,num,num); f<-hatf
for (i in 1:num){
   for (j in 1:num){
      arg<-matrix(c(t[i],u[j]),1,2)
      hatf[i,j]<-kernesti.regr(arg,x,y,h=0.5)
      f[i,j]<-phi(arg-c1)+phi(arg-c2)+phi(arg-c3)
   }
}
contour(t,u,hatf)   # kernel estimate
persp(t,u,hatf,ticktype="detailed",phi=30,theta=-30)
contour(t,u,f)      # true function
persp(t,u,f,phi=30,theta=-30,ticktype="detailed")
```

関数「pcf.kernesti」と関数「draw.pcf」も使うことができる．すると，関数をより自動的にプロットしてくれる．関数　「draw.pcf」はパッケージ「denpro」に含まれている．

```
pcf<-pcf.kernesti(x,y,h=0.5,N=c(num,num))
dp<-draw.pcf(pcf,minval=min(y))
persp(dp$x,dp$y,dp$z,phi=30,theta=-30)
contour(dp$x,dp$y,dp$z,nlevels=30)
```

レベル集合ツリー

関数「pcf.kernesti」はレベル集合ツリーを計算するために利用できる出力を与える．関数　「pcf.kernesti」はパッケージ　「denpro」に所収されている．関数　「leafsfirst」はリーフズ・ファースト・アルゴリズムを用いてレベル集合ツリーを計算する．関数　「plotvolu」は体積プロットをプロットする．パラメータ「cutlev」は，レベル集合ツリーの指定した値より低い部分を切り捨て，より高いレベルに着目する．関数　「plotbary」はレベル集合ツリーの重心プロットをプロットする．パラメータ　「coordi」を使うと重心プロットの座標軸を選択することができる．関数　「plottree」はレベル集合ツリーのツリー構造をプロットする．関数　「treedisc」を用いると，レベル集合ツリーを剪定することができるので，作図が高速になる．

```
pcf<-pcf.kernesti(x,y,h=0.5,N=c(15,15))
lst<-leafsfirst(pcf,lowest="regr")

plotvolu(lst,lowest="regr")
plotvolu(lst,lowest="regr",cutlev=0.05)

plotbary(lst,lowest="regr") # barycenter plot,1st coord.
plotbary(lst,coordi=2,lowest="regr") # 2nd coord.

plottree(lst,lowest="regr") # plot level set tree

td<-treedisc(lst,pcf,ngrid=30,lowest="regr")
plotvolu(td,modelabel=FALSE,lowest="regr")
```

A.3.4 3次元または高次元カーネル回帰

3次元または高次元カーネル回帰関数推定値は1次元や2次元断面図や部分依存プロットやレベル集合ツリーに基づいて視覚化することができる.

はじめにデータをシミュレーションする. 回帰関数は混合分布

$$f(x) = \sum_{i=1}^{4} \phi(x - c_i)$$

である. ここで, $c_1 = D \times (1/2, 0, 0)$, $c_2 = D \times (-1/2, 0, 0)$, $c_3 = D \times (0, \sqrt{3}/2, 0)$, $c_4 = D \times (0, 1/(2\sqrt{3}), \sqrt{2/3})$, $D = 3$ で ϕ は標準正規分布の密度関数である. 説明変数 $X = (X_1, X_2, X_3)$ は $[-3, 3]^3$ 上で一様分布であり, 誤差項 ϵ は分布 $N(0, \sigma^2)$ を持つ. 標本サイズは n で表され, 説明変数の数は d で表わされている.

```
n<-1000; d<-3; x<-8*matrix(runif(n*d),n,d)-3
C<-(2*pi)^(-d/2)
phi<-function(x){ return( C*exp(-sum(x^2)/2) ) }
D<-3; c1<-D*c(1/2,0,0);c2<-D*c(-1/2,0,0)
c3<-D*c(0,sqrt(3)/2,0);c4<-D*c(0,1/(2*sqrt(3)),sqrt(2/3))
fun<-function(x){phi(x-c1)+phi(x-c2)+phi(x-c3)+phi(x-c4)}
y<-matrix(0,n,1)
for (i in 1:n) y[i]<-fun(x[i,])+0.01*rnorm(1)
```

断面図

回帰関数の推定値 $\hat{f} : \mathbf{R}^d \to \mathbf{R}$ の1次元断面図は

$$g(x_1) = \hat{f}(x_1, x_{0,2}, \ldots, x_{0,d})$$

である. ここで, $x_{0,2}, \ldots, x_{0,d}$ を固定している. $x_{0,k}$ として説明変数におけるベクトルの第 k 座標軸の標本中央値を選択できる. ただし, 標本中央値は $k = 2, \ldots, d$ に対して $x_{0,k} = \mathrm{median}(X_{1,k}, \ldots, X_{n,k})$ で得られる.

1次元断面図は関数 "pcf.kernesti.slice" を用いて計算することもできる. パラメータ $p = 0.5$ は固定点を中央値にすることを指示している. パラメータ N は評価する点の数である.

```
pcf<-pcf.kernesti.slice(x,y,h=0.5,N=50,coordi=1,p=0.5)
```

```
dp<-draw.pcf(pcf); plot(dp$x,dp$y,type="l")
```

1次元断面図を線形回帰推定値の1次元断面図と比較することができる.

```
coordi<-1; notcoordi<-c(2,3)
li<-linear(x,y); a<-li$beta1[notcoordi]
x0<-c(median(x[,2]),median(x[,3]))
flin<-li$beta0+li$beta1[coordi]*dp$x+sum(a*x0)
plot(dp$x,flin,type="l")
```

また，カーネル回帰推定値の断面図と線形回帰の断面図を同じ図でプロットすることができる.

```
ylim<-c(min(flin,dp$y),max(flin,dp$y))
matplot(dp$x,flin,type="l",ylim=ylim)
matplot(dp$x,dp$y,type="l",add=TRUE)
```

部分依存関数

部分依存関数は 7.2 節で定義されている．1次元部分依存関数は

$$g_{X_1}(x_1) = Ef(x_1, X_2, \ldots, X_d)$$

である．ここで，$f(x) = E(Y \mid X = x)$ で $X = (X_1, \ldots, X_d)$ である．関数「pcf.kernesti.marg」用いて1次元部分依存関数のカーネル推定値を計算できる.

```
pcf<-pcf.kernesti.marg(x,y,h=0.5,N=30,coordi=1)
dp<-draw.pcf(pcf); plot(dp$x,dp$y,type="l")
```

レベル集合ツリー

関数「pcf.kernesti」はレベル集合ツリーを計算するために利用できる出力を与える．関数「pcf.kernesti」はパッケージ「denpro」に所収されている．A.3.3 項での2次元回帰関数の視覚化に関する説明に従って作業を進める

```
pcf<-pcf.kernesti(x,y,h=0.5,N=c(15,15,15))
lst<-leafsfirst(pcf,lowest="regr")
td<-treedisc(lst,pcf,ngrid=30,lowest="regr")
plotvolu(td,modelabel=FALSE,lowest="regr")
plotbary(td,coordi=3,lowest="regr") # 3rd coord.
```

```
plottree(td,lowest="regr") # level set tree
```

A.3.5 微分値のカーネル推定量

偏微分値のカーネル推定量は 3.2.9 項で定義されていた．(3.28) を参照せよ．ガウス型カーネルを用いた k 階偏微分値のカーネル推定量は

$$\widehat{D_k f}(x) = \sum_{i=1}^{n} q_i(x)\, Y_i$$

である．ここで，

$$q_i(x) = \frac{1}{\sum_{i=1}^{n} K_h(x - X_i)} \left(\frac{\partial}{\partial x_k} K_h(x - X_i) - p_i(x) \sum_{i=1}^{n} \frac{\partial}{\partial x_k} K_h(x - X_i) \right)$$

である．ただし，

$$\frac{\partial}{\partial x_k} K_h(x - X_i) = \frac{1}{h^{d+1}} (D_k K) \left(\frac{x - X_i}{h} \right)$$

$D_k K(x) = -x_k K(x)$ で，$p_i(x)$ はカーネル推定量の重みである．

微分値の 1 次元推定量

はじめにデータをシミュレーションする．回帰関数を

$$f(x) = \int_{-1}^{x} (\phi\,(t) + \phi(t-3))\, dt, \qquad x \in [-1, 4]$$

とする．ここで，ϕ は標準正規分布の密度関数である．説明変数 X は，$[-1, 4]^2$ 上の一様分布であり，誤差項 ϵ は分布 $N(0, \sigma^2)$ を持つ．

```
n<-1000; x<-5*matrix(runif(n),n,1)-1
phi1D<-function(x){ (2*pi)^(-1/2)*exp(-x^2/2) }
func0<-function(t){ phi1D(t)+phi1D(t-3) }
func<-function(t){
    ngrid<-1000; step<-5/ngrid; grid<-seq(-1,4,step)
    i0<-floor((t+1)/step)
    return( step*sum( func0(grid[1:i0]) ) )
}
```

```
y<-matrix(0,n,1)
for (i in 1:n) y[i]<-func(x[i])+0.001*rnorm(1)
```

下記のRプログラムは $\widehat{f}'(x_0)$ を計算している．ここで，$x_0 = 0$ である．このRプログラムはパッケージ「regpro」の関数「kernesti.der」で実装されている．

```
arg<-0; h<-0.5; ker<-phi1D
dker<-function(t){ return( -t*exp(-t^2/2) ) }
w<-ker((arg-x)/h); p<-w/sum(w)
u<-dker((arg-x)/h)/h^2; q<-1/sum(w)*(u-p*sum(u))
hatf<-sum(y*q) # the estimated value
```

格子点上に推定値をプロットする．

```
t<-5*seq(1,n)/(n+1)-1
hatf<-matrix(0,length(t),1); f<-hatf
for (i in 1:length(t)){
  hatf[i]<-kernesti.der(t[i],x,y,h=0.5)
  f[i]<-func0(t[i])
}
ylim<-c(min(f,hatf),max(f,hatf))
matplot(t,hatf,type="l",ylim=ylim)        # estimate
matplot(t,f,type="l",add=TRUE,col="red") # true func.
```

関数「pcf.kernesti.der」と「draw.pcf」を使うこともできる．すると，関数をより自動的にプロットできる．関数「draw.pcf」はパッケージ「denpro」に所収されている．

```
pcf<-pcf.kernesti.der(x,y,h=0.5,N=n)
dp<-draw.pcf(pcf)
plot(x,y); matplot(dp$x,dp$y,type="l",add=TRUE)
```

2次元または高次元の微分値推定量

はじめにデータをシミュレーションする．回帰関数を

$$f(x_1, x_2) = f_1(x_1)f_1(x_2)$$

とする．ここで f_1 は (A.1) で定義された関数であり，$x_1, x_2 \in [-1, 4]$ である．説明変数 X の分布は $[-1, 4]^2$ の一様分布である．誤差項 ϵ は分布 $N(0, \sigma^2)$ を持つ．標本サイズは n であり説明変数の数は $d = 2$ である．

```
n<-1000; d<-2; x<-5*matrix(runif(n*d),n,d)-1
phi1D<-function(x){ (2*pi)^(-1/2)*exp(-x^2/2) }
func0<-function(t){ phi1D(t)+phi1D(t-3) }
func1<-function(t){
    ngrid<-1000; step<-5/ngrid; grid<-seq(-1,4,step)
    i0<-floor((t+1)/step)
    return( step*sum( func0(grid[1:i0]) ) )
}
func<-function(t){ func1(t[1])*func1(t[2]) }
y<-matrix(0,n,1)
for (i in 1:n) y[i]<-func(x[i,])+0.001*rnorm(1)
```

下記の R プログラムは 1 階偏微分値 $\widehat{D_1 f}(0)$ を計算している．ここで，$D_1 f(0) = \partial f(x)/\partial x_1|_{x=0}$ である．下記の R プログラムはパッケージ「regpro」の関数「kernesti.der」で実装されている．パラメータ direc を 1 に設定しているので，1 階偏微分値を推定する．

```
direc<-1; arg<-c(0,0); h<-0.5
ker<-function(xx){ exp(-rowSums(xx^2)/2) }
C<-(2*pi)^(-1)
dker<-function(xx){-C*xx[,direc]*exp(-rowSums(xx^2)/2)}
argu<-matrix(arg,n,d,byrow=TRUE)
w<-ker((argu-x)/h); p<-w/sum(w)
u<-dker((argu-x)/h)/h^(d+1); q<-1/sum(w)*(u-p*sum(u))
value<-q%*%y  # the estimated value
```

1 階偏微分値の推定値と真値の鳥瞰図と等高線図をプロットしよう．パラメータ num は一方向の格子点の数を与える．

```
num<-30; t<-5*seq(1,num)/(num+1)-1; u<-t
hatf<-matrix(0,num,num); df<-hatf
for (i in 1:num){ for (j in 1:num){
```

```
        arg<-matrix(c(t[i],u[j]),1,2)
        hatf[i,j]<-kernesti.der(arg,x,y,h=0.5)
        df[i,j]<-func0(arg[1])*func1(arg[2])
} }
contour(t,u,hatf)   # kernel estimate
persp(t,u,hatf,ticktype="detailed",phi=3,theta=-30)
contour(t,u,df)     # true function
persp(t,u,df,phi=30,theta=-30,ticktype="detailed")
```

鳥瞰図や等高線図を作成するために関数「pcf.kernesti.der」や「draw.pcf」も使うことができる．関数「draw.pcf」はパッケージ「denpro」に所収されている．

```
pcf<-pcf.kernesti.der(x,y,h=0.5,N=c(50,50),direc=1)
dp<-draw.pcf(pcf)
persp(dp$x,dp$y,dp$z,phi=3,theta=-30)
contour(dp$x,dp$y,dp$z)
```

A.3.3 項のようなレベル集合ツリーに基づく方法も使うことできる．

```
pcf<-pcf.kernesti.der(x,y,h=0.5,N=c(15,15))
lst<-leafsfirst(pcf,lowest="regr")
plotvolu(lst,lowest="regr")            # volume plot
plotbary(lst,coordi=1,lowest="regr") # barycenter plot
plottree(lst,lowest="regr")            # level set tree
```

A.3.6　状態空間と時空間を結合した平滑化

局所的に定常なデータについては 3.2.5 項で論じた．局所的に定常なデータを用いて回帰関数を推定するために，状態空間カーネル推定量と移動平均を結合することは有用である．(3.20) で定義したように，時空間と状態空間を結合した平滑化を行うカーネル推定量は

$$\hat{f}_t(x) = \sum_{i=1}^{t} w_i(x,t)\, Y_i$$

である．ここで，重みは

$$w_i(x,t) = \frac{K((x-X_i)/h)\,L((t-i)/g)}{\sum_{j=1}^{n} K((x-X_j)/h)\,L((t-j)/g)}, \qquad i=1,\ldots,t$$

という形で書き表される．ただし，$K:\mathbf{R}^d \to \mathbf{R}$, $L:\mathbf{R}\to\mathbf{R}$ はカーネル関数で，$h>0$, $g>0$ は平滑化パラメータである．

局所的に定常なデータをシミュレーションしよう．回帰関数は

$$f_t(x) = 0.5\,\phi\Big(x-\mu_t^{(1)}\Big) + 0.5\,\phi\Big(x-\mu_t^{(2)}\Big)$$

である．ここで，$\mu_t^{(1)} = -2t/T$, $\mu_t^{(2)} = 2t/T$ で ϕ は標準正規分布の密度関数である．設計変数 X_t は独立同分布の $N(0,1)$ であるとする．誤差 ϵ_t は独立同一分布の $N(0,0.1^2)$ である．

```
n<-1000; x<-matrix(rnorm(n),n,1); y<-matrix(0,n,1)
for (i in 1:n){
   mu1<--i/n*2; mu2<-i/n*2
   func<-function(t){
        return( 0.5*dnorm(t-mu1)+0.5*dnorm(t-mu2) )
   }
   y[i]<-func(x[i])+0.1*rnorm(1)
}
```

さて，関数「kernesti.regr」を応用する．平滑化パラメータ h は状態空間のための平滑化パラメータであり，平滑化パラメータ g は時空間のための平滑化パラメータである．

```
arg<-0; kernesti.regr(arg,x,y,h=1,g=10,gernel="exp")
```

A.4 局所 1 次式回帰

局所 1 次式推定量については 5.2.1 項で論じた．

A.4.1 1 次元局所 1 次式回帰

A.3.1 項で使われたデータと同一のシミュレーションデータを使って 1 次元のカーネル回帰を説明する．

カーネル K としてバートレット関数 $K(x)=(1-x^2)_+$ を選択する．$\hat{f}(x_0)$ を計算したいとする．ここで，$x_0=0.5$ である．1 次元の局所 1 次式回帰の重み

は (5.9) で与えられる．

```
arg<-0.5; h<-0.5
ker<-function(x){ (1-x^2)*(x^2<=1) }
w<-ker((arg-x)/h); p<-w/sum(w)
barx<-sum(p*x); bary<-sum(p*y)
q<-p*(1-((x-barx)*(barx-arg))/sum(p*(x-barx)^2))
hatf<-sum(q*y)
```

上記の R プログラムはパッケージ「regpro」の関数「loclin」で実装されている．格子点上に推定値をプロットしよう．

```
N<-40; t<-5*seq(1,N)/(N+1)-1
hatf<-matrix(0,length(t),1); f<-hatf
for (i in 1:length(t)){
   hatf[i]<-loclin(t[i],x,y,h=0.5,kernel="bart")
   f[i]<-phi1D(t[i])+phi1D(t[i]-3)
}
plot(x,y)                             # data
matplot(t,hatf,type="l",add=TRUE) # estimate
matplot(t,f,type="l",add=TRUE)    # true function
```

関数「pcf.loclin」と「draw.pcf」を使うこともできる．すると，関数をより自動的にプロットできる．関数「draw.pcf」はパッケージ「denpro」に所収されている．

```
pcf<-pcf.loclin(x,y,h=0.5,N=40,kernel="bart")
dp<-draw.pcf(pcf)
plot(x,y)
matplot(dp$x,dp$y,type="l",add=TRUE)
matplot(dp$x,func(dp$x),type="l",add=TRUE)
```

A.4.2　2 次元局所 1 次式回帰

A.3.3 項で使われたデータと同じシミュレーションデータを使い，2 次元のカーネル回帰を説明する．

局所1次式回帰推定量は (5.6) で定義されている重み付き最小2乗法の解である．重み付き最小2乗推定量は

$$\hat{\beta} = (\mathbf{X}'W(x)\mathbf{X})^{-1}\mathbf{X}'W(x)\mathbf{y}$$

である．ここで，$\mathbf{X}$ は $n \times (d+1)$ の行列である．第1列は要素がすべて1の列ベクトルであり，その他の列は d 個の説明変数の観測値である．$\mathbf{y}$ は目的変数の観測値からなる $n \times 1$ ベクトルである．

はじめに，カーネルの重みの行列 W を計算する．オブジェクト x は説明変数の観測値からなる $n \times d$ の行列である．この例では $d = 2$ とする．

```
arg<-c(0,0); argu<-matrix(arg,n,d,byrow=TRUE)
ker<-function(x){ return( exp(-rowSums(x^2)/2) ) }
w<-ker((x-argu)/h); weights<-w/sum(w); W<-diag(weights)
```

下記の R プログラムでは，はじめに元々の $n \times d$ 行列 x に1からなる列ベクトルを接合している．関数 t() で行列の転置を計算している．オペレータ %*% で行列の掛け算を計算している．関数「solve」で逆行列を計算している．3要素のベクトル esti を得る．1番目の要素が特定の1つの点の回帰関数推定値である．2番目の要素が1階偏微分値の推定値である．3番目の要素が2階偏微分値の推定値である．

```
X<-cbind(matrix(1,n,1),x-argu)
A<-t(X)%*%W%*%X; invA<-solve(A,diag(rep(1,d+1)))
esti<-invA%*%t(X)%*%W%*%y; estimate<-esti[1]
```

関数「pcf.loclin」と関数「draw.pcf」を使うこともできる．すると，より自動的に関数をプロットしてくれる．関数「draw.pcf」はパッケージ「denpro」に含まれている．

```
pcf<-pcf.loclin(x,y,h=0.5,N=c(20,20))
dp<-draw.pcf(pcf)
persp(dp$x,dp$y,dp$z,ticktype="detailed",phi=30,theta=3)
contour(dp$x,dp$y,dp$z,nlevels=30)
```

A.4.3　3次元または高次元局所1次式回帰

関数が3次元やそれより高次元の場合，鳥瞰図や等高線図を使うことができない．しかしながら，レベル集合ツリーに基づく方法が使える．A.3.4項で3次元カーネル推定量を例示するために使ったデータと同一の3次元データを用いる．

関数「pcf.loclin」はレベル集合ツリーを計算するために利用できる出力を与える．関数「pcf.loclin」は，パッケージ「denpro」に所収されている．A.3.3項での説明に従って作業を進める．2次元回帰関数の視覚化である．レベル集合ツリーを計算したあと，体積プロットと重心プロットをプロットする．

```
pcf<-pcf.loclin(x,y,h=0.5,N=c(15,15,15))
lst<-leafsfirst(pcf,lowest="regr")


td<-treedisc(lst,pcf,ngrid=30,lowest="regr")
plotvolu(td,modelabel=FALSE,lowest="regr")
plotvolu(td,modelabel=FALSE,lowest="regr",cutlev=0.03)


plotbary(td,coordi=1,lowest="regr")
```

A.4.4　局所1次式微分値推定

局所1次式による偏微分値推定の例を示す．そのために，A.3.5項で偏微分値のカーネル推定を例示したときに用いたデータと同一のデータを用いる．関数「pcf.loclin」(`type`という引数を伴っている）を使う．引数 `type` として 1 を設定すると1階偏微分値を推定する．それを 2 に設定すると2階偏微分値を推定する．そして，2次元を超える次元の場合も同様に推定する．関数「pcf.loclin」はパッケージ「regpro」に所収されており，関数「draw.pcf」はパッケージ「denpro」に所収されている．

```
pcf<-pcf.loclin(x,y,h=0.5,N=c(20,20),type=1)
dp<-draw.pcf(pcf)
persp(dp$x,dp$y,dp$z,ticktype="detailed",phi=3,theta=30)
contour(dp$x,dp$y,dp$z,nlevels=30)
```

A.5 加法モデル：後退あてはめ法

加法モデルは4.2節で取り扱われていた．ここで，後退あてはめ法が紹介されていた．2次元の加法モデルでは，目的変数 Y は

$$Y = f_1(X_1) + f_2(X_2) + \epsilon$$

と書くことができる．ここで X_1 と X_2 は説明変数であり，$f_k : \mathbf{R} \to \mathbf{R}$ は未知の成分であり，ϵ は誤差項である．

はじめに加法モデルからデータをシミュレーションする．説明変数 $X = (X_1, X_2)$ の分布は $[0,1]^2$ 上の一様分布である．回帰関数は $f(x_1, x_2) = f_1(x_1) + f_2(x_2)$ である．ここで，$f_1(x_1) = x_1^2 - EX_1^2$ で $f_2(x_2) = \log(x_2) - E\log(X_2)$ である．目的変数は $Y = f(x_1, x_2) + \epsilon$ である．ここで，$\epsilon \sim N(0, \sigma^2)$ である．

```
n<-100; d<-2; x<-matrix(runif(n*d),n,d)
fun1<-function(t){t^2}; fun2<-function(t){log(t)}
f<-matrix(0,n,d)
f[,1]<-fun1(x[,1])-mean(fun1(x[,1]))
f[,2]<-fun2(x[,2])-mean(fun2(x[,2]))
y<-f[,1]+f[,2]+0.1*rnorm(n)
```

関数「additive」を用いて加法モデルを推定する．引数として，説明変数の値の $n \times d$ 行列 x，目的変数の値の長さ n のベクトル y，平滑化パラメータ $\mathtt{h} > 0$ と，繰り返しの数 $\mathtt{M} \geq 1$ を与える必要がある．

```
h<-0.1; M<-5; est<-additive(x,y,h=h,M=M)
```

出力 est$eval は $n \times d$ の行列である．この行列は評価値 $\hat{f}_k(X_{i,k})$, $i = 1, \ldots, n$, $k = 1, \ldots, d$ を含んでいる．ここで，X_{ik} は i 番目の観測値 の k 番目の要素である．次に推定値の要素をプロットする．下記のRプログラムは，1番目の成分の推定値と真値をプロットする．観測値 X_{i1}, $i = 1, \ldots, n$ の値をプロットする．

```
or<-order(x[,1]); t<-x[or,1]
hatf1<-est$eval[or,1]; f1<-f[or,1]
plot(t,y[or])                           # データ
matplot(t,hatf1,type="l",add=TRUE)  # 推定値
matplot(t,f1,type="l",add=TRUE)     # 真の関数
```

格子点上で推定値を評価することができる．行列 est$eval を引数として与える必要がある．行列は前の段階で計算されていた．下記の R プログラムは推定値 $\hat{f}_1$ と $\hat{f}_2$ を計算し，そして，格子点上で $\hat{f}(x_1, x_2) = \bar{y} + \hat{f}_1(x_1) + \hat{f}_2(x_2)$ という推定値を計算する．ここで，$\bar{y}$ は目的変数の値の平均である．パラメータ num は一方向の格子点の数を与える．

```
num<-50; t<-seq(1,num)/(num+1); u<-t
hatf<-matrix(0,num,num)
hatf1<-matrix(0,num,1); hatf2<-matrix(0,num,1)
func<-function(arg){
  additive(x,y,arg,h=h,M=M,eval=est$eval)$valvec
}
for (i in 1:num){ for (j in 1:num){
      valvec<-func(c(t[i],u[j]))
      hatf1[i]<-valvec[1]; hatf2[j]<-valvec[2]
      hatf[i,j]<-mean(y)+sum(valvec)
} }
plot(t,hatf1,type="l")
persp(t,u,hatf,ticktype="detailed",phi=30,theta=-30)
```

鳥瞰図，等高線図，レベル集合ツリーを描くために関数「pcf.additive」を使うことができる

```
N<-c(50,50)
pcf<-pcf.additive(x,y,N=N,h=h,eval=est$eval,M=M)

dp<-draw.pcf(pcf,minval=min(pcf$value))
persp(dp$x,dp$y,dp$z,phi=30,theta=-30)
contour(dp$x,dp$y,dp$z,nlevels=30)

lst<-leafsfirst(pcf)
plotvolu(lst,lowest="regr")
```

A.6 単一指標回帰

単一指標モデルは4.1節で定義されていた．単一指標モデルは目的変数は

$$Y = g(\theta' X) + \epsilon$$

のように書くことができる．ここで，$X \in \mathbf{R}^d$, $\theta \in \mathbf{R}^d$ は $\|\theta\| = 1$ で未知の方向ベクトルである．$g : \mathbf{R} \to \mathbf{R}$ は未知のリンク関数である．

はじめに，単一指標モデルからデータをシミュレーションする．説明変数を表すベクトル $X = (X_1, X_2)$ の分布は2次元の標準正規分布である．誤差項は $\epsilon \sim N(0, \sigma^2)$ である．単一指標ベクトルは $\theta = (0,1)$ であり，リンク関数 g は標準正規分布の分布関数 Φ である．

```
n<-100; x<-matrix(rnorm(n*2),n,2)
theta<-matrix(c(0,1),2,1); x1d<-x%*%theta
y<-pnorm(x1d)+0.1*rnorm(n)
```

A.6.1 指標の推定

4.1.2項で論じた4つの推定方法を扱う．微分法，平均微分法，最小2乗解を探索するための数値的な最小化，最小2乗解を探索するための段階的アルゴリズムである．

平均微分法は (4.9) で定義された．以下のコマンドは平均微分法で方向ベクトル θ を推定するために使うことができる．

```
method<-"aved"; h<-1.5
hat.theta<-single.index(x,y,h=h,method=method)
```

微分法は (4.8) で定義された．微分法では，さらに勾配を推定する点を特定しなければならない．点 $(0,0)$ を選択する．

```
method<-"poid"; h<-1.5; argd<-c(0,0)
hat.theta<-single.index(x,y,h=h,method=method,argd=argd)
```

方向ベクトルは数値的な最小化を用いて推定できる．それによって，最小2乗問題 (4.2) の解が見つかる．次のコマンドによって数値的な最小化を実装することができる．

```
method<-"nume"; h<-1.5
```

```
hat.theta<-single.index(x,y,h=h,method=method)
```

4.1.2項で説明したように最小2乗問題(4.2)を反復法を使って解くことができる．反復法を適用するために次のコマンドを使うことができる．引数 `M` は反復する数を与える．

```
method<-"iter"; h<-1.5; M<-10
hat.theta<-single.index(x,y,h=h,method=method,M=M)
```

A.6.2　リンク関数の推定

方向ベクトル θ を推定したあと，リンク関数 $g : \mathbf{R} \to \mathbf{R}$ を推定しなければならない．次のコマンドを使って，カーネル推定量によるリンク関数の推定を行う．以下のコマンドは真のリンク関数もプロットする．

```
x1d<-x%*%hat.theta  # project data to 1D
pcf<-pcf.kernesti(x1d,y,h=0.3,N=20)
dp<-draw.pcf(pcf)
matplot(dp$x,dp$y,type="l",ylim=c(min(y,0),max(y,1)))
matplot(dp$x,pnorm(dp$x),type="l",add=TRUE)
```

A.6.3　単一指標回帰関数のプロット

格子点上での回帰関数 $f(x) = g(\theta' x)$ の値を，関数「pcf.single.index」を用いて推定できる．

```
h<-0.3; N<-c(40,40); method<-"poid"
pcf<-pcf.single.index(x,y,h=h,N=N,method=method)
dp<-draw.pcf(pcf)
persp(dp$x,dp$y,dp$z,ticktype="detailed",phi=3,theta=30)
```

もしデータが単一指標モデルがもたらしたものではない場合，微分法を使い評価点での勾配を推定する方がよいことがある．回帰関数が標準正規密度関数である例を示す．はじめにデータをシミュレーションする．

```
n<-1000; x<-matrix(6*runif(n*2)-3,n,2); C<-(2*pi)^(-1)
phi<-function(x){ return( C*exp(-rowSums(x^2)/2) ) }
y<-phi(x)+0.1*rnorm(n)
```

次に，微分法を用いて勾配を推定する．その際，勾配をそれぞれの評価点で独立に推定する．

```
method<-"poid"; h<-1.5; num<-50
t<-6*seq(1,num)/(num+1)-3; u<-t
hatf<-matrix(0,num,num)
for (i in 1:num){  for (j in 1:num){
    arg<-c(t[i],u[j])
    hatf[i,j]<-
    single.index(x,y,arg=arg,h=h,method=method,argd=arg)
} }
persp(t,u,hatf,ticktype="detailed",phi=30,theta=-30)
```

A.7 前進段階的モデル

前進段階的モデルにおけるアルゴリズムは5.4節で与えられている． 5.4.2項で示した加法モデルの段階的あてはめ法と， 5.4.3項で示した射影追跡回帰もこの手引きで扱う．

A.7.1 加法モデルの段階的あてはめ

加法モデルの段階的あてはめのアルゴリズムは5.4.2項で与えられていた．段階的あてはめ法は，加法構造を持つ推定値を見出すための，後退あてはめ法に代わる方法である．A.5節において加法モデルの後退あてはめを行ったときのデータと同一のシミュレーションデータを用いる．

加法モデルを関数「additive.stage」を使って推定する．引数は，説明変数の値の $n \times d$ 行列と，目的変数の値の長さ n のベクトル y と，平滑化パラメータ $h > 0$ と反復回数 M である．

```
h<-0.1; M<-5; est<-additive.stage(x,y,h=h,M=M)
```

出力「est$eval」は $n \times d$ の行列である．この行列は評価値 $\hat{f}_k(X_{i,k})$, $i = 1, \ldots, n$, $k = 1, \ldots, d$ を含んでいる．後退あてはめアルゴリズムの場合と同じRプログラムを使ってこの成分をプロットすることができる．

等間隔の格子点で推定値を評価できる．この評価値の算出は後退あてはめとは異なる手順で進める．なぜならば，引数として，残差の $n \times M$ 行列と，それぞれの段階でどの変数が選択されるかを指示する M 個の要素を持つベクトルを必要とするからである．これらは「est$residu」と「est$deet」として与えられる．後退あてはめ法においては，y の最終値に対する $n \times d$ 行列を計算すれば十分であったのに対して，段階的推定量の評価においては残差の $n \times M$ 行列の全体と，それぞれの段階において推定された方向を所収する指標ベクトルを計算し保存する必要があることに注意するべきである．

```
num<-50; t<-seq(1,num)/(num+1); u<-t
hatf<-matrix(0,num,num)
funi<-function(t,u){
   additive.stage(x,y,c(t,u),h=h,M=M,residu=est$residu,
                  deet=est$deet)$value
}
for (i in 1:num){ for (j in 1:num){
      hatf[i,j]<-funi(t[i],u[j])
} }
persp(t,u,hatf,ticktype="detailed",phi=30,theta=3)
```

A.7.2　射影追跡回帰

射影追跡回帰を実行するためのアルゴリズムは 5.4.3 項で与えられていた．データをシミュレーションする．そのデータ $X = (X_1, X_2)$ は $[-3, 3]^2$ 上で一様分布している．$\epsilon \sim N(0, \sigma^2)$ で，回帰関数は 2 次元標準正規分布の密度関数である．

```
n<-1000; x<-matrix(6*runif(n*2)-3,n,2)
phi<-function(x){ (2*pi)^(-1)*exp(-rowSums(x^2)/2) }
y<-phi(x)+0.1*rnorm(n)
```

射影追跡回帰関数の推定値を関数「pp.regression」を用いて計算する．引数は説明変数の値の $n \times d$ 行列 x，目的変数の値の長さ n のベクトル y，平滑化パラメータ $h > 0$ と反復回数 M である．

```
h<-0.5; M<-3; est<-pp.regression(x,y,h=h,M=M)
```

出力「est$eval」は長さ n のベクトルである．これは評価値 $\hat{f}(X_i), i = 1, \ldots, n$ を含んでいる．等間隔の格子点における推定値を評価できる．引数として残差の

$n \times M$ 行列と方向 $\hat{\theta}_m$ の M 個の要素を持つベクトルを与える必要がある．これらは「est$residu」と「est$teet」として与えられる．

```
num<-30; t<-6*seq(1,num)/(num+1)-3; u<-t
hatf<-matrix(0,num,num)
funi<-function(t,u){
    pp.regression(x,y,c(t,u),h=h,M=M,residu=est$residu,
    teet=est$teet)$value
}
for (i in 1:num){  for (j in 1:num){
      hatf[i,j]<-funi(t[i],u[j])
} }
persp(t,u,hatf,ticktype="detailed",phi=20,theta=-30)
```

A.8　分位点回帰

カーネル法での分位点回帰は 3.8 節で導入され，線形分位点回帰は 5.1.2 項で導入されていた．A.3.1 項で 1 次元カーネル回帰を説明するために使われていたデータと同一のデータを用いて説明する．

A.8.1　線形分位点回帰

関数「linear.quan」は線形分位点回帰を実装している．それはパッケージ「regpro」に含まれている．

```
li<-linear.quan(x,y,p=0.1)
N<-50; t<-5*seq(1,N)/(N+1)-1; qhat<-matrix(0,N,1)
for (i in 1:N) qhat[i]<-li$beta0+li$beta1*t[i]
plot(x,y); lines(t,qhat)
```

関数「linear.quan」の R プログラムを見てみる．はじめに分位点損失を計算する関数「fn」を定義する．引数「b」は線形関数の切片と係数の $d+1$ 個の要素を持つベクトルである．

```
p<-0.1; n<-dim(x)[1]; d<-dim(x)[2]
rho<-function(t){ t*(p-(t<0)) }
```

```
fn<-function(b) {
    b2<-matrix(b[2:(d+1)],d,1); gx<-b[1]+x%*%b2
    ro<-rho(y-gx); return(sum(ro)/n)
}
```

次に数値的最適化を行うための関数「optim」を使う．最適化のための初期値として最小 2 乗回帰の解を用いる．

```
li<-linear(x,y); par<-c(li$beta0,li$beta1)#initial value
op<-optim(par=par,fn=fn,method="L-BFGS-B")
beta0<-op$par[1]          # 切片
beta1<-op$par[2:(d+1)]  # 係数
```

A.8.2 カーネル分位点回帰

関数「pcf.kern.quan」はカーネル分位点回帰を実装している．

```
pcf<-pcf.kern.quan(x,y,h=0.5,N=50,p=0.1)
dp<-draw.pcf(pcf); plot(x,y); lines(dp$x,dp$y,type="l")
```

関数「pcf.kern.quan」の R プログラムを見てみる．点 arg での推定値を計算したいとする．カーネル平均回帰の場合と同様にはじめに重みを計算する．

```
arg<-1; h<-0.5; p<-0.1
ker<-function(x){ (1-x^2)*(x^2<=1) }
w<-ker((arg-x)/h); ps<-w/sum(w)
```

次に (3.55) で与えられたルールを実装する．p 分位点の推定値は「hatq」である．

```
or<-order(y); ps.ord<-ps[or]; i<-1; zum<-0
while ((i<=n) && (zum<p)){zum<-zum+ps.ord[i]; i<-i+1}
if (i>n) hatq<-max(y) else hatq<-y[or[i]]
```


```
or<-order(y); ps.ord<-ps[or]; i<-1; zum<-0
while ((i<=n) && (zum<p)){zum<-zum+ps.ord[i]; i<-i+1}
if (i>n) hatq<-max(y) else hatq<-y[or[i]]
```

参考文献

Aaron, C. (2013). Estimation of the support of the density and its boundary using random polyhedrons, *Technical report*, Université Blaise Pascal.

Abegaz, F., Gijbels, I. & Veraverbeke, N. (2012). Semiparametric estimation of conditional copulas, *J. Multivariate Anal.* **110**: 43–73.

Ai, C. (1997). A semiparametric maximum likelihood estimator, *Econometrica* **65**: 933–963.

Aït-Sahalia, Y. & Brandt, M. W. (2001). Variable selection for portfolio choice, *J. Finance* **56**(4): 1297–1351.

Akaike, H. (1973). Maximum likelihood identification of Gaussian autoregressive moving average models, *Biometrika* **60**: 255–265.

Andrews, D. (1972). Plots of high-dimensional data, *Biometrika* **28**: 125–136.

Andriyashin, A., Härdle, W. & Timofeev, R. (2008). Recursive portfolio selection with decision trees, *SFB 649 Discussion paper 009*, Humboldt-Universität zu Berlin.

Bauwens, L., Laurent, S. & Rombouts, V. K. (2006). Multivariate GARCH models: A survey, *J. Appl. Econ.* **21**: 79–109.

Bellman, R. E. (1961). *Adaptive Control Processes*, Princeton University Press, Princeton, NJ.

Bertin, J. (1967). *Semiologie Graphique*, Gauthier Villars, Paris.

Bertin, J. (1981). *Graphics and Graphic Information-Processing*, de Gruyter, Berlin.

Besbeas, P., de Feis, I. & Sapatinas, T. (2004). A comparative simulation study of wavelet shrinkage estimators for Poisson counts, *Int. Statist. Rev.* **72**: 209–237.

Billingsley, P. (2005). *Probability and Measure*, Wiley, New York.

Bollerslev, T. (1986). Generalized autoregressive conditional heteroscedasticity, *J. Econometrics.* **31**: 307–327.

Bollerslev, T. (1990). Modeling the coherence in short-run nominal exchange rates: A multivariate generalized ARCH model, *Rev. Econ. Statist.* **31**: 307–327.

Bollerslev, T., Engle, R. F. & Wooldridge, J. M. (1988). A capital asset pricing model with time-varying covariances, *J. Political Econ.* **96**: 116–131.

Bouchaud, J.-P. & Potters, M. (2003). *Theory of Financial Risks*, Cambridge University Press, Cambridge.

Bougerol, P. & Picard, N. (1992). Stationarity of GARCH processes and some nonnegative time series, *J. Econometrics* **52**: 115–127.

Box, G. E. P. & Cox, D. R. (1962). An analysis of transformations, *J. Roy. Statist. Soc. Ser. B* **26**: 211–252.

Brandt, M. W. (1999). Estimating portfolio and consumption choice: A conditional Euler approach, *J. Finance* **54**: 1609–1646.

Breiman, L. (1996). Bagging predictors, *Machine Learning* **24**: 123–140.

Breiman, L. (2001). Random forests, *Machine Learning* **45**: 5–32.

Breiman, L., Friedman, J., Olshen, R. & Stone, C. J. (1984). *Classification and Regression Trees*, Chapman and Hall, New York.

Brockwell, P. J. & Davis, R. A. (1991). *Time Series: Theory and Methods*, 2nd edn, Springer, Berlin.

Brown, L., Cai, T. T. & Zhou, H. H. (2010). Nonparametric regression in exponential families, *Ann. Statist.* **38**: 2005–2046.

Brown, L. D. (1986). *Fundamentals of Statistical Exponential Families with Applications in Statistical Decision Theory*, IMS, Hayward, CA.

Bühlmann, P. & Yu, B. (2003). Boosting with the L2 loss: regression and classification, *J. Am. Statist. Assoc.* **98**: 324–339.

Buja, A., Hastie, T. & Tibshirani, R. (1989). Linear smoothers and additive models, *Ann. Statist.* **17**(2): 453–510.

Carlsson, G. (2009). Topology and data, *Bulletin Am. Math. Soc.* **46**(2): 255–308.

Carr, D. B., Littlefield, R. J., Nicholson, W. L. & Littlefield, J. S. (1987). Scatterplot matrix techniques for large N, *J. Am. Statist. Assoc.* **82**: 424–436.

Carroll, R. J., Fan, J. Q., Gijbels, I. & Wand, M. P. (1997). Generalized partially linear single-index models, *J. Am. Statist. Assoc.* **92**: 477–489.

Chaudhuri, P. & Marron, J. S. (1999). Sizer for exploration of structures in curves, *J. Am. Statist. Assoc.* **94**: 807–823.

Chernoff, H. (1973). Using faces to represent points in k-dimensional space graphically, *J. Am. Statist. Assoc.* **68**: 361–368.

Cook, D., Buja, A. & Cabrera, J. (1993). Projection pursuit indexes based on orthonormal function expansions, *J. Comput. Graph. Statist.* **2**(3): 225–250.

Cook, D., Buja, A., Cabrera, J. & Hurley, C. (1995). Grand tour and projection pursuit, *J. Comput. Graph. Statist.* **4**(3): 155–172.

Dahlhaus, R. (1997). Fitting time series models to nonstationary processes, *Ann. Statist.* **25**: 1–37.

Delecroix, M., Härdle, W. & Hristache, M. (2003). Efficient estimation in conditional single-index regression, *J. Multivariate Anal.* **86**(2): 213–226.

Delecroix, M. & Hristache, M. (1999). M-estimateurs semi-paramétriques dans les modéles à direction révélatrice unique, *Bull. Belg. Math. Soc.* **6**: 161–185.

Diebold, F. X. & Mariano, R. S. (1995). Comparing predictive accuracy, *J. Bus.*

Econ. Statist. **13**: 225–263.

Donoho, D. L. (1997). Cart and best-ortho-basis: A connection, *Ann. Statist.* **25**: 1870–1911.

Duan, N. & Li, K.-C. (1991). Slicing regression: a link-free regression method, *Ann. Statist.* **19**: 505–530.

Efron, B. (1982). Transformation theory: How normal is a family of a distributions?, *Ann. Statist.* **10**: 323–339.

Engle, R. F. (1982). Autoregressive conditional heteroscedasticity with estimates of the variance of U.K. inflation, *Econometrica* **50**: 987–1008.

Engle, R. F. (2002). Dynamic conditional correlation: A simple class of multivariate generalized autoregressive conditional heteroskedasticity models, *J. Bus. Econ. Statist.* **20**: 339–350.

Engle, R. F. & Kroner, K. F. (1995). Multivariate simultaneous generalized ARCH, *Econometric Theory* **11**: 122–150.

Fan, J. & Gu, J. (2003). Semiparametric estimation of Value at Risk, *Econometrics J.* **6**: 261–290.

Fan, J. & Yao, Q. (1998). Efficient estimation of conditional variance functions in stochastic regression, *Biometrika* **85**: 645–660.

Fan, J. & Yao, Q. (2005). *Nonlinear Time Series*, Springer, Berlin.

Flury, B. & Riedwyl, H. (1981). Graphical representation of multivariate data by means of asymmetrical faces, *J. Am. Statist. Assoc.* **76**: 757–765.

Flury, B. & Riedwyl, H. (1988). *Multivariate Statistics: A Practical Approach*, Cambridge University Press, Cambridge.

Franke, J., Härdle, W. & Hafner, C. M. (2004). *Statistics of Financial Markets: An Introduction*, Springer, Berlin.

Friedman, J. H. & Stuetzle, W. (1981). Projection pursuit regression, *J. Am. Statist. Assoc.* **76**: 817–823.

Friedman, J. H. & Tukey, J. (1974). A projection pursuit algorithm for exploratory data analysis, *IEEE Trans. Comput.* **C-23**: 881–889.

Fung, W. & Hsieh, D. A. (2004). Hedge fund benchmarks: A risk based approach, *Financial Analyst Journal* **60**: 65–80.

Gasser, T. & Müller, H.-G. (1979). Kernel estimation of regression functions, *Smoothing Techniques for Curve Estimation*, Vol. 757 of *Lecture Notes in Mathematics*, Springer, New York, pp.23–68.

Gasser, T. & Müller, H.-G. (1984). Estimating regression functions and their derivatives by the kernel method, *Scand. J. Statist.* **11**: 171–185.

Gasser, T., Sroka, L. & Jennen-Steinmetz, C. (1986). Residual variance and residual pattern in nonlinear regression, *Biometrika* **73**: 625–633.

Gijbels, I., Pope, A. & Wand, M. P. (1999). Understanding exponential smoothing via kernel regression, *J. R. Statist. Soc. B* **61**: 39–50.

Giraitis, L., Kokoszka, P. & Leipus, R. (2000). Stationary ARCH models: Dependence structure and central limit theorem, *Econometric Theory* **16**: 3–22.

Györfi, G., Lugosi, G. & Udina, F. (2006). Nonparametric kernel-based sequential investment strategies, *Mathematical Finance* **16**(2): 337–357.

Györfi, L., Kohler, M., Krzyzak, A. & Walk, H. (2002). *A Distribution-Free Theory of Nonparametric Regression*, Springer, Berlin.

Györfi, L., Ottucsác, G. & Walk, H. (2012). *Machine Learning for Financial Engineering*, Imperial College Press, London.

Györfi, L. & Schäfer, D. (2003). Nonparametric prediction, *in* J. A. K. Suykens, G. Horváth, S. Basu, C. Micchelli & J. Vandevalle (eds), *Advances in Learning Theory: Methods, Models and Applications*, IOS Press, NATO Science Series, pp. 339–354.

Györfi, L., Udina, F. & Walk, H. (2008). Nonparametric nearest neighbor based empirical portfolio selection strategies, *Statistics and Decisions* **22**: 145–157.

Györfi, L., Urbán, A. & Vajda, I. (2007). Kernel-based semi-log-optimal empirical portfolio selection strategies, *Int. J. Theor. Appl. Finance* **10**(5): 505–516.

Hall, P. & Carroll, R. (1989). Variance function estimation in regression: The effect of estimating the mean, *J. R. Statist. Soc. B* **51**: 3–14.

Hall, P. & Horowitz, J. L. (2005). Nonparametric methods for inference in the presence of instrumental variables, *Ann. Statist.* **33**(6): 2904–2929.

Hall, P., Kay, J. & Titterington, D. (1990). Asymptotically optimal difference-based estimation of variance in nonparametric regression, *Biometrika* **77**: 521–528.

Hall, P., Kay, J. & Titterington, D. (1991). On estimation of noise variance in two-dimensional signal processing, *Adv. Appl. Probab.* **23**: 476–495.

Hall, P. & Marron, J. (1990). On variance estimation in nonparametric regression, *Biometrika* **77**: 415–419.

Hansen, L. P. (1982). Large sample properties of generalized method of moments estimators, *Econometrica* **50**: 1029–1054.

Härdle, W. (1990). *Applied Nonparametric Regression*, Cambridge University Press, Cambridge.

Härdle, W. & Mammen, E. (1993). Testing parametric versus nonparametric regression, *Ann. Statist.* **21**: 1926–1947.

Härdle, W., Müller, M., Sperlich, S. & Werwatz, A. (2004). *Nonparametric and Semiparametric Models*, Springer, Berlin.

Härdle, W. & Simar, L. (2003). *Applied Multivariate Statistical Analysis*, Cambridge University Press, Cambridge.

Härdle, W. & Tsybakov, A. B. (1993). How sensitive are average derivatives?, *J. Econometr.* **58**: 31–48.

Härdle, W. & Tsybakov, A. B. (1997). Local polynomial estimators of the volatility function in nonparametric autoregression, *J. Econometr.* **81**: 223–242.

Hastie, T. J. & Tibshirani, R. J. (1990). *Generalized Additive Models*, Chapman and Hall, London.

Hastie, T. & Tibshirani, R. (1993). Varying-coefficient models, *J. Roy. Statist. Soc. Ser. B* **55**: 757–796.

Hastie, T., Tibshirani, R. & Friedman, J. (2001). *The Elements of Statistical Learning: Data Mining, Inference, and Prediction*, Springer, Berlin.

Hoerl, A. E. & Kennard, R. W. (1970). Ridge-regression: Biased estimation for nonorthogonal problems, *Technometrics* **8**: 27–51.

Horowitz, J. L. (2009). *Semiparametric and Nonparametric Methods in Econometrics*, Springer, Berlin.

Hristache, M., Juditsky, A., Polzehl, J. & Spokoiny, V. (2001). Structure adaptive approach for dimension reduction, *Ann. Statist.* **29**: 1537–1566.

Hristache, M., Juditsky, A. & Spokoiny, V. (2001). Direct estimation of the index coefficient in a single-index model, *Ann. Statist.* **29**(3): 595–623.

Huber, P. J. (1964). Robust estimation of a location parameter, *Ann. Math. Statist.* **53**: 73–101.

Huber, P. J. (1985). Projection pursuit, *Ann. Statist.* **13**(2): 435–475.

Hull, J. C. (2010). *Risk Management and Financial Institutions*, 2nd edn, Pearson Education, Boston.

Ibragimov, I. A. & Linnik, Y. V. (1971). *Independent and Stationary Sequencies of Random Variables*, Walters-Noordhoff, Gröningen.

Ichimura, H. (1993). Semiparametric least squares (SLS) and weighted SLS estimation of single-index models, *J. Econometrics* **58**: 71–120.

Ichimura, H. & Lee, L.-F. (1991). Semiparametric least squares estimation of multiple index models: Single equation estimation, *in* W. A. Barnett, J. Powell & G. Tauchen (eds), *Nonparametric and Semiparametric Methods in Econometrics and Statistics*, Cambridge University Press, Cambridge, pp.3–50.

Inselberg, A. (1985). The plane with parallel coordinates, *Visual Computer* **1**: 69–91.

Inselberg, A. (1997). Multidimensional detective, *Proceedings IEEE Information Visualization'97*, IEEE, Washington, DC, pp.100–107.

Inselberg, A. & Dimsdale, B. (1990). Parallel coordinates: A tool for visualizing multidimensional geometry, *Proceedings IEEE Information Visualization'90*, IEEE, Washington, DC, pp.361–378.

James, W. & Stein, C. (1961). Estimation with quadratic loss, *Proceedings Fourth Berkeley Symposium on Mathematical Statistics and Probability*, Vol. 1, pp.361–379.

JPMorgan (1996). *RiskMetrics–Technical Document*, 4th edn, JPMorgan, New York.

Karttunen, K., Holmström, L. & Klemelä, J. (2014). Level set trees with enhanced marginal density visualization: Application to flow cytometry, *Proceedings 5th International Conference on Information Visualization Theory and Applications*, pp.210–217.

Klein, R. W. & Spady, R. H. (1993). An efficient semiparametric estimator for binary response, *Econometrica* **61**: 387–421.

Klemelä, J. (2004). Visualization of multivariate density estimates with level set trees, *J. Comput. Graph. Statist.* **13**(3): 599–620.

Klemelä, J. (2006). Visualization of multivariate density estimates with shape trees, *J. Comput. Graph. Statist.* **15**(2): 372–397.

Klemelä, J. (2007). Visualization of multivariate data with tail trees, *Inform. Visualization* **6**: 109–122.

Klemelä, J. (2009). *Smoothing of Multivariate Data: Density Estimation and Visualization*, Wiley, New York.

Koenker, R. (2005). *Quantile Regression*, Cambridge University Press, Cambridge.

Koenker, R. & Bassett, G. (1978). Regression quantiles, *Econometrica* **46**: 33–50.

Kohler, M. (1999). Nonparametric estimation of piecewise smooth regression functions, *Statist. Probab. Lett.* **43**: 49–55.

Koltchinskii, V. I. (2008). *Oracle Inequalities in Empirical Risk Minimization and Sparse Recovery Problems*, Vol. 2033 of *Lecture Notes in Mathematics*, Springer, Berlin.

Korostelev, A. P. & Korosteleva, O. (2010). *Mathematical Statistics: Asymptotic Minimax Theory*, Vol. 119 of *Graduate Studies in Mathematics*, AMS, Providence, RI.

Li, K.-C. (1991). Sliced inverse regression for dimension reduction (with discussion), *J. Am. Statist. Assoc.* **86**: 316–342.

Li, K.-C. & Duan, N. (1989). Regression analysis under link violation, *Ann. Statist.* **17**: 1009–1052.

Li, Q. & Racine, S. (2007). *Nonparametric Econometrics: Theory and Practice*, Princeton University Press, Princeton, NJ.

Linton, O. B. (2009). Semiparametric and nonparametric ARCH modeling, *in* T. G. Andersen, R. A. Davis, J.-P. Kreiss & T. Mikosch (eds), *Handbook of Financial Time Series*, Springer, New York, pp.157–167.

Linton, O. B. & Mammen, E. (2005). Estimating semiparametric ARCH(∞) models by kernel smoothing methods, *Econometrica* **73**: 771–836.

Linton, O. & Nielsen, J. P. (1995). A kernel method of estimating structured nonparametric regression based on marginal integration, *Biometrika* **82**: 93–100.

Malevergne, Y. & Sornette, D. (2005). *Extreme Financial Risks: From Dependence to Risk Management*, Springer, Berlin.

Mallows, C. L. (1973). Some comments on C_p, *Technometrics* **15**: 661–675.

Mammen, E., Linton, O. & Nielsen, J. (1999). The existence and asymptotic properties of a backfitting projection algorithm under weak conditions, *Ann. Statist.* **27**: 1443–1490.

Mammen, E. & Tsybakov, A. B. (1999). Smooth discrimination analysis, *Ann. Statist.* **27**: 1808–1829.

Mandelbrot, B. (1963). The variation of certain speculative prices, *J. Business* **36**(4): 394–419.

Markowitz, H. (1952). Portfolio selection, *J. Finance* **7**: 77–91.

Markowitz, H. (1959). *Portfolio Selection*, Wiley, New York.

McClellan, M., McNeil, B. & Newhouse, J. P. (1994). Does more intensive treatment of acute myocardial infarction in the elderly reduce mortality, *J. Am. Med. Assoc.* **272**(11): 859–866.

McCullagh, P. & Nelder, J. A. (1989). *Generalized Linear Models*, Vol. 37 of *Monographs on Statistics and Applied Probability*, 2nd edn, Chapman and Hall, London.

McNeil, A. J., Frey, R. & Embrechts, P. (2005). *Quantitative Risk Management: Concepts, Techniques, and Tools*, Princeton University Press, Princeton, NJ.

Minnotte, M. C. & West, B. W. (1999). The data image: A tool for exploring high dimensional data sets, *1998 Proceedings ASA Section on Statistical Graphics*, pp.25–33.

Morgan, J. N. & Sonquist, J. A. (1963). Problems in the analysis of survey data, and a proposal, *J. Am. Statist. Assoc.* **58**: 415–434.

Müller, H. & Stadtmüller, U. (1987). Estimation of heteroscedasticity in regression analysis, *Ann. Statist.* **15**: 610–625.

Munk, A., Bissantz, N., Wagner, T. & Freitag, G. (2005). On difference-based variance estimation in nonparametric regression when the covariate is high dimensional, *J. R. Statist. Soc. B* **67**: 19–41.

Nadaraya, E. A. (1964). On estimating regression, *Theory Probab. Appl.* **10**: 186–190.

Nelder, J. A. & Wedderburn, R. W. M. (1972). Generalized linear models, *J. Roy. Statist. Soc., Ser. A* **135**(3): 370–384.

Nelsen, R. B. (1999). *An Introduction to Copulas*, Springer, Berlin.

Neumann, M. H. (1994). Fully data-driven nonparametric variance estimation, *Statistics* **25**: 189–212.

Newey, W. K. & West, K. D. (1987). A simple, positive semi-definite, heteroskedasticity and autocorrelation consistent covariance matrix, *Econometrica* **55**(3): 703–708.

Nielsen, J. P. & Sperlich, S. (2005). Smooth backfitting in practice, *J. Roy. Statist. Soc. B* **67**: 43–61.

Peligrad, M. (1986). Recent advances in the central limit theorems and its weak invariance principle for mixing sequencies of random variables (a survey), *Dependence in Probability and Statistics*, Birkhäuser, Boston, pp.193–223.

Powell, J. L., Stock, J. H. & Stoker, T. M. (1989). Semiparametric estimation of index coefficients, *Econometrica* **51**: 1403–1430.

Priestley, M. B. & Chao, M. T. (1972). Non-parametric function fitting, *J. Roy. Statist. Soc. Ser. B* **34**: 385–392.

Rebonato, R. (2007). *Plight of the Fortune Tellers; Why We Need to Manage Financial Risk Differently*, Princeton University Press, Princeton, NJ.

Reeb, G. (1946). Sur les points singuliers d'une forme de pfaff completement integrable ou d'une fonction numerique, *Comptes Rend. Acad. Sci. Paris* **222**: 847–849.

Rice, J. (1984). Bandwidth choice for nonparametric regression, *Ann. Statist.* **12**: 1215–1230.

Ruppert, D. (2004). *Statistics and Finance*, Springer, New York.

Ruppert, D., Wand, M., Holst, U. & Hössjer, O. (1997). Local polynomial variance-function estimation, *Technometrics* **39**: 262–272.

Ruppert, D., Wand, M. P. & Carroll, R. J. (2003). *Semiparametric Regression*, Cambridge University Press, Cambridge.

Samarov, A. M. (1991). On asymptotic efficiency of average derivative estimates, *Nonparametric Functional Estimation and Related Topics*, Vol. 335, NATO Advanced Science Institutes Series C, pp.167–172.

Samarov, A. M. (1993). Exploring regression structure using nonparametric functional estimation, *J. Am. Statist. Assoc.* **88**: 836–847.

Scheffé, H. (1959). *The Analysis of Variance*, Wiley, New York.

Seber, G. A. F. (1977). *Linear Regression Analysis*, Wiley, New York.

Silvennoinen, A. & Teräsvirta, T. (2009). Multivariate GARCH models, *in* T. G. Andersen, R. A. Davis, J.-P. Kreiss & T. Mikosch (eds), *Handbook of Financial Time Series*, Springer, New York, pp.201–232.

Simonoff, J. S. (1996). *Smoothing Methods in Statistics*, Springer, Berlin.

Sklar, A. (1959). Fonctions de répartition à n dimensions et leurs marges, *Publ. Inst. Statist. Univ. Paris* **8**: 229–231.

Sornette, D. (2003). *Why Stock Markets Crash*, Princeton University Press, Princeton, NJ.

Spokoiny, V. (2000). Multiscale local change point detection with applications to value-at-risk, *Ann. Statist.* **37**(3): 1405–1436.

Spokoiny, V. (2002). Variance estimation for high-dimensional regression models, *J. Multiv. Anal.* **82**: 111–133.

Spokoiny, V. (2010). *Local Parametric Methods in Nonparametric Estimation*, Springer, Berlin.

Stone, C. J. (1985). Additive regression and other nonparametric models, *Ann. Statist.* **13**: 689–705.

Sun, J. & Loader, C. R. (1994). Simultaneous confidence bands for linear regression and smoothing, *Ann. Statist.* **22**: 1328–1345.

Thompson, A., Kay, J. & Titterington, D. (1991). Noise estimation in signal restoration using regularization, *Biometrika* **78**: 475–488.

Tibshirani, R. (1996). Regression shrinkage and selection via the LASSO, *J. Roy. Statist. Soc. B* **58**(1): 267–288.

Tjøstheim, D. & Auestadt, B. (1994). Nonparametric identification of nonlinear time series: Projections, *J. Am. Statist. Assoc.* **89**: 1398–1409.

Tukey, J. (1957). The comparative anatomy of transformations, *Ann. Math. Statist.* **28**: 602–632.

Tukey, J. (1961). Curves as parameters, and touch estimation, *Proceedings 4th Berkeley Symposium*, pp.681–694.

Tukey, J. (1977). *Exploratory Data Analysis*, Addison-Wesley, Reading, MA.

Vapnik, V. V. (1995). *The Nature of Statistical Learning Theory*, Springer, Berlin.

Vapnik, V. V., Golowich, S. E. & Smola, A. J. (1997). Support vector method for function approximation, regression estimation and signal processing, *in* M. Mozer, M. I. Jordan & T. Petsche (eds), *Advances in Neural Information Processing Systems 9*, MIT Press, Cambridge, MA, pp.281–287.

von Neumann, J. (1941). Distribution of the ratio of the mean squared successive difference to the variance, *Ann. Math. Statist.* **12**: 367–395.

Wahba, G. (1990). *Spline Models for Observational Data*, Society for Industrial and Applied Mathematics, Philadelphia.

Wang, L., Brown, L. D., Cai, T. & Levine, M. (2008). Effect of mean on variance function estimation on nonparametric regression, *Ann. Statist.* **36**: 646–664.

Wasserman, L. (2005). *All of Nonparametric Statistics*, Springer, New York.

Watson, G. S. (1964). Smooth regression analysis, *Sankhya Ser. A* **26**: 359–372.

Wegman, E. J. (1990). Hyperdimensional data analysis using parallel coordinates, *J. Am. Statist. Assoc.* **85**(411): 664–675.

Weisberg, S. & Welsh, A. H. (1994). Adapting for the missing link, *Ann. Statist.* **22**: 1674–1700.

White, H. (1980). Heterscedasticity-consistent covariance matrix estimator and a direct test for heteroscedasticity, *Econometrica* **48**: 817–838.

White, H. (1982). Instrumental variables regression with independent observations, *Econometrica* **50**: 483–499.

Wong, H., Ip, W.-c. & Zhang, R. (2008). Varying-coefficient single-index model, *Comput. Statist. Data Anal.* **52**: 1458–1476.

Wooldridge, J. M. (2005). *Econometric Analysis of Cross Section and Panel Data*,

MIT Press, Cambridge, MA.

Yu, K. & Jones, M. (2004). Likelihood-based local linear estimation of the conditional variance, *J. Am. Statist. Assoc.* **99**: 139–144.

Zhang, W., Lee, S. & Song, X. (2002). Local polynomial fitting in semivarying coefficient model, *J. Multivariate Anal.* **82**: 166–188.

Ziegelmann, F. A. (2002). Nonparametric estimation of volatility functions: The local exponential estimator, *Econometric Theory* **18**: 985–991.

Zomorodian, A. (2010). Fast construction of the Vietoris–Rips complex, *Computer and Graphics* **34**: 263–271.

Zomorodian, A. (2012). Topological data analysis, *in* A. Zomorodian (ed.), *Advances in Applied and Computational Topology*, Vol. 70, American Mathematical Society, pp.1–40.

人名索引

R

S

T

U

V

W

事項索引

カ

キ

ク

ケ

コ

サ

シ

―― ス ――

―― セ ――

―― ソ ――

―― タ ――

―― チ ――

―― テ ――

―― ト ――

―― ナ ――

―― ニ ――

Memorandum

訳者紹介

竹澤邦夫（たけざわ くにお）

［略歴］　1984年 名古屋大学大学院工学研究科博士前期課程修了

［現在］　農業環境変動研究センター 環境情報基盤研究領域 主席研究員
博士（農学）

［専攻］　応用統計学

［主著］　『マシンラーニング 第2版』（共著），共立出版 (2015)
『シミュレーションで理解する回帰分析』，共立出版 (2012)
『Rによる画像表現とGUI操作』，カットシステム (2010) ほか

西田喜平次（にしだ きへいじ）

［略歴］　2011年 筑波大学大学院システム情報工学研究科博士課程修了

［現在］　兵庫医療大学 共通教育センター 講師
博士（社会工学）

［専攻］　社会システム工学

小林凌雅（こばやし りょうが）

［略歴］　2015年 慶應義塾大学環境情報学部卒業

［現在］　慶應義塾大学大学院政策・メディア研究科 修士課程
2017年4月より慶應義塾大学大学院政策・メディア研究科 博士課程
日本学術振興会特別研究員-DC1

［専攻］　統計学

多変量ノンパラメトリック回帰と視覚化
—Rの利用とファイナンスへの応用—

原題：*Multivariate Nonparametric Regression and Visualization: With R and Applications to Finance*

2017年3月25日　初版1刷発行

訳　者　竹澤邦夫
西田喜平次　© 2017
小林凌雅

発行者　南條光章

発行所　**共立出版株式会社**
郵便番号 112-0006
東京都文京区小日向4丁目6番19号
電話(03)3947-2511（代表）
振替口座 00110-2-57035 番
URL http://www.kyoritsu-pub.co.jp/

印　刷　啓文堂
製　本　加藤製本

一般社団法人
自然科学書協会
会員

検印廃止
NDC 417

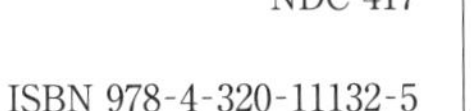
ISBN 978-4-320-11132-5

Printed in Japan